国家出版基金项目
NATIONAL PUBLICATION FOUNDATION

"十四五"时期国家重点出版物出版专项规划项目

密码理论与技术丛书

安全认证协议
——基础理论与方法

冯登国 等 著

密码科学技术全国重点实验室资助

科 学 出 版 社

北 京

内 容 简 介

安全认证协议应用十分广泛，从使用 U 盾登录银行账户、网上购物，到安全地收发电子邮件、远程办公，以及今天迅猛发展的金融科技，这些已逐渐被人们熟悉的服务背后，都离不开安全认证协议的支持. 常用的基础安全认证协议主要有零知识证明、数字签名、认证密钥交换和口令认证等.

本书重点围绕常用的基础安全认证协议、抗量子安全认证协议及其可证明安全性理论，面向基础问题和量子计算时代，结合安全认证协议的标准化和实用化发展趋势，介绍了作者 20 多年来在安全认证协议方面的原创性成果，主要包括零知识证明、数字签名、认证密钥交换和口令认证等理论与方法. 同时，为了便于初学者阅读，本书专门概述了一些相关的基本概念和基础知识.

本书可供从事网络空间安全、信息安全、密码学、计算机、通信、数学等专业的科研人员、硕士和博士研究生参考，也可供相关专业的高年级本科生参考.

图书在版编目(CIP)数据

安全认证协议：基础理论与方法/冯登国等著. —北京: 科学出版社, 2023.8
（密码理论与技术丛书）

国家出版基金项目　“十四五”时期国家重点出版物出版专项规划项目
ISBN 978-7-03-076033-3

Ⅰ. ①安⋯　Ⅱ. ①冯⋯　Ⅲ. ①安全认证–认证协议　Ⅳ. ①TN918.1

中国国家版本馆 CIP 数据核字(2023)第 137643 号

责任编辑: 李静科　李香叶 / 责任校对: 彭珍珍
责任印制: 吴兆东 / 封面设计: 无极书装

科 学 出 版 社 出版
北京东黄城根北街 16 号
邮政编码：100717
http://www.sciencep.com

北京建宏印刷有限公司印刷
科学出版社发行　各地新华书店经销

*

2023 年 8 月第 一 版　开本: 720×1000　B5
2024 年 1 月第二次印刷　印张: 18 3/4
字数: 367 000
定价: 98.00 元
(如有印装质量问题, 我社负责调换)

本书撰写人员

冯登国　　中国科学院软件研究所

　　　　　密码科学技术全国重点实验室

邓　燚　　中国科学院信息工程研究所

张振峰　　中国科学院软件研究所

徐　静　　中国科学院软件研究所

张　江　　密码科学技术全国重点实验室

"密码理论与技术丛书" 序

随着全球进入信息化时代, 信息技术的飞速发展与广泛应用, 物理世界和信息世界越来越紧密地交织在一起, 不断引发新的网络与信息安全问题, 这些安全问题直接关乎国家安全、经济发展、社会稳定和个人隐私. 密码技术寻找到了前所未有的用武之地, 成为解决网络与信息安全问题最成熟、最可靠、最有效的核心技术手段, 可提供机密性、完整性、不可否认性、可用性和可控性等一系列重要安全服务, 实现数据加密、身份鉴别、访问控制、授权管理和责任认定等一系列重要安全机制.

与此同时, 随着数字经济、信息化的深入推进, 网络空间对抗日趋激烈, 新兴信息技术的快速发展和应用也促进了密码技术的不断创新. 一方面, 量子计算等新型计算技术的快速发展给传统密码技术带来了严重的安全挑战, 促进了抗量子密码技术等前沿密码技术的创新发展. 另一方面, 大数据、云计算、移动通信、区块链、物联网、人工智能等新应用层出不穷、方兴未艾, 提出了更多更新的密码应用需求, 催生了大量的新型密码技术.

为了进一步推动我国密码理论与技术创新发展和进步, 促进密码理论与技术高水平创新人才培养, 展现密码理论与技术最新创新研究成果, 科学出版社推出了 "密码理论与技术丛书", 该丛书覆盖密码学科基础、密码理论、密码技术和密码应用等四个层面的内容.

"密码理论与技术丛书" 坚持 "成熟一本, 出版一本" 的基本原则, 希望每一本都能成为经典范本. 近五年拟出版的内容既包括同态密码、属性密码、格密码、区块链密码、可搜索密码等前沿密码技术, 也包括密钥管理、安全认证、侧信道攻击与防御等实用密码技术, 同时还包括安全多方计算、密码函数、非线性序列等经典密码理论. 该丛书既注重密码基础理论研究, 又强调密码前沿技术应用; 既对已有密码理论与技术进行系统论述, 又紧密跟踪世界前沿密码理论与技术, 并科学设想未来发展前景.

"密码理论与技术丛书" 以学术著作为主, 具有体系完备、论证科学、特色鲜明、学术价值高等特点, 可作为从事网络空间安全、信息安全、密码学、计算机、通信以及数学等专业的科技人员、博士研究生和硕士研究生的参考书, 也可供高等院校相关专业的师生参考.

冯登国

2022 年 11 月 8 日于北京

前　　言

　　安全协议是解决网络空间安全问题最有效、最经济的手段之一，它可以有效地解决源认证、目标认证、消息的完整性、匿名通信、隐私保护、抗拒绝服务、不可否认、授权访问等一系列重要安全问题. 安全认证协议是指具有认证功能的安全协议，其应用十分广泛. 从使用 U 盾登录银行账户、网上购物，到安全地收发电子邮件、远程办公，以及今天迅猛发展的金融科技，这些已逐渐被人们熟悉的服务背后，都离不开安全认证协议的支持. 常用的基础安全认证协议主要有零知识证明、数字签名、认证密钥交换和口令认证等.

　　我们在国家 973 计划项目、国家杰出青年科学基金项目和国家自然科学基金项目的支持下，重点围绕常用的基础安全认证协议、抗量子安全认证协议及其可证明安全性理论，面向基础问题和量子计算时代，结合安全认证协议的标准化和实用化发展趋势，经过 20 多年的持续攻关，解决了零知识证明协议中的若干核心公开难题，发展了安全认证协议的可证明安全性理论，丰富了安全认证协议的设计理论与分析方法，为安全认证协议的标准化和实际应用提供了重要科学依据. 本书就是我们在安全认证协议方面所取得的代表性成果的提炼.

　　本书是以作者在零知识证明、数字签名、认证密钥交换和口令认证等方面所取得的原创性成果为主线，结合安全认证协议的最新研究进展和发展趋势，在充分吸收国内外现有相关成果和系统深入思考的基础上写作而成的，必将对安全认证协议的研究与应用具有重要的指导意义.

　　本书具有如下主要特点：

　　(1) **原创性强**. 本书介绍的大部分内容都是作者的原创性研究成果. 例如，零知识证明中的双重可重置猜想、Micali-Reyzi 问题等有关高安全性零知识证明的重大公开难题的解决原理与方法，无证书数字签名的安全模型及其一般性构造理论，格上数字签名设计理论与方法，公平、匿名等新型认证密钥交换协议以及跨域、匿名、格上等口令认证协议的设计理论与分析方法.

　　(2) **系统性强**. 本书不仅系统梳理了安全协议的分类，而且系统梳理了安全认证协议的分类，并对数字签名、认证密钥交换和口令认证等安全认证协议又进行了细化分类，这主要通过绪论及每章的第一节来阐述和实现安全认证协议的体系化. 本书虽然以作者在安全认证协议方面所取得的原创性成果为主线，但从全新的视角系统吸纳了已有安全认证协议的相关基础理论与方法，体系性强、内容全面、层次分明. 通过阅读本书可全面掌握和了解安全认证协议的基础与方法以及安全认证协议的研究现状和发展趋势.

(3) **实用性强**. 本书介绍的理论与方法可用于指导设计和分析安全认证协议. 例如, 证明的关于零知识证明协议的猜想, 建立的无证书数字签名安全模型, 创立的基于口令的安全协议的模块化设计与分析理论; 本书介绍的若干安全协议已被采纳为标准, 例如, 设计的首个基于 SDH(Strong Diffie-Hellman) 假设的直接匿名证明 (DAA) 协议被采纳为国家密码标准, 设计的匿名口令认证协议被 ISO/IEC 20009-4 采纳为国际标准, 数字签名分析理论为我国数字签名标准纳入国际标准 ISO/IEC 14888-3 提供了关键技术支撑.

本书是由我们安全认证协议团队的主要代表完成的. 第 1 章由冯登国研究员执笔; 第 2 章由邓燚研究员执笔, 冯登国研究员参与编写; 第 3 章由张振峰研究员执笔, 冯登国研究员、徐静研究员、张江副研究员参与编写; 第 4 章由张江副研究员执笔, 冯登国研究员、张振峰研究员参与编写; 第 5 章由徐静研究员执笔, 冯登国研究员参与编写; 全书由冯登国研究员策划和统稿.

本书在写作过程中, 得到了很多专家学者的大力支持和帮助, 也得到了科学出版社的大力支持, 在此表示衷心的感谢.

本书难免存在一些不足之处, 敬请读者多提宝贵意见和建议.

冯登国

2021 年秋于北京

目　　录

第 1 章　绪　　论

安全协议是解决网络空间安全问题最有效、最经济的手段之一, 它可以有效地解决源认证、目标认证、消息的完整性、匿名通信、隐私保护、抗拒绝服务、不可否认、授权访问等一系列重要安全问题[1].

为了理解安全协议这一概念, 首先要了解什么是协议. 所谓协议, 就是两个或两个以上的参与者 (也称为参与方) 采取一系列步骤以完成某项特定的任务. 这个定义包含三层含义:

(1) 协议至少需要两个参与者. 一个人可以通过执行一系列步骤来完成一项任务, 但它不构成协议.

(2) 在参与者之间呈现为消息处理和消息交换交替进行的一系列步骤.

(3) 通过执行协议必须能够完成某项任务或达成某种共识.

安全协议就是实现某一或某些安全目标的协议, 也就是具有某一或某些安全功能的协议. 这些安全目标包括身份认证、密钥分发、不可否认、隐私保护、安全通信、安全交易等.

算法和协议是两个不尽相同的概念. 算法应用于协议中消息处理的环节. 对不同的消息处理方式则要求用不同的算法, 而对算法的具体化则可定义出不同的协议类型. 因此, 可以简单地说, 安全协议就是在消息处理环节采用了若干密码算法的协议. 具体而言, 密码算法为传递的消息提供高强度的加解密操作和其他辅助操作 (如杂凑 (Hash)) 等, 而安全协议是在这些密码算法的基础上为各种安全性需求提供实现方案.

值得注意的是, 在上述意义下, 人们 (尤其是密码学研究者) 通常也将安全协议称为密码协议, 但实际上也有一些安全协议如某些身份认证协议并没有采用密码算法来实现, 而且安全协议的研究中也包括各种通信和网络协议的安全性研究, 因此, 我们认为采用安全协议这一术语更好.

本章简要概述密码算法、安全协议、可证明安全性理论与方法, 以及本书主要内容和安排.

1.1　密码算法概述

密码算法也称为密码体制、密码系统或密码方案, 也简称为密码, 是构建安全协议的重要基础. 本节主要介绍密码算法分类、基本概念和一些典型密码算法,包括对称密码算法、公钥密码算法、Hash 函数与 MAC (message authentication code, 消息认证码) 等.

1.1.1 密码算法分类

密码算法是密码学中最为核心的一个概念. 一个密码算法通常被定义为一对数据变换: 一个变换应用于被称为明文的数据起源项, 所产生的对应数据项被称为密文; 另一个变换应用于密文, 恢复出明文. 这两个变换分别称为加密变换和解密变换, 习惯上, 也称为加密和解密.

一般来讲, 加密变换的输入是明文数据和一个称为加密密钥的独立数据. 类似地, 解密变换的输入是密文数据和一个称为解密密钥的独立数据.

密码算法主要有两大类: 一类是对称密码算法, 也称为私钥密码算法或秘密密钥密码算法, 这类密码算法的基本特征是加密密钥和解密密钥相同或容易相互导出; 另一类是公钥密码算法, 也称为非对称密码算法, 这类密码算法的基本特征是有两个不对称的密钥而且从一个难以推出另一个. 除此之外, 还有其他辅助密码算法, 如 Hash 函数 (也称为 Hash 算法, 或者杂凑函数/算法, 或者散列函数/算法, 或者哈希函数/算法)、MAC 等.

1.1.2 对称密码算法

对称密码算法 (习惯上, 也称为对称密码) 的基本特征是用于加密和解密的密钥是一样的或相互容易推出, 其模型如图 1.1.1 所示. 由于加、解密密钥的对称性, 对称密码的密钥也称为对称密钥.

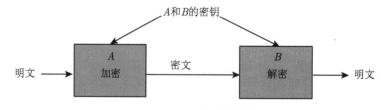

图 1.1.1   对称密码模型

一个对称密码的工作流程如下: 假定 A 和 B 是两个用户, 他们决定进行秘密通信. 他们通过某种方式 (物理地或执行某种协议) 获得一个共享的秘密密钥, 该密钥只有 A 和 B 知道, 其他人均不知道. A 或 B 通过使用该密钥加密发送给对方的消息, 只有对方可以解密消息, 而其他人均无法解密消息.

对称密码主要分为两种: 序列密码 (也称为流密码) 和分组密码. 在序列密码中, 将明文消息按字符逐位地进行加密; 在分组密码中, 将明文消息按固定长度分组 (每组含有多个字符), 逐组地进行加密. 二者的本质差别在于是否具有记忆性, 序列密码具有记忆性, 而分组密码则没有.

1. 完善保密性

早期的密码主要是对称密码, 密码设计与分析被当作一门艺术, 密码设计者常常是凭借直觉和信念来进行密码设计和分析, 而不是靠推理证明. 直到 1949 年, Shannon[2] 发表的论文 *Communication theory of secrecy systems* 才为对称密码学建立了理论基础, 从此密码学成为一门科学. Shannon 从理论上阐明了什么样的密码是保密的, 什么样的密码是不保密的. 他提出了完善保密性的概念, 并指出真正的 "一次一密" 密码是完善保密的.

衡量一个密码算法的安全性主要有两种基本方法: 一种是无条件安全性 (unconditional security), 又称为完善保密性 (perfect secrecy); 另一种是计算安全性 (computational security), 又称为实际保密性 (practical secrecy). 一个密码算法说是无条件安全的, 如果具有无限计算资源 (如时间、空间、设备和资金) 的密码分析者也无法破译该算法. 一个密码算法说是计算上安全的, 如果利用最好的算法 (已知的或未知的) 破译该算法需要至少 N 次运算, 这里 N 是某一个确定的、很大的数. 在实际中, 人们说一个密码算法是 "计算上安全的", 意指利用已有的最好的方法破译该算法所需要的努力超过了敌手的破译能力 (如时间、空间、设备和资金等资源), 或者破译该算法的难度等价于或不低于求解数学上的某个已知难题或破译某个密码模块 (有时也将前者称为计算安全性, 而将后者称为可证明安全性). 当然, 这只是提供了算法是计算上安全的一些证据, 并没有真正证明算法是计算上安全的.

关于完善保密性的经典定义和描述可参阅文献 [3], 这里采用游戏 (game, 也称为实验 (experiment)) 方式来给出完善保密性的一个等价定义[4]. 在讨论密码算法及其安全性的形式化定义时, 常常会用到多项式时间 (polynomial time) 算法、概率多项式时间 (probability polynomial time, PPT) 算法、可忽略函数 (negligible function) 等基本概念. 多项式时间算法是指对任何输入都可在其输入长度的多项式步内停机的算法. PPT 算法是指含有随机输入且输出为随机变量的多项式时间算法. 可忽略函数的定义如下.

定义 1.1.1 (可忽略函数) 设 $\text{neg}: \mathbb{N} \to \mathbb{R}$, $\mathbb{N}$ 是自然数集, $\mathbb{R}$ 是实数集, 称函数 neg 是可忽略的, 如果对任意多项式 $p(\cdot)$, 对于足够大的 n, 都有

$$\text{neg}(n) < 1/p(n)$$

定义 1.1.2 (对称密码) 记所有 "合法的" 消息 (也称为明文) 组成的集合为 $\mathcal{M}$ (称为明文空间), 可视作所有有限长 0、1 串的集合, 记为 $\{0,1\}^*$. 一个对称密码是满足如下条件的 3 重 PPT 算法组 $\Pi = (K, E, D)$:

(1) 密钥生成算法 K. K 以 1^n 作为输入产生密钥 k, 记为 $k \leftarrow K(1^n)$(这种表示是指 K 是一个概率算法). 所有可能的密钥组成的集合称为密钥空间, 记为

$\mathcal{K}$, $\mathcal{K}$ 是一个有限集. 不失一般性, 可假定由 $K(1^n)$ 输出的密钥 k 的长度 $|k|$ 满足 $|k| \geqslant n$(n 为安全参数).

(2) 加密算法 E. E 以密钥 k 和明文消息 $m \in \mathcal{M}$ 作为输入, 产生密文 c. 当 E 是概率算法时, 记为 $c \leftarrow E_k(m)$; 当 E 是确定性算法时, 记为 $c = E_k(m)$(这种表示是指 E 是一个确定性算法). 所有可能的密文组成的集合称为密文空间, 记为 $\mathcal{C}$.

(3) 解密算法 D. D 以密文 c 和密钥 k 作为输入, 产生明文消息 m. D 一般是确定性算法, 记为 $m = D_k(c)$.

如果对每个 n, 每个由 $K(1^n)$ 产生的 k, 每个 $m \in \mathcal{M}$, 都有

$$D_k(E_k(m)) = m \quad (\text{或} \Pr[D_k(E_k(m)) = m] = 1)$$

则称对称密码 $\Pi = (K, E, D)$ 是正确的.

如果对每个由 $K(1^n)$ 产生的 k, 加密算法 E 只定义于 $\{0,1\}^{l(n)}$ 上的消息 m(即 E 只对 $m \in \{0,1\}^{l(n)}$ 有定义), 则称对称密码 $\Pi = (K, E, D)$ 是消息长度为 $l(n)$ 的固定长对称密码.

大多数情况下, $K(1^n)$ 表示从 $\{0,1\}^n$ 中均匀随机地选择 k, 记为 $k \leftarrow \{0,1\}^n$.

密码学中的游戏或实验就是在一个试图破解密码算法或方案的敌手和一个想看看敌手是否成功的假想测试员 (有时也称为挑战者) 之间玩的一个游戏. 为了定义完善保密性, 我们引入游戏 $\text{Game}_{\mathcal{A},\Pi}^{\text{sym-eav}}$, 即游戏 1.1.1. 这里假定是对称密码环境, 并且存在窃听敌手 (即敌手只收到密文 c, 然后试图确定相应的明文, 这种攻击环境称为唯密文攻击 (ciphertext-only attack)). 设 $\Pi = (K, E, D)$ 是一个明文空间 $\mathcal{M}$ 上的对称密码, $\mathcal{A}$ 是一个没有限制其计算能力的敌手.

游戏 1.1.1 $\text{Game}_{\mathcal{A},\Pi}^{\text{sym-eav}}$ 的执行流程如下:

(1) 敌手 $\mathcal{A}$ 输出一对消息 $m_0, m_1 \in \mathcal{M}$.

(2) 通过运行 K 产生随机密钥 k, 选择一个随机比特 $b \leftarrow \{0,1\}$(这些由正在与敌手 $\mathcal{A}$ 玩游戏的某个假想实体选择). 那么这个假想实体可计算出密文 $c \leftarrow E_k(m_b)$ 并发送给敌手 $\mathcal{A}$.

(3) 敌手 $\mathcal{A}$ 产生一个比特 b'.

(4) 如果 $b' = b$, 则该游戏输出 1; 否则, 输出 0. 如果输出是 1, 我们记 $\text{Game}_{\mathcal{A},\Pi}^{\text{sym-eav}} = 1$, 在这种情况下, 就说敌手 $\mathcal{A}$ 成功了, 也说敌手 $\mathcal{A}$ 赢得了该游戏.

记游戏 $\text{Game}_{\mathcal{A},\Pi}^{\text{sym-eav}}$ 成功的概率为 $\Pr[\text{Game}_{\mathcal{A},\Pi}^{\text{sym-eav}} = 1]$, 显然, $\Pr[\text{Game}_{\mathcal{A},\Pi}^{\text{sym-eav}} = 1] = \Pr[b' = b]$.

定义 1.1.3(完善保密性)   设 $\Pi = (K, E, D)$ 是一个明文空间 $\mathcal{M}$ 上的对称

密码, 称 Π 是完善保密的, 如果对每个敌手 $\mathcal{A}$, 都有

$$\Pr[\text{Game}_{\mathcal{A},\Pi}^{\text{sym-eav}} = 1] = \frac{1}{2}$$

接下来, 介绍 "一次一密" 密码.

不失一般性, 可假定明文、密钥和密文都是二元数字序列即 0、1 序列, 置

$$\mathcal{M} = \{m = (m_1, m_2, \cdots, m_L) \,|\, m_i \in \{0,1\}, 1 \leqslant i \leqslant L\}$$

$$\mathcal{K} = \{k = (k_1, k_2, \cdots, k_L) \,|\, k_i \in \{0,1\}, 1 \leqslant i \leqslant L\}$$

$$\mathcal{C} = \{c = (c_1, c_2, \cdots, c_L) \,|\, c_i \in \{0,1\}, 1 \leqslant i \leqslant L\}$$

假定 $\mathcal{M}$ 和 $\mathcal{K}$ 相互统计独立.

"一次一密" 密码是满足如下条件的一个 3 重 PPT 算法组 $\Pi = (K, E, D)$:

(1) 密钥生成算法 K. 根据均匀分布 (即密钥空间中 2^L 个串中的每个串都恰以 2^{-L} 的概率被选为密钥), K 从 $\mathcal{K}$ 中选择随机串 $k \in \mathcal{K}$.

(2) 加密算法 E. 给定密钥 $k \in \mathcal{K}$ 和消息 $m \in \mathcal{M}$, 计算 $c = E_k(m) = m \oplus k$, 式中的加法是逐位异或 (即逐位模 2 加), 即 $c_l = m_l \oplus k_l, 1 \leqslant l \leqslant L$.

(3) 解密算法 D. 给定密钥 $k \in \mathcal{K}$ 和密文 $c \in \mathcal{C}$, 计算 $m = k \ominus c$, 式中的减法是逐位模 2 减, 对于二元域, 模 2 加与模 2 减一样.

Shannon 证明了上述 "一次一密" 密码是完善保密的, 即在唯密文攻击下是安全的.

2. 计算安全性

虽然上述 "一次一密" 密码在唯密文攻击下是安全的, 但易受已知明文攻击 (这种环境下, 敌手获得至少一对用同一密钥加密的明密文, 然后试图确定某一其他密文所对应的明文), 这是因为密钥 k 可由明文 m 和密文 c 进行模 2 加获得. 这就要求每发送一条消息都要产生一个新的密钥并在一个安全的信道上传送, 这同时也给密钥管理带来了严重的问题. 因此, 无条件安全密码是很不实用的, 也具有很大的局限性, 但在军事和外交领域很早就使用了这种体制. 在实际中, 人们设计一个密码算法的目标是希望一个密钥能用来加密一条相对长的明文串 (也就是一个密钥能用来加密许多消息) 并且至少是计算上安全的. 因此, 我们以下主要讨论计算上安全的密码算法. 计算上安全的密码算法在给定足够的资源 (如时间、空间、设备和资金) 下总是可破解的.

在 Shannon[2] 提出的 "扩散"(diffusion) 和 "混淆"(confusion) 密码设计原则下, 20 世纪 60 年代至 70 年代间, 许多研究人员和机构都设计了新的对称密码, 其中由 Feistel 领导的 IBM 公司设计小组设计了 Lucifer 密码. 1973 年, 美国国家

标准局 (NBS, 1901—1988 年, 1988 年改为美国国家标准技术研究所 (NIST)) 为了保护美国联邦机构的敏感信息, 开始征集数据加密算法. 从提交的建议中, 选择了由 IBM 公司提交的 Lucifer 算法的改进版本. 1977 年采纳为联邦信息处理标准 (FIPS PUB 46), 取名为数据加密标准 (data encryption standard, DES). 1997 年, 美国国家标准技术研究所 (NIST) 开始征集 DES 的替代品, 它被称为高级加密标准 (AES). 征集要求 AES 能够支持 128 比特、192 比特和 256 比特的密钥长度, 分组长度为 128 比特, 能够在各类软硬件设备上方便地实现, 具有令人满意的效率和安全性. 最终, 由比利时研究人员 Daemen 和 Rijmen 提交的 Rijndael 算法于 2001 年被采纳为联邦信息处理标准 (FIPS PUB 197).

已设计出很多对称密码, 常见的分组密码主要有 DES、AES、IDEA、RC5、SMS4 等, 常见的序列密码主要有 RC4、SNOW3G、ZUC 等. 分组密码最常见的结构主要有两种: Feistel 结构和 SP(substitution-permutation) 结构, 其典型分析方法主要有差分分析、线性分析等. 序列密码最常见的结构主要有 3 种: 组合生成器、过滤生成器和收缩生成器, 其分析方法主要有相关分析、代数分析等.

由于本书中主要将对称密码作为组件来应用, 因此, 这里主要介绍对称密码安全性的形式化定义. 在计算安全性意义上, 敌手 $\mathcal{A}$ 是多项式时间的. 通过修改游戏 1.1.1 即 $\text{Game}_{\mathcal{A},\Pi}^{\text{sym-eav}}$ 可获得如下游戏 $\text{Game}_{\mathcal{A},\Pi}^{\text{sym-eav}}(n)$, 即游戏 1.1.2.

游戏 1.1.2 $\text{Game}_{\mathcal{A},\Pi}^{\text{sym-eav}}(n)$ 的执行流程如下:

(1) 敌手 $\mathcal{A}$ 对给定的输入 1^n, 产生一对同样长度的消息 m_0, m_1(没有限制 m_0, m_1 的长度, 只是要求二者具有相同的长度即可. 当然, 由于敌手 $\mathcal{A}$ 是多项式时间的, 所以, m_0, m_1 的长度都是安全参数 n 的多项式).

(2) 通过运行 $K(1^n)$ 产生密钥 k, 选择一个随机比特 $b \leftarrow \{0,1\}$. 计算密文 $c \leftarrow E_k(m_b)$ 并发送给敌手 $\mathcal{A}$. 称 c 为挑战密文.

(3) 敌手 $\mathcal{A}$ 产生一个比特 b'.

(4) 如果 $b' = b$, 则该游戏输出 1; 否则, 输出 0. 如果输出是 1, 我们记 $\text{Game}_{\mathcal{A},\Pi}^{\text{sym-eav}}(n) = 1$, 在这种情况下, 就说敌手 $\mathcal{A}$ 成功了, 也说敌手 $\mathcal{A}$ 赢得了该游戏.

我们记游戏 $\text{Game}_{\mathcal{A},\Pi}^{\text{sym-eav}}(n)$ 成功的概率为 $\Pr[\text{Game}_{\mathcal{A},\Pi}^{\text{sym-eav}}(n) = 1]$, 显然, $\Pr[\text{Game}_{\mathcal{A},\Pi}^{\text{sym-eav}}(n) = 1] = \Pr[b' = b]$.

现在我们来定义对称密码的窃听不可区分性 (eavesdropping indistinguishability), 也就是在存在窃听者的情况下具有不可区分的加密.

定义 1.1.4 (对称密码的窃听不可区分性) 设 $\Pi = (K, E, D)$ 是一个对称密码, 称 Π 是窃听不可区分的, 如果对所有的 PPT 敌手 $\mathcal{A}$, 都存在可忽略函数 neg,

使得

$$\Pr[\text{Game}_{\mathcal{A},\Pi}^{\text{sym-eav}}(n) = 1] \leqslant \frac{1}{2} + \text{neg}(n)$$

这里的概率取自由敌手 $\mathcal{A}$ 使用的随机掷币, 以及使用在游戏中的随机掷币 (如选择密钥、随机比特 b 和使用在加密过程中的任何随机掷币).

接下来, 我们给出对称密码在选择明文攻击 (chosen-plaintext attack, CPA) 环境下的安全性定义, 即 CPA 安全性定义, 也就是在选择明文攻击下具有不可区分的加密.

CPA 的基本理念是敌手 $\mathcal{A}$ 被允许请求适当选择的多个消息的加密. 这可通过允许 $\mathcal{A}$ 自由地和一个加密谕示器 (oracle, 也译为 "预言机" 或 "谕示或预言") 交互来形式化, 谕示器可视作一个使用密钥 k 加密 $\mathcal{A}$ 选择的消息 ($\mathcal{A}$ 不知道 k) 的 "黑盒子"(black-box). 计算机科学中一般采用符号 $\mathcal{A}^O$ 表示允许访问谕示器 O 的 $\mathcal{A}$ 的计算, 因此, 我们用 $\mathcal{A}^{E_k}$ 表示允许访问使用密钥 k 的加密谕示器的 $\mathcal{A}$ 的计算. 当 $\mathcal{A}$ 询问它的谕示器时, 它通过提供明文消息 m 作为谕示器的输入, 谕示器返回密文 $c \leftarrow E_k(m)$ 作为回答. 当 E 是概率算法时, 谕示器使用新鲜的随机掷币回答每次的询问.

为了定义对称密码 $\Pi = (K, E, D)$ 的 CPA 安全性, 我们先定义游戏 $\text{Game}_{\mathcal{A},\Pi}^{\text{sym-cpa}}(n)$, 即游戏 1.1.3. 这里 $\mathcal{A}$ 是多项式时间敌手, n 是安全参数.

游戏 1.1.3 $\text{Game}_{\mathcal{A},\Pi}^{\text{sym-cpa}}(n)$ 的执行流程如下:

(1) 通过运行 $K(1^n)$ 产生密钥 k.

(2) 敌手 $\mathcal{A}$ 对给定的输入 1^n 并访问加密谕示器 E_k, 产生一对同样长度的消息 m_0, m_1.

(3) 选择一个随机比特 $b \leftarrow \{0,1\}$, 然后计算密文 $c \leftarrow E_k(m_b)$ 并发送给敌手 $\mathcal{A}$. 称 c 为挑战密文.

(4) 敌手 $\mathcal{A}$ 继续访问加密谕示器 E_k, 并产生一个比特 b'.

(5) 如果 $b' = b$, 则该游戏输出 1; 否则, 输出 0. 如果输出是 1, 我们记 $\text{Game}_{\mathcal{A},\Pi}^{\text{sym-cpa}}(n) =1$, 在这种情况下, 就说 $\mathcal{A}$ 成功了, 也说敌手 $\mathcal{A}$ 赢得了该游戏.

我们记游戏 $\text{Game}_{\mathcal{A},\Pi}^{\text{sym-cpa}}(n)$ 成功的概率为 $\Pr[\text{Game}_{\mathcal{A},\Pi}^{\text{sym-cpa}}(n) = 1]$, 显然, $\Pr[\text{Game}_{\mathcal{A},\Pi}^{\text{sym-cpa}}(n) = 1] = \Pr[b' = b]$.

定义 1.1.5 (对称密码的 CPA 安全性) 设 $\Pi = (K, E, D)$ 是一个对称密码, 称 Π 是 CPA 安全的, 如果对所有的 PPT 敌手 $\mathcal{A}$, 都存在可忽略函数 neg, 使得

$$\Pr[\text{Game}_{\mathcal{A},\Pi}^{\text{sym-cpa}}(n) = 1] \leqslant \frac{1}{2} + \text{neg}(n)$$

这里的概率取自敌手 $\mathcal{A}$ 使用的随机掷币, 以及使用在游戏中的随机掷币.

显然, 如果一个对称密码 $\Pi = (K, E, D)$ 是 CPA 安全的, 则它也一定是窃听不可区分的. 这是由于游戏 $\text{Game}_{\mathcal{A},\Pi}^{\text{sym-eav}}(n)$ 是游戏 $\text{Game}_{\mathcal{A},\Pi}^{\text{sym-cpa}}(n)$ 的特殊情况, 在游戏 $\text{Game}_{\mathcal{A},\Pi}^{\text{sym-eav}}(n)$ 中敌手没有使用谕示器.

最后, 我们给出对称密码在选择密文攻击 (chosen-ciphertext attack, CCA) 环境下的安全性定义, 即 CCA 安全性定义, 也就是在选择密文攻击下具有不可区分的加密. 在 CCA 安全性的定义中, 敌手 $\mathcal{A}$ 除了可访问一个加密谕示器, 还可访问一个解密谕示器. 设 $\Pi = (K, E, D)$ 是一个对称密码, 我们定义游戏 $\text{Game}_{\mathcal{A},\Pi}^{\text{sym-cca}}(n)$, 即游戏 1.1.4. 这里 $\mathcal{A}$ 是多项式时间敌手, n 是安全参数.

游戏 1.1.4　$\text{Game}_{\mathcal{A},\Pi}^{\text{sym-cca}}(n)$ 的执行流程如下:

(1) 通过运行 $K(1^n)$ 产生密钥 k.

(2) 敌手 $\mathcal{A}$ 对给定的输入 1^n, 并访问加密谕示器 E_k 和解密谕示器 D_k, 产生一对同样长度的消息 m_0, m_1.

(3) 选择一个随机比特 $b \leftarrow \{0, 1\}$, 然后计算密文 $c \leftarrow E_k(m_b)$ 并发送给敌手 $\mathcal{A}$. 称 c 为挑战密文.

(4) 敌手 $\mathcal{A}$ 继续访问加密谕示器 E_k 和解密谕示器 D_k, 但对挑战密文本身不允许询问解密谕示器 D_k. 最后, 敌手 $\mathcal{A}$ 产生一个比特 b'.

(5) 如果 $b' = b$, 则该游戏输出 1; 否则, 输出 0. 如果输出是 1, 我们记 $\text{Game}_{\mathcal{A},\Pi}^{\text{sym-cca}}(n) = 1$, 在这种情况下, 就说 $\mathcal{A}$ 成功了, 也说敌手 $\mathcal{A}$ 赢得了该游戏.

我们记游戏 $\text{Game}_{\mathcal{A},\Pi}^{\text{sym-cca}}(n)$ 成功的概率为 $\Pr[\text{Game}_{\mathcal{A},\Pi}^{\text{sym-cca}}(n) = 1]$, 显然, $\Pr[\text{Game}_{\mathcal{A},\Pi}^{\text{sym-cca}}(n) = 1] = \Pr[b' = b]$.

定义 1.1.6 (对称密码的 CCA 安全性)　设 $\Pi = (K, E, D)$ 是一个对称密码, 称 Π 是 CCA 安全的, 如果对所有的 PPT 敌手 $\mathcal{A}$, 都存在可忽略函数 neg, 使得

$$\Pr[\text{Game}_{\mathcal{A},\Pi}^{\text{sym-cca}}(n) = 1] \leqslant \frac{1}{2} + \text{neg}(n)$$

这里的概率取自使用在游戏中的所有随机掷币.

1.1.3　公钥密码算法

Diffie 和 Hellman[5] 于 1976 年发表的论文 *New directions in cryptography* 引发了密码学上的一场革命, 他们首次证明了在发送者和接收者之间无密钥传输的保密通信是可能的, 从而开创了公钥密码学的新纪元. 与对称密码相比, 公钥密码算法 (习惯上, 也称为公钥密码) 有两个不同的密钥, 它可以将加密功能和解密功能分开: 一个密钥称为私钥, 像在对称密码中一样, 该密钥被秘密保存; 另一个密钥称为公钥, 不需要保密. 公钥密码必须具有如下特性: 给定公钥, 要确定出私钥是计算上不可行的.

公钥密码有两种基本模型: 一种是加密模型; 另一种是认证模型. 如图 1.1.2 所示.

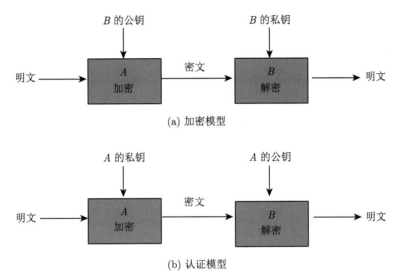

(a) 加密模型

(b) 认证模型

图 1.1.2 公钥密码模型

在加密模型中, 假定存在一个包含各通信方的公钥的公开目录 (类似于传统的电话号码簿), 那么任何一方都可以使用这些密钥向另一方发送机密信息. 其具体办法是发送者查出接收者的公钥并使用该公钥加密消息. 只有拥有相应的私钥的接收者才能解读消息. 用于加密模型的公钥密码通常称为公钥加密方案或算法, 也简称为公钥加密.

在认证模型中, 将公钥用作解密密钥, 任何人都可以从目录中获得解密密钥, 从而可以解读消息. 其具体办法是接收者查出发送者的公钥并使用该公钥解密消息. 只有拥有相应私钥的人才能产生该消息. 可见, 公钥密码可用于数据起源的认证, 并且可确保信息的完整性. 用于认证模型的公钥密码通常称为数字签名方案或算法, 习惯上, 也称为数字签名.

如果一个公钥密码可用于这两种模型, 则将该公钥密码称为可逆公钥密码. 否则, 称为不可逆公钥密码.

对密码算法设计者而言, 公钥密码的设计要比对称密码的设计更具挑战性, 因为公开的密钥为攻击算法提供了一定的信息. 目前所使用的公钥密码的安全性基础主要是数学中的困难问题. 最流行的公钥密码主要有两大类: 一类是基于大整数分解问题的, 如 RSA、Rabin; 另一类是基于离散对数问题的, 如 ElGamal、椭圆曲线密码 (ECC)、DSA、ECDSA.

近年来, 随着量子计算 (quantum computing) 技术的发展及其对目前在用的基于大整数分解和离散对数问题的公钥密码可能造成的影响, 基于其他困难问题的公钥密码研究越来越受到关注, 这就是目前人们高度重视的抗量子计算攻击密码, 也称为后量子密码 (post-quantum cryptography). 被普遍认可的、基于数学的抗量子计算攻击公钥密码主要有 5 类: 格密码、基于编码的密码、多变量密码、基于 Hash 函数或分组密码的密码和基于椭圆曲线同源的密码.

本书的内容大都基于公钥密码, 与公钥密码息息相关, 因此, 这里较详细地介绍一下公钥密码及其安全性的形式化定义、常用的计算假设和具体实例.

1. 公钥密码及其安全性的形式化定义

在计算复杂性理论框架下讨论公钥密码及其安全性的形式化定义, 常常会用到计算不可区分性这个概念, 其定义如下.

定义 1.1.7 (计算不可区分性)   设 $\{X_n\}$ 和 $\{Y_n\}$ 是两个概率空间, 称它们是 (多项式时间) 计算不可区分的, 如果对任意多项式 $p(\cdot)$, 任意 PPT 算法 D 及所有辅助输入 $z \in \{0,1\}^{\text{poly}(n)}$, 对于足够大的 n, 都有

$$| \Pr[D(X_n, 1^n, z) = 1] - \Pr[D(Y_n, 1^n, z) = 1] | < 1/p(n)$$

用 $\{X_n\} \overset{c}{\approx} \{Y_n\}$ 或 $\{X_n\} \approx \{Y_n\}$ 表示两个概率空间 $\{X_n\}$ 和 $\{Y_n\}$ 是计算不可区分的.

定义 1.1.7 是说, 不存在明显可区分概率空间 $\{X_n\}$ 和 $\{Y_n\}$ 的 PPT 算法, 即在多项式时间内, 任何 PPT 区分算法的成功概率总是可忽略的. 有时也将不可区分性称为不可分辨性.

首先, 我们给出公钥加密及其安全性的形式化定义.

定义 1.1.8 (公钥加密)   一个公钥加密是满足如下条件的 3 重 PPT 算法组 $\Pi = (K, E, D)$:

(1) 密钥生成算法 K. K 以 1^n 作为输入产生一对密钥 (pk, sk), pk 称为公钥, sk 称为私钥. 为方便起见, 我们假定公钥和私钥的长度至少都为 n(n 为安全参数), n 可由 pk 和 sk 确定.

(2) 加密算法 E. E 以公钥 pk 和消息 m(m 来源于某一明文空间, 有可能依赖于 pk) 作为输入, 产生密文 c, 记为 $c \leftarrow E_{pk}(m)$.

(3) 解密算法 D. D 以私钥 sk 和密文 c 作为输入, 产生消息 m 或特殊符号 $\perp$("$\perp$" 表示失败). 不失一般性, 可假定 D 是确定性算法, 记为 $m = D_{sk}(c)$.

如果对每个 n, 每个由 $K(1^n)$ 产生的 (pk, sk), 每个消息 m, 都有

$$\Pr[D_{sk}(E_{pk}(m)) = m] = 1 \quad (\text{或 } \Pr[D_{sk}(E_{pk}(m)) \neq m] \leqslant \text{neg}(n))$$

则称公钥加密 $\Pi = (K, E, D)$ 是正确的. 这里 neg 是一个可忽略函数.

一般而言, 公钥加密的安全目标是单向的 (one-way, OW), 即在不知道私钥的情况下, 敌手 $\mathcal{A}$(可视作一个 PPT 算法) 成功地对 E 求逆的概率是可忽略的, 亦即概率

$$\Pr[(pk, sk) \leftarrow K(1^n), \mathcal{A}(pk, E_{pk}(m)) = m]$$

是可忽略的.

然而, 许多应用要求更强的安全性. 类似于对称密码, 这些安全性主要包括窃听不可区分性、CPA 安全性和 CCA 安全性等. 设 $\Pi = (K, E, D)$ 是一个公钥加密, 所定义的游戏中的敌手 $\mathcal{A}$ 是多项式时间的, n 是安全参数.

游戏 1.1.5 $\mathrm{Game}_{\mathcal{A},\Pi}^{\mathrm{pub\text{-}eav}}(n)$ 的执行流程如下:

(1) 通过运行 $K(1^n)$ 产生一对密钥 (pk, sk).

(2) 敌手 $\mathcal{A}$ 对给定的 pk 产生一对同样长度的消息 m_0, m_1(这些消息必须在与 pk 相关联的明文空间中).

(3) 选择一个随机比特 $b \leftarrow \{0, 1\}$. 然后计算密文 $c \leftarrow E_{pk}(m_b)$ 并发送给敌手 $\mathcal{A}$. 称 c 为挑战密文.

(4) 敌手 $\mathcal{A}$ 产生一个比特 b'.

(5) 如果 $b' = b$, 则该游戏输出 1; 否则, 输出 0. 如果输出的是 1, 我们记 $\mathrm{Game}_{\mathcal{A},\Pi}^{\mathrm{pub\text{-}eav}}(n) = 1$, 在这种情况下, 就说敌手 $\mathcal{A}$ 成功了, 也说敌手 $\mathcal{A}$ 赢得了该游戏.

我们记游戏 $\mathrm{Game}_{\mathcal{A},\Pi}^{\mathrm{pub\text{-}eav}}(n)$ 成功的概率为 $\Pr[\mathrm{Game}_{\mathcal{A},\Pi}^{\mathrm{pub\text{-}eav}}(n) = 1]$, 显然, $\Pr[\mathrm{Game}_{\mathcal{A},\Pi}^{\mathrm{pub\text{-}eav}}(n) = 1] = \Pr[b' = b]$.

定义 1.1.9 (公钥加密的窃听不可区分性) 设 $\Pi = (K, E, D)$ 是一个公钥加密, 称 Π 是窃听不可区分的, 如果对所有的 PPT 敌手 $\mathcal{A}$, 都存在可忽略函数 neg, 使得

$$\Pr[\mathrm{Game}_{\mathcal{A},\Pi}^{\mathrm{pub\text{-}eav}}(n) = 1] \leqslant \frac{1}{2} + \mathrm{neg}(n)$$

游戏 1.1.6 $\mathrm{Game}_{\mathcal{A},\Pi}^{\mathrm{pub\text{-}cpa}}(n)$ 的执行流程如下:

(1) 通过运行 $K(1^n)$ 产生一对密钥 (pk, sk).

(2) 敌手 $\mathcal{A}$ 对给定的 pk 并访问加密谕示器 E_{pk}, 产生一对同样长度的消息 m_0, m_1(这些消息必须在与 pk 相关联的明文空间中).

(3) 选择一个随机比特 $b \leftarrow \{0, 1\}$. 然后计算密文 $c \leftarrow E_{pk}(m_b)$ 并发送给敌手 $\mathcal{A}$. 称 c 为挑战密文.

(4) 敌手 $\mathcal{A}$ 继续访问加密谕示器 E_{pk}, 并产生一个比特 b'.

(5) 如果 $b' = b$, 则该游戏输出 1; 否则, 输出 0. 如果输出是 1, 我们记 $\mathrm{Game}_{\mathcal{A},\Pi}^{\mathrm{pub\text{-}cpa}}(n) = 1$, 在这种情况下, 就说敌手 $\mathcal{A}$ 成功了, 也说敌手 $\mathcal{A}$ 赢得了该游戏.

我们记游戏 $\text{Game}_{\mathcal{A},\Pi}^{\text{pub-cpa}}(n)$ 成功的概率为 $\Pr[\text{Game}_{\mathcal{A},\Pi}^{\text{pub-cpa}}(n) = 1]$, 显然, $\Pr[\text{Game}_{\mathcal{A},\Pi}^{\text{pub-cpa}}(n) = 1] = \Pr[b' = b]$.

定义 1.1.10 (公钥加密的 CPA 安全性)　设 $\Pi = (K, E, D)$ 是一个公钥加密, 称 Π 是 CPA 安全的, 如果对所有的 PPT 敌手 $\mathcal{A}$, 都存在可忽略函数 neg, 使得

$$\Pr[\text{Game}_{\mathcal{A},\Pi}^{\text{pub-cpa}}(n) = 1] \leqslant \frac{1}{2} + \text{neg}(n)$$

从上述定义可以看出, 加密谕示器是不必要的, 因为敌手自己可通过使用公钥加密消息. 可证明 [4], 如果一个公钥加密是窃听不可区分的, 则它也是 CPA 安全的.

游戏 1.1.7　$\text{Game}_{\mathcal{A},\Pi}^{\text{pub-cca}}(n)$ 的执行流程如下:

(1) 通过运行 $K(1^n)$ 产生一对密钥 (pk, sk).

(2) 敌手 $\mathcal{A}$ 对给定的 pk 并访问解密谕示器 D_{sk}, 产生一对同样长度的消息 m_0, m_1(这些消息必须在与 pk 相关联的明文空间中).

(3) 选择一个随机比特 $b \leftarrow \{0,1\}$. 然后计算密文 $c \leftarrow E_{pk}(m_b)$ 并发送给敌手 $\mathcal{A}$. 称 c 为挑战密文.

(4) 敌手 $\mathcal{A}$ 继续与解密谕示器 D_{sk} 交互, 但不允许请求 c 本身的解密. 最后, 敌手 $\mathcal{A}$ 产生一个比特 b'.

(5) 如果 $b' = b$, 则该游戏输出 1; 否则, 输出 0. 如果输出的是 1, 我们记 $\text{Game}_{\mathcal{A},\Pi}^{\text{pub-cca}}(n) = 1$, 在这种情况下, 就说敌手 $\mathcal{A}$ 成功了, 也说敌手 $\mathcal{A}$ 赢得了该游戏.

我们记游戏 $\text{Game}_{\mathcal{A},\Pi}^{\text{pub-cca}}(n)$ 成功的概率为 $\Pr[\text{Game}_{\mathcal{A},\Pi}^{\text{pub-cca}}(n) = 1]$, 显然, $\Pr[\text{Game}_{\mathcal{A},\Pi}^{\text{pub-cca}}(n) = 1] = \Pr[b' = b]$.

定义 1.1.11 (公钥加密的 CCA 安全性)　设 $\Pi = (K, E, D)$ 是一个公钥加密, 称 Π 是 CCA 安全的, 如果对所有的 PPT 敌手 $\mathcal{A}$, 都存在可忽略函数 neg, 使得

$$\Pr[\text{Game}_{\mathcal{A},\Pi}^{\text{pub-cca}}(n) = 1] \leqslant \frac{1}{2} + \text{neg}(n)$$

接下来, 我们给出数字签名及其安全性的形式化定义.

定义 1.1.12 (数字签名)　一个数字签名是满足如下条件的 3 重 PPT 算法组 $\Pi = (K, S, V)$:

(1) 密钥生成算法 K. K 以 1^n 作为输入产生一对密钥 (pk, sk), 分别称为公钥和私钥. 为方便起见, 我们假定公钥和私钥的长度至少都为 n(n 为安全参数), n 可由 pk 和 sk 确定.

(2) 签名算法 S. S 以私钥 sk 和消息 $m \in \{0,1\}^*$ 作为输入, 产生签名 (signature)σ, 记为 $\sigma \leftarrow S_{sk}(m)$.

(3) 验证算法 V. V 以公钥 pk、消息 m 和签名 σ 作为输入, 产生一个比特 b. $b = 1$ 意味着签名合法, $b = 0$ 意味着签名不合法. 不失一般性, 可假定 V 是确定性算法, 记为 $b = V_{pk}(m, \sigma)$.

如果对每个 n, 每个由 $K(1^n)$ 产生的 (pk, sk), 每个 $m \in \{0,1\}^*$, 都有

$$V_{pk}(m, S_{sk}(m)) = 1 \quad (\text{或} \Pr[V_{pk}(m, S_{sk}(m)) = 1] = 1)$$

则称数字签名 $\Pi = (K, S, V)$ 是正确的.

如果对每个由 $K(1^n)$ 产生的 (pk, sk), 算法 S 只定义于消息 $m \in \{0,1\}^{l(n)}$, 即 S 只对 $\{0,1\}^{l(n)}$ 中的消息 m 有定义 (此时, 对任何 $m \notin \{0,1\}^{l(n)}$, 算法 V_{pk} 输出 0), 则称 $\Pi = (K, S, V)$ 是一个消息长度为 $l(n)$ 的数字签名.

对任一数字签名 $\Pi = (K, S, V)$, 敌手 $\mathcal{A}$ 的模型如下:

(1) $\mathcal{A}$ 的目标是揭示签名者私钥 (完全破译), 或者构造成功率高的伪签名算法 (通用伪造), 或者提供一个新的消息–签名对 (存在性伪造). 存在性伪造一般并不危及安全, 因为输出消息很可能无意义, 但这样的方案本身不能确保签名方的身份. 例如, 不能用来确认伪随机元素 (如密钥), 也不能用来支持不可否认性.

(2) $\mathcal{A}$ 进行未知消息攻击或已知消息攻击. 后一种情况中最强的攻击是 "自适应选择消息攻击"(adaptive chosen-message attack), 即 $\mathcal{A}$ 可以向签名方询问对任何消息的签名 (当然不能询问欲伪造消息的签名, 这是一种自明的约定), 因而, 可能根据以前的回答自适应地修改随后的询问.

现在我们来定义数字签名的安全性, 即自适应选择消息攻击下存在性不可伪造 (existentially unforgeable under an adaptive chosen-message attack). 存在性不可伪造是指敌手不能对任何消息伪造合法的签名. 自适应选择消息攻击是指敌手能够获得它想要的任何消息的签名, 敌手在攻击过程中可自适应地选择这些消息. 在自适应选择消息攻击中, 允许敌手 $\mathcal{A}$ 访问一个签名谕示器 S_{sk}, 这个谕示器模拟了 "自适应选择消息询问". 设 $\Pi = (K, S, V)$ 是一个数字签名, 我们定义游戏 $\mathrm{Game}_{\mathcal{A}, \Pi}^{\mathrm{Sig\text{-}forge}}(n)$, 即游戏 1.1.8. 这里 $\mathcal{A}$ 是多项式时间敌手, n 是安全参数.

游戏 1.1.8 $\mathrm{Game}_{\mathcal{A}, \Pi}^{\mathrm{Sig\text{-}forge}}(n)$ 的执行流程如下:

(1) 通过运行 $K(1^n)$ 产生一对密钥 (pk, sk).

(2) 敌手 $\mathcal{A}$ 对给定的 pk 并访问签名谕示器 S_{sk}(这个谕示器对敌手选择的任何消息 m 返回一个签名 $S_{sk}(m)$), 产生一个对 (m, σ). 设 Q 表示 $\mathcal{A}$ 在执行期间请求的所有签名的集合.

(3) 该游戏的输出是 1, 当且仅当 $V_{pk}(m, \sigma) = 1$ 且 $m \notin Q$. 如果输出的是 1, 我们记 $\mathrm{Game}_{\mathcal{A}, \Pi}^{\mathrm{Sig\text{-}forge}}(n) = 1$, 在这种情况下, 就说敌手 $\mathcal{A}$ 成功了, 也说敌手 $\mathcal{A}$ 赢得了该游戏.

我们记游戏 $\text{Game}_{\mathcal{A},\Pi}^{\text{Sig-forge}}(n)$ 成功的概率为 $\Pr[\text{Game}_{\mathcal{A},\Pi}^{\text{Sig-forge}}(n) = 1]$, 显然, $\Pr[\text{Game}_{\mathcal{A},\Pi}^{\text{Sig-forge}}(n) = 1] = \Pr[V_{pk}(m,\sigma) = 1, m \notin Q]$.

定义 1.1.13 (数字签名的安全性) 设 $\Pi = (K, S, V)$ 是一个数字签名, 称 Π 是安全的, 即是自适应选择消息攻击下存在性不可伪造的, 如果对所有的 PPT 敌手 $\mathcal{A}$, 都存在可忽略函数 neg, 使得

$$\Pr[\text{Game}_{\mathcal{A},\Pi}^{\text{Sig-forge}}(n) = 1] \leqslant \text{neg}(n)$$

有时我们会用到 "安全方案" 这一概念, 它一般是指加密算法、数字签名、密钥交换、认证等密码算法和安全协议的统称, 但有时也特指安全协议.

2. 常用的计算假设

许多安全概念并不能在无条件的情况下得到保证, 因此, 安全性一般依赖于如下计算假设: 单向函数的存在性, 或者单向置换的存在性, 或者陷门单向函数 (置换) 的存在性. 单向函数是满足如下条件的函数 f: 任何人都容易计算函数值, 但是给定 $y = f(x)$, 恢复 x(或 y 的任何原像) 是计算上不可行的. 单向置换是双射的单向函数. 对于加密处理来说, 希望只有接收者才可以求逆, 于是陷门单向置换是特殊的单向置换, 其秘密信息 (即陷门) 有助于对函数进行求逆.

给定计算假设 "在没有陷门信息的情况下, 计算函数的逆是不可行的", 我们希望不需要额外的假设即可得到安全性. 形式上证明这一事实的唯一方法是证明 "攻击安全方案的敌手可构造一个算法, 该算法能够求解基础计算假设".

在计算假设之间存在一个偏序关系: 如果问题 P 比问题 P' 更困难 (P' 归约到 P), 那么问题 P 的困难性假设就比问题 P' 的困难性假设弱. 所需要的假设越弱, 安全方案的安全性就越高.

常用的两类计算假设是:

(1) 整数分解与 RSA 问题.

(2) 离散对数与 Diffie-Hellman 问题. 使用群 $\mathbb{Z}_p^*$ 的循环子群或椭圆曲线上的循环子群.

整数分解问题 对于任意的整数 p 和 q, 给定 $n = p \cdot q$, 计算 p 或 q.

整数乘法只是提供了一个单向函数, 没有任何可能来对其求逆. 现在不知道如何使得整数分解更容易一些. 但是, 有一些代数结构是基于整数 n 的分解, 其中某些计算在不知道 n 的分解的情况下是困难的, 在知道 n 的分解的情况下很容易. 例如, 对于有限环 $\mathbb{Z}_n$, 如果 $n = p \cdot q$, 则同构于 $\mathbb{Z}_p \times \mathbb{Z}_q$.

例如, 对任何元素 x, 计算其 e 次幂是容易的. 但是, 要计算其 e 次根, 看起来需要知道满足 $ed \equiv 1 \bmod \varphi(n)$ 的整数 d. 这里 $\varphi(n)$ 是 Euler 函数 (表示小于 n

且与 n 互素的正整数的个数), 对于 $n = p \cdot q$ 这种特殊情形, $\varphi(n) = (p-1)(q-1)$. 因此, $ed - 1$ 是 $\varphi(n)$ 的倍数, 故等价于 n 的分解.

RSA 问题是 Rivest、Shamir 和 Adleman 在设计 RSA 公钥密码时提出的.

RSA 问题 设 $n = p \cdot q$ 是两个相同规模的大素数的乘积, e 是与 $\varphi(n)$ 互素的整数. 对给定的 $y \in \mathbb{Z}_n^*$($\mathbb{Z}_n^*$ 表示 $\mathbb{Z}_n$ 中所有与 n 互素的整数集合), 计算 y 的模 e 次根 x, 即满足 $x^e \equiv y \bmod n$ 的 $x \in \mathbb{Z}_n^*$.

设 $n = \prod p_i^{\nu_i}$, 则 Euler 函数可用下式来计算

$$\varphi(n) = n \times \prod \left(1 - \frac{1}{p_i} \right)$$

因此, 利用 n 的分解 (陷门), RSA 问题很容易求解. 但是没有人知道是否必须利用 n 的分解来求解 RSA 问题, 更不知道如何在不知道 n 的分解的情况下来求解 RSA 问题.

RSA 假设 对任何两个足够大的素数的乘积 $n = p \cdot q$, RSA 问题是困难的 (可能与分解 n 一样困难).

设 $(\mathbb{G}, \cdot)$ 表示一个阶为 q 的循环群, 其中 q 是素数, $\mathbb{Z}_q^* = \mathbb{Z}_q \backslash \{0\}$. 令 g 为 $\mathbb{G}$ 的一个生成元, 即 $\mathbb{G} = \langle g \rangle = \{g^i, 0 \leqslant i \leqslant q - 1\}$. 下面描述与离散对数相关的困难问题.

离散对数 (DL) 问题 给定 $y \in \mathbb{G}$, 计算 $x \in \mathbb{Z}_q^*$, 使得 $y = g^x$, 记为 $x = \log_g y$.

计算 Diffie-Hellman(CDH) 问题 对于任意的整数 $a, b \in \mathbb{Z}_q^*$, 给定 (g, g^a, g^b), 计算 g^{ab}.

判定 Diffie-Hellman(DDH) 问题 对于任意的整数 $a, b, c \in \mathbb{Z}_q^*$, 给定 (g, g^a, g^b, g^c), 判定是否有 $c \equiv ab \bmod q$ 成立.

上述问题显然是以从强到弱的顺序进行排列的, 即 DL $\geqslant$ CDH $\geqslant$ DDH, 其中 A$\geqslant$B 表示问题 A 至少与问题 B 一样困难. 然而, 在实际中, 没有人知道如何求解其中的任何一个问题, 除非可以破解 DL 问题本身. 而且, 这些问题都是随机自归约的, 即任何实例都可以归约到一个均匀分布的实例. 例如, 对于一个给定的元素 y, 想要计算它对于基底 g 的离散对数 x. 我们随机选择一个 $t \leftarrow \mathbb{Z}_q$, 计算 $z = ty$. 那么 z 就是群中均匀分布的元素, 而根据离散对数 $\alpha = \log_g z$ 就可以计算出 $x = \alpha - \log_g t$. 因此, 它们只有平均复杂情形, 如果能够在多项式时间内求解不可忽略的部分实例, 那么就可以在期望的多项式时间内求解任何实例.

类似于 RSA 假设, 我们可定义 CDH 假设和 DDH 假设. 关于 CDH 问题和 DDH 问题还有很多等价的表示方式, 我们在后续的章节中用到时会详细介绍.

3. 公钥密码具体实例

这里介绍两个公钥密码具体实例, 即 RSA 公钥密码和 ElGamal 公钥密码. 首先, 介绍 RSA 公钥密码.

RSA 是 Rivest、Shamir 和 Adleman 于 1977 年提出的第一个真正意义上的公钥密码, 它是一个可逆公钥密码, 以其发明者 Rivest、Shamir 和 Adleman 的首字母来命名. 它利用了如下基本事实: 寻找大素数是相对容易的, 而分解两个大素数的乘积是计算上不可行的.

RSA 公钥密码的密钥对的产生过程如下: 随机产生两个大素数 p 和 q, 计算 $n = pq$, 公开 n, 保密 p, q. 随机选取一个数 e, e 是小于 $\varphi(n) = (p-1)(q-1)$ 且与 $\varphi(n)$ 互素的正整数. 利用辗转相除法 (也称为欧几里得算法), 可以找到整数 d 和 r, 使得 $ed + r\varphi(n) = 1$, 亦即 $ed \equiv 1(\mathrm{mod}\,\varphi(n))$.

数 n、e 和 d 分别称为模、加密指数和解密指数. 数 n 和 e 构成公钥, 而数 $p, q, \varphi(n)$ 和 d 构成了私钥.

可用数论知识证明, 指数 d 和 e 具有如下特征: 对任何消息 m, 都有 $(m^e)^d \bmod n = m$.

RSA 公钥加密的工作流程如下:

(1) 对消息 m 的加密过程为: $c = m^e \bmod n$.

(2) 对密文 c 的解密过程为: $m = c^d \bmod n$.

RSA 数字签名的工作流程如下:

(1) 签名生成过程为: 签名者首先计算 $c = m^d \bmod n$, 然后将 (m, c) 发送给验证者.

(2) 签名验证过程为: 验证者验证是否有 $c^e \bmod n = m$, 若是, 签名通过验证.

具体应用时, 为了提高效率或破坏算法的某种数学结构 (如同态结构), 通常使用 Hash 函数先杂凑要签名的消息, 然后对杂凑值 (Hash 值) 进行签名.

接下来, 介绍 ElGamal 公钥密码.

ElGamal 公钥密码是 ElGamal 于 1985 年提出的, 其安全性基于有限域上计算离散对数的困难性. ElGamal 提出了加密和认证两种模型. 认证模型是美国数字签名算法 (DSA) 的基础. 同年, Koblitz 和 Miller 分别将椭圆曲线用于公钥密码的设计. 用椭圆曲线设计的密码称为椭圆曲线密码, 即 ECC. 他们没有发明使用椭圆曲线的密码算法, 而是用有限域上的椭圆曲线实现了已存在的公钥密码. 椭圆曲线上的离散对数的计算要比有限域上的离散对数的计算更困难, 可设计出密钥更短的公钥密码. 这里仅给出 $\mathbb{Z}_p^*$ 上的 ElGamal 公钥密码.

设 p 是一个使得在 $\mathbb{Z}_p$ 上的离散对数问题是难处理的素数, $\alpha \in \mathbb{Z}_p^*$ 是一个生成元, 即 $\mathbb{Z}_p^* = \{\alpha^i, 0 \leqslant i \leqslant p-2\}$, $\beta = \alpha^a \bmod p$, 公开 p, α 和 β, 保密 a.

ElGamal 公钥加密的工作流程如下：

(1) 对消息 x 的加密过程为：秘密地随机选择一个数 $k \leftarrow \mathbb{Z}_{p-1}$, 计算 $y_1 = \alpha^k \bmod p$, $y_2 = x\beta^k \bmod p$, 密文为 (y_1, y_2).

(2) 对消息 x 的解密过程为：对给定的 $y_1, y_2 \in \mathbb{Z}_p^*$, 计算 $x = y_2(y_1^a)^{-1} \bmod p$.

ElGamal 公钥加密是非确定性的, 因为密文依赖于明文 x 和加密者选择的随机值 k. 因此, 同样的明文可被加密成许多不同的密文.

ElGamal 数字签名的工作流程如下：

(1) 签名生成过程为：签名者秘密地随机选择一个数 $k \leftarrow \mathbb{Z}_{p-1}^*$, 计算 $\gamma = \alpha^k \bmod p$, $\delta = (x - a\gamma)k^{-1} \bmod (p-1)$. (γ, δ) 为 x 的签名.

(2) 签名验证过程为：验证者验证是否有 $\beta^\gamma \gamma^\delta \equiv \alpha^x (\bmod p)$, 若是, 签名通过验证.

ElGamal 数字签名也是非确定性的, 这意味着对任何给定的消息都有许多有效的签名, 并且验证者能够将它们中的任何一个作为可信的签名而被接受.

1.1.4 Hash 函数与 MAC

在安全协议的设计中, Hash 函数与 MAC 经常作为组件来应用, 具体函数或算法并不重要, 但必须了解其基本概念和安全特性, 本小节本着这一理念对 Hash 函数与 MAC 做一简要介绍.

1. Hash 函数

Hash(杂凑) 是用计算出的小尺寸数据代表更大尺寸数据的技术, 除了可用于数字签名中提高其有效性、破坏某些数学结构 (如同态结构) 和分离保密与签名外, 还可用于认证、数据完整性检测、随机数产生和加密等. 以上小尺寸数据被称为 Hash 值 (也称为杂凑值或消息摘要), 它是 Hash 函数 $h(\cdot)$ 在大尺寸数据输入下的函数值. 虽然 $h(\cdot)$ 的输出是定长的, 但输入数据的长度可以是任意的, 因此, Hash 函数的计算效率很重要. 如果对一个函数 $h(\cdot)$ 可找到 $x, y (x \neq y)$ 使得 $h(x) = h(y)$, 就说 (x, y) 是 $h(\cdot)$ 的一个碰撞 (collision), 也说 x 和 y 在 $h(\cdot)$ 下碰撞. 设计 Hash 函数的一个基本准则是避免碰撞.

在安全性上, 理想的 Hash 函数 $h(\cdot)$ 应具备如下性质：

(1) **单向性** (one wayness). 对任何给定的 Hash 值 d, 寻找到 x 使得 $d = h(x)$ 是计算上不可行的.

(2) **抗碰撞性** (collision resistance). 抗碰撞性主要有两种：一种是弱抗碰撞性, 是指对任何给定的 x, 寻找到 $y \neq x$, 使得 $h(y) = h(x)$ 是计算上不可行的; 另一种是强抗碰撞性, 是指寻找任何的 (x, y) 对, $x \neq y$, 使得 $h(y) = h(x)$ 是计算上不可行的.

已设计出很多 Hash 函数, 常见的主要有 MD4、MD5、SHA-0、SHA-1、SHA-2、SHA-3、SM3 等. 实用的 Hash 函数一般采用迭代构造方法, 最常见的迭代结构主要有两种: MD 结构和 Sponge 结构. Hash 函数的典型分析方法主要有生日攻击、中间相遇攻击、差分攻击等.

下面介绍 Hash 函数的抗碰撞性的形式化定义. 设 $h : \{0,1\}^* \mapsto \{0,1\}^n$ 是一个 Hash 函数.

游戏 1.1.9 $\mathrm{Game}_{\mathcal{A},h}^{\text{Hash-coll}}(n)$ 的执行流程如下:

(1) 敌手 $\mathcal{A}$ 产生一对 (x, y), $x, y \in \{0,1\}^*$.

(2) 该游戏的输出是 1, 当且仅当 $x \neq y$ 且 $h(x) = h(y)$. 此时, 我们说敌手 $\mathcal{A}$ 找到了一个碰撞. 如果输出是 1, 我们记 $\mathrm{Game}_{\mathcal{A},h}^{\text{Hash-coll}}(n) = 1$, 在这种情况下, 就说敌手 $\mathcal{A}$ 成功了, 也说敌手 $\mathcal{A}$ 赢得了该游戏.

我们记游戏 $\mathrm{Game}_{\mathcal{A},h}^{\text{Hash-coll}}(n)$ 成功的概率为 $\Pr[\mathrm{Game}_{\mathcal{A},h}^{\text{Hash-coll}}(n) = 1]$, 显然, $\Pr[\mathrm{Game}_{\mathcal{A},h}^{\text{Hash-coll}}(n) = 1] = \Pr[x \neq y, h(x) = h(y)]$.

定义 1.1.14 (Hash 函数的抗碰撞性)   设 $h : \{0,1\}^* \mapsto \{0,1\}^n$ 是一个 Hash 函数, 称 h 是抗碰撞的, 如果对所有的 PPT 敌手 $\mathcal{A}$, 都存在可忽略函数 neg, 使得

$$\Pr[\mathrm{Game}_{\mathcal{A},h}^{\text{Hash-coll}}(n) = 1] \leqslant \mathrm{neg}(n)$$

2. MAC

MAC(message authentication code, 消息认证码) 是一种与杂凑方法相关的技术. MAC 也是基于一个大尺寸数据生成一个小尺寸数据, 在安全性上也希望避免碰撞, 但 MAC 有密钥参与, 计算结果类似于一个加密的 Hash 值, 攻击者难以在篡改内容后伪造它. 因此, MAC 就是满足某种安全属性的带密钥的 Hash 函数. MAC 值可以单独使用, 而 Hash 值一般配合数字签名等使用. MAC 主要基于 Hash 函数或分组密码来构造, 常见的主要有 HMAC、CBC-MAC 等.

HMAC 是一种基于 Hash 函数的 MAC, 这种方法已成为国际标准 (ISO/IEC 9797-2:2002). HMAC 的基本观点是: 使用 Hash 函数 H, K_1 和 $K_2(K_1 \neq K_2)$ 计算 $\mathrm{MAC} = H(K_1 \| H(K_2 \| m))$, 其中 K_1 和 K_2 由同一个密钥 K 导出.

下面介绍 MAC 及其安全性的形式化定义.

定义 1.1.15 (MAC)   一个 MAC 是满足如下条件的 3 重 PPT 算法组 $\Pi = (K, T, V)$:

(1) 密钥生成算法 K. K 以 1^n 作为输入产生密钥 k, $|k| \geqslant n(n$ 为安全参数).

(2) 标签生成算法 T. T 以密钥 k 和消息 $m \in \{0,1\}^*$ 作为输入, 产生标签 (tag) t. T 可以是概率算法, 记为 $t \leftarrow T_k(m)$.

(3) 验证算法 V. V 以密钥 k、消息 m 和标签 t 作为输入, 产生一个比特 b. $b = 1$ 意味着消息合法, $b = 0$ 意味着消息不合法. 不失一般性, 可假定 V 是确定性算法, 记为 $b = V_k(m, t)$.

如果对每个 n, 每个由 $K(1^n)$ 产生的 k, 每个 $m \in \{0, 1\}^*$, 都有

$$V_k(m, T_k(m)) = 1 \quad (\text{或} \ \Pr[V_k(m, T_k(m)) = 1] = 1)$$

则称 MAC $\Pi = (K, T, V)$ 是正确的.

如果对每个由 $K(1^n)$ 产生的 k, 算法 T 只定义于消息 $m \in \{0, 1\}^{l(n)}$ (对任何 $m \notin \{0, 1\}^{l(n)}$, 算法 V_k 输出 0), 则称 MAC $\Pi = (K, T, V)$ 是消息长度为 $l(n)$ 的固定长 MAC.

像对称密码一样, 大多数情况下, $K(1^n)$ 表示从 $\{0, 1\}^n$ 中均匀随机地选择 k, 记为 $k \leftarrow \{0, 1\}^n$.

对称环境下的 MAC 与公钥环境下的数字签名对等. 二者的讨论十分类似. 在 MAC 的安全性方面, 我们也主要讨论自适应选择消息攻击下存在性不可伪造 (existentially unforgeable under an adaptive chosen-message attack). 存在性不可伪造是指敌手不能对任何消息伪造合法的标签. 自适应选择消息攻击是指敌手能够获得它想要的任何消息的标签, 敌手在攻击过程中可自适应地选择这些消息. 自适应选择消息攻击可模型化为允许敌手 $\mathcal{A}$ 访问一个 MAC 谕示器 T_k. 设 $\Pi = (K, T, V)$ 是一个 MAC, 我们定义游戏 $\text{Game}_{\mathcal{A}, \Pi}^{\text{mac-forge}}(n)$, 即游戏 1.1.10. 这里 $\mathcal{A}$ 是多项式时间敌手, n 是安全参数.

游戏 1.1.10 $\text{Game}_{\mathcal{A}, \Pi}^{\text{mac-forge}}(n)$ 的执行流程如下:

(1) 通过运行 $K(1^n)$ 产生随机密钥 k.

(2) 敌手 $\mathcal{A}$ 对给定的输入 1^n 并访问 MAC 谕示器 T_k, 产生一个对 (m, t). 设 Q 表示敌手 $\mathcal{A}$ 请求它的 MAC 谕示器的所有询问的集合.

(3) 该游戏的输出是 1, 当且仅当 $V_k(m, t) = 1$ 且 $m \notin Q$. 如果输出是 1, 我们记 $\text{Game}_{\mathcal{A}, \Pi}^{\text{mac-forge}}(n) = 1$, 在这种情况下, 就说敌手 $\mathcal{A}$ 成功了, 也说敌手 $\mathcal{A}$ 赢得了该游戏.

我们记游戏 $\text{Game}_{\mathcal{A}, \Pi}^{\text{mac-forge}}(n)$ 成功的概率为 $\Pr[\text{Game}_{\mathcal{A}, \Pi}^{\text{mac-forge}}(n) = 1]$, 显然, $\Pr[\text{Game}_{\mathcal{A}, \Pi}^{\text{mac-forge}}(n) = 1] = \Pr[V_k(m, t) = 1, m \notin Q]$.

定义 1.1.16 (MAC 的安全性) 设 $\Pi = (K, T, V)$ 是一个 MAC, 称 Π 是安全的, 即是自适应选择消息攻击下存在性不可伪造的, 如果对所有的 PPT 敌手 $\mathcal{A}$, 都存在可忽略函数 neg, 使得

$$\Pr[\text{Game}_{\mathcal{A}, \Pi}^{\text{mac-forge}}(n) = 1] \leqslant \text{neg}(n)$$

1.1.5 密钥管理

从上述讨论可以看到, 大部分密码算法都依赖于密钥. 密钥的管理本身是一个很复杂的课题, 而且是保证安全性的关键点. 密钥管理包括确保产生的密钥具有必要的特性, 通信双方事先约定密钥的方法以及密钥的保护机制与方法等. 密钥管理方法实质上因所使用的密码算法 (对称密码和公钥密码) 而异. 当然, 密钥管理过程中也不可能避免物理上、人事上、规程上等一些问题.

所有的密钥都有生存期. 所谓一个密钥的生存期是指授权使用该密钥的周期. 一般地, 一个密钥主要经历产生、登记、分发、启用/停用、替换/更新、撤销、销毁等过程.

通常, 密钥从产生到终结的整个生存期中, 都需要加强保护. 所有密钥的完整性也需要保护, 因为一个入侵者可能修改或替换密钥, 从而危及机密性服务. 另外, 除了公钥密码中的公钥外, 所有的密钥需要保密. 在实际中, 存储密钥的最安全的方法是将其放在物理上安全的地方. 当一个密钥无法用物理方法进行安全保护时, 尤其是当密钥需要从一个地方传送到另一个地方时, 密钥必须采用其他方法来保护. 例如, 由一个可信方来分发, 或者将一个密钥分成两部分委托给两个不同的人或机构, 或者通过机密性 (如用另一个密钥加密) 和完整性服务来保护.

在网络环境下, 密钥管理基础设施 (key management infrastructure, KMI) 和公钥基础设施 (public key infrastructure, PKI) 是密钥管理中不得不提的两个概念. 概念上, KMI 应包括 PKI, 但当前 KMI 一般专指对称密钥管理基础设施, 简记为 KMI/PKI.

简单地讲, KMI/PKI 是一种实施和提供密钥、证书等安全服务的安全基础设施, 主要用于生成、发布和管理密钥与证书等安全凭证. 密码算法或设备的可信任性依赖于 KMI/PKI. KMI/PKI 关注的重点是用于管理公钥证书和对称密钥的技术、服务与过程.

KMI/PKI 支持的服务主要有以下 4 种：

(1) 对称密钥的生成和分发. 尽管许多应用正在使用 PKI 替代对称密钥管理, 但在诸多领域 (如政府、军事) 对称密钥管理仍然有用武之地.

(2) 公钥密码的使用及其相关的证书管理. 通过数字证书 (X.509 证书) 将公私钥中的公钥与其拥有者的身份绑定在一起, 并使用数字签名技术保证这种绑定关系的安全性.

(3) 目录服务. 通过目录服务, 用户可以获得 PKI 提供的公开信息, 如公钥证书、相关基础设施的证书、受损的密钥信息等.

(4) 基础设施本身的管理. KMI/PKI 是为用户提供安全服务的, 其自身的安全性和管理也十分重要.

1.2 安全协议概述

本节主要介绍安全协议的基本概念和基本问题, 包括安全协议的分类、系统模型、安全属性、设计准则、发展的驱动力和一些常用的基础协议等.

1.2.1 安全协议的分类

安全协议的分类问题还没有一个广泛被学术界认可的一般方法, 一般来说, 看问题的角度不同, 分类就不同.

从安全协议所要实现的目的来看, 可将已有的安全协议大致分为如下 6 类:

(1) **实体认证协议**. 该类协议也称为实体鉴别协议, 或者身份识别或身份认证协议, 主要用于防止实体 (如程序、设备、系统或用户) 的身份假冒攻击. 一般来说, 主要通过 3 种方式认证实体身份: 告知知道某事 (如口令), 或者证明掌握某物来鉴别身份 (如 UKey、IC 卡), 或者展示具有的特性 (如指纹、网络地址). 常见的该类协议主要有 Shamir 的基于身份的认证协议、Fiat 等的零知识身份认证协议、Schnorr 识别协议、Okamoto 识别协议、Guillou-Quisquater 识别协议、Feige-Fiat-Shamir 识别协议等.

(2) **密钥交换协议**. 该类协议主要用于完成会话密钥的建立. 一般情况下是在参与协议的两个或多个实体之间建立共享的秘密, 如用于一次通信中的会话密钥. 该类协议中的密码算法可采用对称密码, 也可采用公钥密码. 常见的该类协议主要有 Diffie-Hellman 密钥交换协议、Blom 协议、MQV 协议、端–端协议、MTI 协议、Girault 协议等. 有些协议将认证功能和密钥分发功能结合在一起, 先对通信实体的身份进行认证, 在认证成功的基础上, 为下一步安全通信分发所使用的会话密钥, 将其称为认证密钥交换协议. 常见的认证密钥交换协议主要有互联网密钥交换 (IKE) 协议、分布式认证安全服务 (DASS) 协议、Kerberos 协议、X.509 协议等.

(3) **数字签名协议**. 该类协议主要用于防止篡改、否认等攻击, 实现消息完整性认证、数据源和目标认证等. 该类协议主要有两类: 一类是普通数字签名协议, 通常也称为数字签名算法, 如 1.1 节中介绍的 RSA 数字签名; 另一类是特殊数字签名协议, 如不可否认的数字签名协议、无证书数字签名协议、群数字签名协议、环数字签名协议等.

(4) **安全交易/支付协议**. 该类协议主要用于电子商务、金融等领域以确保电子交易和电子支付的安全性、可靠性和公平性. 电子商务中交易的双方, 往往其利益目标不一致. 因此, 该类协议最为关注的就是公平性, 即协议应保证交易双方都不能通过损害对方利益而得到它不应得的利益. 常见的该类协议主要有 SET 协议、iKP 协议、电子现金等.

(5) **安全通信协议**. 该类协议主要用于计算机通信网络中以确保信息的安全交换等. 常见的该类协议主要有 PPTP/L2PP 协议、IPSec 协议、SSL/TLS 协议、PGP 协议、S/MIME 协议、S-HTTP 协议、SNMPv3 协议等.

(6) **安全计算协议**. 该类协议的主要目的是保证分布式环境中各参与方以安全的方式来共同执行分布式的计算任务. 该类协议的两个最基本的安全要求是保证协议的正确性和各参与方私有输入的秘密性, 即协议执行完之后每个参与方都应该得到正确的输出, 并且除此之外不能获知其他任何信息. 该类协议主要有安全多方计算、外包计算、密文计算等, 具体实例有秘密共享、掷币 (coin-tossing)、安全广播、网上选举、电子投标和拍卖、合同签署、匿名交易、保密信息检索、保密数据库访问、联合签名、联合解密等.

从安全协议与具体应用的关联性来看, 可将已有的安全协议大致分为如下两类 [1]:

(1) **基础安全协议**. 该类协议与具体应用无关或关联性不强且共性特征明显, 是设计应用安全协议或其他复杂协议的基础, 如秘密共享协议、数字签名协议、身份识别协议、密钥交换协议、健忘传输协议、公平交换协议等.

(2) **应用安全协议**. 该类协议与具体应用密切相关, 是用基础安全协议或密码算法结合具体应用构建的协议, 如 Kerberos 认证协议、X.509 协议、IPSec 协议、TLS/SSL 协议、SET 协议、PKI/CA 协议、可信计算协议等.

本书所称的安全认证协议是指具有认证功能的协议, 包括实体认证协议、数字签名协议, 以及认证功能与其他安全功能融为一体的协议 (如认证密钥交换协议).

1.2.2 安全协议的系统模型

在一个大的分布式环境中运行安全协议所面临的最大问题是其所处的网络通信环境是不安全的. 如果将协议及其所处的环境视为一个系统, 那么在这个系统中, 一般而言包括发送和接收消息的诚实主体和攻击者, 以及用于管理消息发送和接收的规则. 协议的合法消息可被攻击者截取、修改、重放、删除和插入. 攻击者将所有已知的消息放入其知识集合 (knowledge set, KS) 中. 诚实主体之间交换的任何消息都将被加入攻击者的 KS 中, 并且攻击者可对 KS 中的消息进行操作, 将所得消息也加入 KS 中. 攻击者可进行的操作至少包括级联、分离、加密和解密. 图 1.2.1 是安全协议的系统模型示意图.

被动攻击者可在线窃听敏感信息, 而主动攻击者则可截获数据包并对其进行任意的修改, 甚至可以伪装成通信主体欺骗诚实主体与其进行非法通信. 加密可以有效地阻止主动入侵, 因为在不知道密钥的前提下, 对密文消息的丝毫改动都将导致解密的失败, 此时攻击者所能做的仅仅是阻止消息送达或准时送达其目的

地. 归纳起来, 攻击者的行为表现为如下几种形式:

(1) 将消息发送到其意定的接收者.

(2) 延迟消息的送达.

(3) 将消息修改后转发.

(4) 将消息与以前接收的消息合并.

(5) 改变部分或全部消息的目的地址.

(6) 重放消息.

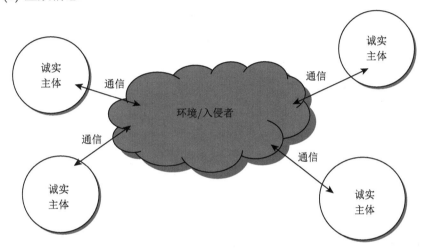

图 1.2.1   安全协议的系统模型示意图

1.2.3 安全协议的安全属性

简单地讲, 安全协议的目标就是保证某些安全属性在协议执行完毕时能够得以实现, 换言之, 评估一个安全协议是不是安全的, 就是检查其所要达到的安全属性是否受到入侵者的破坏. 主要有真实性、机密性、完整性和不可否认性等安全属性 [1].

(1) **真实性**. 真实性 (也称为可认证性) 的目的是确保协议中实体身份、信息或信息来源不是假冒的. 当某一成员提交一个主体身份并声称它是那个主体时, 需要确认其身份是否如其声称所言; 当接收者收到信息时, 需要确认其是否真实或是否来源于意定的发送者.

(2) **机密性**. 机密性的目的是保护协议消息不被泄露给非授权拥有此消息的人, 即使是入侵者观测到了消息的格式, 也无法从中得到消息的内容或提炼出有用的信息. 保证协议消息机密性的最直接的办法是对消息进行加密.

(3) **完整性**. 完整性的目的是保护协议消息不被非法改变、删除或替代. 最常用的方法是封装和签名, 即用加密或签名的办法或用 Hash 函数产生一个明文的摘要附在传送的消息上, 作为验证消息完整性的依据, 称为完整性校验值 (ICV).

(4) **不可否认性**. 不可否认性 (也称为非否认性或不可抵赖性或抗抵赖性) 的目的是通过通信主体提供对方参与协议交换的证据以保证其合法利益不受侵害, 即协议主体必须对自己的合法行为负责, 而不能也无法事后否认.

另外, 还有公平性、匿名性、可用性、可控性、可信性等安全属性, 这里只对公平性和匿名性做一点解释, 其他安全属性就不再赘述.

(5) **公平性**. 公平性的目的是保证协议的参与者不能单方面终止协议或获得有别于其他参与者的额外优势, 在某些电子商务协议 (如合同签署协议) 中十分重要.

(6) **匿名性**. 匿名性的目的是保证消息的发送者的身份不被泄露, 也就是消息与消息发送者的身份不再绑定在一起.

1.2.4　安全协议的设计准则

如果在安全协议的设计阶段就能够充分考虑一些不当的协议结构可能使协议的安全性免遭破坏, 从而避免不必要的协议错误, 将是事半功倍的. Abadi 和 Needham[6] 提出了设计安全协议应遵守的一些原则, 归纳起来主要有如下几个方面:

(1) **消息独立完整性原则**. 每条消息都应能够准确地表达出它所想要表达的含义, 一条消息的解释应完全由其内容来决定, 而不必借助于上下文来推断.

(2) **消息前提准确性原则**. 与消息的执行相关的前提条件应当明确给出, 并且其正确性与合理性能够得到验证, 由此可判断出此消息是否应当被接受. 这条原则是在上一条原则的基础上做的进一步说明, 即不仅要考虑消息本身, 还要考虑与每条消息相关的条件是否合理, 或者说, 每条消息所基于的假设是否能够成立.

(3) **主体身份标识原则**. 如果一个主体的标识对于某个消息的含义是重要的, 那么最好在消息中明确地附上主体的名称. 有两种方式: 一种是显式的, 即在消息中主体的名字以明文形式出现; 另一种是隐式的, 即采用加密或签名方法, 使得能够从消息格式中明确地推知消息所属主体的身份.

(4) **加密目的明确性原则**. 明确采用加密的目的, 否则将造成冗余. 加密并不与安全性同义, 它的不正确使用可导致协议错误. 因此, 在使用加密算法时必须知道为什么使用以及如何使用. 加密可实现多种安全目的, 如机密性、完整性、真实性等, 因此, 在协议中使用加密算法时, 必须确保它的确能够保证某种安全属性的实现.

(5) **签名含义清晰性原则**. 当主体对一个加密消息进行签名时, 并不表明主体知道加密消息的内容. 反之, 如果主体对一个消息签名后再加密, 则表明主体知道消息的内容. 因此, 如果需要同时使用加密与签名时, 应当先对消息进行签名再对所得结果进行加密.

(6) **临时值使用原则**. 在协议中使用临时值时, 对其所具有的属性和所起的作用一定要认识清楚. 如果使用一个可预测的值作为临时值, 那么应该保护这个临时值以使入侵者不能模拟一个挑战而后重放响应.

(7) **随机数使用原则**. 在协议中使用随机数时, 应明确其所起的作用和属性. 使用随机数可提供消息的新鲜性, 因此, 随机数的真正随机性是关键.

(8) **时间戳使用原则**. 当使用时间戳时, 必须考虑各个机器的时钟与当地标准时间的差异, 这种差异不能影响到协议执行的有效性. 时间系统的维护成为可信任计算基础的重要部分. 时间戳的使用极大地依赖于时钟的同步, 但要做到这一点是很不容易的.

(9) **密钥使用原则**. 当使用密钥时, 必须考虑密钥是否最近被使用过, 若是, 则该密钥就是过期的或可能已被泄露.

(10) **消息定位原则**. 推测出一条消息属于哪个协议, 属于该协议的哪次运行, 并知道它在协议中的序号是可能的.

(11) **信任关系明确性原则**. 协议中的信任关系必须被明确地表达出来, 并对这些信任关系的必要性给出合理的解释.

1.2.5 安全协议发展的驱动力

安全协议发展的主要驱动力有 3 个方面:

(1) **功能需求的驱动**. 安全协议的功能从简单、单一向更加丰富、更加综合的方向发展, 促进了安全协议的发展和进步. 例如, 实体认证从基本的口令认证发展到身份识别、多因子认证、匿名认证、跨域认证等; 数字签名从基本签名发展到不可否认签名、无证书签名、群/环签名、门限签名等; 密钥交换从基本的 DH 密钥交换发展到认证密钥交换、公平认证密钥交换、匿名认证密钥交换等.

(2) **安全需求的驱动**. 安全协议分析方法等影响安全性的因素促进了安全协议的发展和进步. 例如, 安全协议分析方法、实现技术漏洞等攻击技术的发展和进步; 电子计算机、高性能计算机、量子计算机等计算能力的提升; 因子分解、离散对数、密码算法等安全基础的动摇.

(3) **应用需求的驱动**. 应用需求激发了安全协议的发展和进步. 例如, 5G/6G、SDN 等新场景的需求; 大数据、云计算、人工智能、区块链等新应用的需求; 轻量级、低功耗、高速率等适应性的需求.

1.2.6 安全协议具体实例

本小节主要介绍几个安全协议具体实例, 包括 DH 密钥交换协议、Shamir 门限方案、承诺方案和健忘传输协议等[1,3].

1. DH 密钥交换协议

在网络环境下, 密钥分发主要通过密钥分配和密钥协商等密钥交换协议 (也称为密钥交换方案, 简称为密钥交换) 来完成, 最经典的密钥交换协议是 Diffie

和 Hellman 于 1976 年在 *New directions in cryptography* 一文中提出的 Diffie-Hellman 密钥交换协议, 称为 DH 密钥交换协议, 简称为 DH 密钥交换或 DH 协议. 虽然 DH 密钥交换协议不能抵抗中间人攻击 (也称为中间入侵攻击), 但直到今天仍然在使用.

设通信双方为 A 和 B, 他们希望共同商定一个密钥. 设 p 是一个大素数, $G = \langle g \rangle$ 是一个以 g 为生成元的 p 阶循环群. 给定公共参数 params $= (G, g, p)$, 任何两个用户 A 和 B 都能够通过执行如下 DH 密钥交换协议来建立共享的会话密钥.

DH 密钥交换协议的执行过程:

(1) 用户 A 随机选择 $x \leftarrow \mathbb{Z}_p^*$, 计算 $X = g^x$ 并将 X 发送给用户 B.

(2) 用户 B 随机选择 $y \leftarrow \mathbb{Z}_p^*$, 计算 $Y = g^y$ 并将 Y 发送给用户 A.

DH 密钥交换协议的输出:

(1) 用户 A: 计算并输出会话密钥 $K_A = Y^x = g^{xy}$.

(2) 用户 B: 计算并输出会话密钥 $K_B = X^y = g^{xy}$.

2. Shamir 门限方案

存储在系统中的所有密钥的安全性 (从而整个系统的安全性) 可能最终取决于一个主密钥. 但这样做有两个缺陷: 一是若主密钥偶然地或蓄意地被暴露, 整个系统就易受攻击; 二是若主密钥丢失或毁坏, 系统中的所有信息就用不成了. 后一个问题可通过将密钥的副本发给信得过的用户来解决. 但这样做时, 系统对背叛行为又无法对付. 解决这两个问题的一个办法是使用秘密共享方案. 秘密共享方案的基本观点是: 将密钥 k 按下述方式分成 n 个分享 $k_1, k_2, \cdots, k_n$:

(1) 已知任意 t 个 k_i 值易于计算出 k.

(2) 已知任意 $t-1$ 个或更少个 k_i, 则由于信息短缺而不能计算出 k. 这种方法也称为 (t, n) 门限法.

将 n 个分享 $k_1, k_2, \cdots, k_n$ 分给 n 个用户. 由于重构密钥至少需要 t 个分享, 故暴露 $s(s \leqslant t-1)$ 个分享不会危及密钥, 从而少于 t 个用户的共谋不能得到密钥. 同时, 若一个分享被丢失或毁坏, 仍可恢复密钥 (只要至少有 t 个有效的分享). 这种方法也可用于保护任何类型的数据. 这里介绍 Shamir 于 1979 年基于拉格朗日插值多项式提出的一个门限方案.

首先, 介绍一下拉格朗日插值公式. 设 p 是素数, $x_1, x_2, \cdots, x_t$ 是 $\mathbb{Z}_p$ 中不同的元素, 设 $y_1, y_2, \cdots, y_t$ 是 $\mathbb{Z}_p$ 中的元素 (未必不同), 则存在次数至多为 $t-1$ 的唯一的多项式 $h(x) \in \mathbb{Z}_p[x]$, 使得 $h(x_i) = y_i$, $1 \leqslant i \leqslant t$. 并且多项式 $h(x)$ 为

$$h(x) = \sum_{s=1}^{t} y_s \prod_{\substack{j=1 \\ j \neq s}}^{t} \frac{x - x_j}{x_s - x_j}$$

上述公式很容易证明.

假定 p 是一个素数, 共享的秘密 (也称为共享秘密)$k \in \mathcal{K} = \mathbb{Z}_p$. 可信中心 TA 给 $n(n < p)$ 个分享者 $P_i(1 \leqslant i \leqslant n)$ 分配分享的过程如下:

(1) TA 随机选择一个 $t-1$ 次多项式 $h(x) = a_{t-1}x^{t-1} + \cdots + a_1x + a_0 \leftarrow \mathbb{Z}_p[x]$, 常数 $a_0 = k$.

(2) TA 在 $\mathbb{Z}_p$ 中选择 n 个非零的、互不相同的元素 $x_1, x_2, \cdots, x_n$, 计算 $y_i = h(x_i), 1 \leqslant i \leqslant n$.

(3) TA 将 $(x_i, y_i)(1 \leqslant i \leqslant n)$ 分配给分享者 $P_i(1 \leqslant i \leqslant n)$, 值 x_i 是公开知道的, y_i 作为 P_i 的秘密分享.

每个数对 (x_i, y_i) 是 "曲线" $h(x)$ 上的一个点. 因为 t 个点唯一地确定 $t-1$ 次多项式 $h(x)$, 所以, k 可以从 t 个分享重构出. 但是从 $t_1(t_1 < t)$ 个分享无法确定 $h(x)$, 从而无法确定 k.

给定 t 个分享 $y_{i_s}(1 \leqslant s \leqslant t)$, 从拉格朗日插值公式重构的 $h(x)$ 为

$$h(x) = \sum_{s=1}^{t} y_{i_s} \prod_{\substack{j=1 \\ j \neq s}}^{t} \frac{x - x_{i_j}}{x_{i_s} - x_{i_j}}$$

运算都是 $\mathbb{Z}_p$ 上的运算即模 p 运算.

一旦知道 $h(x)$, 通过 $k = h(0)$ 易于计算出秘密 k. 因为 $k = h(0) = \sum_{s=1}^{t} y_{i_s} \cdot \prod_{\substack{j=1 \\ j \neq s}}^{t} \frac{-x_{i_j}}{x_{i_s} - x_{i_j}}$, 若令 $b_s = \prod_{\substack{j=1 \\ j \neq s}}^{t} \frac{-x_{i_j}}{x_{i_s} - x_{i_j}}$, 则 $k = h(0) = \sum_{s=1}^{t} b_s y_{i_s}$. 因为 $x_i(1 \leqslant i \leqslant n)$ 的值是公开知道的, 所以, 我们可预计算 $b_s(1 \leqslant s \leqslant n)$ 以加快重构秘密 k 的运算速度.

3. 承诺方案

承诺方案是一个常用的基本模块. 一个承诺方案 Com 是一个两方协议, 它包含两个阶段: 承诺阶段和打开阶段. 在承诺阶段, 承诺者 C 和接收者 R 先执行一个 (可能需要交互) 协议为一个具体的承诺方案生成所需的参数 (为简单起见, 我们仍把这个具体的方案记作 Com). 给定被承诺的消息 m, C 选择一个随机比特串 r, 计算 $c = \mathrm{Com}(m, r)$ 并将 c 发送给 R, 这样就完成了承诺阶段. 在打开阶段, C 将被承诺的消息 m 和承诺时使用的随机串 r 一并发送给 R, R 通过验证 $c = \mathrm{Com}(m, r)$ 是否成立来判断 m 是不是 C 在承诺阶段承诺的消息.

我们一般把承诺阶段需要交互的次数 (C 和 R 发送消息次数的总和) 称为承诺方案的轮数, 而 1 轮的承诺方案也称为非交互承诺方案, 即在承诺阶段不需要接收者发送消息.

承诺方案通常被要求满足如下两个安全性条件:

(1) 隐藏性 (hiding, 也称为隐蔽性). 对于任意多项式规模电路 R^*, 给定任意的两个等长的比特串 m_0 和 m_1, 对于随机选择的 r_0 和 r_1, 在承诺阶段结束时, $c_0 = \text{Com}(m_0, r_0)$ 与 $c_1 = \text{Com}(m_1, r_1)$ 是计算不可区分的.

(2) 绑定性 (binding, 也称为约束性). 对于任意多项式规模电路 C^*, 它能计算出 m_0, m_1, r_0 和 r_1, 使得 $m_0 \neq m_1$ 且 $\text{Com}(m_0, r_0) = \text{Com}(m_1, r_1)$ 的概率是可忽略的. 这意味着承诺阶段结束后, 承诺者不能改变被承诺的消息.

满足上述条件的承诺方案被称为计算隐藏且计算绑定的承诺方案. 根据对敌手计算能力假定的不同, 还有以下几种承诺方案:

(1) 统计隐藏且计算绑定的承诺方案. 这种方案的绑定性要求和上面的条件 (2) 一样, 但它满足更强的隐藏性要求: 对于有着无限计算能力的接收者, 上述 $c_0 = \text{Com}(m_0, r_0)$ 与 $c_1 = \text{Com}(m_1, r_1)$ 是统计不可区分的.

(2) 计算隐藏且统计绑定的承诺方案. 这种方案的隐藏性要求和上面的条件 (1) 一样, 但它满足更强的绑定性要求: 即使承诺者有着无限的计算能力, 他能把一个承诺成功地打开成两个消息的概率也是可忽略的.

类似地, 我们也可以定义完美隐藏且计算绑定的承诺方案和计算隐藏且完美绑定的承诺方案. 如无特别说明, 承诺方案一般指的是计算隐藏且计算绑定的承诺方案, 而统计 (完美) 隐藏的承诺方案和统计 (完美) 绑定的承诺方案则分别指的是统计 (完美) 隐藏且计算绑定的承诺方案和计算隐藏且统计 (完美) 绑定的承诺方案.

陷门承诺方案是一类特殊而重要的承诺方案, 正如陷门承诺方案的名字所暗示的那样, 陷门承诺方案的公共参数中含有陷门信息. 对于不使用这些陷门信息的诚实双方, 它就是一个普通的承诺方案. 如果拥有这个陷门信息, 一个承诺者就可以将一个承诺打开成他想要的任意值.

一个陷门承诺方案满足如下要求:

(1) 存在一个生成方案的 PPT 算法 G, 给定 1^n 作为输入, 输出对 (pk, τ), 这里 pk 为方案的参数, τ 为陷门信息.

(2) 在没有使用陷门信息 τ 的情况下, 由 pk 指定的承诺方案 Com_{pk} 是一个标准的完美或统计隐藏的承诺方案.

(3) 给定陷门信息 τ, 则存在一个高效的 PPT 算法能将任意一个承诺打开成任意指定的值.

这里介绍 Pedersen 承诺方案. Pedersen 承诺方案是一个具有完美隐藏的两轮承诺方案. 设 n 为安全参数, p, q 为两个大素数使得 $p = 2q + 1$, $|q| = n$, G_q 为 $\mathbb{Z}_p^*$ 的一个阶为 q 的子群, g 是 G_q 的一个生成元.

Pedersen 承诺方案中的承诺过程如下: 接收者首先发送一个 G_q 中的随机元

素 $h \leftarrow G_q$; 收到 h 后, 为了承诺一个值 y, 承诺者随机选取承诺密钥 $r \leftarrow Z_q$, 计算 $c = g^y h^r \bmod p$ 并把 c 发送给接收者. 如果要打开承诺 c, 承诺者只需把 y 和 r 发送给接收者即可.

Pedersen 承诺方案的完美隐藏性不需要依赖于任何困难性假设, 但它的计算绑定性依赖于求离散对数的困难性, 即离散对数假设.

Pedersen 承诺方案可被修改成一个陷门承诺方案. 如果承诺者能得到陷门信息 x 使得 $h = g^x \bmod p$, 那么他就能将一个承诺 $c = g^y h^r \bmod p$ 打开成任意的值 y'. 在打开阶段, 它计算 $r' = \dfrac{y - y' + rx}{x} \bmod q$, 发送 y' 和 r'.

4. 健忘传输协议

健忘传输 (oblivious transfer, OT) 协议是由 Rabin 于 1981 年首次提出的一种协议. 在这种协议中, A 能以概率 50% 向 B 传送秘密. 因此, B 有 50% 的机会收到秘密和 50% 的机会收不到秘密. 另一方面, B 将知道自己是否已收到秘密, 而 A 则不知道 B 是否收到了秘密. 这种协议可描述为:

(1) A 将两个奇素数 p 和 q 之积发送给 B, p 和 q 表示他的秘密. 例如, 它们可能是 RSA 解密变换的秘密参数.

(2) B 随机地选取一个数 $x, 0 < x < n$ 且 $\gcd(x, n) = 1$, 计算 $a = x^2 \bmod n$ 并将 a 发送给 A.

(3) A 知道 p 和 q, 计算 a 的四个根 $x, n - x, y, n - y$, 他随机地取出一个根发送给 B.

(4) 如果 B 收到 y 或 $n - y$, 则他就可以从 x 和 y 计算出 p 或 q, 计算公式为 $\gcd(x + y, n) = p$ 或 q; 如果 B 收到 x 或 $n - x$, 则他就什么也没得到.

因为 n 有两个不同的素因子, 所以, 方程 $a = x^2 \bmod n$ 有四个根, 这四个根可由中国剩余定理 (也称为孙子定理) 求得.

Blum 电话掷币 (coin flipping) 协议就是一种健忘传输协议, 其执行过程如下:

(1) A 选出两个大素数 p 和 q, 并将 $n = pq$ 发送给 B.

(2) B 检验 n 是否是素数、素数幂或偶数, 若是, A 就是在骗人并认输; 否则, B 取一 x, 并将 $a = x^2 \bmod n$ 发送给 A.

(3) A 计算 a 的四个根, 随机地取出一个发送给 B.

(4) 若 B 可分解 n, B 就获胜.

1.3 可证明安全性理论与方法

非正式地讲, 如果一个安全协议使得非法用户不能从协议中获得比此协议本身所体现的更多的有用信息, 则称这个协议是安全的, 同时也意味着该协议能够达到预定的安全目标. 那么如何确保一个协议是安全的呢? 除了在设计时应遵循的原则外, 分析与评估是确保其安全性的重要手段.

安全协议的分析方法主要有两大类: 一类是朴素分析方法; 另一类是公理化分析方法. 朴素分析方法主要靠经验和历史知识判断协议的安全性, 这种方法不仅效率低, 而且要靠时间来考验协议的安全性. 公理化分析方法主要通过建立安全模型, 以逻辑推理或归约的方法来检测或验证协议的安全性.

公理化分析方法主要有两类: 可证明安全性方法和形式化分析方法.

(1) **可证明安全性方法**. 该方法通过在一定的安全目标下建立安全模型, 把协议的安全性归约到困难问题/密码模块上, 是标准化的实践准则.

(2) **形式化分析方法**. 该方法通过对协议要素进行符号化抽象, 把计算机科学中的形式化方法应用于协议的安全性分析, 是自动化分析的基础.

由于可证明安全性理论与方法是本书用到的一个主要研究工具, 因此, 本节对此做一较详细的介绍.

1.3.1 可证明安全性的基本思想

多数安全协议的设计现状是: ① 提出一种安全协议后, 基于某种假想给出其安全性论断, 如果该协议在很长时间如 10 年仍不能被破译, 大家就广泛接受其安全性论断; ② 一段时间后可能发现某些安全漏洞, 于是对协议再作必要的改动, 继续使用, 这一过程可能周而复始.

这样的设计方法存在如下问题 [7]: ①新的分析技术的提出时间是不确定的, 在任何时候都有可能提出新的分析技术; ②这种做法使我们很难确信协议的安全性, 反反复复地修补更增加了人们对安全性的担心, 也增大了实现代价或成本.

那么有什么解决办法呢? 可证明安全性方法为解决上述问题提供了一种解决方案, 当然, 并非唯一解决方案.

可证明安全性是指, 安全方案的安全性可以被 "证明", 但用 "证明" 一词并不十分恰当, 甚至有些误导. 一般而言, 可证明安全性是指这样一种 "归约" 方法: 首先确定安全方案的安全目标, 如加密方案的安全目标是确保信息的机密性、签名方案的安全目标是确保信息的不可伪造性; 然后根据敌手的能力构造一个形式化敌手模型, 并且定义它对安全方案的安全性 "意味" 着什么, 对某个基于 "极微本原"(atomic primitive)(极微本原是指安全方案的最基本组成构件或模块, 如基础密码算法 AES、某个数学难题) 的特定方案, 基于上述形式化模型去分析它, "归约" 论断是基本工具; 最后指出 (如果能成功), 挫败方案的唯一方法就是破译或解决 "极微本原". 换句话讲, 对方案的直接分析是不必要的, 因为你对方案的任何分析结果都是对极微本原安全性的分析. 从上述角度来看, 称 "归约安全" 也许比 "可证明安全" 更恰当, 但现在纠正为时已晚. 实际上, 可证明安全性方法是在一定的敌手模型中证明了安全方案能够达到特定的安全目标, 因此, 合适的安全性定义、适当的敌手模型是讨论可证明安全性的前提条件.

综上所述, 可证明安全性方法最基础的假设或 "公理" 是: "好" 的极微本原存在. 安全方案设计难点问题一般分为两类: 一类是极微本原不可靠造成方案不安全 (如基于背包问题构造的加密方案); 另一类是即使极微本原可靠, 安全方案本身也不安全 (如 AES-ECB), 也就是其结构有缺陷. 后一种情况更为普遍, 是可证明安全性理论与方法的主要研究范围.

必须说明的是, 可证明安全性方法也有局限性: 首先必须注意模型规划, 即注意所建模型都涵盖了哪些攻击, 显然一些基于物理手段的攻击都不包含在内, 但这并不意味着可证明安全性方案就一定不能抵抗这类攻击, 而是说未证明可以抵抗这类攻击; 其次即使应用具有可证明安全性方案, 也可能有多种方式破坏安全性, 有时证明了安全性, 但问题可能是错误的, 也可能应用了错误的模型或协议被错误操作, 甚至软件本身可能有 "缺陷"(bug).

另一个需要注意的问题是基础假设的选取. 可证明安全性是以某一假设为基础的, 因此, 一旦假设靠不住, 安全性证明也就没有意义 (当然不一定意味着可构造对方案的攻击实例); 选取基础假设的原则就是 "越弱越好", 通常称弱假设为标准假设. 基础假设的强弱是比较不同安全方案的重要尺度之一.

上述表述较为抽象, 下面以 RSA 为例加以说明.

给定某个基于 RSA 的协议 P, 如果设计者或分析者给出了从 RSA 单向函数到 P 的安全性归约, 那么 P 具有如下转换性质: 对于任何声称破译 P 的敌手 (程序或算法)A, 可构造一个算法 Q, Q 以 A 为子程序或子算法, Q 可被用来破译 RSA. 结论是: 只要你不相信 RSA 是可破译的, 那么上述的 Q 就不存在, 因而, P 是安全的.

1.3.2 随机谕示器模型方法论

20 世纪 80 年代初, Goldwasser, Micali 和 Rivest[8-9] 首先比较系统地阐述了可证明安全性这一思想, 并给出了具有可证明安全性的加密和签名方案. 不幸的是, 这些方案的可证明安全性是以严重牺牲效率为代价的, 因此, 这些方案虽然在理论上具有重要意义, 但不实用, 这种情况严重制约了这一领域的发展. 直到 20 世纪 90 年代中期出现了 "面向实际的可证明安全性"(practice-oriented provable-security) 概念, 特别是 Bellare 和 Rogaway[10] 提出了著名的随机谕示器 (random oracle, RO, 也译为 "随机预言机" 或 "随机谕示或预言") 模型方法论, 才使得情况大为改观. 过去仅作为纯粹理论研究的可证明安全性方法, 迅速在实际应用领域取得重大进展, 一大批快捷有效的安全方案相继提出; 同时还产生了另一个重要概念, 即 "具体安全性"(concrete security or exact security), 其意义在于, 我们不再仅仅满足于知道安全性的渐近度量, 而是可以确切了解较准确的安全度量. 面向实际的可证明安全性理论取得了巨大的成功, 已被学术界广为接受, 但也有学者 (如 Canetti、Goldreich) 对此持有异议, 并坚持应在标准模型 (standard model) 中考虑安全性.

可以肯定的是, 迄今为止, 随机谕示器模型方法论是可证明安全性理论最成功的实际应用, 其现状是: 几乎所有国际安全标准体系都要求提供至少在随机谕示器模型中可证明的安全性设计, 而当前可证明安全性的方案也大都基于随机谕示器模型.

1. 随机谕示器模型介绍

Bellare 和 Rogaway 认为 [10], 假定各方共同拥有一个公开的随机谕示器, 就在密码理论和应用之间架起了一座 "桥梁". 具体办法是, 设计一个协议 P 时, 首先在随机谕示器模型 (可看成一个理想模拟环境) 中证明 P^R 的正确性, 然后在实际方案中用 "适当选择" 的函数 h 取代该随机谕示器 (潜在论断是理想模拟环境和现实环境在敌手看来是多项式时间计算不可区分的). 一般来说, 这样设计出来的协议可以和当前协议的实现效率相当.

必须指出, 这并非严格意义上的可证明安全性, 因为安全性证明仅在随机谕示器模型中成立, 随后的 "取代" 过程本质上是一种推测, 认为随机谕示器模型中的安全特性可以在标准模型中得以保持.

假设有一个协议问题 Π(这个问题和函数 h"独立"), 要设计一个安全协议 P 解决该问题, 可按如下步骤进行:

(1) 建立 Π 在随机谕示器模型中的形式化定义, 随机谕示器模型中各方 (包括敌手) 共享随机谕示器 R.

(2) 在随机谕示器模型中设计一个解决问题 Π 的有效协议 P.

(3) 证明 P 满足 Π 的形式化定义.

(4) 实际应用中用函数 h 取代 R.

严格来讲, h 不可能真的 "像" 随机函数: 首先其描述较短; 其次所谓的随机谕示器即 Hash 函数对每一个新的询问产生一个随机值作为回答, 但如果问相同的询问两次, 回答仍相同, 这也是和随机函数的一个微小区别. 这并未改变上述方法论的成功, 因为只要求在敌手看来像随机函数. 此外, 函数 h"独立" 于 Π 也是至关重要的 (否则可能不安全, 可构造反例).

一般来说, 函数 h 至少应满足如下基本要求: ① 设计上足够保守, 能够抵抗各种已知攻击; ② 不会暴露某些相关数学 "结构".

选择 h 并不需要太麻烦, 一个合适的 Hash 函数就是如上函数 h 的一个很好选择.

随机谕示器模型方法论也易于推广到基于对称密码本原的方案研究, 如 CBC-MAC, 虽然没有 Hash 函数, 但可以把一个恰当选择的分组密码 (如 AES) 视为随机函数.

2. 归约论断和具体安全性

归约论断是可证明安全性理论的最基本工具或推理方法, 简单地说就是把一个复杂的方案安全性问题归结为某一个或几个难题 (如大整数分解或离散对数问题). 在随机谕示器模型中的归约论断一般表现为: 首先形式化定义方案的安全性, 假设 PPT 敌手能够以不可忽略的概率破坏方案的安全性 (如伪造签名); 然后模仿者 S(就是设计者或分析者) 为敌手提供一个与实际环境不可区分的模拟环境 (随机谕示器模型), 回答敌手的所有谕示器询问 (模拟敌手能得到的所有攻击条件); 最后利用敌手的攻击结果 (如一个存在性伪造签名) 设法解决基础难题. 如果把随机谕示器模型换成现实模型就得到了标准安全性证明.

随机谕示器归约论断的一个显著优点是能够提供具体安全性结果. 具体来讲, 就是试图显式地得到安全性的数量特征, 这一过程称为 "具体安全性处理"(concrete or exact treatment of security), 与 "渐近" 观点有明显区别. 其处理结果一般表述为如下形式 (举例): "如果 DES(本原) 可以抵抗这样条件的攻击, 即敌手至多获得 2^{36} 个明密文对, 那么该方案可以抵抗一个能执行 t 步操作的敌手发动的攻击, t 值如下 ……. " 这样, 方案设计者就能够确切地知道具体获得了多少安全保证, 不必再笼统地说方案是否安全.

例如, Bellare, Kilian 和 Rogaway[11] 给出了 CBC-MAC 的安全特征, 其结论是: 对任意一个运行时间至多为 t、至多见过 q 个正确 MAC 值的敌手, 成功模仿一个新消息的 MAC 值的概率至多为 $\varepsilon + (3q^2n^2 + l)/2l$. 这里, l 是基础密码的分组长度, n 是明文消息总数, ε 是检测到密码偏离随机行为的概率 (在 $O(nql)$ 时间内).

具体安全性处理的一个重要目标是, 在把一个基础极微本原转化成相应方案时, 尽可能多地保持极微本原的强度. 这表现为要求 "紧" 的归约方法, 因为一个 "松" 的归约意味着要求采用更长的安全参数, 从而降低了效率.

3. 随机谕示器模型中安全的公钥密码

1.1.3 小节中关于公钥密码的概念可直接推广到随机谕示器模型中, 从而得到随机谕示器模型中的公钥密码的形式化定义.

首先, 我们讨论随机谕示器模型中安全的公钥加密.

公钥加密可通过 PPT 生成器 g 规定: 以 1^k 为输入 (k 是安全参数, 有时也直接将 1^k 称为安全参数), 输出一对概率算法 (E, D), 分别称为加密算法和解密算法, D 保密, 运行时间以 g 的运行时间为界. 加密过程为: $y \leftarrow E^R(x)$, 解密过程为: $x \leftarrow D^R(y)$.

在随机谕示器模型中, 选择密文攻击 (CCA, 也记为 CCA1) 安全的公钥加密的一个典型代表是 OAEP, 它是由 Bellare 和 Rogaway[12] 于 1994 年提出的, 可证明该方案也是自适应选择密文攻击 (ACCA, 也记为 CCA2) 安全的, 目前已成为新一代 RSA 加密标准.

OAEP 的基本组成是: 核心组件是一个填充 (padding) 函数, 即 $\mathrm{OAEP}^{G,H}(x,r) = (x \oplus G(r)) \parallel (r \oplus H(x \oplus G(r)))$, 其中 G 和 H 是两个 Hash 函数, x 是被加密消息, r 是随机输入, $\parallel$ 表示级联, 为了进行逐比特异或运算有可能需要在 x 后填充适当长度的全零串; 加密算法为 $E^{G,H}(x) = f\left(\mathrm{OAEP}^{G,H}(x,r)\right)$, 其中 f 是陷门置换 (如 RSA 函数). 基本设想是构造一个具有良好随机性的 "遮掩函数" 隐蔽明文的统计特性. 在安全性证明过程中, 将两个 Hash 函数 G 和 H 建模为随机谕示器.

接下来, 我们讨论随机谕示器模型中安全的数字签名.

Bellare 和 Rogaway[13] 于 1996 年提出了一个称为 RSA-FDH 的数字签名, 该方案的基本思想是结合 RSA 假设并基于经典的全域 Hash(full domain Hash) 签名方法论. 该方案由如下 3 个算法组成:

(1) 密钥生成算法: 输入 1^k(k 是安全参数), 该算法随机选择两个 $k/2$ 比特的素数 p 和 q, 计算 $n = p \cdot q$; 随机选择 $e \leftarrow \mathbb{Z}^*_{\varphi(n)}$ 并计算 d 使得 $ed \equiv 1 \bmod \varphi(n)$.

用户的公钥为 (e,n), 私钥为 (d,n). 设 $H : \{0,1\}^* \rightarrow \mathbb{Z}^*_n$ 是一个抗碰撞的 Hash 函数, 其中 $\{0,1\}^*$ 表示所有有限长 0, 1 串的集合, $\mathbb{Z}^*_n$ 表示 $\mathbb{Z}_n$ 中所有与 n 互素的整数集合. 在安全性证明过程中, 将 Hash 函数 H 建模为随机谕示器.

(2) 签名算法: 给定消息 m 和私钥 (d,n), 该算法计算并输出签名 $\sigma = H(m)^d \bmod n$.

(3) 验证算法: 给定签名 σ、消息 m 和公钥 (e,n), 该算法检验 $\sigma^e \bmod n = H(m)$ 是否成立, 如果成立, 输出 1 (签名有效); 否则, 输出 0 (签名无效).

定理 1.3.1   如果 RSA 问题是困难的, H 被建模为随机谕示器, 则 RSA-FDH 是安全的, 即是自适应选择消息攻击下存在性不可伪造的.

在随机谕示器模型中证明数字签名的安全性时, 有时会用到分叉引理 (forking lemma), 该引理是由 Pointcheval 和 Stern 于 2000 年提出的, Bellare 于 2006 年一般化了该引理. 该引理的意思是说, 如果存在一个敌手 $\mathcal{A}$ 能够以概率 p 伪造数字签名的一个有效签名, 则存在一个算法 $\mathcal{B}$ 借助敌手 $\mathcal{A}$ 能够以概率 P 输出该数字签名的两个有效且相关的不同签名. P 的下界与 p 及 $\mathcal{B}$ 询问随机谕示器和签名谕示器的次数有关.

1.3.3   标准模型中安全的公钥密码

早期的一些可证明安全性方案都是在标准模型中证明的. 这里介绍 Cramer

和 Shoup[14] 于 1998 年提出的第一个比较实际的在标准模型中可证明安全的公钥加密, 该方案的困难假设是 DDH 问题. 由于其安全性归约是在标准的 Hash 函数假设 (抗碰撞) 下得到的, 并不依赖于随机谕示器模型, 所以受到了很大的关注.

设 G 是乘法群 $\mathbb{Z}_p^*$ 的阶为 q 的子群, p 和 q 为素数, 且 $q|(p-1)$, g_1 和 g_2 是 G 中两个随机的非单位元的元素. 设 $x = (x_1, x_2), y = (y_1, y_2), z = (z_1, z_2)$ 表示在 0 和 $q-1$ 之间的整数对; $g = (g_1, g_2), u = (u_1, u_2)$ 表示 G 中的元素对; r 是 1 和 $q-1$ 之间的随机整数, 记 $g^x = (g_1^{x_1}, g_2^{x_2}), g^{rx} = (g_1^{rx_1}, g_2^{rx_2})$. 假设 H 是一个合适的抗碰撞 Hash 函数.

(1) 密钥生成算法：随机选择 $g_1, g_2 \leftarrow G$, $x_1, x_2, y_1, y_2, z_1 \leftarrow \mathbb{Z}_q$, 计算

$$c = g^x, \quad d = g^y, \quad h = g_1^{z_1}$$

用户的私钥为 $(x_1, x_2, y_1, y_2, z_1)$, 公钥为 (g_1, g_2, c, d, h, H).

(2) 加密算法：为了加密消息 $m \in G$, 选择一个随机整数 r, 令

$$u_1 = g_1^r, \quad u_2 = g_2^r, \quad e = h^r m$$

然后计算

$$\alpha = H(u_1, u_2, e), \quad v = c^r d^{r\alpha}$$

密文就是四元组 (u_1, u_2, e, v).

(3) 解密算法：要解密 (u_1, u_2, e, v), 用户首先计算 $\alpha = H(u_1, u_2, e)$, 然后利用他自己的私钥计算 $u^{x+\alpha y}$ 并验证这个结果是否等于 v(因为 $u^{x+\alpha y} = g^{rx+r\alpha y} = c^r d^{r\alpha}$). 如果它不等于 v, 则拒绝该消息; 如果通过这个检验, 则继续进行解密, 把 e 除以 u^z, 因为 $u^z = g^{rz} = h^r$, 而 $e = h^r m$, 所以, 这就是明文 m.

对于上述 Cramer-Shoup 公钥加密, 如果存在一个自适应选择密文攻击的敌手 $\mathcal{A}$ 能够破坏其安全性, 那么就可以构造一个算法 $\mathcal{B}$ 来求解 DDH 问题, 即判断一个四元组 (g_1, g_2, u_1, u_2) 是否满足 Diffie-Hellman 性质：$\log_{g_1} u_1 = \log_{g_2} u_2$.

定理 1.3.2 如果 DDH 问题是困难的, 则 Cramer-Shoup 公钥加密是 CCA2 安全的.

1.3.4 面向密钥交换协议的安全模型

通信双方在充满敌意的环境中传送数据, 一般需要确保数据的机密性和可认证性. 要达到此目的, 必须加密和认证被传送的数据, 这就需要密钥, 而密钥通常需要通过密钥交换协议来实现. 关于密钥交换协议的可证明安全性理论研究, 主要包括以下 3 个方面：

(1) 定义. 直接给出安全性定义, 再证明符合定义.

(2) 可信模型. 如两方基于对称密码的模型、三方模型等.

(3) 安全目标. 主要有可认证性、新鲜性、机密性、抵抗已知密钥攻击、前向机密性 (forward secrecy) 以及抵抗字典攻击等.

需要说明的是, 作为一种较新的安全目标, 前向机密性是指, 在密钥交换协议结束、当前会话密钥产生后, 即使这时敌手得到了任何一方的主密钥, 也不能得到以前会话密钥的任何特定信息. 其现实背景是: 在实际应用中, 计算机系统较协议的安全性要差一些, 前向机密性缓减了由于系统遭受入侵带来的损失.

面向密钥交换协议的安全模型已有很多, 典型代表主要有 BR 安全模型 [15-16]、CK 安全模型 [17] 和 BCK 安全模型 [18] 等. 本小节简要介绍 BCK 安全模型, BR 安全模型和 CK 安全模型将在 4.1.3 小节介绍.

Bellare, Canetti 和 Krawczyk[18] 于 1998 年提出了构造和分析密钥交换协议的一般框架, 给出了正确的形式化方法, 并建议在设计复杂协议时采用简单、富有吸引力的模块化设计原则, 称为 BCK 安全模型. BCK 安全模型的基本思想是: 基于模块化观点, 首先把密钥交换协议定义在理想模型中, 然后利用计算不可区分性来定义理想模型中的安全性, 最后协议被 "编译" 成现实模型中的协议; 归约证明时要求现实敌手必须能 "模仿" 理想敌手, 所谓 "模仿" 概念也就是不可区分性.

该模型适用于研究认证通信问题, 并特别强调相关的密钥交换问题 [1].

(1) **敌手能力**. 敌手控制合法用户的通信信道, 可以修改或删除传送消息, 甚至可以插入假消息; 还控制了消息发送的延迟; 可能还具有额外的能力, 如收买用户 (很多时候, 这模拟了通过入侵用户计算机系统获得用户秘密参数). 认证链模型中的敌手称为 AM–敌手, 概括地说, 除了收买某方的情形, AM–敌手不能伪造消息, 只是忠实地传递消息 (虽然可以改变传递顺序、延迟等); 非认证链模型中的敌手称为 UM–敌手, 能力要强得多.

(2) **安全目标**. 确保传送消息的可认证性. 简单采用数字签名或 MAC 可能是不够的 (当然它们通常是设计解决完整性办法的基础), 因为网络本质上是异步的, 协议经常是 "消息驱动" 的.

(3) **通用编译器 C**. 这是模块化研究的核心组件, 作用是把理想认证模型中的任何协议 π 转换成现实协议 $\pi' = C(\pi)$, 后者完成和前者一样的任务, 但能够抵抗强得多的现实敌手. 认证器 (authenticator) 是一个特殊的编译器 C: 对任何协议 π, $C(\pi)$ 在非认证网络中模仿 π. 设计认证器通常可以归约为更简单的协议, 如 MT-认证器 (MT-authenticator, 即消息传递认证器), 其目标只是认证用户间简单的消息交换, 可以基于简单的密码函数 (如 MAC、数字签名、公钥加密) 来构造它. 认证器的定义涉及认证和非认证模型的形式化定义以及运行在这两个模型中的协议的等价概念, 后者的基本要素是一个协议被另一个 "模仿" 的概念, 它源于安全多方计算协议的一般定义.

(4) **协议定义**. 设计与分析在非认证网络中的协议可划分为两个独立的阶段: 首先在理想认证模型中设计并证明协议的安全性; 然后应用特定的认证器确保被 "编译" 后的协议在非认证环境中, 维持和理想认证模型中相同的行为. 这样大大简化了设计与分析工作, 还为设计者提供了一种 "Debug 工具", 帮助消除不必要的协议元素. 具体而言, 密钥交换协议定义为一种 "消息驱动协议", 它是这样的一个迭代进程: 具有某初始状态 $s_0 = (x, r, \text{id})$(其中 x 为协议的输入, r 为随机输入, id 为身份) 的某方调用协议后, 协议等待激活 (activation): 可由两类事件引起, 来自网络的消息到达或一个外部请求 (这形式化了来自该方运行的其他进程的信息); 激活后, 协议根据输入数据、当前内部状态, 产生新的内部状态、向网络发出的消息和给该方运行的其他协议 (或进程) 的外部请求, 此外, 还产生输出 (它是累加的, 即开始为空, 每次激活后的输出被附加上去); 激活结束后, 协议等待下一次激活. 协议可以形式化表示为一个 (概率) 函数:

$$\pi(s_{i-1}, x_r, q_r) = (s_i, x_s, q_s, y)$$

其中 s_{i-1} 为当前状态, x_r 为接收消息, q_r 为外部请求, s_i 为新状态, x_s 为发出消息, q_s 为发出请求, y 为输出.

在认证链模型 (authenticated-link model) 或非认证链模型 (unauthenticated-link model) 中激活都由对应敌手 $\mathcal{A}$ 控制和编排. 协议的整体输出是各方 (包括敌手) 的累加输出的级联, 这里敌手的输出是敌手观察 (adversary view) 的函数. 敌手观察是指: 敌手在整个计算期间, 利用自己的随机输入, 看到或推导出的信息.

(5) **协议模仿**. 设 π, π' 是 n 方消息驱动协议, 称 π' 在非认证网络中模仿 π, 如果对任何 UM-敌手 $\mathcal{U}$, 存在 AM-敌手 $\mathcal{A}$, 使得对任何输入 x, 满足

$$\text{Auth}_{\pi, \mathcal{A}}(x) \overset{c}{\approx} \text{Unauth}_{\pi', \mathcal{U}}(x)$$

上式表示计算不可区分. 这里 $\text{Auth}_{\pi, \mathcal{A}}(x, r) = \text{ADV}_{\pi, \mathcal{A}}(x, r), \text{Auth}_{\pi, \mathcal{A}}(x, r)_1, \cdots,$ $\text{Auth}_{\pi, \mathcal{A}}(x, r)_n$, 是指在认证链模型中, 根据输入 x 及随机输入 r 与敌手交互运行协议 π 之后, 敌手以及全部参与方 P_i 的累加输出, $\text{Unauth}_{\pi', \mathcal{U}}(x)$ 的说明类似, 但限于非认证链模型.

综上可见, 在某种良好定义意义上认证器把在认证链模型中安全的协议转化成非认证链模型中安全的协议, 无疑构造认证器至关重要.

MT-认证器主要用于设计认证器: 首先, 设计一个 "低层" 协议 λ, 接收外部要求发送消息的请求, 然后以认证的方式发送这些消息; 其次, 已知某协议 π(在认证链模型中工作), 认证器输出一个协议 π', 与 π 只有一个区别——消息要经过 λ 传递, 也就是说, 发出的消息不再直接传给网络, 而是激活 λ 去传递消息, 不再直

接由网络接收消息, 而是取自 λ 的输出. 显然, MT-认证器 λ 在非认证网络中模仿认证网络中的消息传递 (MT) 协议. 因此, 可以定义如下编译器.

编译器 C_λ: 给定协议 π, 生成 $\pi' = C_\lambda(\pi)$ 在 P_i 范围内运行, 首先调用 λ; 对 π 发送的每个消息, π' 用发送该消息给预定收方的外部要求激活 λ; 每当 π' 被某接收消息激活, 都用它激活 λ, 当 λ 输出 "P_i 从 P_j 处收到 m" 时, π 就被来自 P_j 的 m 激活.

定理 1.3.3   设 λ 是 MT-认证器, C_λ 是基于 λ 的编译器, 则 C_λ 是一个认证器.

MT-认证器作为最基础模块, 可以根据基本的密码学工具构造. 例如, 可根据数字签名构造如下的 MT-认证器 λ_{Sig}.

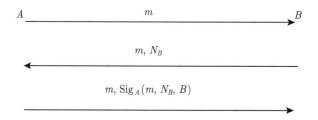

定理 1.3.4   假设数字签名是抵抗选择消息攻击安全的, 则 λ_{Sig} 在非认证网络中模仿 MT 协议.

1.4   本书主要内容和安排

安全认证协议应用十分广泛, 从使用 U 盾登录银行账户、网上购物到安全地收发电子邮件、远程办公, 以及今天迅猛发展的金融科技, 这些已逐渐被人们熟悉的服务背后, 都离不开安全认证协议的支持. 常用的基础安全认证协议主要有零知识证明、数字签名、认证密钥交换和口令认证.

我们在国家 973 计划项目、国家杰出青年科学基金项目和国家自然科学基金项目的支持下, 重点围绕常用基础安全认证协议、抗量子安全认证协议及其可证明安全性理论, 面向基础问题和量子计算时代, 结合安全认证协议的标准化和实用化发展趋势, 经过 20 多年的持续攻关, 解决了零知识证明协议中的若干核心公开问题, 发展了安全认证协议的可证明安全性理论, 丰富了安全认证协议的设计理论与分析方法, 为安全认证协议的标准化和实际应用提供了重要科学依据. 本书就是我们在安全认证协议方面所取得的代表性成果的提炼, 主要包括如下内容.

1. 零知识证明

零知识证明 (也称为零知识证明协议) 是一个两方协议, 证明者向验证者证明某一断言或定理的真实性而不泄露其他任何信息, 验证者除了相信这个断言或定理为真以外没有得到其他任何知识. 自从零知识证明诞生以来, 它便成了在不可信网络环境下建立信任和保护隐私的一个重要工具和关键组件, 广泛应用于身份认证、电子现金、电子投票、群数字签名等安全认证协议设计和普适性密码 (如安全多方计算) 构造中, 在今天迅猛发展的以区块链为代表的金融科技中发挥了不可替代的作用. 零知识证明的提出者 Goldwasser 和 Micali 也因此于 2012 年获得了计算机科学领域最高荣誉——图灵奖. 麻省理工学院的科技评论将近年来金融科技中零知识证明的高效构造列为 2018 年十大科技突破之一. 我们在零知识证明方面, 提出并实现了一系列实例依赖密码学原语 (cryptographic primitive, 也译为 "密码学本原"), 解决了双重可重置猜想等有关高安全性零知识证明的重大公开问题, 主要贡献如下.

(1) **提出并实现了一系列实例依赖密码学原语**. 提出并实现了实例依赖的可验证随机函数、公钥实例依赖的零知识论证系统、实例依赖的证据不可区分论证系统等实例依赖密码学原语, 提出新的非黑盒模拟策略, 突破了 Barak 的非黑盒模拟无法应用在经典的递归黑盒模拟策略中这一常规想象, 提出一种从混合 (hybrid) 可靠的并发零知识到双重可重置零知识的转化方式.

(2) **解决了双重可重置猜想**. 零知识证明的双重可重置猜想是由世界著名理论计算机科学家和密码学家哈佛大学 Barak 教授、以色列魏茨曼研究院 Goldreich 教授、麻省理工学院 Goldwasser 教授和以色列 Bar Ilan 大学 Lindell 教授在 2001 年理论计算机科学会议 FOCS 上提出的. 他们猜测：对任意的 NP(non-deterministic polynomial) 语言, 存在一个证明者和验证者均可被重置的零知识论证系统, 当这个系统被反复执行时, 系统中的证明者和验证者可以使用相同的随机带而不影响它们的安全性. 本质上, 可重置性同时满足了互联网复杂的并发环境和随机数受限环境的安全性需求, 从这两个角度来看, 它是零知识论证系统最强的安全性. 我们解决了双重可重置猜想, 给出这一猜想的完整证明, 为理解随机数在零知识证明以及整个安全协议中扮演的角色迈出了关键的一步.

(3) **解决了 Micali-Reyzi 问题**. 图灵奖获得者麻省理工学院 Micali 教授等在 CRYPTO 2001 上提出一个重要的公开问题, 即在纯公钥模型中是否存在常数轮的重置可靠、可重置零知识的论证系统, 该问题被称为 Micali-Reyzi 问题 (也简称为 MR 问题). 由于零知识证明被广泛应用于安全协议的构造中, 它的轮复杂度 (即交互次数) 便成为制约其他安全协议的轮复杂度的瓶颈, 因此, 在一些复杂环境下构造常数轮零知识证明就成为重要的基础性问题. 我们提出一个 Σ-难题协议的思路, 结合在标准模型中提出的密码学原语和技术, 在纯公钥模型中给出基于普通的多项式时间困难性假设的常数轮并发零知识论证系统, 并由此构造出一个常数轮的双重可重置零知识论证系统, 成功解决了 MR 问题.

2. 数字签名

数字签名 (也称为数字签名方案或协议) 类似于现实世界中的手写签名, 它可以保证数字证书的有效性, 起到防伪作用, 也可以在电子商务交易中确保数据不被篡改. 我们在数字签名方面, 建立了无证书数字签名的安全模型, 提出无证书数字签名的一般性构造理论, 提出直接匿名证明 (DAA) 的设计新思想和新方法, 发展了格上数字签名设计理论, 主要贡献如下.

(1) **建立了无证书数字签名的安全模型, 提出无证书数字签名的一般性构造理论**. 基于身份的密码 (也称为基于标识的密码) 消除了证书的使用, 得到了学术界和工业界的广泛关注, 但其天然的密钥托管问题成为制约其广泛部署的一个重要原因. 英国著名密码学家 Paterson 等提出无证书公钥密码的思想, 既消除了对用户证书的依赖, 又避免了基于身份的密码的密钥托管问题, 成为密码应用的一个新范例, 也成为物联网等资源受限环境认证的核心组件. Paterson 等提出无证书公钥加密的安全模型, 但并没有给出无证书数字签名的安全模型, 而数字签名的密钥托管则要求用户信任权限的完全委托, 因此, 基于身份的数字签名的密钥托管问题更加严重、更加重要. 我们建立了无证书数字签名的严格安全模型, 在保持基于身份的密码应用优势的同时消除了密钥托管, 简化了模型规划方法, 更清晰地刻画了无证书公钥密码的安全属性, 具有普适性; 基于椭圆曲线上的双线性映射, 设计了有效的无证书数字签名, 在随机谕示器模型中证明了其安全性等价于 CDH 困难问题.

(2) **提出直接匿名证明 (DAA) 的设计新思想, 设计了首个基于 SDH 假设的 DAA**. 直接匿名证明 (directive anonymous attestation, DAA) 是一种面向可信计算平台的数字签名, 使得验证者可以校验 DAA 签名是由一个合法平台签署的, 但不能获知该平台的身份信息. DAA 主要用于解决可信计算平台的匿名认证问题, 是可信计算的关键技术, 国际可信计算组织研制了 TPM2.0 规范并将其发布为 ISO/IEC 国际标准. 自 DAA 提出以来, 高效安全的 DAA 的设计一直是人们高度关注的一个问题, 其难点是如何在确保基本安全的前提下, 设计出计算和存储复杂度可接受的 DAA. 我们提出基于双线性对构造 DAA 的新思想, 设计了首个基于 SDH 假设的 DAA, 并在随机谕示器模型中给出了安全性证明, 为建立可信计算平台之间的远程信任提供了新的技术途径.

(3) **发展了格上数字签名设计理论**. 针对量子计算攻击, 提出 Split-SIS 困难问题并基于格上困难问题证明了其困难性, 给出基于 Split-SIS 问题的高效身份编码方案并为之设计了匹配的非交互零知识 (non-interactive zero knowledge, NIZK) 证明, 提出国际上首个具有近似常数公钥的格上群数字签名并将公钥长度降低了 $O(\log N)$ 分之一. 我们提出格上可编程 Hash 函数的概念, 并利用集合覆盖问题的经典研究结果给出多个高效的实例化, 解决了 Kiltz 等在 CRYPTO 2008 上留下的公开问题; 给出从格上可编程 Hash 函数到数字签名的通用构造, 该构造不仅蕴含了格密码奠基人之一、国际密码学会会士 Micciancio 等著名密码学家发表在 CRYPTO、EUROCRYPT 等顶级会议上的研究结果, 而且基于此给出了目前标准模型中最高效的格上短签名.

3. 认证密钥交换

认证密钥交换 (也称为认证密钥交换方案或协议或机制) 可使通信实体同时实现身份认证和会话密钥建立, 是当前互联网广泛部署的 TLS、SSH 等网络安全协议和信息安全工业标准的核心组件. 我们在认证密钥交换方面, 提出公平认证密钥交换的思想, 建立了构造公平和匿名认证密钥交换的理论与方法, 发展了格上认证密钥交换设计理论, 主要贡献如下.

(1) **提出公平认证密钥交换的思想, 建立了构造公平认证密钥交换的理论与方法**. 传统的密钥交换通常假定授权方都是可信的, 对其行为没有任何限制, 授权方可以自由揭示任何有关通信信息. 隐私如今已成为一个相当广泛而核心的概念, 如何平衡保护个人隐私和确保网上交易公平之间的矛盾已成为一个不容忽视的问题. 我们提出公平认证密钥交换的思想：除了具有一般认证密钥交换的特点之外, 通过在协议会话中预先植入 "会话证据", 使得在不揭示会话证据的前提下, 合法通信双方均可以否认会话的发生; 一旦客户方揭示会话证据, 则会话记录就与通信双方的身份绑定. 该思想为解决网络服务中保护个人隐私与处理网络服务纠纷的矛盾提供了一种切实可行的解决思路, 系统规划了公平认证密钥交换的形式化安全模型, 提出利用并发签名为组件来构造公平认证密钥交换的设计方法, 并在随机谕示器模型中证明了协议满足条件可否认性以及公平性.

(2) **建立了匿名认证密钥交换的安全模型, 设计了高效的匿名认证密钥交换**. 用户使用网络资源带来了更多便利的同时也增加了隐私泄露的可能性, 身份匿名性成为广泛关注的安全需求之一, 身份信息的泄露会使未授权实体追踪用户行踪, 侵犯用户隐私. 我们建立了匿名认证密钥交换的安全模型, 提出一种唯口令的匿名认证密钥交换设计方法, 采用口令的 Hash 值作为认证协议的基底并巧妙地与健忘传输协议相结合, 显著提升了此类协议的性能, 并在随机谕示器模型中证明了其安全性. 该协议已成为 ISO/IEC 20009-4 国际标准.

(3) **发展了格上认证密钥交换设计理论**. 2015 年图灵奖获得者 Diffie 和 Hellman 在 1976 年提出的 DH 密钥交换是目前被大规模应用的 SSL/TLS 协议的核

心密码组件, 然而随着量子算法和量子计算机的发展, 基于传统数学困难问题的密码体制面临极大的威胁和挑战, 寻找安全的抗量子计算攻击密码方案已成为密码学界的重要研究问题. 格上带噪声的数学结构给传统认证密钥交换设计理论带来了很大的挑战, 已有设计都遵循了基于密钥封装机制的通用设计思想. 我们通过使用 "噪声消除" 和 "拒绝采样" 等技术突破传统密钥封装设计理论, 设计了国际上首个格上类似 DH 协议的两轮隐式认证密钥交换. 与已有文献中的格上认证密钥交换不同, 这个协议不依赖于如数字签名、消息认证码等密码组件, 实现了安全假设的最小化. 实验结果表明, 这个协议与现实系统中基于传统困难假设的认证密钥交换 (如 TLS 协议) 的效率相当.

4. 口令认证

在基于口令的安全协议中, 用户只需要拥有易于记忆的口令就可以实现身份认证等功能, 不需要其他设备和载体存储密钥, 更具易用性, 成为一个非常活跃的研究方向. 在口令认证 (也称为口令认证方案或协议或机制) 中, 敌手总可以实施在线口令猜测攻击, 但就实际应用而言, 敌手的全部可能在线猜测只能排除很少的候选口令, 辅以其他措施即可保障口令认证协议的应用安全性. 我们在口令认证方面, 建立了基于口令的安全协议的模块化设计与分析理论, 提出跨域、匿名以及格上口令认证设计新理论和分析新方法, 主要贡献如下.

(1) **建立了基于口令的安全协议的模块化设计与分析理论**. 从计算复杂性理论角度看, 对于基于口令的安全协议来说, 敌手的成功概率是多项式函数的倒数, 并非可忽略函数, 这与基于高品质主密钥或公钥的安全协议存在很大区别. 因此, 从理论上深入研究这一点对口令协议安全性的影响是非常有意义的, 但之前尚无文献深入研究基于口令的安全协议的计算复杂性理论基础. 我们引入弱计算不可区分性的概念, 以此为基础建立了基于口令的安全协议的理论基础——弱伪随机性理论, 提出基于口令的安全协议的模块化设计与分析思想, 给出基于口令的安全协议的一般性构造方法, 并具体设计了一个基于认证码的 PMT 认证器; 利用上述理论工具设计了基于口令的密钥分配协议和口令更换协议, 具有实现效率高、可证明安全性、满足前向安全性等特点.

(2) **提出跨域和匿名口令认证设计新理论和分析新方法**. 跨域口令认证是实现云服务互联互通的关键技术, 处理来自不同域的客户端之间进行认证并建立密钥的情况, 每个客户端只需要与其所在域的服务器共享一个口令. 我们提出口令泄露冒充攻击方法, 指出 Byun 等在 *Information Sciences* 上提出的协议安全模型存在严重缺陷, 通过对相关系列协议进行分析, 证明了在对称密钥设置下该类协议无法避免密钥泄露伪造攻击和不可检测的在线字典攻击; 建立了跨域口令认证的安全模型, 以基于智能卡的口令认证作为基本组件提出通用的协议构造方法.

匿名口令认证是实现隐私保护的一种重要技术, 在大规模信息泄露事件频出的时代得到广泛关注, 其设计面临既要保持用户的匿名性又要抵抗字典攻击的挑战性难题. 我们通过引入代数 MAC, 去除匿名口令认证对同态加密的依赖, 提出一个新的设计方法并证明了构造的安全性, 计算性能得到进一步提升.

(3) **设计了高效的格上口令认证密钥交换**. 用户的交互轮数和总的通信量是衡量口令认证密钥交换性能的关键指标. 此前, 文献中唯一已知的格上口令认证密钥交换是由美国马里兰大学的密码专家、国际密码学会会士 Katz 和麻省理工学院格密码专家 Vaikuntanathan 共同设计的 (ASIACRYPT 2009). 在效率上, 这个协议需要 3 轮的消息交互和极大的通信量. 我们提出可分离公钥加密及其平滑投射 Hash 函数的概念, 给出可基于格上困难问题实例化的首个两轮口令认证密钥交换的通用框架; 证明了 q 元格满足强自适应平滑引理, 并基于此给出格上可分离公钥加密及其平滑投射 Hash 函数的具体化构造, 从而得到了格上首个两轮口令认证密钥交换. 与 Katz 和 Vaikuntanathan 设计的协议相比, 该协议不仅只有两轮的交互轮数, 而且总体通信量还降低了至少 $O(\log n)$ 分之一, 其中 n 是系统中用户的个数.

本书共分 5 章, 具体安排如下:

第 1 章 绪论, 主要概述与本书内容相关的一些基本概念以及本书主要内容和安排.

第 2 章 零知识证明, 主要介绍在零知识证明方面的一些代表性成果.

第 3 章 数字签名, 主要介绍在数字签名方面的一些代表性成果.

第 4 章 认证密钥交换, 主要介绍在认证密钥交换方面的一些代表性成果.

第 5 章 口令认证, 主要介绍在口令认证方面的一些代表性成果.

1.5　注　记

本章主要概述了本书涉及的一些基本概念、基本问题以及本书主要内容和安排, 这样做的主要目的是方便读者更好地理解本书的后续内容. 从大的方面来看, 本书内容仍属于密码学范畴, 因此, 一定会涉及很多密码学概念和内容. 很多概念有交叉, 例如, 密码算法与安全协议就有交叉, 有的密码算法也称为密码协议, 如数字签名. 很多概念称呼多样, 例如, 密码算法也称为密码体制或密码系统, 也称为密码方案, 简称为密码; 安全协议也称为密码协议, 也称为安全方案或安全机制; 有的具体方案或协议, 如密钥交换协议就直接简称为密钥交换; 等等. 很多概念内涵大小不一, 例如, 安全方案一般是指加密、数字签名、密钥交换、认证等密码算法和安全协议的统称, 但有时也特指安全协议. 读者一定要注意这些概念之间的关系, 一般通过上下文比较容易判断其真正内涵.

　　本章也花了不少笔墨介绍本书的主要内容, 这是因为这些内容有一定的难度, 大部分内容都是作者精心研究多年才取得的成果, 通过主要内容的介绍可让读者对本书有一个总体了解, 然后有选择地阅读自己感兴趣的章节.

参 考 文 献

[1]　冯登国. 安全协议——理论与实践. 北京: 清华大学出版社, 2011.

[2]　Shannon C E. Communication theory of secrecy systems. Bell Syst. Tech. J., 1949, 28: 656-715.

[3]　冯登国, 裴定一. 密码学导引. 北京: 科学出版社, 1999.

[4]　Katz J, Lindell Y. Introduction to Modern Cryptography. Boca Raton: Chapman & Hall/CRC Press, 2008.

[5]　Diffie W, Hellman M E. New directions in cryptography. IEEE Trans. Informat. Theory, 1976, IT-22: 644-654.

[6]　Abadi M, Needham R. Prudent engineering practice for cryptographic protocols. IEEE Transactions on Software Engineering, 1996, 22(1): 6-15.

[7]　冯登国. 可证明安全性理论与方法研究. 软件学报, 2005, 16(10): 1743-1756.

[8]　Goldwasser S, Micali S. Probabilistic encryption. Journal of Computer and System Sciences, 1984, 28: 270-299.

[9]　Goldwasser S, Micali S, Rivest R. A digital signature scheme secure against adaptive chosen-message attacks. SIAM Journal on Computing, 1988, 17(2): 281-308.

[10]　Bellare M, Rogaway P. Random oracles are practical: A paradigm for designing efficient protocols. Proceedings on the First ACM Conference on Computer and Communications Security, ACM, 1993.

[11]　Bellare M, Kilian J, Rogaway P. The security of the Cipher block chaining//Desmedt Y, ed. Advances in Cryptology–Crypto'94. Lecture Notes in Computer Science, Vol. 839. Berlin, Heidelberg: Springer-Verlag, 1994.

[12]　Bellare M, Rogaway P. Optimal asymmetric encryption// De Santis A, ed. Advances in Cryptology-Eurocrypt'94. Lecture Notes in Computer Science, Vol. 950. Berlin, Heidelberg: Springer-Verlag, 1995: 92-111.

[13]　Bellare M, Rogaway P. The exact security of digital signatures-how to sign with RSA and Rabin//Maurer U, ed. Advances in Cryptology–Eurocrypt'96. Lecture Notes in Computer Science, Vol. 1070. Berlin, Heidelberg: Springer-Verlag, 1996.

[14]　Cramer R, Shoup V. A practical public key cryptosystem provably secure against adaptive chosen ciphertext attack. Advances in Cryptology–Crypto'98. Lecture Notes in Computer Science, Vol. 1462, 1998: 13-25.

[15]　Bellare M, Rogaway P. Entity authentication and key distribution//Stinson D, ed. Advances in Cryptology–Crypto'93. Lecture Notes in Computer Science, Vol.773. Berlin, Heidelberg: Springer-Verlag, 1994.

[16] Bellare M, Rogaway P. Provably secure session key distribution—The three party case. Proceedings of the 27th ACM Symposium on the Theory of Computing, 1995.

[17] Canetti R, Krawczyk H. Analysis of key-exchange protocols and their use for building secure channels. Advances in Cryptology–Eurocrypt 2001. Berlin, Heidelberg: Springer, 2001: 453-474.

[18] Bellare M, Canetti R, Krawczyk H. A modular approach to the design and analysis of authentication and key exchange protocols. Proceedings of the 30th Annual ACM Symposium on Theory of Computing. New York: ACM Press, 1998.

第 2 章　零知识证明

零知识证明是由 Goldwasser、Micali 和 Rackoff [1] 于 1985 年提出的一个概念, 它允许一个证明者向一个验证者证明一个断言的正确性而不泄露其他任何知识. 这一概念对密码学和计算机科学产生了出乎意料的深远影响. 自从零知识证明诞生以来, 它便成为在不可信网络环境下建立信任和保护隐私的一个重要工具和关键组件, 广泛应用于身份认证、数字签名等安全认证协议/算法设计和普适性密码协议 (如安全多方计算) 构造. 此外, 零知识证明所蕴含的模拟思想为现代密码学的发展提供了重要的理论基础, 交互证明的概念促使了计算机科学中深刻的 PCP 定理的诞生. 在应用层面, 零知识证明以及它所衍生出来的可验证计算为近年来以区块链为代表的金融科技迅猛发展提供数据隐私保护和去中心化的认证技术. 近年来高效简洁非交互零知识证明方面的研究取得了令人瞩目的进展, 并被 *MIT Technology Review* 评为 2018 年十大科技进展之一.

和所有的证明一样, 零知识证明也需要满足 "可靠性": 如果断言是错误的, 则无论证明者使用什么策略, 验证者都将以很高的概率拒绝此断言. 这看起来与 "零知识性"(即当断言为真时, 证明者能使验证者接受此断言而不泄露任何其他知识) 相矛盾, 但正是这一看似矛盾的特性使得零知识证明的应用非常广泛: 可靠性为互不信任的实体双方建立了信任基础, 零知识性保障了证明者的隐私.

显而易见, 零知识证明的一个最为直接的应用就是身份认证. 我们可以固定某个单向函数 f, 让证明者生成一对 $(x, y = f(x))$, 公开 y 作为其公钥, 保密 x 作为其私钥. 在进行身份认证时, 证明者直接运行一个零知识协议向对方证明他知道私钥 x.

通常只考虑孤立运行环境下的零知识证明和身份认证的安全性, 即协议运行一次时的安全性. 但在今天的互联网环境中, 一个协议可能同时被成千上万个用户执行, 诚实用户不知道彼此的存在而恶意用户可能相互协作; 在一些更为恶意的环境中, 当诚实方是某些小型设备 (如智能卡), 它在运行时可能面临断电的危险, 不得不中断当前的协议执行, 被迫使用相同的随机数重新开始执行协议. 这两种普遍的恶意运行环境通常被称为并发和重置环境, 后者也是目前已知的最为恶意的运行环境. Barak 等[2] 于 2001 年提出了如下猜想: 存在重置可靠的可重置零知识协议, 即存在可靠性和零知识性在恶意的重置环境中均保持的零知识协议. 这个猜想被称为双重可重置猜想. 本章将给出这类具有最强安全性的零知识协议的构造, 从而证明了双重可重置猜想. 此外, 还在一类弱公钥模型中给出了相应的常数轮构造. 当然, 这些构造也自然带来了一些相应的恶意环境中的安全认证协议. 本章中 "协议" 和 "系统" 是一回事, 并交叉使用了这两个名词, 如零知识协议也称为零知识系统、证明/论证系统也称为证明/论证协议.

2.1 基 本 概 念

2.1.1 零知识证明/论证系统

本小节将给出证明/论证系统和零知识的形式化定义. 设 (P, V) 为一对交互图灵机, 记 $(P(w), V(z))(x)$ 为图灵机 V 在停止交互后的输出, 这里 x 为 P 和 V 的公共输入, w 和 z 分别是 P 的私有输入和 V 的私有输入. 有时为了方便起见, 会忽略 P 或 V 的私有输入, 把 $(P(w), V(z))(x)$ 记为 $(P(w), V)(x)$ 或 $(P, V)(x)$. 注意到 P 和 V 一般都是概率图灵机 (在交互过程中都将使用自己的随机带), 可以把 $(P(w), V(z))(x)$ 看成一个随机变量. 给定证明者 (或验证者) 的公共输入 x、私有输入 w(或 z) 和随机带 r, 称 $P(x, y, r)$(或 $V(x, z, r)$) 为证明者 (或验证者) 的一个化身 (incarnation), 有时也直接称为证明者 $P(x, y, r)$(或验证者 $V(x, z, r)$).

可忽略函数. 如果函数 $\text{neg}(n)$ 当 n 充分大时比任何多项式的倒数都要小, 则称 $\text{neg}(n)$ 为可忽略函数. 有时也将 $\text{neg}(n)$ 简记为 neg.

视图、副本与输出. 记 $\text{view}_V^P(x)$ 为在交互过程中 V 的视图 (view), 它包括公共输入 x, V 的私有输入 z 和在这个交互过程中所有 P 发送给 V 的消息. 一个交互副本 (transcript) 则包括公共输入 x, P 和 V 在一次协议的执行过程中产生的所有消息. 图灵机 V 在停止交互后的输出可以有两种不同的形式: ① 仅输出 "接受"(用 "1" 表示) 或 "拒绝"(用 "0" 表示); ② 输出它的视图, 这时有 $(P(w), V)(x) = \text{view}_V^P(x)$. 事实上, 对于定义零知识而言, 这两种形式是等价的.

称一个副本是可接受的, 是指验证者接受了这个副本中每一个来自证明者的消息. 在某些上下文已交代清楚的情况下, 为简单起见, 也直接把 P 和 V 在协议的一次执行中产生的所有消息称为副本, 而忽略了公共输入 x. 应特别注意任何副本都是针对于某个特定公共输入的副本.

交互历史与会话前缀. 在某些特定的时刻, 通常把到当前时刻为止的交互副本称为交互历史或会话前缀. 注意到交互历史或会话前缀应当包含某个特定的公共输入 x, 但通常在上下文清楚的情况下忽略了这一公共输入.

下面给出证明系统 (proof system) 的形式化定义.

定义 2.1.1 (证明系统) 设 (P, V) 为一对交互图灵机, P 为证明者, V 为验证者. 称 (P, V) 为语言 L 的一个证明系统, 如果它满足下列条件:

(1) 高效性 (efficiency): V 是一个 PPT 图灵机.

(2) 完备性 (completeness, 也称为完全性)：如果 $x \in L$, 那么 $P(|x|) = \Pr[(P, V(z))(x) = 0]$ 是可忽略的.

(3) 可靠性 (soundness, 也称为合理性)：如果 $x \notin L$, 那么对任何图灵机 P^*(即使 P^* 具有无限的计算能力), $e(|x|) = \Pr[(P^*, V(z))(x) = 1]$ 是可忽略的. 通常称 $e(|x|)$ 为可靠性错误.

通常把证明系统 (P, V) 的一次完整执行所需发送的消息的数目 (P 发送消息次数和 V 发送消息次数的总和) 称为 (P, V) 的轮数. 一轮的证明系统 (P 发送一条消息即完成整个证明过程) 也称为非交互证明系统.

依照定义, 对任何 NP 语言 L 存在一个非交互证明系统：证明者 P 只需把 L 中某个成员 $x \in L$ 的证据 w 发送给验证者 V 即可. 很容易验证, 这一证明系统满足上述定义中所有条件.

本章只考虑证明系统的一种变体：论证系统 (argument system). 与证明系统相比, 它稍微放宽了可靠性条件, 即只要求对于任意多项式规模电路 P^*(而不是任意的具有无限计算能力的证明者) 不能欺骗诚实验证者. 我们只考虑论证系统的根本原因是对于本章所涉及的主要问题, 构造相应的对于非平凡语言的证明系统被证明是不可能的. 此外, 论证系统也要求诚实证明者是多项式时间图灵机, 所以, 一般只考虑对 NP 语言的论证系统.

定义 2.1.2 (论证系统)　设 (P, V) 为一对交互图灵机, L 为某个 NP 语言. 称 (P, V) 为语言 L 的一个论证系统, 如果它满足下列条件：

(1) 高效性：P 和 V 均是 PPT 图灵机.

(2) 完备性：如果 $x \in L$, 则 $\Pr[(P(w), V(z))(x) = 1] = 1$, 这里 $(x, w) \in R_L$, R_L 是 L 上的一个二元关系.

(3) 可靠性：如果 $x \notin L$, 则对任何多项式规模电路 P^*,

$$e(|x|) = \Pr[(P^*, V(z))(x) = 1]$$

是可忽略的.

注意到证明/论证系统的可靠性都是定义在错误的断言 (即 $x \notin L$) 上的, 下面给出知识证明/论证 (proof/argument of knowledge) 的概念, 容易从定义中看出, 它实际上是关于可靠性的一个更强的定义.

定义 2.1.3 (知识证明/论证)　设 (P, V) 为 NP 语言 L 的一个证明 (论证) 系统. 对于任意的 x 和无限能力/多项式规模电路 P^*, 如果 P^* 使得验证者接受 x 的概率为 $q(\cdot)$, 存在一个 PPT 知识抽取器 (extractor)E 和一个可忽略函数 $\mathrm{neg}(\cdot)$, 给定 P^* 的代码, 它能以 $q(n) - \mathrm{neg}(n)$ 的概率输出 w 使得 $(x, w) \in R_L$(这里 $|x| = n$), 则称 (P, V) 为语言 L 的一个知识证明/论证系统.

从安全性角度来讲, (知识) 论证系统的定义只涉及如何保护验证者不受欺骗

(可靠性) 这一问题. 下面给出零知识 (zero knowledge) 的定义, 它是一个与证明者的安全性相关的概念. 这一概念要求对于验证者而言, 在证明结束时他除了相信对方所证明的断言为真外没有获得任何额外的 "知识" 或计算能力: 他在证明当中所观察到的一切都可以被一个无须与证明者交互的 PPT 机器 (即模拟器 (simulator)) 所模拟.

定义 2.1.4 (零知识) 设 (P,V) 为 NP 语言 L 的一个论证系统. 如果存在一个 PPT 机器 S 使得对于任意多项式规模电路 V^*, 下面两个随机变量簇:

(1) $\{(P(w),V^*)(x)\}_{x\in L}$, 这里 $(x,w)\in R_L$;

(2) $\{S(V^*,x)\}_{x\in L}$

是计算不可区分的, 则称论证系统 (P,V) 是 (计算) 零知识的.

在这个定义中, 只考虑了两个分布是计算不可区分的情形, 如果要求相应的两个分布是统计 (或完美) 不可区分的, 就得到了统计 (或完美) 零知识.

2.1.2 并发环境中零知识论证系统

在互联网这种异步环境中, 一个证明系统 (P,V) 可能被许多用户 (他们之间可能并不知道对方的存在) 并发地 (concurrently) 执行, 即它们被执行的步调不一致. 例如, 某两个用户 P_i 和 V_i 已执行到了第 5 步, 而 P_j 和 V_j 还在第 1 步. 更为重要的是, 现实中敌手可能控制这些实例中所有的验证者 (或证明者), 并迫使所有的执行按照敌手所设定的步调来进行, 这将对系统的安全性产生极大的挑战.

为了简化记号, 我们把多项式 $p(\cdot)$ 直接写成 p. 如无特殊说明, 所有的多项式都定义在相应的论证系统的安全参数上 (一般也是公共输入的长度). 例如, 某个恶意验证者与 p 个诚实证明者 $P(x_1,w_1,r_1),\cdots,P(x_p,w_p,r_p)$ 交互, 是指它和 $p(n)$ 个诚实证明者 $P(x_1,w_1,r_1),\cdots,P(x_{p(n)},w_{p(n)},r_{p(n)})$ 交互, 这里 n 为系统的安全参数, 一般有 $n=|x|$. 一个公共输入序列 $\bar{x}=x_1,\cdots,x_p\in L\cap\{0,1\}^n$ 表示对于所有的 $1\leqslant i\leqslant p, x_i\in L$ 且 $|x_i|=n$.

在标准模型中, 允许与多个诚实验证者并发地交互并不会增加恶意证明者的能力. 这主要是因为在考虑可靠性时只需关注一个诚实验证者. 然而, 对于恶意验证者来讲, 情况大大不同. 在并发环境中, 给定公共输入 $\bar{x}=x_1,\cdots,x_p\in L\cap\{0,1\}^n(p$ 为某个多项式, n 为安全参数), 一个恶意验证者 V^* 是一个多项式规模电路, 它被假定具有如下能力:

(1) 与 p 个独立的诚实证明者 $P(x_1,w_1,r_1),\cdots,P(x_p,w_p,r_p)$ 交互, 而且这些诚实证明者彼此都不知道对方的存在, 这里 r_i 为独立选取的随机数, $(x_i,w_i)\in R_L, 1\leqslant i\leqslant p$.

(2) 按照它自己的意志来协调和控制每一个会话的进度. 对于 V^* 发送给证明者 $P(x_i,w_i,r_i)$ 的每一条消息, 我们总假定 $P(x_i,w_i,r_i)$ 对这条消息立刻做出回

应 (即 V^* 能立刻收到 $P(x_i, w_i, r_i)$ 的回复). 但对于诚实证明者发送给 V^* 的消息, V^* 可以任意地延迟 (在多项式时间内) 对这条消息的回复. V^* 通过这种延迟来控制每一个会话的进度.

记 $(P(\bar{w}), V^*)(\bar{x})$ 为 V^* 停止所有交互后的输出, 这里 $\bar{w} = w_1, \cdots, w_p$, $(x_i, w_i) \in R_L, 1 \leqslant i \leqslant p$. 把 V^* 称为**并发敌手** (concurrent adversary), 同时把这样的交互称为协议的并发执行, 它们对应着一个由 Dwork、Naor 和 Sahai[3] 于 2004 年提出的更强的零知识概念: **并发零知识** (concurrent zero knowledge).

定义 2.1.5 (并发零知识)   设 (P, V) 为语言 L 的一个论证系统, p 为任意的一个多项式. 如果对于任意的并发敌手 V^*, 存在一个 PPT 机器 S, 使得下面两个由公共输入序列 $\bar{x} = x_1, \cdots, x_p \in L \cap \{0, 1\}^n$ 索引的随机变量簇:

(1) $\{(P(\overline{w}), V^*)(\overline{x})\}_{\bar{x} \in L}$, 这里 $\bar{w} = w_1, \cdots, w_p, (x_i, w_i) \in R_L, 1 \leqslant i \leqslant p$;

(2) $\{S(V^*, \bar{x})\}_{\bar{x} \in L}$

是计算不可区分的, 则称论证系统 (P, V) 是 (计算) 并发零知识的.

在 2001 年, Barak[4] 开发了非黑盒模拟技术, 并利用它设计了一个常数轮的有界并发 (bounded-concurrent) 零知识论证系统, 这里**有界并发**是指并发敌手 V^* 被允许与之交互的诚实证明者个数为某个预先固定的多项式. 如果这个预先绑定的多项式为 t, 也把 V^* 称为 t-**有界并发敌手**.

2.1.3   重置环境中零知识论证系统

在考虑一个论证系统的并发执行时, 虽然一个恶意验证者 V^* 被允许与许多独立的诚实证明者交互, 但与每一个具体的诚实证明者 $P(x_i, w_i, r_i)$, 它只能与之进行一次交互. 如果允许 V^* 与诚实证明者 $P(x_i, w_i, r_i)$ 进行多次交互 (注意到 $P(x_i, w_i, r_i)$ 在每次执行协议时都使用相同的随机带 r_i), 情况会怎样?

毫无疑问, 那些经典的证明/论证系统在这种环境下将不再保持零知识性. 考虑针对图同构的经典零知识证明协议. 如果某个恶意验证者被允许与某个固定好随机带 r 的诚实证明者 $P(G_0, G_1, \pi, r)$ 进行如下两次交互: ①在第一次交互时 V^* 发送随机比特 0, 在它收到一个正确的 π'_0 后; ②重新回到第 2 步进行第二次交互, 这次它发送随机比特 1 而收到一个正确的 π'_1. 注意到对于固定了随机带的诚实证明者, 它的第一条消息即图 H, 也是固定好了的. 这样 V^* 在这两次交互中得到了两个副本, 它便可以轻易地计算出 G_0 与 G_1 之间的同构. 显然, 诚实证明者已经泄露了它的秘密, 也就谈不上零知识性了.

上述特殊的交互方式也就是所谓的由 V^* 发起的**重置攻击** (resetting attack), 在这种攻击中: ① V^* 可以在与某个固定好随机带的证明者 $P(x, w, r)$ 的交互进行到第 j 步时, 重新回到第 $i(i \leqslant j)$ 步, 即把 $P(x, w, r)$ 重置到第 i 步时的内部状态, 进行另一次不同 (V^* 使用新的随机带, 而 $P(x, w, r)$ 的随机带 r 不变) 的交互;

② V^* 如同并发敌手一样, 被允许与多个诚实证明者交互. 把这样的 V^* 称为**重置敌手**. 显然, 重置攻击远比并发敌手发起的攻击危害性要大得多. 在现实世界中, 许多小型密码设备通常在交互时无法及时地更新随机带, 这使得讨论重置攻击本身具有很强的现实意义.

协议 (P,V) 的每一次 (可能是不完整的) 执行称为一次**会话**. 对于重置敌手 V^*, 一次会话就是与某个具体的证明者 $P(x,w,r)$ 的一次 (可能是不完整的) 交互. 假设协议 (P,V) 的一次完整的执行副本具有形式 $(x, \alpha_1, \beta_1, \cdots, \alpha_m, \beta_m)$, 这里假设对所有 $1 \leqslant i \leqslant m$, α_i 为验证者发送的消息, β_i 为证明者发送的消息, 则对于一次会话的副本 $(x, \alpha_1, \beta_1, \cdots, \alpha_c, \beta_c)$, $c \leqslant m$ (当 $c < m$ 时它是不完整的), 对每一个 $1 \leqslant i \leqslant c$, 都有 $\beta_i = P(x, w, r, \alpha_1, \beta_1, \cdots, \alpha_i)$, 也就是说 β_i 是证明者 $P(x, w, r)$ 根据前面 $2i - 1$ 个消息计算出来的. 由于 V^* 的重置攻击, 它与一个证明者 $P(x, w, r)$ 之间可能会产生许多会话, 为了避免混乱, 我们假定 V^* 发送每个消息时, 都在这个消息后面添上一个会话标识以说明这条消息属于哪个会话. 注意到这个假定并不失一般性, 因为 V^* 在发送第 i 条消息 α_i 时, 可以假定它发送这个消息所属的会话到目前为止的副本为 $(x, \alpha_1, \beta_1, \cdots, \alpha_i, \beta_i)$, 这样证明者 $P(x, w, r)$ 就不会混淆了.

通常, 模拟器或知识抽取器的基本策略是通过重置 (rewind) 敌手来完成模拟或提取证据. 在讨论重置零知识或重置可靠性时, 恰好敌手也被赋予重置 (reset) 诚实方的能力. 虽然在英文中这两个词 (rewind 和 reset) 不同, 它们的意义则是一样的, 本书中均译成重置. 为了避免不必要的混乱, 有时会加上英文予以说明.

重置敌手 V^* 与可重置零知识. 从本质上讲, 可重置零知识保证了那些在不同的交互中使用固定随机带的诚实证明者的安全性.

V^* 的**重置攻击**. 设 (P,V) 为语言 L 的一个论证系统, p 为任意的一个多项式, $\bar{x} = x_1, \cdots, x_p \in L \cap \{0,1\}^n$ 为一个两两不同且每个长度为 n 的公共输入序列, $\bar{w} = w_1, \cdots, w_p$ 是对应这个公共输入序列 $\bar{x}$ 的证据序列, 即 $(x_i, w_i) \in R_L, 1 \leqslant i \leqslant p$. 把重置敌手 V^* 定义为一个多项式规模电路, 它发起的重置攻击是如下一个随机过程:

(1) 随机选择 p 个证明者的随机带 $r_1, \cdots, r_p$. 这样就产生了 p^2 个确定性的证明者 $P^{(i,j)} = P_{x_i, w_i, r_j} = P(x_i, w_i, r_j), (i,j) \in \{1, \cdots, p\} \times \{1, \cdots, p\}$. 每个 $P^{(i,j)}$ 可以看成一个如下定义的函数: $P^{(i,j)}(\alpha) = P_{x_i, w_i, r_j}(\alpha) = P(x_i, w_i, r_j, \alpha)$.

(2) V^* 可以与每个 $P^{(i,j)}$ 发起 (任意的) 多项式个会话. 在整个 V^* 与所有的证明者交互过程中, V^* 如同并发敌手一样, 可以以任意方式来协调和控制每一个会话的进度: 在任何时刻, 它可以发送任意的消息给某个 $P^{(i,j)}$, 并且它将立即收到 $P^{(i,j)}$ 对这条消息的回复.

(3) 一旦 V^* 决定结束整个交互, 它将基于它在整个交互过程中的视图产生输

出 $(P(\bar{w}), V^*)(\bar{x})$.

针对这种重置攻击, 下面给出可重置零知识 (resettable zero knowledge) 的定义.

定义 2.1.6 (可重置零知识)　设 (P, V) 为语言 L 的一个论证系统, p 为任意的一个多项式. 如果对任意的重置敌手 V^*, 存在一个 PPT 模拟器 S 使得下面两个由两两不同的公共输入序列 $\bar{x} = x_1, \cdots, x_p \in L \cap \{0, 1\}^n$ 索引的随机变量簇:

(1) $\{(P(\bar{w}), V^*)(\bar{x})\}_{\bar{x} \in L}$, 这里 $\bar{w} = w_1, \cdots, w_p, (x_i, w_i) \in R_L, 1 \leqslant i \leqslant p$;

(2) $\{S(V^*, \bar{x})\}_{\bar{x} \in L}$

是计算不可区分的, 则称 (P, V) 是可重置零知识的.

从定义可以看出, 可重置零知识是比并发零知识更强的概念: 它允许恶意验证者通过重置诚实证明者的方式来与单个诚实证明者进行多个会话.

类有界重置敌手 V^* 与类有界可重置零知识. 下面我们引入类有界可重置零知识 (class-bounded resettable zero knowledge) 这一概念. 像有界并发零知识一样, 在这一概念中重置敌手的行为受到某些限制. 记在一次会话中验证者的第一条消息为 msg. 把 V^* 与某个特定的证明者 $P^{(i,j)}$ 之间那些享有相同的 msg 的所有会话归为一类 (class), 记为 $\mathrm{Class}_{P^{(i,j)}, \mathrm{msg}}$. 注意到 V^* 与不同的证明者 $P^{(i,j)}$, $P^{(i',j')}(i \neq i'$ 或 $j \neq j')$ 之间的会话, 不管 V^* 在这两次会话中它的第一条消息是否相同, 都不属于同一类. 由于 V^* 的重置攻击, 一个会话类可能会含有任意多项式个会话. 通过预先限制会话类的数目来定义类有界可重置零知识论证系统. 这一限制可以通过预先绑定 V^* 能与之交互的证明者个数和 V^* 的第一条会话消息的数目来实现.

V^* 的类有界重置攻击. 设 (P, V) 为语言 L 的一个论证系统, t 为一个预先固定的多项式, $\bar{x} = x_1, \cdots, x_t \in L \cap \{0, 1\}^n$ 为一个两两不同且每个长度均为 n 的公共输入序列, $\bar{w} = w_1, \cdots, w_t$ 是对应这个公共输入序列 $\bar{x}$ 的证据序列. 把 t^3-类有界重置敌手 V^* 定义为一个多项式规模电路, 它发起的重置攻击是如下一个随机过程:

(1) 随机选择 t 个证明者的随机带 $r_1, \cdots, r_t$. 这样就产生了 t^2 个确定性的证明者 $P^{(i,j)} = P_{x_i, w_i, r_j} = P(x_i, w_i, r_j), (i, j) \in \{1, \cdots, t\} \times \{1, \cdots, t\}$.

(2) V^* 可以与每个 $P^{(i,j)}$ 发起 (任意的) 多项式个会话, 但对每一个 $P^{(i,j)}$, 它只能发送最多 t 个不同的 (第一条验证者消息)msg. 在这个限制下, V^* 在整个交互过程中, 与重置敌手一样, 可以以任意方式来协调和控制每一个会话的进度: 在任何时刻, 它可以发送任意的消息给某个 $P^{(i,j)}$, 并且它将立即收到 $P^{(i,j)}$ 对这条消息的回复.

(3) 一旦 V^* 决定结束整个交互, 它将基于它在整个交互过程中的视图产生输出 $(P(\bar{w}), V^*)(\bar{x})$.

相比于重置攻击, 类有界重置攻击主要受到两个限制: ① V^* 能与之交互的

诚实证明者个数 t^2 是预先绑定的; ② 对每一个证明者 V^* 能发送的 (第一条验证者消息) msg 的个数也是预先绑定的. 这样, 在整个交互过程中便产生了 t^3 个会话类: $\mathrm{Class}_{P(i,j),\mathrm{msg}_k}$.

定义 2.1.7 (类有界可重置零知识) 设 (P,V) 为语言 L 的一个论证系统, t 为一个预先固定的多项式. 如果对任意的 t^3-类有界重置敌手 V^*, 存在一个 PPT 模拟器 S 使得下面两个由两两不同的公共输入序列 $\bar{x} = x_1, \cdots, x_t \in L \cap \{0,1\}^n$ 索引的随机变量簇:

(1) $\{(P(\bar{w}), V^*)(\bar{x})\}_{\bar{x} \in L}$, 这里 $\bar{w} = w_1, \cdots, w_t, (x_i, w_i) \in R_L, 1 \leqslant i \leqslant t$;

(2) $\{S(V^*, \bar{x})\}_{\bar{x} \in L}$

是计算不可区分的, 则称 (P,V) 是 t^3-类有界可重置零知识的.

重置敌手 P^* 与重置可靠的知识论证系统. 类似地, 我们可定义重置敌手 P^* 与重置可靠性 [2]. 注意到论证系统的可靠性要求: 对任意的 $x \notin L$, 证明者 P^* 无法使得诚实验证者接受, 因而在定义由证明者 P^* 发起的重置攻击时, 只需关注单个公共输入即可.

P^* 的重置攻击. 设 (P,V) 为语言 L 的一个论证系统, p 为任意的一个多项式. 给定公共输入 x, 把重置敌手 P^* 定义为一个多项式规模电路, 它发起的重置攻击是如下一个随机过程:

(1) 随机选择 p 个验证者的随机带 $r_1, \cdots, r_p$. 这样就产生了 p 个确定性的验证者 $V^{(j)}(x) = V_{x,r_j}, j \in \{1, \cdots, p\}$, 这里每个 $V^{(j)}$ 可以看成一个如下定义的函数: $V^{(j)}(\alpha) = V_{x,r_j}(\alpha) = V(x, r_j, \alpha)$.

(2) P^* 可以与每个 $V^{(j)}$ 发起 (任意的) 多项式个会话. P^* 在整个与所有的验证者交互过程中, 如同并发敌手一样, 可以以任意方式来协调和控制每一个会话的进度: 在任何时刻, 它可以发送任意的消息给某个 $V^{(j)}$, 并且它将立即收到 $V^{(j)}$ 对这条消息的回复.

这种由 P^* 发起的重置攻击引出了重置可靠性 (resettable-soundness) 与重置可靠的知识论证系统 (resettably-sound argument system of knowledge) 这两个概念.

定义 2.1.8 (重置可靠性) 设 (P,V) 为语言 L 的一个论证系统. 如果对任意的 $x \notin L$, 对任意的重置敌手 P^*, P^* 在某个会话中使得相应的 $V^{(j)}(x)$ 接受的概率是可忽略的, 则称 (P,V) 是重置可靠的.

定义 2.1.9 (重置可靠的知识论证系统) 设 (P,V) 为语言 L 的一个论证系统. 如果对任意的 x, 任意重置敌手 P^*, P^* 在某个会话中使得相应的 $V^{(j)}(x)$ 接受的概率为 $q(\cdot)$, 存在一个 PPT 知识抽取器 E 和一个可忽略函数 $\mathrm{neg}(\cdot)$, 使得给定 P^* 的代码, 它以概率 $q(n) - \mathrm{neg}(n)$ 输出一个证据 w 使得 $(x,w) \in R_L$ (这里 $|x| = n$), 则称 (P,V) 是重置可靠的知识论证系统.

注意到上述定义忽略了知识的错误 $e(\cdot)$, 从这以后我们总假定 $e(\cdot)$ 为可忽略函数.

可重置证据不可区分. 可重置证据不可区分 (resesttable witness indistinguishability) 是可重置零知识的一种自然的弱化, 就像证据不可区分是零知识的一种弱化一样. 可重置证据不可区分论证系统保证了诚实证明者具有这样的安全性: 对于一组公共输入序列的两组证据序列, 重置敌手 V^* 无法区分诚实证明者在证明中用的是哪一组证据序列.

定义 2.1.10 (可重置证据不可区分)　设 (P,V) 为语言 L 的一个论证系统, p 为任意的一个多项式, $\bar{x} = x_1, \cdots, x_p \in L \cap \{0,1\}^n$ 为一个公共输入序列, $\bar{w}_0 = w_0^1, \cdots, w_0^p$ 与 $\bar{w}_1 = w_1^1, \cdots, w_1^p$ 是这组公共输入的任意两组证据序列, 即 $(x_i, w_b^i) \in R_L, 1 \leqslant i \leqslant p, b \in \{0,1\}$. 如果对任意的重置敌手 V^*, 下面两个随机变量簇:

(1) $\{(P(\overline{w}_0), V^*)(\bar{x})\}_{\bar{x} \in L}$;
(2) $\{(P(\overline{w}_1), V^*)(\bar{x})\}_{\bar{x} \in L}$

是计算不可区分的, 则称 (P,V) 是可重置证据不可区分的.

ZAP 证明系统. Dwork 和 Naor[5] 构造了一个两轮重置可靠的可重置证据不可区分证明系统, 称为 ZAP 证明系统. 把 ZAP 证明系统的一次执行副本记为 (ρ, π), ρ 为验证者第一轮消息 (它实际上是一串随机比特), π 为证明者消息 (有时也直接称为证明). Groth, Ostrovsky 和 Sahai[6] 构造了一轮 (非交互) ZAP. 这里需要强调的是, 不管是 Dwork 和 Naor[5] 构造的两轮 ZAP, 还是 Groth 等 [6] 构造的非交互 ZAP, 它们仅仅满足重置可靠性, 都不是重置可靠的知识证明系统 (甚至不是知识证明系统).

2.1.4　BPK 模型中可重置零知识、并发零知识及可靠性

前面的零知识论证系统都是在标准模型中定义的. 标准模型不含有任何形式的初始假设, 但它通常在效率上有所缺陷. 例如, 不能在标准模型中构造对非平凡语言的常数轮的并发黑盒零知识证明 (或论证) 系统, 更不用说可重置黑盒零知识证明 (或论证) 系统. 为了取得更好的轮效率, Canetti, Goldreich 和 Goldwasser 等 [7] 引入了一个非常有吸引力的模型: 纯公钥模型 (bare public-key model, 简称为 BPK 模型). BPK 模型含有的唯一的初始假设是验证者在所有的交互开始之前注册一个用它的身份标识的公钥. 需要强调的是, 验证者可以注册任意的公钥, 这一注册过程既不需要任何交互, 也不需要信任第三方来验证这个公钥的特性. 相比于一些已知的其他初始假设, 如公共参考串模型 (它要求由信任的第三方来生成一个公共参考串)、PKI (public key infrastructure) 模型等, BPK 模型被认为是含有最弱 (仅次于标准模型) 初始假设的模型.

尽管 BPK 模型含有极弱的初始假设, 但它被证明是一种非常强大的模型: 能

够在 BPK 模型中构造对所有 NP 语言的常数轮可重置零知识论证系统.

BPK 模型假设:

(1) 一份记录了所有验证者公钥的公共 (任何证明者或验证者都能得到的) 文档 F.

(2) 一个 (诚实) 证明者 P, 它是一个给定了安全参数 n、公共输入 $x \in L(|x| = n)$ 和它的证据 w、公共文档 F、公共文档 F 中一个具体的验证者公钥 pk 和随机带 r 的确定性多项式时间机器.

(3) 一个 (诚实) 验证者 V, 它是一个两阶段的确定性多项式时间机器. 在第一阶段 (公钥注册阶段), 当输入安全参数 n 和随机串 r 时, V 生成公私钥对 (pk, sk), 把 pk 写进公共文档 F 而它自己储存 sk; 在第二阶段 (证明阶段), 给定输入 sk、n 比特长的公共输入 x 和随机串 ρ, V 与 P 执行一个交互协议, 当执行完毕时 V 输出 "接受 x" 或 "拒绝 x".

上述模型的定义实质上只要求所有验证者的公钥注册阶段必须在任何一个证明阶段开始之前完成, 并且公共文档 F 在所有的注册完成时公布 (以便所有的证明者和验证者都可以可靠地得到它). 这些假设隐含在对证明者的描述中: 证明者在交互开始时已经给定了含有所有验证者公钥的文档 F 作为输入, 虽然在某个具体的交互中证明者只用到一个验证者的公钥.

典型的 BPK 模型中零知识论证系统的构造都是通过设计某些步骤使得在证明系统的零知识性时, 模拟器一旦得到这些公钥背后的秘密 (如私钥) 便可以轻易地完成整个模拟. 这样, BPK 模型的一个显而易见的好处是, 恶意验证者无法根据交互时的视图来动态地生成那些模拟器所需要的秘密, 因为所有模拟器所需要的所有秘密 (如私钥) 都在交互之前已固定好了 (都被 F 绑定了). 这一点也正是在标准模型中无法构造对非平凡语言的常数轮的并发黑盒零知识证明 (或论证) 系统的原因.

BPK 模型中论证系统的完备性定义和标准模型中一样.

定义 2.1.11 (BPK 模型中的完备性) 设 (P, V) 为语言 L 的一个论证系统, P 和 V 分别为诚实证明者和诚实验证者. 如果对所有的 n 比特长公共输入 $x \in L$ 和它的证据 w, 在证明阶段, V 在协议执行结束时输出 "拒绝 x" 的概率是可忽略的, 则称 (P, V) 是完备的.

重置敌手V^* 与它在 BPK 模型中的重置攻击. 设 s 和 t 为两个多项式. 在 BPK 模型中, (s, t)-重置敌手 V^* 是一个多项式规模电路, 它发起的重置攻击是如下一个随机过程:

(1) 在公钥注册阶段, 给定输入 1^n (n 为安全参数, 有时也将 1^n 称为安全参数), V^* 接收到一个公共输入序列 $\bar{x} = x_1, \cdots, x_s \in L \cap \{0, 1\}^n$, 输出一个在形式上包含 s 个公钥的任意的公共文档 $F = (pk_1, \cdots, pk_s)$.

(2) 随机选择 s 个验证者的随机带 $r_1, \cdots, r_s$. 这样就产生了 s^3 个诚实证明者 $P(x_i, w_i, pk_j, r_k, F), 1 \leqslant i, j, k \leqslant s$, 这里 $(x_i, w_i) \in R_L$.

(3) 在证明阶段, 如同标准模型中的重置攻击一样, V^* 与 s^3 个诚实证明者交互, 对每一个证明者 $P(x_i, w_i, pk_j, r_k, F), V^*$ 可通过重置证明者 $P(x_i, w_i, pk_j, r_k, F)$ 来与 $P(x_i, w_i, pk_j, r_k, F)$ 进行任意多项式个会话. 此外, 在整个交互过程中, V^* 可根据它自己的意志来控制所有这些会话的进度.

(4) 一旦 V^* 决定结束整个交互, 它将基于它在整个交互过程中的视图产生输出 $(P(\bar{w}), V^*)(\bar{x})$, 这里 $\bar{w} = w_1, \cdots, w_s$.

(5) V^* 在两个阶段的总的运行时间为 t.

定义 2.1.12 (BPK 模型中可重置零知识)　设 (P, V) 为语言 L 的一个论证系统. 如果对所有的 (s, t)-重置敌手 V^*, 存在一个 PPT 模拟器 S 使得下面两个由两两不同的公共输入序列 $\bar{x} = x_1, \cdots, x_s \in L \cap \{0, 1\}^n$ 索引的随机变量簇:

(1) $\{(P(\overline{w}), V^*)(\overline{x})\}_{\bar{x} \in L}$, 这里 $\bar{w} = w_1, \cdots, w_s, (x_i, w_i) \in R_L, 1 \leqslant i \leqslant s$;

(2) $\{S(V^*, \bar{x})\}_{\bar{x} \in L}$

是计算不可区分的, 则称 (P, V) 在 BPK 模型中是可重置零知识的.

类似地, BPK 模型中并发零知识定义如下.

并发敌手 V^* 与它在 BPK 模型中的并发攻击. 设 s 和 t 为两个多项式. 在 BPK 模型中, (s, t)-并发敌手 V^* 是一个多项式规模电路, 它发起的并发攻击是如下一个随机过程:

(1) 在公钥注册阶段, 给定输入 1^n, V^* 接收到一个公共输入序列 $\bar{x} = x_1, \cdots, x_s \in L \cap \{0, 1\}^n$, 输出一个在形式上包含 s 个公钥的任意的公共文档 $F = (pk_1, \cdots, pk_s)$.

(2) 随机选择 s 个验证者的随机带 $r_1, \cdots, r_s$. 这样就产生了 s^3 个诚实证明者 $P(x_i, w_i, pk_j, r_k, F), 1 \leqslant i, j, k \leqslant s$, 这里 $(x_i, w_i) \in R_L$.

(3) 在证明阶段, 如同标准模型中的并发攻击一样, V^* 与 s^3 个诚实证明者交互, 对每一个证明者 $P(x_i, w_i, pk_j, r_k, F), V^*$ 只被允许进行一次会话; 在整个交互过程中, V^* 可以根据它自己的意志来控制所有这些会话的进度.

(4) 一旦 V^* 决定结束整个交互, 它将基于它在整个交互过程中的视图产生输出 $(P(\bar{w}), V^*)(\bar{x})$, 这里 $\bar{w} = w_1, \cdots, w_s$.

(5) V^* 在两个阶段的总的运行时间为 t.

定义 2.1.13 (BPK 模型中并发零知识)　设 (P, V) 为语言 L 的一个论证系统. 如果对所有的 (s, t)-并发敌手 V^*, 存在一个 PPT 模拟器 S 使得下面两个由两两不同的公共输入序列 $\bar{x} = x_1, \cdots, x_s \in L \cap \{0, 1\}^n$ 索引的随机变量簇:

(1) $\{(P(\bar{w}), V^*)(\bar{x})\}_{\bar{x} \in L}$, 这里 $\bar{w} = w_1, \cdots, w_s, (x_i, w_i) \in R_L, 1 \leqslant i \leqslant s$;

(2) $\{S(V^*, \bar{x})\}_{\bar{x} \in L}$

是计算不可区分的, 则称 (P,V) 在 BPK 模型中是并发零知识的.

下面给出 BPK 模型中几种可靠性定义. 不同于标准模型, BPK 模型中可靠性更为微妙和复杂. 例如, 在标准模型中, 普通的可靠性和并发可靠性 (考虑恶意证明者并发地和许多验证者交互时的可靠性) 是同一回事, 但在 BPK 模型中这是不同的概念. Micali 和 Reyzin[8] 于 2001 年给出了 BPK 模型中四种不同的可靠性定义: 一次可靠性 (one-time soundness)、顺序可靠性 (sequential soundness)、并发可靠性 (concurrent soundness) 和重置可靠性 (resettable soundness).

顺序敌手 P^* 与它在 BPK 模型中的顺序攻击. 设 s 为任意的一个多项式. 在 BPK 模型中, s-顺序敌手 P^* 是一个多项式规模电路, 它发起的顺序攻击是如下一个随机过程:

(1) 给定输入 1^n 和随机串 r, V 生成公私钥对 (pk, sk).

(2) 给定输入 1^n 和 pk, P^* 输出第一个公共输入 x_1.

(3) 对 i 从 1 到 s, 顺序执行以下步骤:

(a) 随机选择 ρ_i, 这样就启动了一个验证者的证明阶段 $V(x_i, sk, \rho_i)$.

(b) P^* 与 $V(x_i, sk, \rho_i)$ 执行单个会话.

(c) 如果 $i \leqslant s - 1$, P^* 根据当前的内部状态输出下一个公共输入 x_{i+1}.

定义 2.1.14 (一次可靠性) 设 (P,V) 为语言 L 的一个论证系统. 如果对所有的 s-顺序敌手 P^*, 存在 $i\,(1 \leqslant i \leqslant s)$, $x_i \notin L$, 对所有的 $j < i$ 有 $x_j \neq x_i$ 并且 V 输出 "接受 x_i" 的概率是可忽略的, 则称 (P,V) 是一次可靠的.

顺序可靠性与一次可靠性唯一的区别在于前者允许对于 $j < i$ 有 $x_j = x_i$.

定义 2.1.15 (顺序可靠性) 设 (P,V) 为语言 L 的一个论证系统. 如果对所有的 s-顺序敌手 P^*, 存在 $i(1 \leqslant i \leqslant s)$, $x_i \notin L$, 并且 V 输出 "接受 x_i" 的概率是可忽略的, 则称 (P,V) 是顺序可靠的.

并发敌手 P^* 与它在 BPK 模型中的并发攻击. 设 s 为任意的一个多项式. 在 BPK 模型中, s-并发敌手 P^* 是一个多项式规模电路, 它发起的并发攻击是如下一个随机过程:

(1) 给定输入 1^n 和随机串 r, V 生成公私钥对 (pk, sk).

(2) 给定输入 1^n 和 pk, P^* 按照它自己的意志并发地执行 s 个会话:

(a) 如果 P^* 当前已经开启了 $i - 1$ 个会话, $1 \leqslant i - 1 < s$, 它可以随时暂停这些会话, 输出 "开始 x_i" 来开启公共输入为 x_i 的第 i 个会话.

(b) 一旦 P^* 输出 "开始 x_i", V 将选择一个新的随机带 ρ_i 来与 P^* 进行新的会话, 也就是说, 第 i 个会话是在 P^* 和 $V(x_i, sk, \rho_i)$ 之间进行的.

定义 2.1.16 (并发可靠性) 设 (P,V) 为语言 L 的一个论证系统. 如果对所有的 s-并发敌手 P^*, 对任意的 $x \notin L$, V 输出 "接受 x" 的概率是可忽略的, 则称 (P,V) 是并发可靠的.

重置敌手 P^* 与它在 BPK 模型中的重置攻击. 设 s 为任意的一个多项式. 在 BPK 模型中, s-重置敌手 P^* 是一个多项式规模电路, 它发起的重置攻击是如下一个随机过程:

(1) 给定输入 1^n 和随机串 r, V 生成公私钥对 (pk, sk).

(2) 随机选择 s 个验证者随机带 $\rho_i, 1 \leqslant i \leqslant s$.

(3) 在任何时刻, P^* 都可以输出 "开始 x", 来开启与 s 个验证者 $V(x, sk, \rho_i)$ $(1 \leqslant i \leqslant s)$ 之间的会话. 如同标准模型中的重置敌手, 对每一个验证者 $V(x, sk, \rho_i)$, P^* 可以通过重置 $V(x, sk, \rho_i)$ 来与 $V(x, sk, \rho_i)$ 进行任意多项式个会话. 此外, 在整个交互过程中, P^* 可以根据它自己的意志来控制所有这些会话的进度.

定义 2.1.17 (BPK 模型中重置可靠性)　　设 (P, V) 为语言 L 的一个论证系统. 如果对所有的 s-并发敌手 P^*, 对任意的 $x \notin L$, V 在某个会话中输出 "接受 x" 的概率是可忽略的, 则称 (P, V) 是重置可靠的.

2.2　实例依赖密码学原语

本节主要介绍构造双重可重置零知识论证系统的 3 个新工具 [9]: 实例依赖的可验证随机函数和它所衍生的公钥实例依赖的零知识论证系统, 以及实例依赖的证据不可区分论证系统.

2.2.1　实例依赖的可验证随机函数

实例依赖的可验证随机函数 (instance-dependent verifiable random function, 简记为 InstD-VRF) 是一个新的密码学概念. 粗略地讲, 一个 InstD-VRF 就是一个公钥中含有针对某个 NP 语言 L 的实例 y 的可验证随机函数, 但放松了对它的安全性要求: 只有当 $y \in L$ 时, 这个函数才被要求具有伪随机性 (pseudorandomness); 只有当 $y \notin L$ 时, 这个函数才被要求具有唯一性 (uniqueness). 而对于可验证随机函数, 这两个性质是同时具有的.

后面将会看到, 在处理双重可重置猜想上, InstD-VRF 是一个富有启发性的概念同时也是一个强有力的工具. 现在讨论如何在一些普通的密码学假设下实现这个概念, 这也就是下面的定理 2.2.1.

定理 2.2.1　　如果存在单向陷门置换, 则存在 InstD-VRF.

本小节除了实现这个新的概念, 还将给出由这个概念自然延伸出来的一个虚拟的论证系统, 它将给双重可重置论证系统的构造带来某些启发.

动机. 先来回顾 Barak[4] 的公开掷币的零知识论证系统 (简记为 ZK$_{\text{Barak}}$) 和 Barak, Goldreich 和 Goldwasser 等 [2] 把这一论证系统转化成重置可靠的零知识论证系统的方法 (简称为 BGGL 方法).

ZK$_\text{Barak}$ 由两部分组成: 实例生成协议 (instance generation protocol) 和证据不可区分 (WI) 普适论证系统 (universal argument system). 给定公共输入 $x \in L$, 证明者和验证者先执行实例生成协议, 产生一个针对某个特殊语言 Λ 的实例, 然后执行 WI 普适论证系统. 在 WI 普适论证系统中, 证明者证明 $x \in L$ 或在执行实例生成协议时生成的实例属于 Λ. 在真实的交互中, 由于证明者无法得到验证者的代码 (已固定验证者的随机带), 所以, 它无法通过执行实例生成协议来产生一个属于 Λ 的实例, 进而它只能在执行 WI 普适论证系统时使用 $x \in L$ 的证据来向验证者证明. 这样就保证了系统的可靠性. 然而, 给定验证者的代码, 模拟器可在执行实例生成协议阶段生成一个属于 Λ 的实例, 进而它可以在执行 WI 普适论证系统时使用这个实例的证据来向验证者证明. 这样就保证了系统的零知识性.

设 n 为系统的安全参数, $\{H_n\}_{n \in \mathbb{N}}$ 为 Hash 函数簇, 函数 $h \in H_n$ 是从 $\{0,1\}^*$ 到 $\{0,1\}^n$ 上的映射, Com 是一个统计绑定的承诺方案. 语言 Λ 的成员为 3 元组 $(h, c, r) \in H_n \times \{0,1\}^n \times \{0,1\}^n$, 它的定义如下: 如果存在一个程序 Π 和一个二进制串 $s \in \{0,1\}^{\text{poly}(n)}$ 使得 $z = \text{Com}(h(\Pi), s)$, 并且给定输入 z, Π 在超多项式 (superpolynomial, 如 $n^{\omega(1)}$) 时间内输出 r (即 $\Pi(z) = r$), 就说 $(h, c, r) \in \Lambda$. Barak 有界并发零知识论证系统的具体描述见协议 2.2.1.

协议 2.2.1　ZK$_\text{Barak}$: 公开掷币的零知识论证系统 (P, V).

公共输入: $x \in L(|x| = n)$.

P 的私有输入: 证据 w 使得 $(x, w) \in R_L$.

$V \to P$: 发送 $h \leftarrow H_n$.

$P \to V$: P 随机选择 $s \leftarrow \{0,1\}^{\text{poly}(n)}$, 发送承诺值 $c = \text{Com}(h(0^{3n}), s)$.

$V \to P$: 发送 $r \leftarrow \{0,1\}^n$.

$P \Rightarrow V$: P 和 V 执行 WI 普适论证系统, 在这个论证系统中, P 证明 $x \in L$ 或 $(h, c, r) \in \Lambda$.

V 的决定: V 接受当且仅当 WI 普适论证系统的副本是可接受的.

这里 "$x \leftarrow S$" 表示从集合 S 中均匀随机地选取 x, 有时也表示为 "$x \leftarrow_R S$".

ZK$_\text{Barak}$ 协议是第一个用非黑盒 (non-black-box) 模拟来证明零知识性的论证系统, 其最大好处不在于它是常数轮的, 而在于它是公开掷币的. 后来, Barak 等 [2] 用一种非常简单的方法把这个协议转化成了重置可靠的零知识论证系统 (简称为 BGGL 论证系统): 让验证者 V 持有一个伪随机函数 f_s, 在执行 V 的每一步时, V 通过把 f_s 作用到当前交互历史 (到目前为止的副本) 来生成它这一步需要发送的随机串, 而不是通过真正的公开掷币来执行这一步. 直观上, 这一改变将使得重置敌手 P^* 无法通过重置 V 来获取额外的好处. 假想当前交互的历史是 $(x, \alpha_1, \beta_1, \cdots, \alpha_{m-1}, \beta_{m-1}, \alpha_m)$, 这里假设对所有 $1 \leqslant i \leqslant m-1$, $\alpha_{i+1} = f_s(x, \alpha_1, \beta_1, \cdots, \alpha_i, \beta_i)$ 为验证者发送的消息, β_i 为证明者发送的消息.

当 P^* 收到 α_m 时想重新发送一个新的 β'_{m-1}(重置 V) 来增大它欺骗 V 的概率, 但这几乎不会起任何作用, 因为当 V 收到时, 它将把 f_s 作用到这个新的副本 $(x, \alpha_1, \beta_1, \cdots, \alpha_{m-1}, \beta'_{m-1})$ 来产生它的下一条消息 α'_m, 即 $\alpha'_m = f_s(x, \alpha_1, \beta_1, \cdots, \alpha_{m-1}, \beta'_{m-1})$. 这样, 如果 P^* 能通过重置 V 来增大它的欺骗概率, 那么它就能预测伪随机函数的输出, 而在标准的困难性假设下这是不可能的.

我们的目标是构建双重可重置论证系统: 它既是重置可靠的, 又是可重置零知识的. BGGL 论证系统只实现了重置可靠性, 它所导致的论证系统只具有普通的 (非重置) 零知识性. 注意到重置敌手 V^* 可以以任意方式产生这些随机串 (而不是像诚实验证者那样利用某个固定的伪随机函数, 注意到这两种情况并不会被证明者区分). 此外, ZK$_{\text{Barak}}$ 协议是一个知识论证系统, 这样 V^* 的重置攻击使得它和知识抽取器一样能从诚实证明者那里得到 $x \in L$ 的证据 w, 所以, BGGL 论证系统不会具有可重置的零知识性.

现在我们来观察一下 BGGL 论证系统. 要想把它变成在某种程度上的可重置零知识论证系统, 最自然的办法便是绑定 V 的行为, 使得重置敌手 V^* 的攻击变得没有意义. 例如, 把 V^* 的当前消息绑定在这之前的交互历史上, 也就是说, 如果当前的交互历史为 $(x, \alpha_1, \beta_1, \cdots, \alpha_{m-1}, \beta_{m-1})$, 那么不管 V^* 采取什么策略, 它只能发送唯一的一条消息 α_m 使得 P 接受. 这样一来, 只要 (x, α_1) 确定了, 那么在 V^* 和某个证明者 P 交互过程中, V^* 就无法重置 P, 因为对任意一个历史 $(x, \alpha_1, \beta_1, \cdots, \alpha_i, \beta_i)$, V 无法计算出两个不同的消息 α_{i+1} 和 α'_{i+1} 使得 P 接受.

这使我们想到 Micali、Rabin 和 Vadhan[10] 提出的可验证随机函数, 这一函数的好处是: 它在具有伪随机性的同时保持了可验证的唯一性. 考虑 ZK$_{\text{Barak}}$ 协议的如下变形: 在第 1 步, 验证者 V 生成一个可验证随机函数 F 的公私钥对 (PK, SK), 发送 PK 给 P; 在接下来的步骤中, 按如下方式执行 ZK$_{\text{Barak}}$ 协议:

(1) V 把函数 F 作用到当前交互历史上 (不包括那些 F 产生的正确性证明) 来生成它需要发送的随机串, 注意到 F 的输出包括一个函数值和一个对这个函数值的正确性证明, V 同时发送这两部分输出, 其中函数值被当成 ZK$_{\text{Barak}}$ 协议中验证者发送的随机串;

(2) 证明者每收到消息, 它就利用 PK 来检验这个消息是否正确, 如果正确, 它将执行 ZK$_{\text{Barak}}$ 协议中证明者的策略 (它把 F 输出的函数值部分当成 ZK$_{\text{Barak}}$ 协议中验证者消息); 否则, 它将停止交互.

表面上, 上面的协议将取得某种程度上的双重可重置性. 一方面, 由于 F 的伪随机性, 如同 BGGL 论证系统一样, 它能取得重置可靠; 另一方面, 由于 F 的可验证的唯一性, 它能取得某种程度上 (只要 V^* 不把 P 重置到 V 发送第一条消息之前的状态) 的可重置零知识性. 然而, 这种看法经不起推敲. 事实上, 无法证明这一论证系统具有可靠性 (更不用说重置可靠性), 这是因为, 当在利用一个归约来证明可靠性时, F 的唯一性 (这个帮助取得一定的可重置零知识性的性质) 使得这个归约算法本身在模仿 V 的行为没有任何自由度可言, 而这个自由度在可靠性证明当中是至关重要的, 否则, 归约算法本身就如同一个诚实验证者一样, 无法从一个成功的敌手 P^* 那里获取额外的计算能力 (由于协议的零知识性) 来攻破某个用来构造这个协议的底层密码本原 (如 Hash 函数), 进而完成整个归约.

一个更为仔细的观察使我们尝试新的具有特殊性质的可验证随机函数的可能性: 在可重置零知识性 (这时 $x \in L$) 证明中, 只用到 F 的唯一性; 在重置可靠性 (这时 $x \notin L$) 证明中, 只用到 F 的伪随机性. 这自然引发了下面的问题:

能否构造一种能应用于证明系统的可验证随机函数, 使得它的伪随机性和唯一性随着公共输入的属性 ($x \in L$ 或 $x \notin L$) 的变化而变化 (而不同时具有伪随机性和唯一性)?

这个想法受到了实例依赖的承诺方案的启发. 实例依赖的承诺方案的公开参数中包括了证明系统的输入 x (语言 L 的一个实例) 不同时具有绑定性和隐藏性, 而是随着这个实例的属性变化 ($x \in L$ 或 $x \notin L$) 而变化: 当 $x \in L$ 时, 它只具有隐藏性; 当 $x \notin L$ 时, 它只具有绑定性. 这种类型的原语一般用来构造对某些语言 (如图同构) 不需要任何密码学假设的零知识证明系统. 更为本质的是, 零知识证明/论证系统中用到的实例依赖的密码学原语都来自对零知识证明/论证系统的一个深刻的洞察, 即零知识证明/论证系统 (P, V) 本身就是一个实例依赖的密码学原语:

(1) 当 $x \in L$ 时, (P, V) 只需要满足零知识性, 而不需要考虑可靠性.

(2) 当 $x \notin L$ 时, (P, V) 只需要满足可靠性, 而不需要考虑零知识性.

为此, 我们提出了 InstD-VRF 这个工具. 这个工具就是一个公钥中含有针对某个 NP 语言 L 的实例 y 的可验证随机函数, 但放松了对它的安全性要求: 只有当 $y \in L$ 时, 才要求这个函数的伪随机性; 只有当 $y \notin L$ 时, 才要求这个函数的唯一性.

InstD-VRF 的构造. 下面给出 InstD-VRF 的正式定义及其在普通的密码学假设下的构造, 这证明了定理 2.2.1.

正如 InstD-VRF 的名字所暗示的那样, 这样一个函数的公钥里包含有针对某个语言 L 的实例 y. 与可验证随机函数不同的是, 它的安全性要求被放松了: 只有当 $y \in L$ 时, 才要求它满足伪随机性; 只有当 $y \notin L$ 时, 才要求它满足唯一性. 以下称一个 InstD-VRF 的私钥拥有者为 InstD-VRF 持有者. 当这样的函数应用到两方协议 (如论证系统) 时, 把另一方称为询问者.

设 d, l 为两个多项式. 一个针对 NP 语言 L 的 InstD-VRF 由下列多项式时间算法/协议组成.

(1) KGProt: 一个由询问者 A 和持有者 B 共同执行的两方协议. 给定安全

参数 n 以及 A 和 B 各自的随机带, 执行这个协议将产生公私钥对 (PK, SK), 并且 PK 具有形式 $(y, \cdot)$, 这里 $y \in \{0, 1\}^n$, 被称为公钥实例, 简记为 PKInst.

(2) $F = (f, \text{prov})$: 一个函数求值算法, 其中 $f : \{0, 1\}^{d(n)} \to \{0, 1\}^{l(n)}$ 是一个确定性算法, 而 prov 是一个概率算法. 给定 (PK, SK), 当输入 $a \in \{0, 1\}^{d(n)}$ 时, F 将输出一个函数值 $b \in \{0, 1\}^{l(n)}$ 和一个 (关于函数值 b 的) 正确性证明 π, 即

$$F_{(PK, SK)}(a) = (f_{SK}(a), \text{prov}(a, f_{SK}(a), PK, SK)) = (b, \pi)$$

(3) Ver: 一个确定性验证算法. 给定输入 a, b, PK 和一个正确性证明 π, Ver 输出 1 或 0(1 表示 "接受", 0 表示 "拒绝").

(4) FakeF: 一个伪造函数求值算法. 假设 $y \in L$, 给定 PK 和 $y \in L$ 的证据 w_y, 对任意的 $a \in \{0, 1\}^{d(n)}$, $\text{FakeF}_{(PK, w_y)}$ 对任意函数值 $b \in \{0, 1\}^{l(n)}$ 生成一个有效的正确性证明, 即对任意适当长度的 a 和 b, $\text{FakeF}_{(PK, w_y)}$ 能输出 $(b, \text{prov}(a, b, PK, w_y)) = (b, \pi)$ 使得 $\text{Ver}(a, b, PK, \pi) = 1$.

伪造函数求值算法的这种性质保证了对任意的独立于 f_{SK} 的函数 h: $\{0, 1\}^{d(n)} \to \{0, 1\}^{l(n)}$, 给定 $a \in \{0, 1\}^{d(n)}$, 它能利用 w_y 通过算法 prov 来为函数值 $h(a)$ 产生一个有效的正确性证明.

注意到上面的伪造函数求值算法 FakeF 是一个抽象的概念: 它没有定义给定 PK, w_y 和 $a \in \{0, 1\}^{d(n)}$, 这个算法将输出什么具体的函数值. 下面定义两个十分有用的、具体的伪造函数求值算法:

(1) $\text{FakeF}_{(PK, w_y, s)}(a) \triangleq (f_s(a), \text{prov}(a, f_s(a), PK, w_y))$, 这里 $f_s : \{0, 1\}^{d(n)} \to \{0, 1\}^{l(n)}$ 是一个 (独立于 f_{SK} 的) 伪随机函数.

(2) $\text{FakeF}_{(PK, w_y, h)}(a) \triangleq (h(a), \text{prov}(a, h(a), PK, w_y))$, 这里 $h : \{0, 1\}^{d(n)} \to \{0, 1\}^{l(n)}$ 是任意一个 (独立于 f_{SK} 的) 真随机函数 (即 h 是从 $\{0, 1\}^{d(n)}$ 到 $\{0, 1\}^{l(n)}$ 上的所有函数中随机挑选的一个函数).

注意到 $\text{FakeF}_{(PK, w_y)}$ 中算法 prov 在对任何函数值产生一个有效的正确性证明时不需要知道私钥 SK, 或者函数 f_s 和 h 的描述.

称 $F_{(PK, SK)}(\cdot)$ 是一个 InstD-VRF, 如果它满足如下条件:

(1) 可证明性. 如果 $(b, \pi) = F_{(PK, SK)}(a)$, 则 $\text{Ver}(a, b, PK, \pi) = 1$.

(2) NO 公钥实例上的唯一性. 如果公钥实例 $y \notin L$, 则存在一组值 $(a, b_1, b_2, PK, \pi_1, \pi_2)$ 使得 $b_1 \neq b_2$ 且 $\text{Ver}(a, b_1, PK, \pi_1) = \text{Ver}(a, b_2, PK, \pi_2) = 1$ 的概率是可忽略的.

(3) YES 公钥实例上的伪随机性. 如果公钥实例 $y \in L$, w_y 是 $y \in L$ 的一个证据, 则对任意非一致 (non-uniform) 的 PPT 谕示器 M, 对任意的多项式 p, 所有足够大的 n, 都有

$$\left| \Pr\left[M^{F_{(PK, SK)}}(1^n) = 1 \right] - \Pr\left[h \leftarrow_R H_n; M^{\text{FakeF}_{(PK, w_y, h)}}(1^n) = 1 \right] \right| < 1/p(n)$$

这里 H_n 是所有从 $\{0,1\}^{d(n)}$ 到 $\{0,1\}^{l(n)}$ 上的函数的集合.

注 1 注意到在上述定义中, 对任何 M 询问的定义域中的值, M 同时获得了函数值和它的正确性证明. 这也与可验证随机函数不同. 在描述可验证随机函数的伪随机性时, 对于 M 的最后一个询问 (M 被要求对这个询问的回答作出判断), M 获得的回答只是函数值域中的一个值, 而不包括对这个函数值的正确性证明. 当然如果包括了对这个值的正确性证明, 那么 M 的猜测也就变成了一个平凡的工作, 因为只有一个函数值能被证明是正确的.

正是由于这个原因, 我们发现 Micali、Rabin 和 Vadhan[10] 定义的可验证随机函数在多项式时间归约这个意义上很难找到密码学应用.

注 2 在 Micali 等 [10] 定义的可验证随机函数中, 公私钥对是由函数的持有者独自产生的, 它不需要任何的交互. 然而, 在 InstD-VRF 的定义中, 公私钥对 (准确地讲, 公钥) 是由一个 (可能需要交互的) 协议 KGProt 产生的.

注意到在上面的定义中没有对协议 KGProt 作任何要求, 这使其更具有灵活性: 在 InstD-VRF 的某个具体应用中, 可根据具体需要来设计 KGProt. 事实上, 在后面设计双重可重置论证系统时就体现了这一点. 对于证明者持有的函数, 相应的 KGProt 是不需要任何交互的; 对于验证者持有的函数, 相应的 KGProt 就需要交互而且需要在重置环境中保持某种意义上的安全性.

接下来, 给出 InstD-VRF 的构造.

考虑如下构造: InstD-VRF 的持有者 B 与询问者 A 执行一个协议来生成公钥实例 y, 然后 B 随机选择一个伪随机函数 f_{s_0} 并对这个伪随机函数的描述 s_0 进行承诺. 给定 f_{s_0} 定义域中的一个值 a, B 返回函数值 $f_{s_0}(a)$ 和一个 (证据不可区分的) 正确性证明 π, 在 π 中 B 利用 f_{s_0} 的描述 s_0 作为证据来证明函数值 $f_{s_0}(a)$ 是正确的或 $y \in L$. 这个 InstD-VRF 的公钥由 PKInst= y, 对 s_0 的承诺值以及产生正确性证明 π 所必需的一些预先的消息组成. InstD-VRF 的私钥是 s_0 和承诺 s_0 所用的随机串. 对于我们的应用, 要求证明 π 的整个产生过程 (包括它的一些预先消息) 同时满足重置可靠性和可重置证据不可区分性. 我们可以利用已有的证明系统 (如 Dwork 等 [5] 提出的两轮 ZAP, 或者 Groth 等 [6] 构造的一轮 (非交互)ZAP) 来达到这个目的. 在本章中采用两轮 ZAP 仅仅是为了使系统建立在更为一般的假设上, 而不是建立在某些具体的数论假设上. 在生成公私钥的协议 KGProt 中, 为 InstD-VRF 的持有者 B 产生公钥实例是一个非常微妙 (在某些环境中相当复杂) 的任务, 并且它随着应用的不同而不同. 在本章涉及的应用中, 我们用两种不同的途径来实现它:

(1) 对于证明者持有的 InstD-VRF, 公钥实例就是公共输入 x, 即在整个论证系统中被证明的实例.

(2) 对于验证者持有的 InstD-VRF, 公钥实例 y 由证明者产生, 并且证明者通过 InstD-WI 来证明公共输入 x 是一个 YES 实例或 y 是一个 YES 实例. 一旦验证者接受了这样一个证明, y 就被用作验证者所持有的 InstD-VRF 的公钥实例.

出于灵活性考虑, 这里将忽略 KGProt 中公钥实例 y 的具体产生方式, 而把它放到具体的应用背景下去考虑. 现在, 假设 y 已经产生了. 公私钥对 (PK, SK) 剩下的部分用如下方式产生:InstD-VRF 的持有者 B 从伪随机函数簇 $\{f_s : \{0,1\}^{d(n)} \to \{0,1\}^{l(n)}\}_{s \in \{0,1\}^n}$ 中随机选择一个伪随机函数 f_{s_0}, 随机选择一个随机串 r, 利用非交互的统计绑定承诺方案 Com 计算伪随机函数的种子 (描述)s_0 的一个承诺值 $c = \mathrm{Com}(s_0, r)$. 询问者 A 按照 ZAP 证明系统来选择验证者的第一条消息 (一个随机串)ρ, 并把它发送给 B. 一旦收到 ρ, B 公布它所持有的 InstD-VRF 的公钥 $PK = (y, c, \rho)$, 并保存相应的私钥 $SK = (s_0, r)$. 这个公私钥对 $(PK, SK) = ((y, c, \rho), (s_0, r))$ 确定了一个 InstD-VRF:

(1) $F_{(PK,SK)} = (f_{SK}, \mathrm{prov})$: prov 是 ZAP 证明系统中证明者策略 (一个概率算法). 给定 $a \in \{0,1\}^{d(n)}$, $F_{(PK,SK)}$ 返回函数值 $b = f_{SK}(a) = f_{s_0}(a)$ 和证明系统 ZAP 中的第二条消息, 即证明 π, 在 π 中 InstD-VRF 的持有者 B 证明存在 $SK = (s_0, r)$ 使得 $f_{SK}(a) = f_{s_0}(a) = b$, 并且 $c = \mathrm{Com}(s_0, r)$, 或者 $y \in L$. 即

$$F_{(PK,SK)} = (f_{SK}, \mathrm{prov}(a, f_{s_0}(a), PK, SK))$$
$$= (f_{s_0}, \mathrm{prov}(a, f_{s_0}(a), PK, SK)) = (b, \pi)$$

(2) Ver:证明系统 ZAP 中验证者策略, 给定输入 a, b, PK 和一个正确性证明 π, Ver 调用 ZAP 的验证算法来决定是接受还是拒绝. 这里注意到对于 ZAP 证明系统, 它的公共输入是 (a, b, y, c), 而它的执行副本 (不必包括公共输入) 为 (ρ, π), 所有这些全部包含在 Ver 的输入中, 所以, Ver 能够顺利地调用 ZAP 的验证算法.

(3) FakeF$_{(PK,w_y)}$: w_y 是 $y \in L$ 的证据 (注意到只有 $y \in L$ 时才存在 FakeF). 通过利用 w_y, prov 可以轻易对任何函数值给出一个有效的正确性证明 π, 不管这个函数值是否正确. 这是因为 prov 需要证明的是一个 "或" NP 断言:要么一个给定的函数值是正确的, 要么 y 是一个 YES 实例. 此外, 由于 ZAP 是证据不可区分的, 所以, 尽管 prov 所证明的实际上是 "y 是一个 YES 实例"(而不是 "这个函数值是正确的"), π 仍能通过验证算法. 这样对于独立于 $f_{SK}(= f_{s_0})$ 的伪随机函数 f_s 或真随机函数 h, 可直接把它们插入 FakeF$_{(PK,w_y)}$ 中就构成了具体的如前面定义的算法:

$$\begin{cases} \mathrm{FakeF}_{(PK,w_y,s)}(\cdot) \triangleq (f_s(\cdot), \mathrm{prov}(\cdot, f_s(\cdot), PK, w_y)) \\ \mathrm{FakeF}_{(PK,w_y,h)}(\cdot) \triangleq (h(\cdot), \mathrm{prov}(\cdot, h(\cdot), PK, w_y)) \end{cases}$$

现在证明上述几个算法构成了一个 InstD-VRF. 这实际上也就是定理 2.2.1 的证明.

定理 2.2.1 的证明 首先分析上述算法所依赖的困难性假设. 构造 Dwork 等 [5] 的 ZAP 证明系统所需的困难性假设是陷门单向置换的存在, 非交互统计绑定承诺方案依赖的是单向置换的存在, 而伪随机函数存在只需假设单向函数存在. 在这三者中, 最强的困难性假设是陷门单向置换的存在, 所以, 陷门单向置换的存在能够构造出上述所有算法.

接下来需要证明的是 InstD-VRF 的 3 个性质: 可证明性、NO 公钥实例上的唯一性和 YES 公钥实例上的伪随机性.

上述算法显然满足可证明性.

NO 公钥实例上的唯一性可由承诺方案 Com 的统计绑定性和论证系统 ZAP 的可靠性直接得出: 假设存在 $(a, b_1, b_2, PK = (y, c, \rho), \pi_1, \pi_2)$, 使得 $b_1 \neq b_2$, 同时 $\mathrm{Ver}(a, b_1, PK, \pi_1) = 1$ 且 $\mathrm{Ver}(a, b_2, PK, \pi_2) = 1$ 的概率是不可忽略的, 由于假定了 $\mathrm{PKInst} = y \notin L$, 所以, 要使 π_1 和 π_2 都通过验证, b_1 和 b_2 都必须是正确的函数值, 即以不可忽略的概率存在 $s_1 \neq s_2$, r_1 和 r_2 使得 $b_1 = f_{s_1}(a), b_2 = f_{s_2}(a)$ 并且 $c = \mathrm{Com}(s_1, r_1) = \mathrm{Com}(s_2, r_2)$, 这样就违背了承诺方案的统计绑定性.

YES 公钥实例上的伪随机性可以通过标准的**混合论证** (hybrid argument) 方法来证明. 下面设计的一系列混合分布, 它以 $M^{F_{(PK, SK)}}(1^n)$ 开始, 以 $M^{\mathrm{FakeF}_{(PK, w_y, h)}}$ (1^n) (这里 $h \leftarrow H_n$, H_n 是所有从 $\{0,1\}^{d(n)}$ 到 $\{0,1\}^{l(n)}$ 上的函数的集合) 结束, 每个分布都与它的前面的邻居是不可区分的, 这样就证明了 $M^{F_{(PK, SK)}}(1^n)$ 和 $M^{\mathrm{FakeF}_{(PK, w_y, h)}}(1^n)$ 是不可区分的, 即 $F_{(PK, SK)}$ 的伪随机性. 注意到随机分布 $M^{F_{(PK, SK)}}(1^n)$ 是指 M 在询问 $F_{(PK, SK)}$ 结束时它的输出分布, 这个分布定义在下列随机带上: M 的随机带、建立 $F_{(PK, SK)}$ 的公私钥时函数持有者和询问者所使用的随机带, 以及 $F_{(PK, SK)}$ 在回答 M 的提问时使用的随机带 (prov 是一个随机算法). 其他分布也以同样的方式来定义.

混合分布 0 $M^{F_{(PK, SK)}}(1^n)$.

混合分布 1 $M^{F'_{(PK, SK)}}(1^n)$, 这里 $F'_{(PK, SK)} = (f_{s_0}(\cdot), \mathrm{prov}(\cdot, f_{s_0}(\cdot), PK, w_y))$. 也就是说, 在处理 M 的询问 a 时, $F'_{(PK, SK)}$ 有关函数值的回答和 $F_{(PK, SK)}$ 一样, 都是 $f_{s_0}(a)$, 但不同的是, 它用 $y \in L$ 的证据 w_y 来为它回答的函数值 $f_{s_0}(a)$ 产生一个正确性证明 π. 由于论证系统 ZAP 的证据不可区分性, 所以, $M^{F'_{(PK, SK)}}(1^n)$ 和 $M^{F_{(PK, SK)}}(1^n)$ 是不可区分的.

混合分布 2 $M^{\mathrm{FakeF}_{(PK, w_y, s)}}(1^n)$, 这里 f_s 是一个随机选取的 (独立于 f_{s_0} 的) 伪随机函数. 注意到在处理 M 的询问 a 时, $\mathrm{FakeF}_{(PK, w_y, s)}$ 在为它回答的函数值产生正确性证明时和 $F'_{(PK, SK)}$ 一样, 都是使用 $y \in L$ 的证据 w_y, 但它回答的函数值 $f_s(a)$ 却是独立于公私钥对 (PK, SK) 的, 这和 $F_{(PK, SK)}$ 不同, 后者永远诚实地返回函数值 $f_{SK} = f_{s_0}(a)$. 我们断言 $M^{\mathrm{FakeF}_{(PK, w_y, s)}}(1^n)$ 和 $M^{F'_{(PK, SK)}}(1^n)$ 是不可区分的, 否则, 便打破了统计绑定的承诺方案 Com 的计算隐藏性. 这一点

在随后将予以证明.

混合分布 3　$M^{\text{FakeF}(PK,w_y,h)}(1^n)$, 这里 $h \leftarrow H_n$ 是一个真随机函数. 注意到这是与 $\text{FakeF}_{(PK,w_y,s)}$ 唯一不同的地方 (f_s 来自伪随机函数簇). 两者的共同点是: 不论是 h 还是 f_s 都独立于相应于公钥 PK 的函数 f_{s_0}. 不难看出, 如果 $M^{\text{FakeF}(PK,w_y,h)}(1^n)$ 和 $M^{\text{FakeF}(PK,w_y,s)}(1^n)$ 能被区分, 则能构造一个区分器来区分一个伪随机函数和一个真随机函数, 而根据伪随机函数的定义可知, 这是不可能的.

剩下的工作便是证明**混合分布 2** 和**混合分布 1** 是不可区分的. 假设这两个分布是可区分的, 我们便能构造一个非一致 (non-uniform) 的 PPT 算法 D 来打破统计绑定承诺方案 Com 的计算隐藏性, 这就导致了一个矛盾, 从而就完成了证明. D 的描述如下: 它的辅助输入为两个随机值 s_0, s_1 和证据 w_y. 当收到目标承诺值 c'(这里 c' 要么是对 s_0 的承诺, 要么是对 s_1 的承诺) 时, D 把 $PK = (y, c', \rho)$ 作为公钥, 对任意来自 M 的询问 a, 它返回函数值 $f_{s_0}(a)$ 和证明 $\text{prov}(a, f_{s_0}(a), PK, w_y)$ (注意到 D 永远用 f_{s_0} 来返回函数值, 用 w_y 来产生一个正确性证明). 通过观察 D 的回答方式, 有:

(1) 当 $c' = \text{Com}(s_0)$ 时, D 的表现和混合分布 1 中的 $F'_{(PK,SK)}$ 完全一致.

(2) 当 $c' = \text{Com}(s_1)$ 时, D 的表现和混合分布 2 中的 $\text{FakeF}_{(PK,w_y,s)}$ 完全一致.

M 询问结束时, 如果 M 输出 $b \in \{0,1\}$, 则 D 输出 $1 - b$. 现在证明: 如果 M 以不可忽略的概率可区分混合分布 1 和混合分布 2, 则 D 以不可忽略的概率可区分 c'(即攻破了统计绑定承诺方案 Com 的计算隐藏性). 由假设可知, 对于某个多项式 p 和足够大的 n, 有

$$\left| \Pr\left[M^{F'_{(PK,SK)}}(1^n) = 1 \right] - \Pr[M^{\text{FakeF}(PK,w_y,s)}(1^n) = 1] \right| > 1/p(n)$$

所以

$$
\begin{aligned}
&\left| \Pr[D(c') = 1 | c' = \text{Com}(s_1)] - \Pr[D(c') = 1 | c' = \text{Com}(s_0)] \right| \\
&= \left| \Pr[M^{\text{FakeF}(PK,w_y,s_0)}(1^n) = 0] - \Pr[M^{F'_{(PK,SK)}}(1^n) = 0] \right| \\
&= \left| \Pr[M^{F'_{(PK,SK)}}(1^n) = 1] - \Pr[M^{\text{FakeF}(PK,w_y,s_0)}(1^n) = 1] \right| \\
&= \left| \Pr[M^{F'_{(PK,SK)}}(1^n) = 1] - \Pr[M^{\text{FakeF}(PK,w_y,s)}(1^n) = 1] \right| \\
&> 1/p(n)
\end{aligned}
$$

这里注意到 s_0, s_1 均为随机选取, 故有

$$\Pr[M^{\text{FakeF}(PK,w_y,s_0)}(1^n) = 1] = \Pr[M^{\text{FakeF}(PK,w_y,s)}(1^n) = 1] \qquad \square$$

关于 InstD-VRF 的输入　注意到如果 $F_{(PK,SK)}$ 的定义域 (即 f_{SK} 的定义域) 为 $\{0,1\}^{d(n)}$, 则 $F_{(PK,SK)}$ 同样也可以作用到比 $d(n)$ 短的比特串 a 上:

f_{SK} 把 a 填充至一个 $d(n)$ 比特长的串 a'(利用标准的填充方法) 后输出函数值 $f_{SK}(a')$, 而 prov 利用 PK 中 ρ 的适当长度的前缀作为 ZAP 的第一条消息来产生对 $f_{SK}(a')$ 的正确性证明.

2.2.2 公钥实例依赖的零知识论证系统

开发 InstD-VRF 背后的动机是构造双重可重置论证系统. 我们首先想到的是直接利用 InstD-VRF 改造 ZK$_{Barak}$ 协议来达到目的: 首先在为验证者 V 产生一个 InstD-VRF(即生成 InstD-VRF 的公私钥对 (PK, SK)) 时, 直接把要证明的公共输入 x 当成其公钥实例, 即 $PK = \{x, \cdot\}$, 然后 V 用 (PK, SK) 所确定的 InstD-VRF 按照 ZK$_{Barak}$ 协议来生成它的随机串. 但这个改造后的协议与目标刚好相反. 对于验证者持有的 InstD-VRF, 一般要求它相对于公共输入 (尽管公共输入不一定是这个函数的公钥实例) 具有如下性质:

(1) 当公共输入 $x \in L$ 时, 一般要求验证者持有的 InstD-VRF 具有唯一性. 这样就绑定了验证者的行为进而为可重置零知识性的证明带来好处.

(2) 当公共输入 $x \notin L$ 时, 一般要求验证者持有的 InstD-VRF 具有伪随机性. 这样就为重置可靠性的证明带来好处. 而依照定义, 上面提到的直接把公共输入当成验证者持有的 InstD-VRF 的公钥实例满足的性质刚好相反.

为验证者持有的 InstD-VRF 生成公钥实例是一个相当复杂的任务, 它需要用到下一小节开发的另一个新的工具: 实例依赖的证据不可区分论证系统, 这里将忽略这个问题, 而把重点放在分析一个虚拟的论证系统上, 称这个虚拟的论证系统为公钥实例依赖的零知识论证系统 (public key instance-dependent argument system of zero knowledge, 简记为 PKInstD-ZK). 这样做的好处是:

(1) 这个虚拟的论证系统将使我们更加清楚构造双重可重置论证系统还缺乏什么样的工具.

(2) 它本身也是下一小节提出的实例依赖的证据不可区分论证系统的重要组成部件.

之所以说 PKInstD-ZK 是虚拟的, 是因为整个系统的性质随着验证者行为的不同而不同. 这不是我们在真实世界里想看到的.

构造这个虚拟系统的方法简单而直接: 让验证者自己来为它所持有的 InstD-VRF 生成 (关于某个语言 L' 的) 公钥实例 y. 这样就有:

(1) 对于那些总是生成 YES 实例 y 的验证者而言, 这个系统具有重置可靠性.

(2) 对于那些总是生成 NO 实例 y 的验证者而言, 这个系统具有类有界可重置零知识性.

下面通过 3 个步骤来构造这样的虚拟系统.

公开掷币的有界并发的零知识论证系统 (bcZK$_{Barak}$). 首先来把协议 2.2.1 描

述的 ZK_{Barak} 协议扩展成一个公开掷币的有界并发零知识论证系统 (public-coin bounded concurrent ZK argument system, 简记为 $bcZK_{Barak}$). 这个扩展通过拉长验证者的第二条消息 (随机串)r 并定义适当的语言 Λ'. 设 t 为并发敌手被允许与之交互的诚实证明者的个数 (这样并发敌手在整个交互过程中最多能发起 t 个会话), n 为系统的安全参数. 不失一般性, 假设 ZK_{Barak} 协议中所有证明者的消息的总长度为 n^3. 为了把 ZK_{Barak} 协议扩展成一个 t-有界并发零知识论证系统, 让验证者把它的第二条消息 r 的长度拉伸为 $t \cdot n^4$, 并且如下定义 Λ': Λ' 的成员为 3 元组 $(h,c,r) \in \mathcal{H}_n \times \{0,1\}^n \times \{0,1\}^{t \cdot n^4}$, 如果存在一个程序 Π、一个二进制串 $s \in \{0,1\}^{\mathrm{poly}(n)}$ 和一个辅助输入 $m(|m| \leqslant |r|/2)$, 使得 $z = \mathrm{Com}(h(\Pi),s)$ 并且给定输入 z 和 m, Π 在超多项式 (如 $n^{\omega(1)}$) 时间内输出 r(即 $\Pi(z,m) = r$), 就说 $(h,c,r) \in \Lambda'$. 这里允许程序 Π 带有辅助输入 m 是为了模拟的需要. 注意到 t 是预先绑定的会话数, 所以, 并发敌手在整个交互过程中收到的全部证明者的消息的总长度为 $t \cdot n^3$, 这样, 模拟器在某个会话中执行 WI 普适论证系统时就可以把所有其他会话中证明者的消息作为证据的一部分, 而它们的长度为 $t \cdot n^3 \leqslant t \cdot n^4/2 = |r|/2$. 其具体描述见协议 2.2.2.

协议 2.2.2　$bcZK_{Barak}$: 公开掷币的 t-有界并发零知识论证系统 (P,V).

公共输入: $x \in L(|x| = n)$.

P 的私有输入: 证据 w 使得 $(x,w) \in R_L$.

$V \to P$: 发送 $h \leftarrow H_n$.

$P \to V$: P 随机选择 $s \leftarrow \{0,1\}^{\mathrm{poly}(n)}$, 发送承诺值 $c = \mathrm{Com}(h(0^{3n}),s)$.

$V \to P$: 发送 $r \leftarrow \{0,1\}^{t \cdot n^4}$.

$P \Rightarrow V$: P 和 V 执行 WI 普适论证系统, 在这个论证系统中, P 证明 $x \in L$ 或 $(h,c,r) \in \Lambda'$.

V 的决定: V 接受当且仅当 WI 普适论证系统的副本是可接受的.

重置可靠的有界并发零知识论证系统 (RS-$bcZK_{BGGL}$). 对协议 2.2.2 运用前面提到的 BGGL 方法, 让验证者 V 持有一个随机函数 f_s, 在执行 V 的每一步时, V 通过把 f_s 作用到当前交互历史 (到目前为止的副本) 来生成它这一步需要发送的随机串, 便得到了一个重置可靠的有界并发零知识论证系统 (resettably-sound bounded-concurrent ZK argument system, 简记为 RS-$bcZK_{BGGL}$).

公钥实例依赖的零知识论证系统 (PKInstD-ZK). 考虑按照如下方式改造协议 RS-$bcZK_{BGGL}$: 在第一阶段, 针对某个特定的 NP 语言 L', 验证者 V 生成一个公钥实例 y, 计算对某个伪随机函数 f_{s_0} 的承诺 c_0 并把 y 和 c_0 发送给证明者 P, P 接着发送 ZAP 证明系统中的第一条消息 ρ. 这样就为 V 建立了一个 InstD-VRF. 在第二阶段, 证明者 P 和验证者 V 执行 RS-$bcZK_{BGGL}$ 协议, 这里 V 把 f_{s_0} 当作协议 RS-$bcZK_{BGGL}$ 中验证者的随机带, 并执行这个验证者策略, 然后利用 InstD-VRF 中 prov 来为这个验证者产生的每一个消息 (即一个 f_{s_0} 函数值) 生成一个正确性证明. 这样也就相当于 V 使用在第一阶段生成的 InstD-VRF 来生成它的随机消息. 具体描述见协议 2.2.3.

协议 2.2.3 PKInstD-ZK: 公钥实例依赖的零知识论证系统 (P, V).

公共输入: $x \in L(|x| = n)$.

P 的私有输入: 证据 w 使得 $(x, w) \in R_L$.

P 的随机带: r_p, 即伪随机函数 f_{r_p} 的种子.

V 的随机带: $r_v = (r_v^1, r_v^2)$, 即伪随机函数 f_{r_v} 的种子.

第一阶段 KGProt 协议

$V \to P$: V 利用随机数 r_v^1 随机选择伪随机函数 $f_{s_0} \leftarrow \{\{0, 1\}^{\leqslant d(n)} \to \{0, 1\}^{t^3 n^4}\}_{s \in \{0,1\}^n}$ 和随机串 r_0. 利用一个统计绑定的承诺方案 Com, 计算 $c_0 = \mathrm{Com}(s_0, r_0)$, 生成一个串 $y \in \{0, 1\}^n$ (它被看成关于语言 L' 的一个实例), 保存 $SK = (s_0, r_0)$, 发送 c_0 和 y.

$P \to V$: P 置 $(r_p^1, r_p^2) = f_{r_p}(x, c_0, y)$. 利用随机数 r_p^1, 按照 ZAP 证明系统选择随机串 ρ (ZAP 中验证者的第一条消息). 在这一步结束后, V 的 InstD-VRF 就由公私钥对 $(PK, SK) = ((y, c_0, \rho), (s_0, r_0))$ 确立了.

第二阶段 修改后的 RS-bcZK$_{\mathrm{BGGL}}$ 协议

$P \Rightarrow V$: 令 (P_R, V_R) 为一个重置可靠的 t^3-有界并发零知识系统 (RS-bcZK$_{\mathrm{BGGL}}$). P 把随机串 r_p^2 写入 P_R 的随机带中, V 把随机串 s_0 (即函数 f_{s_0}) 写入 V_R 的随机带中. P 和 V 执行下面的策略来证明 $x \in L$.

V 的策略. V 在每个步骤把消息历史 hist 输入 $V_R(x, s_0, \cdot)$, 运行它后得到 $m_v = V_R(x, s_0, \mathrm{hist})$, 然后 V 利用随机数 $f_{r_v^2}(\mathrm{hist})$ 为 m_v 计算一个正确性证明 $\pi = \mathrm{prov}(\mathrm{hist}, m_v, PK, SK)$, 最后 V 发送 (m_v, π) 给 P. 这里消息历史 hist (包括公共输入) 是指那些到目前为止由 P_R 和 V_R 产生的消息 (不包括那些不属于协议 (P_R, V_R) 的消息, 如 V 产生的正确性证明 π). 注意到 $(m_v, \pi) = (f_{s_0}(\mathrm{hist}), \mathrm{prov}(\mathrm{hist}, m_v, PK, SK)) = F_{(PK, SK)}(\mathrm{hist})$ (诚实验证者 V_R 是利用 f_{s_0} 来生成 m_v 的), 这实际上相当于 V 直接运用 InstD-VRF 来生成它的每一步消息.

P 的策略. 在 P 的每个步骤, P 利用 PK 和算法 Ver 来检查刚刚收到的消息 (m_v, π) 是否正确, 如果不正确, 它将终止运行; 如果正确, 它把 (hist, m_v) 输入 $P_R(x, w, r_p^2)$, 然后运行它得到 $m_p = P_R(x, w, r_p^2, \mathrm{hist}, m_v)$, 最后 P 发送 m_p 给 V. 这里 hist 是指在收到 m_v 之前的消息历史.

V 的决定. V 接受当且仅当 V_R 输出 "接受".

现在证明有关 PKInstD-ZK 性质的如下命题.

命题 2.2.1 假设 PKInstD-ZK(协议 2.2.3) 中 (P_R, V_R) 满足 t^3-有界并发零知识性和重置可靠性, 则 PKInstD-ZK 满足:

(1) 如果验证者在任何会话中都生成 NO 实例 y, 则 PKInstD-ZK 满足 t^3-类有界可重置零知识性.

(2) 如果验证者在任何会话中都生成 YES 实例 y, 则 PKInstD-ZK 满足重置可靠性.

证明　直觉上, 当所有的公钥实例 y 都是 NO 实例时, V 所持有的 InstD-VRF 满足唯一性, 这就使得对于同一个交互历史, V 无法产生两个不同的属于系统 (P_R, V_R) 的消息, 即 InstD-VRF 输出的函数值部分 (而不包括正确性证明部分). 这样, V 的重置攻击在某些情况下就变得平凡了: 在确定了第一轮消息 (c_0, y) 后, 只要 V 是与同一个验证者交互, 则所有它们之间的会话本质上是一个会话, 都享有同一个副本, 属于同一会话类 (这也是定义 "类" 的原因). 如果系统 (P_R, V_R) 满足 t^3-有界并发零知识性, 则可以通过归约的办法证明 PKInstD-ZK 具有 t^3-类有界可重置零知识性. 另一方面, 当所有的公钥实例 y 都是 YES 实例时, 则验证者能对一个消息历史产生任意的属于系统 (P_R, V_R) 的后续消息 (通过用 $y \in L'$ 的证据提供正确性证明), 这就使得能把 PKInstD-ZK 的重置可靠性归约到系统 (P_R, V_R) 的重置可靠性.

先来证明第二条性质. 假设存在一个重置敌手 P^* 能以不可忽略的概率欺骗某个诚实验证者 $V^{(j)}(x)(x \notin L)$, $V^{(j)}(x) = V(x, (r_{vj}^1, r_{vj}^2))$, 则可构造一个重置敌手 P_R^* 以不可忽略的概率欺骗一个诚实验证者 $V_R(x)$. 这就违背了系统 (P_R, V_R) 的重置可靠性.

系统 (P, V) 的第二阶段与系统 (P_R, V_R) 的第二阶段的区别在于前者中验证者 V 要求对于每一条验证者消息产生一个正确性证明. 注意到如果 $V^{(j)}(x)$ 在执行系统 (P, V) 的第一阶段 KGProt 时生成一个 YES 公钥实例 y(进而假设它知道相应的证据), 则它能对任意的消息产生一个正确性证明. 在这种情况下, 如果 P^* 能欺骗 $V^{(j)}(x)$, 则通过把 P^* 当成子程序, 如下构造的 P_R^* 能欺骗系统 (P_R, V_R) 中某个验证者 $V_R(x, s)$, 这里假设 $V_R(x, s)$ 在下面的交互过程中使用随机带 s(即使用伪随机函数 f_s, 注意到 P_R^* 并不知道 s).

对于由 P^* 和 $V^{(j)}(x)$ 交互产生的会话, P_R^* 执行如下策略:

(1) P_R^* 在执行 KGProt 时模仿 $V^{(j)}(x)$ 来和 P^* 进行内部交互: 它生成一个 YES 实例 $y \in L'$(保存相应的证据 w_y), 利用随机数 r_{vj}^1, 随机选取 s_0 和 r_0 并计算承诺值 $c_0 = \mathrm{Com}(s_0, r_0)$, 最后发送 y 和 c_0 给 P^*. 当它收到来自 P^* 的消息 ρ 时, 就形成了一个 InstD-VRF 的公私钥对 $(PK, SK) = ((y, c_0, \rho), (s_0, r_0))$.

(2) 在执行系统 (P, V) 的第二阶段时:

① 把来自 P^* 的任何消息直接发送给 $V_R(x, s)$.

② 当收到来自 $V_R(x, s)$ 的消息时, 它利用证据 w_y 来为这条消息产生一个有效证明 π, 然后把 $V_R(x, s)$ 发送过来的消息和 π 一并发送给 P^*.

对于 P^* 和系统 (P,V) 中其他验证者的会话, P_R^* 模仿诚实验证者的行为.

对于任何一个 P^* 和 $V^{(j')}(x)$ 之间的会话, 如果 $j' \neq j$, 则 $c_0' = c_0$ 的概率是可忽略的, 因为 $V^{(j')}(x)$ 使用随机数 $r_{vj'}^1$ 来选择 s_0' 和 r_0', 而 $r_{vj'}^1 = r_{vj}^1$ (两者是独立随机选取的) 的概率是可忽略的. 这样就保证了 P_R^* 在扮演系统 (P,V) 中带有不同随机带的验证者时没有使用相同的 InstD-VRF.

注意到在整个 P^* 和 $V^{(j)}(x)$ 的真实交互过程中, $V^{(j)}(x)$ 使用它们在执行 KGProt 后所确定的函数 $F_{(PK,SK)}$ 来产生它的消息, 然而在上面所描述的交互中, 真正与 P^* 交互的 "验证者"(实际上是由 P_R^* 和 $V_R(x,s)$ 联合扮演的) 使用的是 $\mathrm{FakeF}_{(PK,w_y,s)}$. 但是, 由于 $F_{(PK,SK)}$ 在 YES 公钥实例上的伪随机性, P^* 在这两种不同的交互中的视图是计算不可区分的. 这样, 如果 P^* 能以不可忽略的概率欺骗 $V^{(j)}(x)$, 那么 P_R^* 能以几乎相同的概率 (两概率值的差距是可忽略的) 欺骗 $V_R(x,s)$, 而这与系统 (P_R,V_R) 的重置可靠性矛盾.

在上述的整个推理中, 假定已经预先知道 P^* 与众多验证者交互过程中, 它将要欺骗的是 $V^{(j)}(x)$, 而不是其他验证者. 这虽然不合理, 但是它也不会严重损害整个推理: 即便完全不知道 P^* 将要欺骗的是谁, 也可以先随机猜测一个验证者编号 j, 由于 P^* 最多能与多项式个验证者交互, 这样猜对的概率为 $1/q$, 这里 q 为某个多项式. 因此, 如果 P^* 能以不可忽略的概率 p 欺骗 $V^{(j')}(x)$, 则通过预先猜测 j', 可构造一个 P_R^* 能以概率 p/q 欺骗 $V_R(x,s)$, 这里 p/q 依然是不可忽略的.

接下来, 我们将通过一个引理来完成这个命题的证明.

引理 2.2.1　令 (P_R,V_R) 为一个重置可靠的 t^3-有界并发零知识论证系统, (P,V) 为一个从 (P_R,V_R) 转化而来的 PKInstD-ZK(协议 2.2.3). 则对于总是生成 NO 实例 y 的任意 t^3-类有界重置敌手 V^*, 存在一个 t^3-有界并发敌手 V_R^* 使得 $(P_R(\bar{w}),V_R^*)(\bar{x})$ 和 $(P(\bar{w}),V^*)(\bar{x})$ 是计算不可区分的, 这里 $\bar{x} = x_1,\cdots,x_t \in L, \bar{w} = w_1,\cdots,w_t$ 使得 $(w_i,x_i) \in R_L, i = 1,\cdots,t$.

证明　这一引理实际上证明了如果论证系统 (P_R,V_R) 是 t^3-有界并发零知识的, 那么论证系统 PKInstD-ZK 是 t^3-类有界可重置零知识的.

我们构造一个 t^3-有界并发敌手 V_R^*, 它利用 t^3-有界重置敌手 V^* 来与诚实证明者 P_R 并发地交互. V_R^* 的任务是使得 V^* 感觉在跟系统 (P,V) 中的证明者交互. 这里注意到 V^* 可以重置诚实证明者, 而 V_R^* 则不可以. 接下来, 我们把一个会话中第一轮消息记为 msg (具有形式 (c_0,y)), 而统称其他消息为非第一轮消息.

V_R^* 利用如下策略来处理来自 V^* 的消息:

(1) V^* 发送一个新的 msg 给 $P^{(i,j)}$ ($P^{(i,j)}$ 为系统 (P,V) 中一个证明者, $P^{(i,j)} = P(x_i,w_i,r_p^j), 1 \leqslant i,j \leqslant t$). 假设在所有 V^* 发送给 $P^{(i,j)}$ 的第一轮消息中, 这是第 k 条新消息. 如果 $k > t, V_R^*$ 发送一条结束对话的消息给 V^* 来终止

这次会话; 否则, V_R^* 像系统 (P, V) 中的诚实证明者一样产生消息 ρ, 保存 ρ 并把它发送给 V^*. 具体地, 维持一张具有 t^3 行的表, 每一行用三元组 (i, j, k) 来标识 (行 (i, j, k) 记为 $\text{row}_{(i,j,k)}$), 它存储着所有属于会话类 $\text{Class}_{P^{(i,j)}, \text{msg}_k}$ 的消息. 在目前情况下, V_R^* 把 ρ 存进 $\text{row}_{(i,j,k)}$ 里.

(2) V^* 发送一条已经发送过的 msg 给 $P^{(i,j)}$. 假设 msg=msg_k. V_R^* 从 $\text{row}_{(i,j,k)}$ 查找它以前对这条消息的回复 ρ, 并把它发送给 V^*. 注意到对 ρ 发送给同一个证明者 $P^{(i,j)}$ 的不同的消息 $\text{msg}_m \neq \text{msg}_n$, V_R^* 通过使用不同的独立随机带来模拟系统 (P, V) 中的证明者.

(3) V^* 发送一条有效的非第一轮消息给 $P^{(i,j)}$. 假设这条消息为 (m_l, π_l)(π_l 为 m_l 的正确性证明), 它是属于 $\text{Class}_{P^{(i,j)}, \text{msg}_k}$ 中某次会话的第 l 轮消息.

我们区分下面 3 种情形.

情形 1 V^* 从未发送过这条属于类 $\text{Class}_{P^{(i,j)}, \text{msg}_k}$ 的第 l 轮消息. 在这种情形下, V_R^* 发送 m_l 给系统 (P_R, V_R) 中的证明者 $P_R^{(i, j_k)}$(即 $P_R(x_i, w_i, r_{j_k})$), 把 m_l 和 $P_R^{(i, j_k)}$ 对这条消息的回复保存在 $\text{row}_{(i,j,k)}$ 中, 并把它发送给 V^*.

情形 2 V^* 在某个属于类 $\text{Class}_{P^{(i,j)}, \text{msg}_k}$ 的会话中已经发送过第 l 轮消息, 而这个已经记录在 $\text{row}_{(i,j,k)}$ 中的第 l 轮消息 m_l'(不包括它的正确性证明部分) 不等于 m_l. 在这种情形下, 终止整个交互.

情形 3 V^* 在某个属于类 $\text{Class}_{P^{(i,j)}, \text{msg}_k}$ 的会话中已经发送过第 l 轮消息, 并且这个已经记录在 $\text{row}_{(i,j,k)}$ 中的第 l 轮消息 m_l'(不包括它的正确性证明部分) 等于 m_l. 在这种情形下, 取出记录在行 $\text{row}_{(i,j,k)}$ 中 $P_R^{(i, j_k)}$ 对这条消息的回复, 并把它发送给 V^*.

(4) V^* 发送一条无效的非第一轮消息给 $P^{(i,j)}$. 这时 V_R^* 发送一条结束对话的消息给 V^* 来终止这次会话.

(5) V^* 终止整个交互. V_R^* 输出 V^* 所输出的.

不难看出, 在上面的整个交互过程中 V_R^* 只是扮演了一个 $\boldsymbol{t^3}$-**有界并发敌手**的角色: 它没有重置系统 (P_R, V_R) 中的任何诚实证明者, 它只是与 t^3 个独立的证明者 $P_R^{(i, j_k)}(1 \leqslant i, j, k \leqslant t)$ 交互并且与每一个证明者仅仅进行一次会话. 而 V^* 则不同, 它是一个 $\boldsymbol{t^3}$-**类有界重置敌手**: 它与 t^2 个证明者 $P^{(i,j)}(1 \leqslant i, j \leqslant t)$(实际上是由 V_R^* 和系统 (P_R, V_R) 中的证明者共同扮演的) 交互, 并且只要它发送给同一个证明者的 msg 不超过 t, 它就可以与每一个 $P^{(i,j)}$ 进行任意多项式个会话.

事实上, 在上述交互过程中, 类 $\text{Class}_{P^{(i,j)}, \text{msg}_k}$ 可以看成是 V_R^* 和 $P_R^{(i, j_k)}$ 之间的一次会话.

注意到对 V^* 发送给同一个证明者 $P^{(i,j)}$ 的不同消息 $\text{msg}_m \neq \text{msg}_n$, V_R^* 通过调用系统 (P_R, V_R) 中的两个独立 (使用独立随机带) 的证明者 $P_R^{(i, j_m)}$ 和 $P_R^{(i, j_n)}$ 来模拟系统 (P, V) 中的证明者. 对于系统 (P, V) 中的诚实证明者 $P^{(i,j)}$, 由于

$P^{(i,j)}$ 接收到第一条消息后用伪随机函数刷新了随机带, 所以, V^* 发送这两条不同的第一轮消息将导致 $P^{(i,j)}$ 在它们对应的两个会话中使用不同的几乎独立的随机带. 这样, 如果 (3) 中情形 2 不发生, 可以断言 V^* 在真实交互中的视图和它在上面描述的交互中的视图是计算不可区分的; 否则, 可利用 V^* 来区分一个真正的随机串和一个伪随机函数值. 进一步, 注意到 V_R^* 的视图就是 V^* 的视图, 所以, $(P_R(\bar{w}), V_R^*)(\bar{x})$ 和 $(P(\bar{w}), V^*)(\bar{x})$ 是计算不可区分的.

现在只要证明 (3) 中情形 2 发生的概率是可忽略的便完成了这个引理的证明. 这可以通过反证法来证明. 假设记录在 $\mathrm{row}_{(i,j,k)}$ 中的消息序列 (由 $P_R^{(i,j_k)}$ 和 V_R^* 共同产生, 它们事实上只是一次 (可能不完整的) 会话副本) 为 $(x, m_1 = \mathrm{msg}, m_2, \cdots, m_l', *)$. 注意到 V^* 是利用前两条消息 (msg_k, m_2) 所确立的 InstD-VRF $F_{(PK,SK)}$ 来产生它的消息. 于是, V^* 接收到 $m_l \neq m_l'$ 和一个有效的正确性证明 π_l 意味着, 对于同一个输入 $(x, m_1, \cdots, m_{l-1})$, 有两个不同的函数值 $m_l \neq m_l'$ 都能通过验证, 而这与函数 $F_{(PK, SK)}$ 的 NO 公钥实例上的**唯一性**相违背 (如题设, PK 中 y 总假定是 NO 实例). □

2.2.3 实例依赖的证据不可区分论证系统

实例依赖的证据不可区分论证系统 (instance-dependent WI argument system, 简记为 InstD-WI) 是另一个新的密码学概念. InstD-WI 是针对 "或" NP 断言的论证系统. 对于任何一个关于两个 NP 语言 L_0 和 L_1 的 "或" NP 断言, $x_0 \in L_0$ 或 $x_1 \in L_1$, 它保证了:

(1) 可重置证据不可区分性 (针对来自 $x_0 \in L_0$ 的证据 w_0 和来自 $x_1 \in L_1$ 的证据 w_1).

(2) 当 $x_0 \notin L_0$ 时, 它是一个重置可靠的知识论证系统.

它是一个在处理双重可重置猜想上处于核心地位的工具. 本小节将在一些标准的困难性假设下利用 2.2.1 小节提出的新工具即 InstD-VRF 来实现它.

定理 2.2.2 设 L_0 和 L_1 是两个 NP 语言. 如果存在单向陷门置换和抗碰撞的 Hash 函数, 则对任何形如 "$x_0 \in L_0$ 或 $x_1 \in L_1$" 的公共输入, 存在 InstD-WI.

动机 2.2.2 小节提出的虚拟的 PKInstD-ZK 提供了一条通往证明双重可重置猜想的途径: 只要能找到一个在重置环境下安全而又公平地为验证者持有的 InstD-VRF 产生一个公钥实例 y 的方法, 就能够构造一个几乎接近这一猜想的论证系统.

这个安全而又公平的方法至少要求:

(1) 对于那些诚实证明者 (这时假设公共输入 $x \in L$), 它和验证者交互时产生的 y 是 NO 实例. 这样就保护了 (在某种程度上) 诚实证明者免遭恶意验证者的重置攻击.

(2) 对于那些能发起重置攻击的恶意证明者 (这时假设公共输入 $x \notin L$), 它和验证者交互时产生的 y 是 YES 实例. 这样就保护了诚实验证者免遭恶意证明者的重置攻击.

这两个条件可以借助已有的工具实现. 考虑如下生成 y 的方式：对于 NP 语言 L', 证明者选择一个 NO 实例 $y \notin L'$, 然后利用 ZAP 论证系统来向验证者证明 $x \in L$ 或 $y \in L'$, 如果验证者接受了这样一个证明, 那么 y 在 ZAP 执行完毕时便成为验证者持有的 InstD-VRF 的公钥实例.

上述做法利用了 ZAP 的两个性质：重置可靠性和可重置证据不可区分性. 重置可靠性使得对于那些重置敌手 P^* 在 $x \notin L$ 的情况下, 必须产生一个 YES 实例 $y \in L'$ 来执行这个 ZAP 使得它能被验证者接受; 对于重置敌手 V^*, 它只能从诚实证明者 (它用 $x \in L$ 的证据来执行 ZAP) 那里得到 NO 实例 $y \notin L'$, 而在整个系统的零知识性证明中, 模拟器可以用 $y \in L$ 的证据来执行这个 ZAP(注意到模拟器并不知道 $x \in L$ 的证据, 所以, 它需要产生一个 YES 实例 $y \in L$), 可重置证据不可区分性使得这两种情况不会被验证者察觉.

现在我们仔细观察一下 PKInstD-ZK (P, V) 的重置可靠性的证明过程. 为了把 (P_R, V_R) 的重置可靠性归约到底层 RS-bcZK$_{\text{BGGL}}$ 协议的重置可靠性, 归约算法 (即 P_R^*) 需要知道 y 的证据. 而在上面的解决方案中, 即使重置敌手 P^* 产生一个 YES 实例 $y \in L$, 仍无法构造一个可行的 P_R^*, 因为 P_R^* 即使给予了 P^* 的代码也无法从 P^* 那里得到实例 $y \in L'$ 的证据. 这是因为 ZAP 证明系统本身**不是一个知识证明系统**, 更糟糕的是, 目前还不知道怎样去构造可重置证据不可区分且重置可靠的知识论证系统.

上述观察使我们认识到只满足本小节开始提到的两个条件是不够的, 但是否真正需要一个可重置证据不可区分且重置可靠的知识论证系统？答案是不需要, 只需把上述第二个条件稍微加强即可, 即满足：

(2′) 对于重置敌手 P^*(这时假设公共输入 $x \notin L$), 它和验证者交互时产生的 y 是 YES 实例, 并且给定 P^* 的代码, 能从 P^* 得到 $y \in L'$ 的证据 w_y.

这样, 为了同时满足条件 (1) 和 (2′), 我们提出一个新的密码学原语：InstD-WI, 它是一个针对特殊形式的公共输入 (“或” NP 断言,$x \in L$ 或 $y \notin L'$, 注意到这对我们的应用已足够) 的论证系统, 并且对于任何一个关于两个 NP 语言 L 和 L' 的 “或” NP 断言,$x \in L$ 或 $y \notin L'$, 满足

(1) 可重置证据不可区分性 (针对来自 $x \in L$ 的证据 w_x 和来自 $y \in L'$ 的证据 w_y).

(2) 当 $x \notin L$ 时, 它是一个重置可靠的知识论证系统.

InstD-WI 的定义. 为了适应前面所提到的应用背景, 我们重新定义一个针对 “或” NP 断言的可重置证据不可区分论证系统.

定义 2.2.1 (针对 "或" NP 断言的可重置证据不可区分) 设 L_0 和 L_1 为两个 NP 语言, $L = L_0 \vee L_1 = \{(x_0, x_1) : x_0 \in L_0 \text{ or } x_1 \in L_1\}$, (P, V) 为语言 L 的一个论证系统. 令 p 为任意的一个多项式, $\bar{x} = x^1, \cdots, x^p \in L \cap \{0,1\}^n (x^i = (x_0^i, x_1^i), 1 \leqslant i \leqslant p)$ 为一个公共输入序列, $\bar{w}_b = w_b^1, \cdots, w_b^p (b \in \{0,1\})$ 为任意两组证据序列, 它满足对所有的 $1 \leqslant i \leqslant p, b \in \{0,1\}$, 都有 $(x_b^i, w_b^i) \in R_{L_b}$. 如果对任意的重置敌手 V^*, 如下两个随机变量簇:

(1) $\{(P(\bar{w}_0), V^*)(\bar{x})\}_{\bar{x} \in L}$;

(2) $\{(P(\bar{w}_1), V^*)(\bar{x})\}_{\bar{x} \in L}$

是计算不可区分的, 则称 (P, V) 是可重置证据不可区分的.

现在来定义 InstD-WI, 它的性质随着公共输入 (x_0, x_1) 的属性的变化而变化.

定义 2.2.2 (InstD-WI) 设 L_0 和 L_1 为两个 NP 语言, $L = L_0 \vee L_1 = \{(x_0, x_1) : x_0 \in L_0 \text{ or } x_1 \in L_1\}$, (P, V) 为语言 L 的一个论证系统. 称 (P, V) 为语言 L 的一个 InstD-WI, 如果它满足如下两个条件:

(1) 可重置证据不可区分性, 如定义 2.2.1 所要求的.

(2) 当公共输入 (x_0, x_1) 中第一个实例 x_0 是 NO 实例 (即 $x_0 \notin L_0$) 时, 它是一个重置可靠的知识论证系统.

注意到上述定义中第二条性质实质上保证了如果 $x_0 \notin L_0$, 则存在一个知识抽取器, 它能从成功的证明者那里得到关于 $x_1 \in L_1$ 的证据.

与已知的重置可靠的可重置证据不可区分论证系统 (如 ZAP 论证系统) 相比, InstD-WI 不同时具有重置可靠性和可重置证据不可区分性. 但它具有一个无法比拟的也是在应用中扮演了至关重要角色的性质: 当公共输入的第一个实例是 NO 实例时, 它具有比重置可靠性更强的性质, 即它是一个重置可靠的知识论证系统.

InstD-WI 的初步构造. 首先给出 InstD-WI 的一个初步构造. 虽然这个构造还不能完全满足定义的要求, 但它蕴含的基本想法非常重要, 接下来将利用一个新想法来克服这个初步构造的缺陷. 这个初步构造的一个底层协议是经典的 Blum 提出的 3-轮证据不可区分论证系统, 现在来介绍这个论证系统并给出它的一些性质.

设 $G = (V, E)$ 是一个 n 个顶点的无向图. $M = (m_{i,j})_{1 \leqslant i,j \leqslant n}$ 是它的邻接矩阵 (adjacent matrix): 如果 $(i, j) \in E$, 则 $m_{i,j} = 1$; 否则, $m_{i,j} = 0$. 如果在图 G 中有一条封闭的路径 H 经过所有的顶点, 则称 G 是哈密顿图, 而把这条封闭的路径 H 称为哈密顿圈. 判断一个图是否为哈密顿图是一个 NP 完全问题, 所有的哈密顿图的集合就构成了一个 NP 完全的语言.

设 Com 为一个 (计算绑定且计算隐藏的) 承诺方案, $R = (r_{i,j})_{1 \leqslant i,j \leqslant n}$ 为一个随机矩阵, 其中每个 $r_{i,j}$ 都是一个长度适合承诺方案 Com 的要求的随机比特串. 把对一个邻接矩阵中的值逐个进行承诺写成 $C=\mathrm{Com}(M,R)=\{\mathrm{Com}(m_{i,j},r_{i,j})\}_{1\leqslant i,j\leqslant n}$. 注意到 C 为一个由承诺值构成的矩阵.

Blum 提出的针对图 G 的哈密顿圈 H 的论证系统如下:

P: 随机选择一个 π 和随机矩阵 $R=(r_{i,j})_{1\leqslant i,j\leqslant n}$, 令 $M_{\pi(G)}=(m_{i,j})_{1\leqslant i,j\leqslant n}$ 为图 $\pi(G)$ 的邻接矩阵, 计算 $C=\mathrm{Com}(M_{\pi(G)},R)$, 并发送 C.

V: 发送一个随机比特 $e\in\{0,1\}$.

P: 如果 $e=0$, P 发送 π, $M_{\pi(G)}$ 和 R(打开所有的承诺); 如果 $e=1$, P 将 $\pi(H)$ 在 C 中对应位置的承诺值全部打开, 即发送 $(m_{i,j},r_{i,j})_{(i,j)\in\pi(H)}$.

V 的决定: 如果 $e=0$, V 接受当且仅当所有的承诺值正确且 π 是 G 和 $\pi(G)$ 所确定的图之间的同构; 如果 $e=1$, V 接受当且仅当所有打开的承诺值正确且其对应的位置形成一个 n 个顶点的圈.

不难证明这个协议是零知识的. 它所具有的一个优良的性质是: 对于固定的第一轮消息 C, 如果验证者既能得到证明者对 $e=0$ 的正确回答, 又能得到证明者对 $e=1$ 的正确回答, 则它可以计算出 G 的哈密顿圈 H. 这一点经常被知识抽取器利用.

但它的一个缺点是可靠性误差高达 $1/2$: 即使证明者不知道 G 的哈密顿圈 H, 更甚至 G 根本就不是一个哈密顿图, 证明者仍可通过预先猜测验证者的挑战比特 e 来欺骗验证者. 虽然通过串行执行这个协议多次可降低可靠性错误, 但这又大大地增加了轮数, 使得效率下降.

考虑这个论证系统的并行合成, 它仍保持轮效率 (3 轮). 把并行合成后的协议记为 $\mathrm{WI}_{\mathrm{Blum}}$, 具体描述见协议 2.2.4.

协议 2.2.4 $\mathrm{WI}_{\mathrm{Blum}}$: Blum 协议的并行版本.

公共输入: n 个顶点的图 G.

P 的私有输入: G 的哈密顿圈 H.

$P\to V$: P 随机选择 n 个置换 $\pi_1,\cdots,\pi_n$ 和 n 个随机矩阵 $R^1=(r_{i,j}^1)_{1\leqslant i,j\leqslant n}$, $\cdots,R^n=(r_{i,j}^n)_{1\leqslant i,j\leqslant n}$, 令 $M_{\pi_k(G)}=(m_{i,j}^k)_{1\leqslant i,j\leqslant n}$ 为图 $\pi_k(G)$ 的邻接矩阵, 计算 $C_k=\mathrm{Com}(M_{\pi_k(G)},R^k)$, $1\leqslant k\leqslant n$, 并发送 $C_1,\cdots,C_n$.

$V\to P$: V 发送一个随机比特串 $e=e_1,\cdots,e_n\in\{0,1\}^n$.

$P\to V$: 对于所有 $k\in\{1,\cdots,n\}$, 如果 $e_k=0$, P 发送 π_k, $M_{\pi_k(G)}$ 和 R^k(打开所有的承诺); 如果 $e_k=1$, 证明者将 $\pi_k(H)$ 在 C_k 中对应位置的承诺值全部打开, 即发送 $(m_{i,j}^k,r_{i,j}^k)_{(i,j)\in\pi_k(H)}$.

V 的决定: 对于所有 $k\in\{1,\cdots,n\}$, V 用在 Blum 协议单次执行时同样的方式检查第 k 个副本是否正确, 它接受当且仅当它接受全部 n 个副本.

这个并行后的 $\mathrm{WI}_{\mathrm{Blum}}$ 协议不再具有零知识性, 但仍有一系列非常有用的如下性质:

(1) 证据不可区分性.

(2) 特殊可靠性. 记 WI_{Blum} 协议中第一、二、三轮消息分别为 a, e, z. 给定两个形如 (a, e, z) 和 (a, e', z') 的可接受的副本, 只要 $e \neq e'$, 便可计算出图 G 的哈密顿圈 H.

(3) 第一轮消息的证据独立性. 第一轮消息 a 完全由证明者的随机带决定, 与证据 H 无关.

(4) 特殊诚实验证者零知识性. 给定挑战 e, 存在一个 PPT 机器 S 输出一个可接受的副本 (a, e, z), 且它与诚实证明者和诚实验证者之间的真实交互所产生的副本是不可区分的.

由于图的哈密顿圈问题是一个 NP 完全问题, 所以, 可以断言对任意一个 NP 语言都存在一个具有上面性质的 3-轮证据不可区分论证系统, 它的一次执行产生的副本通常表示为 (a, e, z), 消息 e 也被称为挑战.

先来观察 Barak 等提出的可重置证据不可区分的知识论证系统, 这一系统满足 InstD-WI 所要求的第一个条件.

Barak 等的构造是通过用如下方式改造上面介绍的 WI_{Blum} 协议得到的: ① 在 P 发送它的第一轮消息 a 之前, V 发送对挑战 e 的一个承诺 c_v; ② 接收到 P 发送的 a 之后, V 把被承诺的挑战 e 发送给 P(注意这里并没有打开承诺 c_v, V 没有将承诺 e 时用的随机带发送给 P), 并利用 $RS\text{-}bcZK_{BGGL}$ 协议向 P 证明 e 是正确的. 当 P 接受 V 的证明后, 按照 WI_{Blum} 协议回答挑战 e, 把最后一轮消息 z 发送给 V.

这个新的构造具有可重置证据不可区分性, 是因为子协议 $RS\text{-}bcZK_{BGGL}$ 具有重置可靠性. 任何重置敌手 V^* 也无法向证明者证明一个 "错误的"(即不是承诺在 c_v 中的值) 挑战, 所以, 当 V^* 在第 1 步把挑战 e 承诺后, 它无法在第 3 步发送一个不同的 e' 并且通过执行 $RS\text{-}bcZK_{BGGL}$ 使得证明者接受, 也就无法对 P 进行有意义的重置. 这个系统之所以是知识论证系统是因为子协议 $RS\text{-}bcZK_{BGGL}$ 具有 (有界并发) 零知识性, 这样就可以构造一个知识抽取器, 给定证明者的代码后, 它能发送任意的独立于承诺 c_v 的挑战并调用 $RS\text{-}bcZK_{BGGL}$ 协议的模拟器来向 P 证明这个挑战的正确性. 知识抽取器的这种能力使得它能够获取对同一个证明者消息 a 的两个不同的副本 (a, e, z) 和 (a, e', z'), 根据 WI_{Blum} 协议的性质 2, 它便可以计算公共输入的证据 (一个哈密顿圈).

显然, Barak 等的构造不具有重置可靠性. 当重置敌手 P^* 收到承诺 c_v 后它可以发送任意的 a' 给验证者, 以获取验证者的挑战 e(虽然它无法回答这个挑战), 当 P^* 看到 e 后, 它按照 e 来计算一个可接受的副本 (a, e, z)(WI_{Blum} 协议的性质 4), 重新回到证明者的第 1 步发送新的 a, 再次收到 e 和来自验证者的正确性证明, 最后发送 z. 这样, P^* 便能欺骗诚实验证者. 这其中的关键因素是验证者的挑

战无法随着 a 的变化而变化.

为了使得证明者每一次改变它的第一轮消息 a 后仍无法预测下一轮来自验证者的挑战 e, 可让验证者在第一轮中承诺一个伪随机函数 f_s(而不是某个具体的挑战), 在接收到 a 后, 它通过把 f_s 作用到当前的副本 (包括 a) 上来生成它的挑战 e. 这样做的好处是对于上面描述的重置敌手 P^*, 它的攻击将不会奏效: 当它改变它的第一条消息 a 后, 仍然无法预测诚实验证者对这个新的 a 所产生的挑战.

然而, 上述修改依然不够. 注意到要应付真正的重置敌手 P^*, 必须要求在证明挑战的正确性时所用的子协议 (P^* 在这个子协议中扮演验证者的角色) 必须是可重置零知识的. 而 Barak 等的构造中使用的 RS-bcZK$_{\text{BGGL}}$ 协议只具有有界并发零知识性. 这样, 构造双重可重置的证据不可区分知识论证系统似乎要求在证明挑战 e 的正确性时所使用的子协议具有双重可重置性, 而这正是我们的终极目标.

InstD-WI 不要求双重可重置性, 而是要求随着具体实例的变化, 它要么是重置可靠的要么是可重置证据不可区分的. 这使我们想起了之前所构造的虚拟的 (某种程度上) 双重可重置的论证系统: PKInstD-ZK(协议 2.2.3), 它的性质也是随着公钥实例的变化而变化的, 这和 InstD-WI 的性质很默契. 在 PKInstD-ZK 中, 验证者自己选取一个它所持有的 InstD-VRF 的公钥实例 y. 在构造 InstD-WI 时, 把 PKInstD-ZK 用作证明验证者的挑战的正确性的子协议. 注意到 InstD-WI 中证明者扮演了这个子协议中验证者的角色, 它将直接把 InstD-WI 的公共输入 (x_0, x_1) 中第一个实例 x_0 当成它所持有的 InstD-VRF 的公钥实例.

设 L_0 和 L_1 为两个 NP 语言, 令 $L = L_0 \vee L_1 = \{(x_0, x_1) : x_0 \in L_0 \text{ or } x_1 \in L_1\}$, 关于 L 的一个 3-轮证据不可区分论证系统的副本具有形式 (a, e, z). 我们用如下方式来构造 InstD-WI: ① 在 P 发送它的第一轮消息 a 之前, V 发送对伪随机函数 f_s 的一个承诺 c_v; ② 接收到 P 发送的 a 之后, V 把 f_s 作用到当前交互历史上产生一个挑战 e 发送给 P, 并利用 PKInstD-ZK 向 P 证明 e 是正确的, 在执行 PKInstD-ZK 时, P(扮演验证者角色) 把 x_0 当成它所持有的 InstD-VRF 的公钥实例. 当 P 接受 V 的证明后, 按照 WI$_{\text{Blum}}$ 协议回答挑战 e, 把最后一轮消息 z 发送给 V.

上述想法的具体描述见协议 2.2.5.

协议 2.2.5　InstD-WI 的初步构造.

公共输入: (x_0, x_1).

P 的私有输入: 证据 w 使得 $(x_0, w) \in R_{L_0}$ 或 $(x_1, w) \in R_{L_1}$.

P 的随机带: r_p.

V 的随机带: r_v.

$V \to P$: V 置 $(r_v^1, r_v^2) = f_{r_v}(x_0, x_1)$. 使用随机数 r_v^1, V 随机选择一个伪随机函

数 f_s 和一个随机串 r, 利用一个统计绑定的承诺方案 Com_v 计算 $c_v = \mathrm{Com}_v(s, r)$, 并发送 c_v.

$P \to V$: P 置 $(r_p^1, r_p^2) = f_{r_p}(x_0, x_1, c_v)$. 使用随机数 r_p^1, P 执行一个 3-轮证据不可区分论证系统产生它的第一轮消息 a, 在这个论证系统中, P 向 V 证明 $x_0 \in L_0$ 或 $x_1 \in L_1$. 使用 r_p^2 作为验证者随机带, P 执行 PKInstD-ZK(在这个子协议中 P 扮演验证者角色), 产生它的第一条消息 c_0(对某个伪随机函数的承诺) 并使用 x_0 作为它持有的 InstD-VRF 的公钥实例, 发送 a 和 c_0.

$V \to P$: V 计算 $e = f_s(x_0, x_1, c_v, a, c_0)$. 使用 r_v^2 作为证明者随机带, V 执行 PKInstD-ZK 的第二轮产生一个 ZAP 证明系统的第一轮消息 ρ, 并发送 e 和 ρ.

$V \Rightarrow P$: V 和 P 继续执行 PKInstD-ZK, 在这个协议中, V 扮演证明者角色向 P 证明存在 s, r 使得 $e = f_s(x_0, x_1, c_v, a, c_0)$ 并且 $c_v = \mathrm{Com}_v(s, r)$. 作为验证者, P 所持有的函数 InstD-VRF 的公钥为 $PK = (x_0, c_0, \rho)$, 私钥 SK 就是承诺在 c_0 中的伪随机函数和承诺时使用的随机数.

$P \to V$: 如果 P 接受 PKInstD-ZK 的执行副本, 则它继续执行 3-轮证据不可区分论证系统, 按照挑战 a 和 e 发送一个回答 z.

V 的决定: V 接受当且仅当 (a, e, z) 是 3-轮证据不可区分论证系统的可接受的副本.

协议 2.2.5 具有如下性质:

(1) 针对 x_0 和 x_1 的证据, 它是可重置证据不可区分的. 注意到 x_0 作为子协议 PKInstD-ZK 中的验证者 (整个系统中的证明者) 持有的 InstD-VRF 的公钥实例, 故当 $x_0 \in L_0$(在谈及证据不可区分性时, 总假定 x_0 和 x_1 都是 YES 实例) 时, 子协议 PKInstD-ZK 是重置可靠的, 故对任何重置敌手 V^*, 它无法对同一个消息 a 产生两个不同的能使 P 接受的挑战, 同时 3-轮证据不可区分论证系统在并发环境下保持证据不可区分性, 于是, 我们能将这个初步构造的可重置证据不可区分性归约到底层 3-轮证据不可区分论证系统的并发证据不可区分性.

(2) 当 $x_0 \notin L_0$ 时, 它是 "弱" 重置可靠的知识论证系统. 这里 "弱" 的含义是要求: 重置敌手 P^* 对同一个验证者不能发送超过某个预先固定的多项式 (不妨设为 t) 个第一轮 (对证明者而言) 消息 (a, c_0). 当 $x_0 \notin L_0$ 时, 子协议 PKInstD-ZK 满足类有界 (不妨设为 t-类有界) 可重置零知识性. 注意到在证明可靠性时, 我们只需关注一个验证者 $V^{(j)}(x_0, x_1) = V(x_0, x_1, r_v^j)$. 这就使得, 给定 P^* 的代码, 知识抽取器在扮演 $V^{(j)}(x_0, x_1)$ 时, 它能够对同一条证明者消息 (a, c_0) 发送不同的挑战并调用子协议 PKInstD-ZK 的模拟器对其中一个错误的挑战进行正确性证明, 最终它将获得两个形如 (a, e, z) 和 (a, e', z') 的副本, 计算出相应的 x_1(已假定 $x_0 \notin L_0$) 的证据.

这里将省去这些性质的证明, 只指出这个初步构造的一个缺陷. 我们将在随后构造一个完全的 InstD-WI, 并给出详细的证明. 读者很容易从随后的证明中导出对这个初步构造的性质的证明.

在协议 2.2.5 中, 当 $x_0 \notin L_0$ 时是一个 "**弱**" 重置可靠的知识论证系统时, 上述知识抽取器之所以能够成功是因为它能通过错误的挑战来模拟诚实验证者: 既然 P^* 只能对 $V^{(j)}(x_0, x_1)$ 发送最多 t 个不同的第一轮消息, 而 c_0 为子协议 PKInstD-ZK 的第一轮消息, 则 P^* 和 $V^{(j)}(x_0, x_1)$(它扮演证明者) 之间共同产生了对应于子协议 PKInstD-ZK 的 t 个会话类, 而子协议 PKInstD-ZK 是 t-类有界可重置零知识的, 所以, 知识抽取器可以成功模拟这些会话.

为什么协议 2.2.5 不是完全的重置可靠的知识论证系统. 先来看一个更细微的观察. 假设 $V^{(j)}(x_0, x_1)$ 的第一轮消息为 $c_v = \mathrm{Com}_v(s, r)$ (注意到它被 $V^{(j)}(x_0, x_1)$ 的随机带 r_v^j 和公共输入 (x_0, x_1) 固定), P^* 在一个会话中使得 $V^{(j)}(x_0, x_1)$ 相信 $x_0 \in L_0$ 或 $x_1 \in L_1$, 设在这个会话中 P^* 的第一轮消息为 (a, c_0). 注意到知识抽取器要做的就是在这个具有前缀 $(c_v, (a, c_0))$ 的会话类上对 P^* 进行重置来获取两个形如 (a, e, z) 和 (a, e', z') 的副本, 而对于具有其他会话前缀 $(c_v, (a', c_0') \neq (a, c_0))$ 的会话类, 知识抽取器可以扮演诚实验证者, 如总是诚实地计算挑战 $e = f_s(x_0, x_1, c_v, a', c_0')$ 然后诚实地证明它的正确性.

我们注意到, 在构造知识抽取器时, 它只对单个会话类进行模拟, 而对其他所有的会话类扮演子协议 PKInstD-ZK 中诚实证明者. 然而, 在证明这个模拟与真实的交互不可区分时, 需要把这个不可区分归约到计算 c_v 时所用的承诺方案 Com_v 的计算隐藏性, 这就要求我们能构造一个归约算法, 在不知道承诺在 c_v 中的伪随机函数 f_s 的情况下, 通过调用子协议 PKInstD-ZK 的模拟器来模拟验证者关于挑战的正确性证明以便利用 P^* 的能力来攻破 Com_v 的计算隐藏性. 注意到当不知道承诺在 c_v 中的伪随机函数 f_s 时, 对所有的 P^* 的第一轮消息, 归约算法所制造的挑战都是错误的, 这就要求这个归约算法能对所有 P^* 和 $V^{(j)}(x_0, x_1)$ 之间的会话类都能模拟, 而不只是模拟具有特定前缀 $(c_v, (a, c_0))$ 的单个会话类. 当 P^* 能对 $V^{(j)}(x_0, x_1)$(对同一个验证者的第一轮消息 c_v) 发送任意多项式个证明者的第一轮消息时, 这个归约算法所用到的模拟器要能够在重置环境下模拟任意多项式个会话类, 进而这要求子协议 PKInstD-ZK 当公钥实例 (这里为 x_0) 为 NO 实例时它是完全可重置零知识的, 而不仅仅是类有界可重置零知识的.

受制于目前的技术条件, 即 Barak 的 $\mathrm{bcZK}_{\mathrm{Barak}}$ 协议中有界并发瓶颈, 我们还不知道怎样去构造一个公钥实例依赖的零知识论证系统使得当公钥实例是 NO 实例时它是完全可重置零知识的.

InstD-WI 的最终构造. 要克服上面遇到的困难, 要么构造一个实例依赖的零知识论证系统使得当公钥实例是 NO 实例时它是完全可重置零知识的, 要么引入某种新的机制使得对任意的重置敌手 P^*, P^* 不能对同一条验证者的第一轮消

息 c_v 发送两个不同的证明者的第一轮消息 $(a, c_0) \neq (a', c_0')$. 如同上面提到的, 前者会遇到当前的技术瓶颈, 这里将通过实现后者来构造完全满足定义 2.2.2 的 InstD-WI.

这个最终的构造通过引入一个与 InstD-VRF 类似的模块来实现. 具体地, 我们让证明者 P 发送对一个伪随机函数的承诺 c_p 作为整个协议的第一轮消息. 在它收到来自验证者的承诺 c_v 之后, P 利用承诺在 c_p 中的伪随机函数产生的随机数 (把这个伪随机函数作用到当前交互副本上) 来产生 a (底层 3-轮证据不可区分论证系统的第一轮消息), 并利用 ZAP 证明系统来证明 $x_0 \in L_0$ 或 a 是正确的. 注意到断言 "a 是正确的" 是一个 NP 断言. 剩下的部分如初步构造所描述的一样, 但对子协议 PKInstD-ZK 的要求放松了.

在这个最终的构造中, 我们只要求 PKInstD-ZK 满足 1-类有界可重置零知识性, 而不要求满足 t-类有界可重置零知识性 (对某个预先固定的多项式 t). 注意到只满足 1-类有界可重置零知识性的 PKInstD-ZK 可以利用 Barak 的公开掷币的零知识论证系统 $\mathrm{ZK_{Barak}}$(协议 2.2.1) 来构造, 而不需要公开掷币的有界并发零知识论证系统 $\mathrm{bcZK_{Barak}}$(协议 2.2.2), 这样就避开了有界并发这一技术瓶颈.

这个新构造最为关键的一点是: 当 $x_0 \in L_0$ 时, 如果 c_v 是基于 c_p 计算出来的 (如产生 c_v 的随机数来自一个伪随机函数作用在 c_p 上的输出), 则对于每一个验证者消息 c_v, 任何重置敌手 P^* 都不能产生两个不同的 a 和 a'. 一方面, 这样的做法使得在重置环境下所有验证者在执行子协议 $\mathrm{bcZK_{Barak}}$ 时需要证明的断言 "挑战是正确的" 都是独立的或相同的, 因此, 就克服了上面初步构造的缺陷: 对于同一个 c_v, 验证者需要证明多个相互关联的不同断言 (这些断言由于 P^* 对同一个 c_v 发出许多不同的证明者的第一轮消息 (a, c_0) 而产生). 另一方面, 这个对初步构造的改造方式不会损害可重置证据不可区分性: ① 证明者消息 a 是基于 c_v 而计算出来的, 故对每一个 a, 重置敌手 V^* 只能发送一个能通过证明者验证的挑战 (V^* 受到了 c_v 的绑定); ② 当 $x_0 \in L_0$ 时, 我们可对同一个 c_v 产生任意的证明者消息 a, 这是因为在这种情况下可用 $x_0 \in L_0$ 的证据来对 a 的 "正确性" 进行证明. 上述两个原因使得我们能够构造一个归约算法把这个新构造的可重置证据不可区分性归约到底层 3-轮证据不可区分论证系统的并发证据不可区分性.

要实现上述想法, 必须要求证明者消息 a 是被证明者在这一步时所用的随机数唯一确定的. 这是因为如果产生这个底层 3-轮证据不可区分论证系统的第一个消息 a 需要用到公共输入 (x_0, x_1) 的证据, 而这个公共输入 (x_0, x_1) 有许多不同的证据 (注意到可能远不止两个), 对于同一条验证者消息 c_v, 证明者依然可以利用不同的证据来产生多个 a, 这样就无法实现上面的想法. 这里需要强调的是, 不是对于所有的 3-轮证据不可区分论证系统的第一轮消息 a 都具有这样的性质. 但幸运的是, 对于图的哈密顿问题 (NP 完全问题) 的 3-轮证据不可区分论证系统

$\mathrm{WI}_{\mathrm{Blum}}$(协议 2.2.4) 具有这样的性质, 进而可以断言对所有的 NP 语言存在一个这样的 3-轮证据不可区分论证系统.

回顾 $\mathrm{WI}_{\mathrm{Blum}}$ 协议中第一轮消息 a 的产生方式. 证明者 P 随机选择 n 个置换 $\pi_1, \cdots, \pi_n$ 和 n 个随机矩阵 $R^1 = (r_{i,j}^1)_{1 \leqslant i,j \leqslant n}, \cdots, R^n = (r_{i,j}^n)_{1 \leqslant i,j \leqslant n}$. 令 $M_{\pi_k(G)} = (m_{i,j}^k)_{1 \leqslant i,j \leqslant n}$ 为图 $\pi_k(G)$ 的邻接矩阵, 计算 $C_k = \mathrm{Com}\left(M_{\pi_k(G)}, R^k\right)$, $1 \leqslant k \leqslant n$. P 发送的第一轮消息 a 就是 $C_1, \cdots, C_n$. 如果用二进制随机串 r_π 来表示一个随机置换 π, 则 a 是由随机数 $r_{\pi_1}, \cdots, r_{\pi_n}$ 以及 $R^1 = (r_{i,j}^1)_{1 \leqslant i,j \leqslant n}, \cdots,$ $R^n = (r_{i,j}^n)_{1 \leqslant i,j \leqslant n}$ 所唯一确定的.

为了简化记号, 这里用 r_π 来表示 n 个随机置换组成的向量, 即 $r_\pi = (r_{\pi_1}, \cdots, r_{\pi_n})$. 令 $M_{\pi_i(G)} = M_{r_{\pi_i}(G)}, 1 \leqslant i \leqslant n, M_{r_\pi(G)} = \left(M_{r_{\pi_1}(G)}, \cdots, M_{r_{\pi_n}(G)}\right)$ 表示 n 个邻接矩阵组成的向量. r_M 表示 n 个随机矩阵组成的向量, 即 $r_M = \left(R^1 = (r_{i,j}^1)_{1 \leqslant i,j \leqslant n}, \cdots, R^n = (r_{i,j}^n)_{1 \leqslant i,j \leqslant n}\right)$. 这样, a 的产生就可以表示为 $a = C = \mathrm{Com}\left(M_{r_\pi(G)}, r_M\right)$, 这里 $C = (C_1, \cdots, C_n)$ 为 n 个承诺矩阵组成的向量, 这一承诺过程是对向量 $M_{r_\pi(G)}$ 中每一个分量 (也是一个矩阵) 逐一利用 r_M 中相应的分量作为随机数进行承诺.

InstD-WI 的具体描述见协议 2.2.6.

协议 2.2.6　InstD-WI: 实例依赖的证据不可区分论证系统.

公共输入: (x_0, x_1).

P 的私有输入: 证据 w 使得 $(x_0, w) \in R_{L_0}$ 或 $(x_1, w) \in R_{L_1}$.

P 的随机带: (r_p^1, r_p^2, r_p^3).

V 的随机带: r_v.

$P \to V$: P 置 $(s', r') = f_{r_p^1}(x_0, x_1)$. 利用一个统计绑定承诺方案 Com_p 计算 $c_p = \mathrm{Com}_p(s', r')$. 使用 r_p^2 作为验证者随机带, P 执行 (只要求满足 1-类有界可重置零知识性的) PKInstD-ZK (在这个子协议中 P 扮演验证者角色), 产生它的第一条消息 c_0(公共输入中第一个实例 x_0 将直接作为 P 在此子协议中持有的 InstD-VRF 的公钥实例, 故无须发送). 在这个子协议中, P 将使用 x_0 作为它持有的 InstD-VRF 的公钥实例. P 发送 c_p 和 c_0.

$V \to P$: V 置 $(r_v^1, r_v^2, \rho') = f_{s'}(x_0, x_1, c_p, c_0)$. 使用随机数 r_v^1, V 随机选择一个伪随机函数 f_s 和一个随机串 r, 利用一个统计绑定承诺方案 Com_v 计算 $c_v = \mathrm{Com}_v(s, r)$. ρ' 将作为 P 在下一步中所利用的 ZAP 证明系统的第一轮消息. V 发送 c_v 和 ρ'.

$P \to V$: P 利用 NP 归约把公共输入 (x_0, x_1) 转化为一个哈密顿图 G, 置 $(r_\pi, r_M) = f_{s'}(x_0, x_1, c_p, c_0, c_v, \rho')$. P 执行 $\mathrm{WI}_{\mathrm{Blum}}$ 协议, 使用一个统计绑定承诺方案 $\mathrm{Com}\left(M_{r_\pi(G)}, r_M\right)$. P 置 $r_p^4 = f_{r_p^3}(x_0, x_1, c_p, c_0, c_v, \rho')$. 利用随机数 r_p^4

和证据 (s',r'), P 执行一个 ZAP 证明系统 (这次执行的第一轮消息为 P 收到的 ρ') 证明 $x_0 \in L_0$ 或 "a 是正确的", 即证明 $x_0 \in L_0$, 或者存在 (s',r') 使得 $c_p = \mathrm{Com}_p(s',r')$, $(r_\pi, r_M) = f_{s'}(x_0,x_1,c_p,c_0,\rho')$ 与 $a = \mathrm{Com}\left(M_{r_\pi(G)}, r_M\right)$ 同时成立. 这样就产生了这个 ZAP 证明系统的最后一轮消息, 即证明 τ. P 发送 a 和 τ.

$V \to P$: 如果 V 拒绝 τ, 则终止协议; 否则, V 计算 $e = f_s(x_0,x_1,c_p,c_0,c_v,\rho',a)$ (注意到这里 f_s 并没有作用到 τ 上, 这一点对于我们的分析至关重要), 并使用 r_v^2 作为证明者随机带, V 执行 PKInstD-ZK 的第二轮产生一个 ZAP 证明系统的第一轮消息 ρ. V 发送 e 和 ρ.

$V \Rightarrow P$: V 和 P 继续执行 PKInstD-ZK, 在这个协议中, V 扮演证明者角色向 P 证明存在 s, r 使得 $e = f_s(x_0,x_1,c_p,c_0,c_v,\rho',a)$ 并且 $c_v = \mathrm{Com}_v(s,r)$. 作为验证者, P 所持有的 InstD-VRF 的公钥为 $PK = (x_0,c_0,\rho)$, 私钥 SK 就是承诺在 c_0 中的伪随机函数和承诺时使用的随机数.

$P \to V$: 如果 P 接受 PKInstD-ZK 的执行副本, 则它继续执行 WI$_{\mathrm{Blum}}$ 协议, 按照挑战 a 和 e 发送一个回答 z; 否则, 终止协议.

V 的决定: V 接受当且仅当 (a,e,z) 是 WI$_{\mathrm{Blum}}$ 协议的一个可接受副本.

定理 2.2.2 的证明 这里通过证明协议 2.2.6 满足定义 2.2.2 的两个性质来证明定理 2.2.2.

可重置证据不可区分性. 令 L_0 和 L_1 为两个 NP 语言, $L = L_0 \vee L_1 = \{(x_0,x_1) : x_0 \in L_0 \text{ or } x_1 \in L_1\}$, p 为任意的一个多项式. $\bar{x} = x^1,\cdots,x^p$, $x^i = (x_0^i,x_1^i) \in L$, $\bar{w}_b = w_b^1,\cdots,w_b^p$, 使得 $(x_b^i,w_b^i) \in R_{L_b}$, $i = 1,\cdots,p$, $b = 0,1$.

设 V^* 是一个重置敌手. 我们通过混合论证方法来证明 InstD-WI 的可重置证据不可区分性. 这只需证明, 对于下面一系列由两方的随机带所形成的随机分布, 任意相邻的两个分布是计算不可区分的.

混合分布 0 $(P(\bar{w}_0), V^*)(\bar{x})$.

混合分布 1 分布 $(P_{1,\bar{w}_0}(\bar{w}_0), V^*)(\bar{x})$, 这里 $P_{1,\bar{w}_0}$ 执行诚实证明者 $P(\bar{w}_0)$ 的策略, 除了对于每一个 $i, 1 \leqslant i \leqslant p$, $P_{1,\bar{w}_0}$ 用 w_0^i 在证明者的第 2 步通过 ZAP 论证系统来证明 $x_0^i \in L_0$ 或 a 的正确性 (在混合分布 1 ~ 混合分布 3 中, 我们使用脚标 $\bar{w}_0$ 来表示证明者使用证据序列 $\bar{w}_0$ 来执行证明者的第 2 步中的 ZAP 论证系统). 注意到在证明者的第 2 步, 混合分布 0 中诚实证明者永远利用断言 "a 是正确的" 证据 (即 (s',r'), 见协议 2.2.6) 来证明 $x_0^i \in L_0$ 或 a 的正确性. 由于 ZAP 论证系统是可重置证据不可区分的, 所以, 混合分布 1 和混合分布 0 是计算不可区分的.

混合分布 2 $(P_{2,\bar{w}_0}(\bar{w}_0), V^*)(\bar{x})$, 这里 $P_{2,\bar{w}_0}$ 执行 $P_{1,\bar{w}_0}$ 的策略, 除了对于所有享有某个共同的证明者的第一轮部分消息 c_p 的会话, 它随机选择一个 (独立于

承诺在 c_p 中的伪随机函数 $f_{s'}$) 新的伪随机函数 $f_{s''}$(在具有不同的 c_p 的会话中, $f_{s''}$ 是独立选取的), 并且在这些会话中, 它利用这个新的伪随机函数来产生底层 3-轮证据不可区分论证系统的第一轮消息 a, 即 $(r_\pi, r_M) = f_{s''}(x_0, x_1, c_p, c_0, c_v, \rho')$, $a = \mathrm{Com}\left(M_{r_\pi(G)}, r_M\right)$. 由于统计绑定的承诺方案 Com_p 的计算隐藏性, 容易证明混合分布 2 和混合分布 1 是计算不可区分的.

混合分布 3 $(P_{2,\bar{w}_0}(\bar{w}_1), V^*)(\bar{x})$, 这里 $P_{2,\bar{w}_0}$ 给定两组证据序列 $\bar{w}_0$(用来执行证明者的第 2 步中的 ZAP 证明系统) 和 $\bar{w}_1$, 执行混合分布 2 中证明者策略, 除了对所有的 $i, 1 \leqslant i \leqslant p$, 它利用 x_1^i 的证据 w_1^i 来执行底层针对哈密顿圈 $\bar{w}_0$ 的 3-轮证据不可区分论证系统 $\mathrm{WI}_{\mathrm{Blum}}$. 下面将证明, 如果存在区分器能够区分混合分布 3 和混合分布 2, 则能够构造一个并发敌手来攻破底层论证系统 $\mathrm{WI}_{\mathrm{Blum}}$ 的并发证据不可区分性. 注意到对于 3-轮证据不可区分论证系统而言, 在并发环境下保持系统的证据不可区分性.

混合分布 4 $(P_{3,\bar{w}_0}(\bar{w}_1), V^*)(\bar{x})$, 这里 $P_{3,\bar{w}_0}$ 执行 $P_{2,\bar{w}_0}$ 的策略, 除了它用和诚实证明者相同的方式产生消息 a 外, 即在证明者的第 2 步, 它利用承诺在 c_p 中的伪随机函数 $f_{s'}$ 所生成的随机数来产生 a (但 $P_{3,\bar{w}_0}$ 仍然使用证据序列 $\bar{w}_0$ 来执行这一步的 ZAP 论证系统). 注意到 $P_{2,\bar{w}_0}$ 是随机选取 (独立于承诺在 c_p 中的伪随机函数 $f_{s'}$) 一个新的伪随机函数 $f_{s''}$ 来产生 a 的. 和混合分布 2 中分析一样, 由于统计绑定承诺方案 Com_p 的计算隐藏性, 容易证明混合分布 4 和混合分布 3 是计算不可区分的.

混合分布 5 $(P(\bar{w}_1), V^*)(\bar{x})$. 注意到这个分布中证明者使用证据序列 $\bar{w}_1$ 来执行诚实证明者的策略. 所以, 混合分布 5 和混合分布 4 之间唯一的区别就在于, 对于所有的 $i, 1 \leqslant i \leqslant p$, 混合分布 5 中证明者使用形成承诺 c_p 的 s' 和 r' 作为证据在证明者的第 2 步执行 ZAP 证明系统来证明 $x_0 \in L_0$ 或 a 的正确性, 然而, 混合分布 4 中证明者 $P_{3,\bar{w}_0}$ 使用的是 x_0^i 的证据 w_0^i. 和混合分布 1 中分析的一样, 由于 ZAP 论证系统是可重置证据不可区分的, 所以, 混合分布 5 和混合分布 4 是计算不可区分的.

令 (P_W, V_W) 为底层的 $\mathrm{WI}_{\mathrm{Blum}}$ 协议. 现在来证明混合分布 3 和混合分布 2 是计算不可区分的.

假设相反, 存在一个非一致的 PPT 算法 D 区分两个分布 $(P_{2,\bar{w}_0}(\bar{w}_0), V^*)(\bar{x})$ 和 $(P_{2,\bar{w}_0}(\bar{w}_1), V^*)(\bar{x})$, 那么可构造一个并发敌手 V_W^*, 使得分布 $(P_W(\bar{w}_0), V_W^*)(\bar{x})$ 和 $(P_W(\bar{w}_1), V_W^*)(\bar{x})$ 能够被区分. 而这违背了 (P_W, V_W) 的并发证据不可区分性.

V_W^*, 给定 $\bar{w}_0$ 作为辅助输入①, 把 V^* 当成内部程序, 来与 P_W 交互. V_W^* 扮演 $P_{2,\bar{w}_0}$ 的角色, 用如下方式来处理来自 V^* 的消息:

---

① 注意到根据证据不可区分的定义, 即使 V_W^* 给定了两组证据 $\bar{w}_0$ 和 $\bar{w}_1$ 作为辅助输入, 系统 (P_W, V_W) 的证据不可区分性仍能保持.

(1) 当 V^* 发起与 $P_{2,\bar{w}_0}^{(i,j)}(1 \leqslant i, j \leqslant p)$ 之间的一次新的会话, V_W^* 诚实地计算 c_p 和 c_0, 并且把 c_p 和 c_0(内部地) 发送给 V^*.

(2) 当 V^* 发送第 k 个新的验证者的第一轮消息 (即 c_v 和 ρ') 给 $P_{2,\bar{w}_0}^{(i,j)}(1 \leqslant i, j \leqslant p)$, V_W^* 发起与证明者 $P_W^{(i,j_k)}$(即 $P_W(x^i, w^i, r_{j_k})$, 这里 $x^i = (x_0^i, x_1^i)$, $w^i = w_0^i$ 或 $w^i = w_1^i$, r_{j_k} 为独立选取的随机数) 的会话, 当得到 $P_W^{(i,j_k)}$ 的第一轮消息 a 后, 利用证据 w_0^i 来为 a 的 "正确性" 产生一个证明 τ (ZAP 证明系统的第二条消息), 保存 a 和 τ, 并把它们发送给 V^*.

(3) 当 V^* 发送一个挑战 e(伴随着消息 ρ, 协议 2.2.6 中验证者的第 2 步) 给 $P_{2,\bar{w}_0}^{(i,j)}$ 作为对 $P_{2,\bar{w}_0}^{(i,j)}$(实际上由 V_W^* 和 $P_W^{(i,j_k)}$ 共同扮演) 的第 k 条第一轮 (对于 $\mathrm{WI}_{\mathrm{Blum}}$ 协议而言) 消息 a 的回应, V_W^* 保存这条消息, 并继续和 V^* 内部地执行 PKInstD-ZK, 在这个执行中, V^* 证明 e 是正确的. 一旦 V_W^* 接受了这一关于 e 的正确性证明, 它把 e 发送给 $P_W^{(i,j_k)}$, 保存来自 $P_W^{(i,j_k)}$ 的回应 z, 并把 z 发送给 V^*. 对于所有来自 V^* 的重复消息, V_W^* 用相同的消息来回应.

(4) V^* 终止整个交互, V_W^* 输出 V^* 所输出的.

注意到如果 V^* 没有对 $P_{2,\bar{w}_0}^{(i,j)}$(实际上由 V_W^* 和 $P_W^{(i,j_k)}$ 共同扮演) 的同一条第一轮 (对于 $\mathrm{WI}_{\mathrm{Blum}}$ 协议而言) 消息 a 发送两条不同的挑战 e 和 e', 那么 V_W^* 是一个并发敌手 (它与每一个 $P_W^{(i,j_k)}$ 只进行一次会话). 更进一步, 如果所有的证明者 $P_W^{(i,j_k)}(1 \leqslant i, j \leqslant p)$ 使用的是证据序列 $\bar{w}_b = w_b^1, \cdots, w_b^p$, 那么在上述交互中 V^* 的输出与 $(P_{2,\bar{w}_0}(\bar{w}_b), V^*)(\bar{x})$ 有相同的分布 (注意到 $P_{2,\bar{w}_0}$ 与 V_W^* 都使用同一证据序列 $\bar{w}_0$ 来产生 τ), 并且, 注意到 $(P_{2,\bar{w}_0}(\bar{w}_b), V^*)(\bar{x}) = (P_W(\bar{w}_b), V_W^*)(\bar{x})$. 于是, 如果 D 能够区分 $(P_{2,\bar{w}_0}(\bar{w}_0), V^*)(\bar{x})$ 与 $(P_{2,\bar{w}_0}(\bar{w}_1), V^*)(\bar{x})$, 则 V_W^* 在上述交互结束后直接调用 D 便能区分 $(P_W(\bar{w}_0), V_W^*)(\bar{x})$ 与 $(P_W(\bar{w}_1), V_W^*)(\bar{x})$.

我们可以断言, 在上述交互过程中, V_W^* 对同一条证明者 $P_W^{(i,j_k)}$ 的第一轮消息 a 发送了两个不同的挑战的概率是可忽略的. 这是由于子协议 PKInstD-ZK 当 $x_0 \in L_0$ 时满足重置可靠性.

综上所述, 混合分布 2 和混合分布 3 是计算不可区分的. 这样就证明了协议的可重置证据不可区分性.

接下来将证明, **当 $x_0 \notin L_0$ 时, InstD-WI 是一个重置可靠的知识论证系统**. 对于任意一个重置敌手 P^*, 考虑如下构造的知识抽取器.

知识抽取器 E

(1) E 为 P^* 选择一个随机带.

(2) E 执行诚实验证者的策略与 P^* 交互. 一旦 E 获得了一个关于底层论证系统 $\mathrm{WI}_{\mathrm{Blum}}$ 的一个可接受的副本 (a, e, z), E 进入下一步. 假设在这个副本对应的会话中 E 扮演 $V^j(x)$(即 $V(x, r_v^j)$), 并且在这个会话中头三个交换的消息为 (c_p, c_0), (c_v, ρ') 和 (a, τ).

(3) E 把 P^* 重置回到这个会话前缀 $((c_p, c_0), (c_v, \rho'), a)$ (不包括 $\tau^{①}$) 首次出现时的状态, 然后 E 执行下面的策略:

(i) 对于所有具有前缀 $((c_p, c_0), (c_v, \rho'), a)$ 的会话, E 随机选择一个不同的挑战 $e' \neq e$(S 在这些会话中发送同一个 e), 发送 e' 给 P^*, 然后调用对应协议 PKInstD-ZK 的模拟器来证明 e' 的正确性. 注意到所有具有相同前缀 $((c_p, c_0), (c_v, \rho'), a)$ 的会话中, 所有子协议 PKInstD-ZK 的执行所产生的全部 (子) 会话都属于同一个会话类, 这个会话类由证明者 $V^j(x)$($V^j(x)$ 在这个子协议中扮演证明者角色) 和相同的验证者 P^*(P^* 在这个子协议中扮演验证者角色) 的第一轮 (对于 PKInstD-ZK 而言) 消息 c_0 所确定. 这也是为什么 InstD-WI 只需满足 1-类有界可重置零知识性的 PKInstD-ZK 作为子协议.

(ii) 对于所有其他会话, E 执行诚实验证者的策略与 P^* 交互.

(4) E 重复第 3 步直到它获得了底层论证系统 WI_{Blum} 的另一个可接受副本 (a, e', z') 且 $e \neq e'$.

(5) E 从两个副本 (a, e, z) 和 (a, e', z') 中计算出 $x_1 \in L_1$ 的证据 (注意到 $x_0 \notin L_0$), 并输出它.

当 $x_0 \notin L_0$ 时, 这个知识抽取器成功的一个关键的观察是: 验证者的第一轮消息 (c_v, ρ') 本质上唯一地确定了 a. 这就使得 E 只需要在第 3 步调用模拟器来模拟对应子协议 PKInstD-ZK 的单个会话类.

现在假设 P^* 在某个会话中以概率 q 使得 $V^j(x)$ 接受了 $x = (x_0, x_1) \in L$ 这一断言.

首先, 注意到如果这个概率 q 是不可忽略的, 那么 E 将在期望的多项式时间内结束. 这是因为在第 3 步中, 对于子协议 PKInstD-ZK 而言, 所有被模拟的会话属于同一个会话类. 由于 PKInstD-ZK 满足 1-类有界可重置零知识性, 因此, 这个模拟和真实的交互是计算不可区分的, 从而 E 重复第 3 步的期望次数为 $1/q$.

当 E 执行第 3 步时, P^* 在与 E 交互中的视图和在真实交互中的视图有两个不同的地方: ① $e' \neq f_s(x_0, x_1, c_p, c_0, \rho', a)$; ② 所有具有会话前缀 $((c_p, c_0), (c_v, \rho'), a)$ 的会话都是被模拟的.

如果 P^* 在这两种环境下的视图是计算不可区分的, 则 E 能够以概率 $q - neg$ 计算出 $x_1 \in L_1$ 的证据, 这里 neg 为某个可忽略函数. 这样就证明了当 $x_0 \notin L_0$ 时, InstD-WI 是一个重置可靠的知识论证系统.

---

① 注意到这里 E 把 P^* 重置回到 $((c_p, c_0), (c_v, \rho'), a)$ 而不是 $((c_p, c_0), (c_v, \rho'), a, \tau)$ 首次出现时的状态. 注意到 a 是由它所在的会话当前交互历史所唯一确定的, 而 τ 不是 (ZAP 证明系统的证明者策略是一个概率策略, 所以 τ 因为证明者使用的随机带不同而不同). 同时, 对于诚实验证者, 挑战 e 也是被它所在会话的除了消息 τ 外的当前交互历史所唯一确定的, 这也就决定了只要是具有相同会话前缀 $((c_p, c_0), (c_v, \rho'), a)$ 不管 τ 是否相同, E 发送的挑战 e 都应该一致. 这也是要求 E 把 P^* 重置回到 $((c_p, c_0), (c_v, \rho'), a)$ 而不是 $((c_p, c_0), (c_v, c_0), a, \tau)$ 首次出现时的原因.

现在利用混合论证方法来证明 P^* 在这两种环境下的视图是计算不可区分的. 为了简化证明, 假设 P^* 仅与 $V^j(x)$ 交互. 这个假设并不失一般性, 因为在 P 与其他验证者的交互中, E 总是忠实地执行诚实验证者.

混合分布 0 P^* 和 $V^j(x)$ 交互时的视图.

混合分布 1 P^* 和 $V_1(x)$ 交互时的视图, 这里 V_1 执行 $V^j(x)$ 的策略 (诚实地为底层论证系统 WI_{Blum} 计算挑战 e), 除了在所有具有会话前缀 $((c_p, c_0), (c_v, \rho'), a)$ 的会话中, V_1 调用对应协议 PKInstD-ZK 的模拟器来证明 e 的正确性. 注意到由于 e 的产生方式, 所有这些会话都享有同一个挑战 e. 由于当 $x_0 \notin L_0$ 时 PKInstD-ZK 满足 1-类有界可重置零知识性, 而所有这些会话对于 PKInstD-ZK 而言都属于同一个会话类, 因此, 混合分布 1 和混合分布 0 是计算不可区分的.

混合分布 2 P^* 和 $V_2(x)$ 交互时的视图, 这里 V_2 执行 V_1 的策略, 除了在所有具有会话前缀 $((c_p, c_0), (c_v, \rho'), a)$ 的会话中, 它随机选择一个 (独立于 V_2 在它的第一轮消息中所承诺的 f_s) 伪随机函数 $f_{s'}$, 并利用 $f_{s'}$ 来计算挑战 e. 在对 e 进行正确性证明时, V_2 和 V_1 一样, 都是调用对应协议 PKInstD-ZK 的模拟器来证明 e 的正确性. 由于 V_2(和 V_1) 用来在验证者的第一轮消息中承诺一个伪随机函数的统计绑定承诺方案 Com_v 的计算隐藏性, 所以, 混合分布 2 和混合分布 1 是计算不可区分的.

混合分布 3 P^* 在知识抽取器 E 的第 3 步中的视图. 注意到 E 在这一步的行为与 V_2 的行为唯一的差别就在于 E 选择一个随机串 e' 作为挑战, 而 V_2 根据一个随机选择的伪随机函数 $f_{s'}$ 来计算 e'. 注意到这两者都与它们承诺在验证者的第一轮消息中的伪随机函数 f_s 无关. 这样, 由于 $f_{s'}$ 的伪随机性, 故混合分布 3 和混合分布 2 是计算不可区分的. □

2.3 双重可重置猜想的证明

利用前面介绍的两个新工具, 即 InstD-VRF(实例依赖的可验证随机函数) 和 InstD-WI(实例依赖的证据不可区分论证系统), 本节来证明由 Barak 等提出的双重可重置猜想: 对任意的 NP 语言存在重置可靠的可重置零知识论证系统. 具体来说, 证明了如下结论 [11-12].

定理 2.3.1 如果存在 "无爪"(claw-free) 陷门置换, 则对任意的 NP 语言存在标准模型中的重置可靠的可重置零知识论证系统.

在这个结果之前, 已知的论证系统要么只具有可重置零知识性 (而不具有任何意义上的重置可靠性), 如 Canetti 等 [7] 提出的可重置零知识论证系统, 要么只具有重置可靠性 (而不具有任何意义上的可重置零知识性), 如 Barak 等 [2] 提出的重置可靠的零知识论证系统.

2.3.1　公钥实例依赖的完美零知识论证系统

为了构造重置可靠的可重置零知识系统, 需要使用 2.2 节介绍的几个新的密码学原语: 实例依赖的可验证随机函数 (InstD-VRF)、公钥实例依赖的零知识论证系统 (PKInstD-ZK) 和实例依赖的证据不可区分论证系统 (InstD-WI).

但是这些还不够, 还需要公钥实例依赖的零知识论证系统 (PKInstD-ZK) 的一个完美零知识变体: 公钥实例依赖的完美零知识论证系统 (PKInstD-PZK). PKInstD-PZK 与 PKInstD-ZK 类似, 唯一的区别便是在公钥实例 y 为 NO 实例时, 要求其具有类有界可重置完美零知识性, 而不再仅仅是类有界可重置零知识性.

为了构造这一协议, 我们将使用一个简化的 Pass-Rosen 协议 (Barak 非黑盒构造的一个变体) 作为工具. 这个简化的 Pass-Rosen 协议是一个满足有界并发完美零知识性的知识论证系统, 其具体描述见协议 2.3.1.

协议 2.3.1　简化的 Pass-Rosen 协议 (P, V).

公共输入: $x \in L(|x| = n)$.

第一阶段 (陷门生成阶段)

$V \to P$: 发送一个随机 Hash 函数 h.

$P \to V$: 发送承诺 $c = \mathrm{Com}(0^n)$(该协议中使用的所有承诺方案均是完美隐藏的).

$V \to P$: 发送 $r \leftarrow \{0,1\}^{t \cdot n^3}$.

第二阶段 (加密普适论证阶段)

$V \to P$: 发送 $\alpha \leftarrow \{0,1\}^n$.

$P \to V$: 发送 $\beta' = \mathrm{Com}(0^n)$.

$V \to P$: 发送 $\gamma \leftarrow \{0,1\}^n$.

$P \to V$: 发送 $\delta' = \mathrm{Com}(0^n)$.

第三阶段 (证明阶段)

$P \Rightarrow V$: P 和 V 执行一个证据不可区分的知识论证系统来证明下面两个断言的 "或" 断言:

(1) 存在 $w \in \{0,1\}^{\mathrm{poly}(n)}$ 使得 $(x, w) \in R_L$.

(2) 存在 $(\beta, \delta, s_1, s_2)$ 使得 $\beta' = \mathrm{Com}(\beta, s_1)$, $\delta' = \mathrm{Com}(\delta, s_2)$, 并且 $(\alpha, \beta, \gamma, \delta)$ 是一个关于断言 $(h, c, r) \in \Lambda$ 的普适论证系统的可接受副本, 其中 $(h, c, r) \in \Lambda$ 指的是存在图灵机 Π, 串 $s \in \{0,1\}^{\mathrm{poly}(n)}$, 串 $\omega(|\omega| \leqslant |r|/2 = t \cdot n^3/2)$ 使得 $c = \mathrm{Com}(h(\Pi), s)$, $\Pi(c, w) = r$, 并且其运行时间在某个超多项式 (如 $n^{\omega(1)}$) 时间内.

如同 Pass-Rosen 协议一样, 上述简化的协议也是有界并发完美零知识的知识论证系统.

可通过如下步骤得到所需要的 PKInstD-PZK:

(1) 将简化的 Pass-Rosen 协议转化成重置可靠的有界并发完美零知识论证协议 (P_R, V_R). 这一步可通过要求验证者使用一个伪随机函数作用在交互历史上生成其消息来得到.

(2) 由 (P_R, V_R) 构造 PKInstD-PZK.

协议 2.3.2 PKInstD-PZK: 公钥实例依赖的完美零知识论证系统.

公共输入: $x \in L(|x| = n)$.

P **的私有输入**: 证据 w 使得 $(x, w) \in R_L$.

P **的随机带**: (ρ, r_p).

V **的随机带**: r_v.

第一阶段 KGProt 协议.

$V \to P$: V 令 $(s_0, r_0) = f_{r_v}(x)$, 其中 $f_{r_v}(\cdot)$ 是一个伪随机函数, 并且 s_0 可以作为一个伪随机函数的种子. 利用一个统计绑定的承诺方案 Com 计算 $c_0 = \text{Com}(s_0, r_0)$, 生成一个实例 $y \in L' \cap \{0,1\}^n$, 保存 $SK = (s_0, r_0)$, 并发送 c_0 和 y.

$P \to V$: P 发送 ρ 作为 ZAP 协议的首轮消息. 在这一步结束之后, V 的 InstD-VRF 就由公私钥对 $(PK, SK) = ((y, c_0, \rho), (s_0, r_0))$ 决定了.

第二阶段 修改后的重置合理的 t-有界并发完美零知识论证协议 (P_R, V_R).

V **的策略** 在 V 的每一步中, 给定执行时的当前历史消息 hist(不含不属于 (P_R, V_R) 的部分, 如 V 在下面生成的证明 π).

V 发送 $(r, \pi) = F_{(PK, SK)}(\text{hist}) = (f_{s_0}(\text{hist}), \text{prov}(\text{hist}))$, 其中 prov 的随机数是由 V 将 f_{r_v} 作用到 hist 上得到的. V 最终接受当且仅当 V_R 接受 (P_R, V_R) 交互生成的副本. 注意到 r 可被视作 $V_R(s_0, \text{hist})$ 的输出.

P **的策略** P 令 $r'_p = f_{r_p}(x, c_0, y)$, 并将 r'_p 作为调用 P_R 时使用的随机带. 在 P 的每一步中, P 利用 PK 和算法 Ver 来检查刚刚收到的消息 (r, π) 是否正确, 如果不正确, 它将终止运行; 如果正确, 它把 (hist, r) 输入给 P_R 并执行它, 得到并发送下一轮证明者消息.

与 2.2 节构造的 PKInstD-ZK 类似, 最终构造得到的 PKInstD-PZK 满足如下性质:

(1) 如果所有的 y 都是 NO 实例, 则它是 t-类有界重置零知识的.

(2) 它是 t-类有界重置完美零知识的, 如果它满足如下条件: ① 在一致性条件下 (在那些验证者的首轮消息 (y, c_0) 相同的会话中, P_R 总是使用相同的随机带), 诚实证明者在第二阶段中提供给 P_R 独立且真随机的随机带; ② 验证者在 PKInstD-PZK 的第二阶段中对于相同的 hist 不会发送两条同时正确的 (r, π) 和 (r', π'), 并且 $r \neq r'$.

(3) 如果所有的 y 都是 YES 实例, 则它是重置可靠的知识论证系统.

2.3.2　重置可靠的可重置零知识论证系统

本小节将给出双重可重置零知识论证系统的具体构造. 这一论证协议需要 $k = n^\varepsilon$ 轮 (其中 ε 是任意的常数, n 是安全参数), 这与 Richardson 和 Kilian[13] 提出的协议拥有相同的轮复杂度.

这一构造将反复调用前面所构造的子协议 InstD-WI, 但不同的是, 本小节中所有用到的 InstD-WI, 其内嵌的子协议为上一小节中构造的具有完美零知识性的 PKInstD-PZK, 而非普通的 PKInstD-ZK.

双重可重置零知识论证系统的构造. 在正式构造之前, 给出这一构造及其可重置零知识性和重置可靠性的非正式描述和证明. 令 G 是一个伪随机生成器, f 是一个单向函数. 粗略地讲, 协议的构造如下: 证明者首先选取随机串 γ 并通过一个 InstD-WI(定义为 InstD-WI$_P^S$) 来证明 $x \in L$ 或存在 δ 使得 $\gamma = G(\delta)$; 然后验证者选取随机串 α, 计算 $\beta = f(\alpha)$, 并重复 k 次具有特殊目的的 InstD-WI (给模拟器带来 k 次重置机会), 在其每次迭代中 (定义为 InstD-WI$_V^i$, $i = 1, \cdots, k$), 验证者证明存在 δ 使得 $\gamma = G(\delta)$ 或他知道 β 的一个原像. 在最后阶段, 证明者通过一个 InstD-WI (定义为 InstD-WI$_P^M$) 证明 $x \in L$ 或他知道 β 的一个原像.

需要注意的是, InstD-WI 对 "或" 断言的顺序是敏感的, 因为第一个断言将作为其内部的 PKInstD-PZK 所依赖的实例.

具体的构造将在协议 2.3.3 中给出, 这里我们指出协议中使用的原语的修改.

(1) 所有的 InstD-WI$_V^i$ 都是特殊目的的 InstD-WI. 原始的 InstD-WI 和特殊目的的 InstD-WI$_V^i$ 的区别如下: ① 在特殊目的的 InstD-WI$_V^i$ 中, 为了证明挑战 e 的正确性, 验证者 (全局协议中的证明者) 证明一个 "或" 断言, 它知道 s 使得 $c^e = \mathrm{Com}_v(e, s)$ 或 $x \in L$; ② 在 (原始的) InstD-WI$_P^S$ 和 InstD-WI$_P^M$ 中, 为了证明挑战 e 的正确性, 验证者只需证明单独的一个断言, 即它知道 s 使得 $c^e = \mathrm{Com}_v(e, s)$.

(2) 在 InstD-WI$_V^i$ 中使用的 PKInstD-PZK 需要满足在 NO 实例时具有 $\log n$-类有界可重置零知识性. 而在 InstD-WI$_P^S$ 和 InstD-WI$_P^M$ 中使用的 PKInstD-PZK 仅需满足在 NO 实例时具有 1-类有界可重置零知识性. 注意到, 前者可以由简化的 Pass-Rosen $\log n$-类有界并发零知识协议构造得到.

注意到每个特殊目的的 InstD-WI$_V^i$ 的公共输入包括两个实例 γ 和 β, 其中 γ 作为 PKInstD-PZK 所依赖的实例. 由于上述的调整, 特殊目的的 InstD-WI$_V^i$ 拥有如下性质, 这些性质将在协议的安全性分析中起到关键作用.

(1) 特殊目的的 InstD-WI$_V^i$ 在 NO 实例 γ(如 γ 是真随机的) 时是重置可靠的知识论证系统. 这是由于 (原始的) InstD-WI 的抽取器策略可被直接用在特殊目的的 InstD-WI$_V^i$ 上 (它们的区别对抽取器的工作不会产生影响).

(2) 当 $x \in L$ 时, 如果拥有 $x \in L$ 所对应的证据, 那么无须任何非黑盒模就可从特殊目的的 InstD-WI$_V^i$ 中提取一个证据. 注意到在执行特殊目的的 InstD-WI$_V^i$ 时, 为了证明 e 是有效的挑战, 可以使用 $x \in L$ 的证据来实现对应的 PKInstD-PZK 的证明. 需要说明的是, 我们只需要特殊目的的 InstD-WI$_V^i$ 的重置可靠的知识论证性质来实现主协议的可重置零知识性, 这是由于主协议的零知识性的性质仅需在 YES 实例 x 时成立.

(3) 当 $x \notin L$ 时, 特殊目的的 InstD-WI$_V^i$ 保留可重置证据不可区分性. 该性质的证明与原始的 InstD-WI 性质的证明完全相同. 需要说明的是, 我们只需要特殊目的的 InstD-WI$_V^i$ 的可重置证据不可区分性来证明主协议的重置可靠性, 这是由于主协议的重置可靠性的性质仅需在 NO 实例 x 时成立.

上述的第二个观察允许我们为主协议构造混合模拟器 (给定所有公共输入的对应证据) 而不需要使用非黑盒技术, 这对于实际的非黑盒模拟器的分析有着十分重要的作用. 这也是我们介绍特殊目的的 InstD-WI$_V^i$ 的动机.

可重置零知识性: 非黑盒模拟的递归调用. 考虑下述模拟器. 在每个会话中, 它生成一个 YES 实例 γ (如存在 δ 使得 $\gamma = G(\delta)$), 然后使用 δ 作为证据来执行第一个 InstD-WI$_P^S$, 再采用一个递归重置策略, 在并发环境中从执行特殊目的的 InstD-WI$_V^i$ 中提取原像 β. 一旦得到一个原像, 它就可以完成最后一个阶段 InstD-WI$_P^M$. 这一模拟过程中我们开发了一个关键的新非黑盒模拟技术, 它能将 Barak 的非黑盒模拟器嵌入经典的递归黑盒模拟中并且能够将整个模拟控制在多项式时间内. 注意到递归调用 Barak 的非黑盒模拟器会导致递归地证明 PCP 证明的正确性, 这通常会导致证明时间的急速膨胀, 然而, 经典的黑盒递归模拟策略中一般递归深度均小于安全参数的对数, 这是控制整个模拟时间的一个关键.

重置可靠性. 可构造一个算法 B 来打破单向函数 f 的单向性: B 首先在 InstD-WI$_P^S$ 的执行中从任意可重置的证明者 P^* 那里提取出 γ 的原像, 之后使用该原像完成所有的特殊目的的 InstD-WI$_V^i$, 最后在 InstD-WI$_P^M$ 的执行中提取出 β 的原像. B 能够成功是因为 InstD-WI$_P^S$ 和 InstD-WI$_P^M$ 在 $x \notin L$ 时是重置可靠的知识论证系统, 并且所有的特殊目的的 InstD-WI$_V^i$ 在 $x \notin L$ 时是重置证据不可区分的.

正式的协议. 协议的具体描述如下.

协议 2.3.3　　重置可靠的可重置零知识论证系统 (P, V).

公共输入: $x \in L(|x| = n)$.

P 的私有输入：证据 w 使得 $(x, w) \in R_L$.

P 的随机数：(γ, r_p), 其中 γ 是随机均匀选取的并且 $|\gamma| = 2n$.

V 的随机数：r_v.

注   对于每一个这里使用的 InstD-WI (包括特殊目的的), 其使用的 PKInstD-PZK 所依赖的实例均是 InstD-WI 的公共输入 ("或" 断言) 的前一个, 所以, 这些 "或" 断言的顺序不能改变:

(1) InstD-WI$_P^S$ 的公共输入：(x, γ); PKInstD-PZK 依赖的实例：x.

(2) 特殊目的的 InstD-WI$_V^i$ 的公共输入：(γ, β); PKInstD-PZK 依赖的实例：γ.

(3) InstD-WI$_P^M$ 的公共输入：(x, β); PKInstD-PZK 依赖的实例：x.

启动阶段

$P \to V$：P 发送 γ.

$V \to P$：令 $(\alpha, r_v^1, \cdots, r_v^k) = f_{r_v}(x, \gamma)$, 计算 $\beta = f(\alpha)$, 其中 f 是一个单向函数; V 启动 k 个特殊目的的 InstD-WI$_V^1, \cdots$, InstD-WI$_V^k$, 在每个 InstD-WI$_V^i$ 中, V 使用 r_v^i 作为证明者的随机带并且向 P 证明存在 δ 使得 $\gamma = G(\delta)$ 或存在 α 使得 $\beta = f(\alpha)$, 其中 G 是由 P 所规定的伪随机生成器. V 计算这些 InstD-WI$_V^i$ 的首轮消息 $(c_1^a, c_0^1), \cdots, (c_k^a, c_0^k)$. V 发送 β 和 $(c_1^a, c_0^1), \cdots, (c_k^a, c_0^k)$.

$P \to V$：令 $(r_p^1, \cdots, r_p^k) = f_{r_p}(x, \gamma, \beta, c_1^a, c_0^1, \cdots, c_k^a, c_0^k)$. 对于每个 i, P 计算特殊目的的 InstD-WI$_V^i$ 的第二轮消息 c_i^e 和 ρ_i, 其中 P 在每个 InstD-WI$_V^i$ 中扮演验证者角色, 并使用 r_p^i 作为这个验证者角色所使用的随机带. P 发送 (c_1^e, ρ_1), $\cdots, (c_k^e, \rho_k)$.

$V \to P$：对于每个 i, V 计算 InstD-WI$_V^i$ 的第三轮消息 a_i 和 τ_i. V 发送 $(a_1, \tau_1), \cdots, (a_k, \tau_k)$.

设定阶段

$P \Rightarrow V$：如果所有的 a_i 都是正确的 (否则 P 终止协议), 那么 P 和 V 执行协议 InstD-WI$_P^S$, 用来让 P 通过使用 w 作为证据证明 $x \in L$ 或存在 δ 使得 $\gamma = G(\delta)$; 在 InstD-WI$_P^S$ 的开始, P 和 V 分别使用 f_{r_p} 和 f_{r_v} 作用在历史消息 (包括状态和前面四条消息) 上生成子协议所需的随机带.

迭代阶段

对于 $i = 1$ 到 k:

$P \to V$：P 根据对应的 InstD-WI$_V^i$ 发送 e_i(被 c_i^e 承诺).

$P \Rightarrow V$：P 和 V 执行 InstD-WI$_V^i$ 中的子协议 PKInstD-PZK(在 NO 实例 γ 时是 $\log n$-类有界可重置零知识的), 其中 P 使用 s_i 作为证据证明以下 "或" 断言：存在 s_i 使得 $c_i^e = (e_i, s_i)$ 或 $x \in L$.

$V \to P$: 如果上述子证明被接受, V 发送 z_i, 即特殊目的的 InstD-WI$_V^i$ 的子协议, 3-轮证据不可区分论证协议最后一条消息; 否则, V 终止协议.

主证明阶段

$P \Rightarrow V$: P 和 V 执行一个 InstD-WI$_P^M$ 来让 P 通过使用 w 作为证据证明 $x \in L$ 或存在一个 α 使得 $\beta = f(\alpha)$. 在 InstD-WI$_P^M$ 开始执行时, P 和 V 分别使用 f_{r_p} 和 f_{r_v} 作用在历史消息上生成子协议所需的随机带.

困难性假设. 注意到两轮的完美隐藏承诺方案可以基于 "无爪" 陷门置换得到, 这也保证了 InstD-VRF 和统计绑定的承诺方案的存在. 同时, "无爪" 陷门置换可以得到具有抗碰撞性的 Hash 函数, 所以, 也可将 Barak 的公钥零知识论证协议基于 "无爪" 陷门置换存在这一假设上.

协议 2.3.3 并发执行时会话结构的一个观察. 我们将真实的交互分为不同的会话类. 规定一个类 $C_{f\text{-msg}}^{(l,m)}$ 包含所有在 $P^{(l,m)} = P_{x_l, w_l, r_m}$ 和 V^* 之间的有着相同首条 V^* 消息 $f\text{-msg}$ 的会话.

我们可观察到如下情况:

(1) 在诚实证明者和恶意的可重置验证者 V^* 之间的真实交互中, 除了可忽略的概率外, 在同一个类里面的所有会话在迭代阶段拥有相同的主消息序列 (除了在 PKInstD-PZK 的第二阶段中验证者的 ZAP 证明), 这是由于作为迭代阶段中所有的 PKInstD-PZK 所依赖的实例 γ 是 NO 实例;

(2) 不同的类 (几乎) 是独立的, 这是由于证明者在获得验证者的首轮消息后会刷新它们的随机数.

根据上面的观察, 为了简化说明, 使用如下术语: 当说一个类到达了第 i 次迭代时, 意指在这个类所有会话中第一次出现第 i 次迭代的挑战消息; 如果属于某个特定类的一个会话到达其迭代阶段最后一条消息, 则称这个类完成了迭代阶段.

接下来证明最核心的两个性质: 重置可靠性和可重置零知识性. 先从重置可靠性开始.

2.3.3 协议 2.3.3 的重置可靠性分析

通过构造使用敌手证明者 P^* 的能力来求逆单向函数 f 的算法 B 来证明重置可靠性. 注意到这一分析实际上证明了协议 2.3.3 是重置可靠的知识论证系统.

令 Int$_k$ 为拥有 P^* 的首轮消息 γ_k 的会话的集合. 假设在真实的交互中, P^* 总共发送了 t 种不同的 γ. 给定挑战 β(f 的一个像), B 扮演验证者 $V^{(j)}(x)$, 并猜测 P^* 将会在属于 Int$_k$ 的一个会话中作弊. 之后, 对所有 Int$_k$ 以外的会话, B 扮演诚实验证者; 对于属于 Int$_k$ 的所有会话, B 使用 β 作为对应的 f 的像, 并使用 2.2.3 小节描述的知识抽取器 E, 首先从 InstD-WI$_P^S$ 中提取出 $\delta_k(\gamma_k = G(\delta_k))$, 并使用 δ_k 完成迭代阶段, 最后使用相同的知识抽取器 E 从 InstD-WI$_P^M$ 中提取出 α ($\beta = f(\alpha)$).

一般来说, 可靠性的证明比零知识的证明简单, 主要是因为可靠性的证明只需要关注一个单独的会话 (会话类), 这使得归约算法在此会话类之外可以简单地扮演诚实验证者. 此外, 由于 $x \notin L$, 所以, 任何由 B 提取的证据都打破了 f 的单向性. 算法 B 的具体描述见算法 2.3.1.

算法 2.3.1 算法 B.

(1) B 为 P^* 选取随机串, 并本身扮演诚实验证者.

(2) B 从 $\{1, \cdots, t\}$ 中均匀地选取 k. 通过这个过程, B 在每个 $\mathrm{Int}_j (j \neq k)$ 中采用诚实验证者策略; 在 Int_k 的执行中, B 令 β 作为 f 的像, 并在 Int_k 中的每个会话中扮演诚实验证者直到第一次到达设定阶段.

(3) 当 Int_k 中的一个会话首次到达设定阶段, B 调用 InstD-WI$_P^S$ 对应的知识抽取器 E 来抽取 δ_k (使得 $\gamma = G(\delta_k)$), 但对于 E 要作如下自然的调整:

(i) 在 E 的步骤 3 的一次运行中, 如果 Int_k 中的一个非目标的会话到达了其迭代阶段, B 抛弃当前尝试 (在这种情形下, B 无法在没有 δ_k 对应证据的情形下继续进行) 并选取新的随机带进行新的一次尝试 (整个知识抽取器 E).

(ii) 在 E 的步骤 3 的一次运行中, 当其中非黑盒模拟器 Sim$_{\mathrm{KID}}^E$ = (Intermed^E, Sim$_B^E$) 承诺一段代码的 Hash 值时, 对应的子算法 Sim$_B^E$ 承诺剩余进程 Intermed^E、B(不包括当前子算法 Sim$_{\mathrm{KID}}^E$) 和 P^* 的联合代码.

(4) 当上述过程没能提取出一个证据时, B 输出 $\perp$; 如果得到了对应的 δ_k 使得 $\gamma = G(\delta_k)$, B 使用它作为证据来实现 Int_k 中特殊目的的 InstD-WI$_V^i$ 直到主证明阶段在 Int_k 中的一个会话首次到达.

(5) 当 Int_k 中的一个会话首次到达主证明阶段时, B 调用 InstD-WI$_P^M$ 对应的知识抽取器 E 来抽取 f 的一个原像, 但对于 E 要作如下自然的调整:

在 E 的步骤 4 的一次运行中, 当其中非黑盒模拟器 Sim$_{\mathrm{KID}}^E$ = (Intermed^E, Sim$_B^E$) 承诺一段代码的 Hash 值时, 对应的子算法 Sim$_B^E$ 承诺剩余进程 Intermed^E、B(不包括当前子算法 Sim$_{\mathrm{KID}}^E$) 和 P^* 的联合代码. 注意到剩余进程 B 已经知道 δ_k (使得 $\gamma = G(\delta_k)$), 这可被用来作为证据得到部分特殊目的的 InstD-WI$_V^i$(P^* 是可重置敌手).

(6) 如果上述步骤没能提取出证据, B 输出 $\perp$; 如果得到对应的 α (满足 $\beta = f(\alpha)$), B 输出 α.

接下来证明, 如果 P^* 可使诚实验证者在 $x \notin L$ 时以不可忽略的概率 p 接受, 那么 B 可以不可忽略的概率找到 β 关于 f 的原像 α. 这将打破 f 的单向性.

注意到 P^* 在 Int_k 中的某个会话使诚实验证者接受的概率是 p/t, 其中 t 是一个多项式. 进一步, 在 B 的步骤 3 中, E 的步骤 2 的一次单独的运行成功得到 InstD-WI$_P^S$ 的 3-轮证据不可区分的一个可接受副本的概率至少是 p/t, 因此, 存在某个可忽略函数 neg(n), 成功提取出 δ_k 的概率至少是 $p/t - \mathrm{neg}(n)$.

令 p_1 是 B 的步骤 5 中, 一次 E 的步骤 2 的单独运行得到 InstD-WI$_P^M$ 的 3-轮证据不可区分的一个可接受副本的概率 (即 E 成功进入步骤 3 的概率). 注意到这一步与对应真实交互的唯一区别就是, B 使用 δ_k 作为证据运行 Int$_k$ 中特殊目的的 InstD-WI$_V^i$, 此时 E 并没有使用任何非黑盒模拟. 当 $x \notin L$ 时, 由特殊目的的 InstD-WI$_V^i$ 的可重置证据不可区分性可知, p_1 至少为 $p/t - \text{neg}(n)$. 进而可以推出, 在 B 进入步骤 5 的前提下, E 成功提取出 α 的概率至少为 $p/t - \text{neg}(n)$.

因此, 如果 P^* 可在 $x \notin L$ 时以不可忽略的概率 p 使验证者接受, 那么 B 将以至少 $(p/t - \text{neg}(n))^2$ 的概率找到 β 关于 f 的原像 α.

2.3.4 协议 2.3.3 的可重置零知识性: 模拟器构造

这一小节开始将通过构造一个模拟器来证明协议 2.3.3 的可重置零知识性. 如前面提到的, 主要的模拟策略就是将基于 PCP 机制的非黑盒模拟策略嵌入经典的递归黑盒模拟中同时保持多项式的模拟时间.

协议 2.3.3 的可重置零知识性证明较为复杂, 完整的证明比较长, 为此分为 3 小节: 2.3.4 小节主要给出模拟器的构造; 2.3.5 小节证明模拟器的输出与真实交互产生的分布不可区分; 2.3.6 小节证明模拟器的运行时间为多项式.

要构造的模拟器 S 详见算法 2.3.2. 为了方便起见, 先规定一个惯例.

一致性惯例 在每个证明者步骤中, 当真实的证明者使用其随机带定义的伪随机函数来生成随机数时, 模拟器 S 使用真实的随机数, 但是要保证在会话中当真实的证明者使用相同的伪随机数时, 模拟器 S 使用相同的随机数.

为了便于描述, 还需定义一部分变量与概念.

(1) t, 递归深度. 令 $T = 2 \log_{k/128}^K$ 作为 t 的初始值 (K 是 V^* 生成的类的个数).

(2) Q, 等待 (被解决) 的列表, 包含以下形式的组 $(C_{f\text{-msg}}^{(l,m)}, i, (a_i, e_i'), t)$, 表示类 $C_{f\text{-msg}}^{(l,m)}$ 的第 i 次迭代的运行正在被模拟 (模拟器正在通过 PKInstD-PZK 证明 e_i' 是正确的), 其中 a_i 指的是对应 InstD-WI$_V^i$ 的 3-轮证据不可区分论证协议的首轮消息, t 是这个组被创立时的递归深度. 初始化为 $Q = \varnothing$.

(3) h, 当前 V^* 的执行历史. 初始化为 $h = (x_1, \cdots, x_{\text{poly}})$.

(4) C_t, 一个包含已解决类的列表. 对于某个会话而言, 如果对于某些 i, 一个对应 InstD-WI$_V^i$ 的 3-轮证据不可区分论证协议的副本 (a_i, e_i', z_i') 被得到, 其中 e_i' 是随机选取的挑战 (所以与真实的不相同), 则称一个会话被解决. 如果某个类 $C_{f\text{-msg}}^{(l,m)}$ 中一些会话被解决, 则称这个类 $C_{f\text{-msg}}^{(l,m)}$ 被解决. 注意到对于一个被解决的类, 模拟器可以完成属于这个类的所有会话: 它执行诚实证明者策略在 InstD-WI$_V^i$ 的 3-轮证据不可区分论证协议中来得到副本 (a_i, e_i, z_i); 当这个类中的一个会话到达主证明阶段时, 模拟器就用先前两个不同挑战的证据不可区分副本提取出合适的证据来完成主证明阶段.

(5) 坏消息, 称 V^* 发送的一条消息是 V^* 的视图 (模拟器 S 的视图) 中的坏消息, 如果它满足: ①该消息是 V^* 的启动阶段的第二条消息或迭代阶段的一条消息, 这条消息的主要部分与属于同一类的出现在当前进程的 (相应的, 出现在整个模拟器历史中) 先前会话的对应消息不一致①. 注意到同一个类里的两个会话拥有相同的前三条消息, 当第一条证明者消息 γ 是 NO 实例时, 上述形式的坏消息 (称为第 1 类坏消息) 意味着 V^* 打破了相关的 InstD-VRF 的唯一性; ②该消息是 V^* 在当前会话中 InstD-WI$_P^S$ 或 InstD-WI$_P^M$ 关于挑战 e 的正确性证明的最后一条消息, 这条消息拥有着在这条消息发出前的出现在当前进程中 (相应地, 出现在整个模拟器历史中) 的某个先前会话相同的会话前缀, 且这个先前会话拥有不同于 e 的对应挑战并且 V^* 也已经完成了挑战的安全性证明. 上述形式的坏消息 (称为第 2 类坏消息) 意味着 V^* 可将一个承诺 c^e 打开成两个不同的值.

下面的这个表格可以供递归的所有层的所有算法使用.

(6) $\overline{S}$, 一个包含有形式 $(C_{f\text{-msg}}^{(l,m)}, i, (a_i, e_i', z_i'))$ 的 3 元组的表, 这个 3 元组是关于解决的类 $C_{f\text{-msg}}^{(l,m)}$ 的信息.

注意到模拟器 S 仅仅检查当前的进程并输出 $\perp$, 如果在当前进程中 (对应 V^* 的视图) 的当前消息是坏消息. 然而, 在分析模拟器 S 时, 需要证明收到坏消息的概率即使是对应目前发生过的所有进程 (对应 S 的视图) 发生的概率也是可忽略的.

算法 2.3.2 模拟器 S.

运行程序 Simulate$(T, (x_1, \cdots, x_{\text{poly}}), \phi, \phi, \phi)$. 令 h 是该程序的输出, 如果 h 的最后一条消息是 $\perp$, 则输出 $\perp$; 否则, 输出 h.

算法 2.3.3 Simulate$(t, h, Q, C_t, \overline{S})$.

(1) 增加一个验证者消息: 令 $v\text{-msg} \leftarrow V^*(h)$, $h \leftarrow (h, v\text{-msg})$.

①如果 $v\text{-msg}$ 是终止, 则返回 h.

②如果 $v\text{-msg}$ 是会话 $s \in C_{f\text{-msg}}^{(l,m)}$ 中第 i 次迭代的最后一条可接收消息 z', 并且 $(C_{f\text{-msg}'}^{(l,m)}, i, (a_i, e_i'), t_{\text{sol}}) \in Q$, 则令 $\overline{S} \leftarrow (\overline{S}, (C_{f\text{-msg}'}^{(l,m)}, i, (a_i, e_i', z_i')))$, $C_t \leftarrow (C_t, C_{f\text{-msg}}^{(l,m)})$, 返回 h.

③如果 $v\text{-msg}$ 是一条 V^* 的视图 (关于 h) 中的坏消息, 定义下一条证明者消息为 $\perp$, $h \leftarrow (h, p\text{-msg})$ 并返回 h.

④其他情况时, 继续.

(2) 增加一条证明者消息 (定义下一条按时间表的证明者消息为 $p\text{-msg}$).

---

① 不含 ZAP 证明.

①如果 $p\text{-msg}$ 是属于第 $(k/128)^t/16 + 1$ 个类的会话 s 的首轮消息, 则令 $p\text{-msg} = \bot$; 否则, 继续.

②如果 $p\text{-msg}$ 是验证者 $P^{(l,m)}$ 的在启动阶段和设定阶段的消息, 则通过执行诚实 $P^{(l,m)}$, 除了模拟器生成 YES 实例 γ 并用 γ 对应的证据来执行 InstD-WI_P^S 从而得到 $p\text{-msg}$.

③如果 $p\text{-msg}$ 是在会话 $s \in C_{f\text{-msg}}^{(l,m)}$ 中第 i 次迭代的证明者 $P^{(l,m)}$ 的消息并且 $C_{f\text{-msg}}^{(l,m)} \in C_t$, 则诚实地执行 $P^{(l,m)}$ 来获得 $p\text{-msg}$.

④如果 $p\text{-msg}$ 是在会话 $s \in C_{f\text{-msg}}^{(l,m)}$ 中第 i 次迭代的证明者 $P^{(l,m)}$ 的挑战消息并且 $C_{f\text{-msg}}^{(l,m)} \notin C_t$, 则 s 是 $C_{f\text{-msg}}^{(l,m)}$ 中第一个到达此步的会话, 则通过运行诚实的 $P^{(l,m)}$ 来得到 $p\text{-msg}$. 特别地, 如果 $t \geqslant 1$, 则额外执行如下步骤 ($t = 0$ 时不需要执行): 运行 $\text{Solve}(t-1, h, Q, C_t, C_{f\text{-msg}}^{(l,m)}, i)$(见算法 2.3.4). 令 $(C_i', q_{\text{sol}}) \leftarrow \text{Solve}(t-1, h, Q, C_t, C_{f\text{-msg}}^{(l,m)}, i)$ 并升级 $C_t' \leftarrow C_t$. 如果 $q_{\text{sol}} = (C_{f\text{-msg}'}^{(l',m')}, j, (a_j, e_j'), t_{\text{sol}}) \in Q$ 并且 $t_{\text{sol}} \geqslant t$(这意味着当前 Simulate 的执行成功地解决了列表 Q 中一个类), 则返回 h; 如果 $t_{\text{sol}} = t-1$(这意味着当前类 $C_{f\text{-msg}}^{(l,m)}$ 被解决, 这个类不在列表 Q 中) 或 $q_{\text{sol}} = \varnothing$(这意味着当前 Solve 的执行失败了), 继续进程.

如果 s 不是 $C_{f\text{-msg}}^{(l,m)}$ 中首次抵达该步的会话, 则令 $p\text{-msg}$ 为在该类中先前发送过的会话 (储存在 h 中) 的相同消息.

⑤如果 $p\text{-msg}$ 是在会话 $s \in C_{f\text{-msg}}^{(l,m)}$ 中第 i 次迭代的证明者 $P^{(l,m)}$ 的非挑战消息 (属于 PKInstD-PZK) 并且 $C_{f\text{-msg}}^{(l,m)} \notin C_t$, 则如果对于某些 e_i', $(C_{f\text{-msg}}^{(l,m)}, i, (a_i, e_i'), t') \in Q$, $t' \geqslant t$, 则将 $(h, C_{f\text{-msg}}^{(l,m)}, i, t', t)$ 发送给 $\text{Sim}_{\text{KID}}^t$(见算法 2.3.5), 对应 PKInstD-PZK 的模拟器, 并令 $p\text{-msg} = \text{Sim}_{\text{KID}}^t(h, C_{f\text{-msg}}^{(l,m)}, i, t', t)$. 其他情况时, 诚实地执行 $P^{(l,m)}$ 来得到 $p\text{-msg}$.

⑥如果 $p\text{-msg}$ 是在会话 $s \in C_{f\text{-msg}}^{(l,m)}$ 中主证明阶段的证明者 $P^{(l,m)}$ 的消息, 并且 $C_{f\text{-msg}}^{(l,m)} \in C_i$, $(C_{f\text{-msg}}^{(l,m)}, i, (a_i, e_i', z_i')) \in \overline{S}$, 则从 h 中检索出对应 InstD-WI_V^i 的 3-轮证据不可区分论证协议的子副本 (a_i, e_i, z_i), 从 (a_i, e_i', z_i') 和 (a_i, e_i, z_i) 中计算出证据 w'. 之后, 如果 β(验证者在当前类第一步发送的消息) 等于 $f(w')$, 则诚实地执行 $P^{(l,m)}$, 除了模拟器使用 w'(而不是 $x_l \in L$ 所对应的证据 w_l) 作为证据执行 InstD-WI_P^M; 否则, 令 $p\text{-msg} = \bot$.

⑦如果 $p\text{-msg}$ 是在会话 $s \in C_{f\text{-msg}}^{(l,m)}$ 中主证明阶段的证明者 $P^{(l,m)}$ 的消息, 并且 $C_{f\text{-msg}}^{(l,m)} \notin C_t$, 则令 $p\text{-msg} = \bot$.

(3) 令 $h \leftarrow (h, p\text{-msg})$. 如果 $p\text{-msg} = \bot$, 则返回 h; 否则, 返回步骤 (1).

算法 2.3.4　　Solve$(t, h, Q, C_{t+1}, C_{f\text{-msg}}^{(l,m)}, i)$.

(1) 对于 $d = 1$ 到 $24K$, 执行如下操作:

① 令 $C_t \leftarrow C_{t+1}$ (每一次尝试从同样的表 C_{t+1} 开始).

② 随机选择 e_i', 作为会话 $s \in C_{f\text{-msg}}^{(l,m)}$ 中第 i 次迭代的挑战消息使用.

③ 令 $h \leftarrow (h, e_i')$, $Q \leftarrow (Q, (C_{f\text{-msg}}^{(l,m)}, i, (a_i, e_i'), t))$.

④ 运行 Simulate$(t, h, Q, C_t, \overline{S})$.

⑤ 令 $C_{t+1}' \leftarrow C_t$ (把当前尝试中解决的类储存到 C_{t+1}' 中).

⑥ 检查表 $Q, \overline{S}$, 如果某些 $C_{f\text{-msg}'}^{(l',m')}$ 和 j 使得 $(C_{f\text{-msg}'}^{(l',m')}, j, (a_j, e_j'), z_j') \in \overline{S}$ 并且 $(C_{f\text{-msg}'}^{(l',m')}, j, (a_j, e_j'), t_{\text{sol}}) \in Q$, 则令 $q_{\text{sol}} = (C_{f\text{-msg}'}^{(l',m')}, j, (a_j, e_j'), t_{\text{sol}})$, 并且从 Q 中删除 $(C_{f\text{-msg}}^{(l,m)}, i, (a_i, e_i'), t)$, 返回 $(C_{t+1}', q_{\text{sol}})$.

⑦ 当其他情况时, $d = d + 1$ 并返回步骤①.

(2) 从 Q 中删除组 $(C_{f\text{-msg}}^{(l,m)}, i, (a_i, e_i'), t)$, 并返回 (C_{t+1}', ϕ).

算法 2.3.5　　Sim$_{\text{KID}}^t(h, C_{f\text{-msg}}^{(l,m)}, i, t', t'')$.

该进程包含一个中间算法 Intermed^t(见算法 2.3.6) 和一个简单调整过的 Barak 的输入为 $(h, C_{f\text{-msg}}^{(l,m)}, i, t', t'')$ 的模拟器 Sim$_B^t$.

注　　在这里 t' 表明下一轮证明者消息将会在 t' 层由 Sim$_{\text{KID}}^{t'}$ 生成, 而 t'' 指出的是哪一个 Simulate 进行的询问. 这里总假定 $t'' \leqslant t \leqslant t'$. 向 Sim$_B^t$ 进行的询问主要来自以下两个进程: t 层的 Simulate 和 Sim$_{\text{KID}}^{t-1}$. 前者有 $t'' = t$, 后者是 $t'' < t$.

算法 2.3.6　　Intermed^t.

保持一个表 R^t (初始化为空), 执行如下步骤:

(1) 在收到 $(h, C_{f\text{-msg}}^{(l,m)}, i, t', t'')$ 后, 检索当前会话第 i 次迭代的 PKInstD-PZK 的子副本 tr (在 PKInstD-PZK 中步骤 2 发送的消息以及对应的挑战正确的断言), 将 tr 储存在 R^t 中.

(2) 如果下一条关于 tr 的证明者消息储存在 R^t 中 (将会看到, 这意味着这个询问来自 t 层的 Simulate), 则发送当前 t 层的 Simulate 相同的消息.

(3) 其他情况时:

①如果 $t'' \leqslant t \leqslant t'$, 发送 $(h, C_{f\text{-msg}}^{(l,m)}, i, t', t'')$ 给 Sim$_{\text{KID}}^{t+1}$, 得到下一条关于 R^t 证明者消息, 将这个消息保存在 R^t 中, 之后将其发送给 Sim$_B^t$, 最后进行如下操作: 如果 $t'' < t$, 将其发送给 Sim$_{\text{KID}}^{t-1}$; 否则 $(t'' = t)$, 将其发送给 t 层的 Simulate.

②如果 $t'' \leqslant t = t'$, 将 tr 发送给调整过的 Barak 模拟器 Sim$_B^t$, 得到下一条证明者消息, 将这个消息储存在 R^t 中, 之后和先前一样: 如果 $t'' < t$, 将其发送

给 $\mathrm{Sim}_{\mathrm{KID}}^{t-1}$; 否则 $(t''=t)$, 将其发送给 t 层的 Simulate.

算法 2.3.7 Sim_B^t.

给定进程 $\mathrm{Intermed}^t$、$\mathrm{Simulate}(t,h,Q,C_t,\overline{S})$ 和 V^* 作为输入, 执行如下操作:

(1) 从 $\mathrm{Intermed}^t$ 收到消息后, 储存它.

(2) 收到 tr 后, 像 Barak 模拟器 (对于 $\log n$-类有界并发零知识论证系统) 一样产生下一条证明者消息, 但是有如下调整:

① 在这个子会话 (Barak 模拟器需要承诺一段代码) 开始的第一个证明阶段, Sim_B^t 计算承诺 $\mathrm{Com}(h(\Pi(y_1,\cdot)))$, 其中 Π 是 $\mathrm{Intermed}^t$、V^* 和 $\mathrm{Simulate}(t,h,Q,C_t,\overline{S})$ 的联合代码 (不包括当前子算法 $\mathrm{Sim}_{\mathrm{KID}}^t$, 但是包含所有被底层所直接引用或间接引用的进程), h 是 V^* 发送的 Hash 函数, h_1 定义的是 Sim_B^t 目前收到的证明者消息 (从更高层的 t', $\mathrm{Sim}_B^{t'}$ 处). Sim_B^t 将 $\mathrm{Com}(h(\Pi(y_1,\cdot)))$ 发送给 $\mathrm{Intermed}^t$.

② 在证明者的第 1 步后, Sim_B^t 完全按照 Barak 的模拟器进行, 将它在该子会话中自己的 (1) 与验证者的 (2) 之间收到的证明者消息作为外部消息处理.

注 注意到在 t 层的 $\mathrm{Solve}(t,h,Q,C_{i+1},C_{f\text{-msg}}^{(l,m)},i)$ 的目标是解决在列表 $Q' = Q \cup (C_{f\text{-msg}}^{(l,m)},i,(a_i,e_i'),t)$ 中的一个类 (而不是 $C_{f\text{-msg}}^{(l,m)}$; 一旦 Q 中的一个类 $(C_{f\text{-msg}'}^{(l,m)}, j,(a_j,e_j'),t_{\mathrm{sol}})$(可能 $t_{\mathrm{sol}} > t$) 被解决, 模拟器 S 马上返回到 $(C_{f\text{-msg}'}^{(l',m')},j,(a_j,e_j'),t_{\mathrm{sol}})$ 被创建的点, 即某个属于 $C_{f\text{-msg}'}^{(l',m')}$ 的会话首次到达第 j 个迭代的首个证明者步骤, 然后所有层数 $t < t_{\mathrm{sol}}$ 的项都被删除 (详见 Simulate 的 (2)④ 步和 Solve 的 (1)⑥ 步). 先前的重置策略仅仅关注 Solve 被调用的当前类, 并且不会返回到其他被解决的类. 我们的策略保证了对于每个层 $0 \leqslant t \leqslant T-1$, 等待被解决的列表 Q 仅仅包含一个形如 $(\cdot,\cdot,\cdot,t)$ 的项. 这意味着在一个单独的进程关于 PKInstD-PZK 最多有 $T < \log n$ 个类的会话被模拟. 这很关键, 因为在 InstD-WI$_V^i$ 中使用的 PKInstD-PZK 只允许具有 $\log n$-类有界可重置零知识性.

注意到进程 Solve 不会更新历史, 也就是说, 所有在 Solve 中进行的尝试都是完全独立的. 注意到每个在 t 层的 Solve 中开始的尝试都是从相同的状态开始的: 当前尝试仅使用在本次尝试中解决的类的信息 (储存在 S 中) 或是在本次 Solve 开始前就已解决的信息, 忽略在同一 Solve 中先前尝试解决的类的消息. 注意到不同的尝试可能会解决不同的不在 Q (定义在上述注记中) 中的类 (层数小于 t), 因此, 表格 $\overline{S}$ 可能在每次尝试开始时有所不同. 这条性质是由于 Simulate 在决定做什么的 (2) 中仅检查本地的表格 C_t(而不是全局表格 $\overline{S}$), 而本地表格在 t 层 Solve 每个尝试开始时都是一样的 (详见 Simulate 的 (2) 和 Solve 的 (1)① 步), 这将大大简化我们的分析.

$\mathrm{Sim}_{\mathrm{KID}}^t$ 的正确性遵循如下事实: ①内部的进程 Sim_B^t, 将 $\mathrm{Intermed}^t$、V^* 和

Simulate(t 层) 的联合代码看作一个 (非重置) 敌手, 解决单独的一个关于 $C_{f\text{-msg}}^{(l,m)}$ 的某些第 i 个迭代阶段 (当前 t 层的 Simulate 被启动) 的子会话; ②所有的关于 $C_{f\text{-msg}}^{(l,m)}$ 的第 i 个迭代阶段的子会话组成了一个单独的类, 当一个属于这个类的子会话首次到达了简化的 Pass-Rosen 协议的步骤 1 的结束时, Sim_B^t 就已经知道了对应的有效的证据 (剩余进程 Intermed^t、V^* 和 Simulate(t 层) 的联合代码以及一些在其他会话 (被更高层的 t' 所解决的) 中相关的证明者消息) 用来完成这个子阶段. 容易验证, 只要外部信息的总长度是 "短" 的, $\text{Sim}_{\text{KID}}^t$ 就能成功. 这是由于只有 $T - t < \log n$ 个子会话 (由某些更高层的 $\text{Sim}_{\text{KID}}^{t'}$ 所模拟) 被 $\text{Sim}_{\text{KID}}^t$ 将其中证明者消息视作外部输入; ③由 Sim_B^t 所生成的相同的证明者消息可被 Intermed^t 用来回答属于这个类的在任意子会话中相同步骤的任意 V^* 的询问. 这是由于, 即使 γ 是 YES 实例, 在这个类的所有子会话都共享一个相同的简化的 Pass-Rosen 协议的副本.

此外, 应当注意到当模拟器承诺一个代码时, 应当保证代码是良定义的, 因此, 低层的模拟器 $\text{Sim}_{\text{KID}}^{t''}$ 无法去承诺更高层的 $\text{Sim}_{\text{KID}}^{t'}$; 在我们的设定中, 在最底层, 所有的 $\text{Sim}_{\text{KID}}^0$ 都是良定义的; 进而 $\text{Sim}_{\text{KID}}^1$ 是良定义的只要 $\text{Sim}_{\text{KID}}^0$ 都是良定义的; 重复这个过程, 容易看出, 当 $\text{Sim}_{\text{KID}}^t$ 承诺 t 层 Simulate 的代码时, 所有的低层的 $\text{Sim}_{\text{KID}}^{t'}(t' < t)$ 都是良定义的.

2.3.5   协议 2.3.3 的可重置零知识性: 模拟器安全性分析

粗略地来讲, 对模拟器 S 的分析分为两步: 首先证明当 S 的输出不是 $\perp$ 时, S 的输出与真实交互是不可区分的; 然后证明 S 输出 $\perp$ 的概率是可忽略的. 后者是模拟器分析中最具挑战的任务. 前者的证明对应引理 2.3.1, 后者的证明包括引理 2.3.2 ~ 引理 2.3.4.

引理 2.3.1   在模拟器 S 的输出不是 $\perp$ 的情况下, 其输出与真实交互副本不可区分.

证明   在最顶层的递归中, Simulate($T, (x_1, \cdots, x_{\text{poly}}), \phi, \phi, \phi$) 的表现与诚实证明者相同, 除了: (1) 它生成 YES 实例 γ; (2) 它在 InstD-WI_P^S 或 InstD-WI_P^M 使用的证据与诚实证明者不同; (3) 它使用真随机数而诚实证明者使用伪随机数.

注意到在 T 层时, Simulate 没有使用任何非黑盒技术. 这允许我们通过简单的混合论证方法证明该引理. 考虑如下混合证明者:

HProve: 与诚实证明者一样, 但是它在每个会话中生成 YES 实例 γ.

关于 V^* 和 HProve 之间的交互与真实交互间的不可区分性可以直接由 G 的伪随机性得到. 类似地, 考虑下面的混合模拟器: S' 与模拟器 S 相同, 除了其在每一个证明者步骤中与诚实证明者生成随机数的方式不一样. 由于 InstD-WI_P^S 或 InstD-WI_P^M 的可重置证据不可区分性, S' 的输出在不是 $\perp$ 的情况下与 V^*

和 HProve 之间的交互是不可区分的. 更多地, 由于伪随机函数的伪随机性, S' 的输出与 S 的输出是不可区分的 (两方均在不输出 $\perp$ 的条件下). □

注意到只有 4 种情形会使得模拟器 S 输出 $\perp$.

事件 1 (太多新的类): V^* 在顶层的 Simulate 中产生了超过 $(k/128)^T/16$ 个类.

事件 2 (坏消息): Simulate 在某层的递归中收到了一条 V^* 的视图中的坏消息.

事件 3 (错误的证据): 在顶层 T 的 Simulate 的递归在某些会话的某些迭代阶段的执行中得到了错误的证据, 如它得到了其用来执行设定阶段的证据而不是 V^* 在第 1 步中发送的函数的原像.

事件 4 (陷入困境): 在顶层 T 的 Simulate 的递归在某些会话中陷入困境, 如它没有从一些会话的迭代阶段的执行中得到任何证据.

注意到由于 V^* 在模拟器 $\mathrm{Simulate}(T, (x_1, \cdots, x_{\mathrm{poly}}), \phi, \phi, \phi)$ 的运行中至多产生 K 个类, 并且 $K < K^2/16 < (k/128)^T/16$, 对于 $K > 16$, 事件 1 不会发生.

接下来几个引理将逐个证明剩下的 3 个事件发生的概率都是可忽略的, 进而完成模拟器的输出与真实交互产生的分布不可区分的证明.

引理 2.3.2 事件 2 发生的概率是可忽略的.

证明 这一证明可由如下两个断言得到. □

断言 2.3.1 S 收到 V^* 的视图中第 1 类坏消息的概率是可忽略的.

证明 我们根据在整个模拟中出现的顺序给 V^* 的步骤排序. 假设在 V^* 的第 s 步中, S 以概率 p 收到了一条第 1 类坏消息.

考虑下列非一致的混合模拟器 Hybrid$S$.

Hybrid$S$: 给定关于公共输入 $(x_1, \cdots, x_{\mathrm{poly}})$ 的所有证据 $(w_1, \cdots, w_{\mathrm{poly}})$ 作为辅助输入. Hybrid$S$ 与模拟器 S 的操作相同, 除了对于每一个 i 和每一个 k, 当 S 使用非黑盒模拟器 $\mathrm{Sim}_{\mathrm{KID}}^t$ 去完成特殊目的的 InstD-WI$_V^i$ 的子协议 PKInst-D-PZK 时, Hybrid$S$ 使用关于公共输入的证据来完成该操作. 注意到在特殊目的的 InstD-WI$_V^i$ 的子协议中, 证明者需要向验证者证明如下 "或" 断言: 它知道当前挑战的承诺里使用的随机数或 $x \in L$.

接下来将证明, Hybrid$S$ 在 V^* 的第 s 步中收到一条关于 V^* 的视图中坏消息的概率也是 p.

我们定义下列事件:

(1) A_i: S (Hybrid$S$) 在 V^* 的第 i 步永远不输出 $\perp$. 定义 $\mathrm{Pr}_S[A_i](\mathrm{Pr}_H[A_i])$ 为事件 A_i 发生在 S (Hybrid$S$) 上的概率.

(2) $B_i^b, b = 1, 2, 3, 4$: B_i^1 定义为 S (Hybrid$S$) 在第 i 步中收到一条关于 V^* 的视图中第 1 类坏消息; B_i^2 定义为 S (Hybrid$S$) 在第 i 步中收到一条关于 V^* 的

视图中第 2 类坏消息; B_i^3 定义为 S (Hybrid$S$) 在第 i 步中收到一条错误证据; B_i^4 定义为 S(Hybrid$S$) 在第 i 步中陷入困境. 类似地, 定义 $\mathrm{Pr}_S[B_i^b]$, $\mathrm{Pr}_H[B_i^b]$.

注意到 $\overline{\cup_{1\leqslant b\leqslant 4, j\leqslant i}B_j^b} = A_i$.

下面证明, 对于所有的 b 和 i, $\mathrm{Pr}_S[B_i^b] = \mathrm{Pr}_H[B_i^b]$. 显然, $\mathrm{Pr}_S[B_1^b] = \mathrm{Pr}_H[B_1^b]$. 假定对于所有的 $i \leqslant s$ 和所有的 b, 都有 $\mathrm{Pr}_S[B_i^b] = \mathrm{Pr}_H[B_i^b]$, 则 $\mathrm{Pr}_S[A_s] = \mathrm{Pr}_H[A_s]$.

现在考虑 $i = s+1$. 根据出现的顺序来给线程编号, 并假设 V^* 发出的第 $s+1$ 条信息属于线程 m.

在 S 模拟的那些子会话中, 将 Hybrid$S$ 视作诚实证明者, S 视作模拟器. 所以, 假设 A_s 在 S 和 Hybrid$S$ 上都发生, 根据一致性惯例 (模拟器 S 和 Hybrid$S$ 在上述提到的子会话中都使用真随机数和独立的掷币), 我们有完美零知识所需的条件成立. 注意到在 InstD-WI$_V^i$ 中使用的用来承诺挑战消息的承诺方案都是完美隐藏的, 所以, 可得到由 S 和 Hybrid$S$ 产生的第一个线程是相同的. 更多地, 分别由 S 和 Hybrid$S$ 在线程 2 中生成的表格 $\overline{S}$, C 是相同的只要它们的第一条线程是相同的. 重复上述过程, 可以推出, 如果 A_s 在 S 和 Hybrid$S$ 上都发生, 则在 V^* 的第 $s+1$ 步发出前的由 S 和 Hybrid$S$ 生成的线程 m 是相同的. 所以, 对任意的 b, $\mathrm{Pr}_S[B_{s+1}^b|A_s] = \mathrm{Pr}_H[B_{s+1}^b|A_s]$.

注意到 $\mathrm{Pr}_S[B_{s+1}^b|\overline{A_s}] = \mathrm{Pr}_H[B_{s+1}^b|\overline{A_s}] = 0$. 所以, $\mathrm{Pr}_S[B_{s+1}^b] = \mathrm{Pr}_S[B_{s+1}^b|A_s] \cdot \mathrm{Pr}_S[A_s]$, $\mathrm{Pr}_H[B_{s+1}^b] = \mathrm{Pr}_H[B_{s+1}^b|A_s] \cdot \mathrm{Pr}_H[A_s]$. 正如前面所说的, $\mathrm{Pr}_S[B_{s+1}^b|A_s] = \mathrm{Pr}_H[B_{s+1}^b|A_s]$, 并且根据归约令 $i = s$, 从而有 $\mathrm{Pr}_S[A_s] = \mathrm{Pr}_H[A_s]$, 所以, $\mathrm{Pr}_S[B_i^b] = \mathrm{Pr}_H[B_i^b]$. 这就完成了证明, 特别地, 我们有 $\mathrm{Pr}_S[B_{s+1}^1] = \mathrm{Pr}_H[B_{s+1}^1]$.

现在我们得到: 假设 S 收到 V^* 的视图中第 1 类坏消息的概率是 p, 那么 Hybrid$S$ 收到 V^* 的视图中第 1 类坏消息的概率也是 p.

现在说明 p 是可忽略的, 可通过下列进程来说明.

HybridS^1: 给定关于公共输入 $(x_1, \cdots, x_{\mathrm{poly}})$ 的所有证据 $(w_1, \cdots, w_{\mathrm{poly}})$ 作为辅助输入. HybridS^1 与模拟器 Hybrid$S$ 的操作相同, 除了对于每一个 InstD-WI$_P^S$ 和 InstD-WI$_P^M$ 中, HybridS^1 使用公共输入对应的证据来完成这个子协议.

HybridS^2: 给定关于公共输入 $(x_1, \cdots, x_{\mathrm{poly}})$ 的所有证据 $(w_1, \cdots, w_{\mathrm{poly}})$ 作为辅助输入. HybridS^2 与模拟器 HybridS^1 的操作相同, 除了 HybridS^2 生成的是 NO 实例的 γ.

容易看出, HybridS^1 收到 V^* 的视图中第 1 类坏消息的概率可忽略接近于 p; 否则, 可构造一个 V^{**} 来打破 InstD-WI$_P^S$ 和 InstD-WI$_P^M$ 的可重置证据不可区分性: 给定所有的 $(w_1, \cdots, w_{\mathrm{poly}})$ 作为公共输入 $(x_1, \cdots, x_{\mathrm{poly}})$ 的辅助输

入, V^{**} 调用若干个独立的外部的 InstD-WI$_P^S$ 和 InstD-WI$_P^M$, 简单地将 V^* 的属于这些论证的消息发送给相关的证明者, 并回复 V^* 相关的证明者返回的消息, 并用 HybridS^1 与 HybridS 模拟剩余的会话部分. 容易看出, 如果 p_1 和 p 不是可忽略接近的, 则可用一个标准的混合论证方法来打破这些论证系统中一个的可重置证据不可区分性.

再由混合论证方法可知, HybridS^2 收到 V^* 的视图中第 1 类坏消息的概率 p_2 可忽略接近 HybridS^1 收到 V^* 的视图中第 1 类坏消息的概率 p_1. 注意到 V^* 的视图中第 1 类坏消息均是由 V^* 使用的将 γ 作为依赖实例的 InstD-VRF 的输出. 由于所有的 γ 都是 NO 实例, 所以, 所有的 InstD-VRF 满足唯一性, 故 p_2 是可忽略的, 从而 p_1 和 p 都是可忽略的. □

关于第 2 类坏消息, 可证明下面这个更强的断言 (这里考虑 S 的视图).

断言 2.3.2 S 收到 S 的视图中第 2 类坏消息的概率是可忽略的.

考虑上面的非一致混合模拟器 HybridS. 令 p 为 S 收到 S 的视图中第 2 类坏消息的概率.

令 $B_s'^2$ 为关于 S (HybridS) 的视图 S (HybridS) 在 V^* 的第 s 步收到第 2 类坏消息的事件, 令 A_s 为上述断言中定义的事件. 如断言 2.3.1 中所展示的那样, 我们有 $\Pr_S[A_s] = \Pr_H[A_s]$ 对任意的 s 成立. 我们可应用与断言 2.3.1 一样的归纳方法得到 $p = \Pr_S[B_s'^2] = \Pr_H[B_s'^2]$ 对所有的 s 成立, 即以相同的概率 p, HybridS 收到它自己的视图中第 2 类坏消息.

我们构造下述混合模拟器来证明 p 是可忽略的.

HybridS^3: 给定关于公共输入 $(x_1, \cdots, x_{\text{poly}})$ 的所有证据 $(w_1, \cdots, w_{\text{poly}})$ 作为辅助输入.

HybridS^3 与模拟器 HybridS 的操作相同, 除了在每个 InstD-WI$_P^S$ 和 InstD-WI$_P^M$ 中, HybridS 使用它自己的 InstD-VRF 生成下一个消息, 而 HybridS^3 使用真随机串 (严格遵守一致性) 并使用公共输入 (作为 InstD-VRF 所依赖的实例) 的证据来证明下一条消息的正确性.

注意到, 由于 InstD-VRF 在 YES 实例上是伪随机的, 所以, HybridS^3 将以可忽略接近于 p 的概率在其模拟中收到一条第 2 类坏消息. 假设这个事件发生在拥有相同承诺 c^e(关于挑战 e) 的两个会话, 其中 V^* 使得 HybridS^3 接受两个不同的挑战 e 和 e' 通过在 InstD-WI$_P^S$ 或 InstD-WI$_P^M$ 中的 PKInstD-PZK.

接下来构造一个关于简化的 Pass-Rosen 协议的敌手证明者 P^*(其将一个稍稍改动过的 HybridS^3 和 V^* 作为内部算法使用). 将 HybridS^3 重置到 e 刚刚发送的点, 然后猜测一个会话, 这个会话中 V^* 将成功地证明 e 的正确性 (注意到这个猜测正确的概率是不可忽略的, 记为 p'), 并将 V^* 在这个会话中的消息发送给一个外部的简化的 Pass-Rosen 协议的证明者; 对于每一个 V 的消息 (这是真随机串), P^* 使用公共输入的证据 (用作依赖的实例) 通过 ZAP 来证明这个消息的正确性; 对于每一个这个会话中发送给 HybridS^3 的 V^* 的消息, P^* 将其发送给 V; 对于其他的会话, HybridS^3 保持不变.

容易看出, 在上述过程中 V^* 的视图与其和 HybridS^3 交互中得到的视图是相同的. 所以, P^* 将成功地以可忽略接近于 pp' 的概率使 V 接受 e. 通过简化的 Pass-Rosen 协议的知识论证系统的性质, 可以以概率 pp' 提取出 s 满足 $c^e = \mathrm{Com}(e, s)$; 注意到当令 HybridS^3 返回到 e' 刚发送的时候并让 P^* 重复上述过程, 可以以 pp' 的概率提取出另外一个 s' 满足 $c^e = \mathrm{Com}(e', s')$. 注意到由于 p、p'、pp' 都是不可忽略的, 所以, 我们打破了承诺方案 Com 的绑定性.　　□

引理 2.3.3　　事件 3 发生的概率是可忽略的.

证明　　正如我们在断言 2.3.1 中所展示的, $\Pr_S[B_s^3] = \Pr_H[B_s^3]$ 对任意的 s 都成立. 也就是说, 如果事件 3 以不可忽略的概率发生, 那么它也会对 HybridS 以相同的概率发生.

由断言 2.3.1 中相同的证明理由, 我们有事件 3 发生在 HybridS^1 上的概率 p_1 是可忽略接近于 p 的, 这是由于 InstD-WI$_P^S$ 或 InstD-WI$_P^M$ 的可重置证据不可区分性. 并且, 事件 3 发生在 HybridS^2 上的概率 p_2 也是可忽略接近于 p_1 的, 这是由于 G 的伪随机性. 然而, 这里没有错误的证据 (更准确地说, 除了指数小级别的概率, 不存在 δ 使得 $\gamma = G(\delta)$) 在 HybridS^2 中. 这引出了一个矛盾, 所以, p 是可忽略的.　　□

引理 2.3.4　　事件 4 发生的概率是可忽略的.

接下来证明对于任意层 $t > 1$ 的递归中, Simulate 在一个新的会话 (类) 中陷入困境的概率是可忽略的. 这将导致引理 2.3.4 的结论, 这是由于在 T 层的 Simulate 的运行的初始状态不存在老的会话 (类).

定义 S 在某个点的状态为 S 在当前点的配置 (包括当前的历史), 不包括在之后的运行中要使用的随机数. 一个模拟器的运行包含一系列的连续状态. 给定随机数 r, 我们把调用 r 定义为 Simulate 以随机数 r 调用, 并称一个会话类在调用 r 中完成, 如果这个类中某些会话在这次调用结束前达到了迭代阶段的末尾. 关于更准确的陈述, 我们重新定义关于状态的新旧: 一个会话类被称为关于某个状态 σ 是新的, 如果验证者关于这个类的首轮消息没有出现在状态 δ 的历史中; 否则, 就称这个类是旧的. 同样, 称一个会话类关于一个 Simulate 的调用是新的, 如果这个类关于这个调用的状态是新的.

现在考虑层 $t > 1$ 的 Simulate 以初始状态 σ_{init} 开始的随机调用 r, 以及这个调用中出现的关于初始状态 σ_{init} 的第 j 个新的类.

令 σ_i 为在 t 层 Simulate 的 r 调用中第 j 类的第 i 个迭代的首个消息出现时的状态 (在这个类中某些会话已经到达了第 $i-1$ 个迭代的挑战阶段). 注意到

在状态 σ_i 时 $t-1$ 层 Solve 被调用了. 令 $r = r_{\text{init}}\|r_1\|\cdots\|r_i\|\cdots$, 其中 $r_i(r_{\text{init}})$ 是被用在从状态 $\sigma_i(\sigma_{\text{init}})$ 到状态 $\sigma_{i+1}(\sigma_1)$ 的 t 层 Simulate 的 r 调用的执行段所使用的随机数 (不包括 $t-1$ 层的 Solve 被调用时使用的随机数), 并且这些随机数片段都是被独立选取的 (符合一致性惯例). 称使用随机数 r_i 的片段为 r_i 执行.

我们的任务是界定 t 层的 Simulate 在其执行 r 时在第 j 个新的类上陷入困境的概率 (对任意的 $t \geqslant 1$). 这将马上推出引理 2.3.4. 首先, 从下列概念开始介绍.

(1) 成功的尝试. 假设在 t 层的 Simulate 的 r 调用启动时的等待列表为 Q. 如果在这个尝试结束的时候, 在 Q 中一个类或当前的第 j 个类被解决, 则称一个在 $t-1$ 层的以 σ_i 状态开始的 Solve 算法的一次尝试是成功的; 否则, 称这个尝试失败了. 如果其内部的一个尝试成功了, 则称一个 Solve 的调用成功.

(2) 随机变量 $h_{\sigma_i, r_i}^{\text{Sim}}$ 和 $h_{\sigma_i, r_i'}^{\text{att}}$. 对于一个从状态 $\sigma_i(\sigma_{\text{init}})$ 到状态 $\sigma_{i+1}(\sigma_1)$ 的 t 层 Simulate 的 r_i 执行, 定义这个执行的片段的副本为 $h_{\sigma_i, r_i}^{\text{Sim}}$; 对于 $t-1$ 层的以 σ_i 状态开始的 Solve 算法的一次调用中一个使用均匀随机选择随机数 r_i' 的, 定义这个尝试的副本为 $h_{\sigma_i, r_i'}^{\text{att}}$.

(3) 概率 $\lambda_{\sigma_i}^{\text{att}}$ 和 $\lambda_{\sigma_i}^{\text{Sim}}$. 令 Q 如上所述. 对于一个从状态 σ_i 到状态 σ_{i+1} 的 t 层 Simulate 的 r_i 执行, 定义 $\lambda_{\sigma_i}^{\text{Sim}}$ 为 Simulate 没能解决 Q 中任何类并且第 j 个新的类没能到达第 i 次迭代的最后一条验证者消息 (这个类中没有会话到达了第 i 次迭代的最后一条验证者消息), 由于 V^* 停机或 Simulate 在一个老的关于 σ_i 的类中陷入困境; 定义 $\lambda_{\sigma_i}^{\text{att}}$ 为在 $t-1$ 层的以 σ_i 状态开始的 Solve 算法的一次调用中一个尝试失败由于 V^* 停机或尝试在一个老的关于 σ_i 的类中陷入困境.

(4) 随机变量 $\mu_{\sigma_i, r_i}^{\text{Sim}}$ 和 $\mu_{\sigma_i, r_i'}^{\text{att}}$. 定义 $\mu_{\sigma_i, r_i}^{\text{Sim}}$ 为记录在 $h_{\sigma_i, r_i}^{\text{Sim}}$ 中新的和完成的类的数量, 定义 $\mu_{\sigma_i, r_i'}^{\text{att}}$ 为记录在 $h_{\sigma_i, r_i'}^{\text{att}}$ 中新的和完成的类的数量.

剩余的证明如下. 首先从一个观察开始, 如果我们给 t 层的 Simulate 的 r_i 执行和在 $t-1$ 层的以 σ_i 状态开始的 Solve 算法的一次调用中一个尝试施加关于允许生成的新的类的数量的相同限制, 那么 $h_{\sigma_i, r_i}^{\text{Sim}}$ 和 $h_{\sigma_i, r_i'}^{\text{att}}$ 是不可区分的 (断言 2.3.3), $|\lambda_{\sigma_i}^{\text{att}} - \lambda_{\sigma_i}^{\text{Sim}}|$ 是可忽略的, $\mu_{\sigma_i, r_i}^{\text{Sim}}$ 与 $\mu_{\sigma_i, r_i'}^{\text{att}}$ 是不可区分的. 我们之后证明, 如果对于一些 i, $\lambda_{\sigma_i}^{\text{att}}$ 很高或 $\mu_{\sigma_i, r_i'}^{\text{att}}$ 很大的概率是高的, 那么第 j 个新的类 (关于状态 σ_{init} 的) 仅能在可忽略的概率下到达迭代阶段的末尾 (断言 2.3.4 和断言 2.3.5). 这将得到 Simulate 在第 j 个新的类中陷入困境的概率只有可忽略的概率 (断言 2.3.6), 所以, 这马上就推出了引理 2.3.4 的正确性 (断言 2.3.7). □

令 m_i 是 t 层的 Simulate 的 r_i 执行中被启动的关于 σ_i 的新的类的最大数量, 其继承自在 Simulate 的当前执行中被启动的关于状态 σ_{init} 的新的类的数量上界,

即 $(k/128)^t/16$. 令 $l_i = \min\{m_i, (k/128)^{t-1}/16\}$(注意到 $(k/128)^t/16$ 是 $t-1$ 层的以状态 σ_i 开始的 Solve 算法的一次尝试被允许启动的关于状态 σ_i 的新的类的数量的上界). 定义 $h^{\text{Sim}}_{\sigma_i, r_i}|_{l_i}(h^{\text{att}}_{\sigma_i, r'_i}|_{l_i})$ 为在第 $l+1$ 个关于 σ_i 的新的类出现处截断的 $h^{\text{Sim}}_{\sigma_i, r_i}(h^{\text{att}}_{\sigma_i, r'_i})$ 片段. 以同样的方式定义 $\lambda^{\text{att}}_{\sigma_i}|_{l_i}$, $\lambda^{\text{Sim}}_{\sigma_i}|_{l_i}$, $\mu^{\text{Sim}}_{\sigma_i, r_i}|_{l_i}$, $\mu^{\text{att}}_{\sigma_i, r'_i}|_{l_i}$. 下面用 $\text{neg}(n)$ 表示一个可忽略函数.

断言 2.3.3　对于任意的状态 σ_i, 下列性质成立:

(1) $h^{\text{Sim}}_{\sigma_i, r_i}|_{l_i}$ 和 $h^{\text{att}}_{\sigma_i, r'_i}|_{l_i}$ 是不可区分的.

(2) $\left| \lambda^{\text{att}}_{\sigma_i}|_{l_i} - \lambda^{\text{att}}_{\sigma_i, r'_i}|_{l_i} \right| < \text{neg}(n)$.

(3) $\mu^{\text{Sim}}_{\sigma_i, r_i}|_{l_i}$ 和 $\mu^{\text{att}}_{\sigma_i, r'_i}|_{l_i}$ 是不可区分的.

证明　注意到第二个和第三个性质可以由第一个性质马上得到, 所以, 这里只证明第一个性质.

首先宣称, 给定一个状态 σ_i, 在达到这个状态前的模拟器的历史也将发送给 V^* 用来让 V^* 继续. 因此, 为了证明这个断言需要将先前的历史计算在内.

固定状态 σ_i 前的模拟历史 h^{σ_i}. 下面将证明 $(h^{\sigma_i}, h^{\text{Sim}}_{\sigma_i, r_i}|_{l_i})$ 和 $(h^{\sigma_i}, h^{\text{att}}_{\sigma_i, r'_i}|_{l_i})$ 是不可区分的, 这将推出断言 2.3.3.

注意到在 $(h^{\sigma_i}, h^{\text{Sim}}_{\sigma_i, r_i}|_{l_i})$ 和 $(h^{\sigma_i}, h^{\text{att}}_{\sigma_i, r'_i}|_{l_i})$ 之间的唯一区别在于: 在 $(h^{\sigma_i}, h^{\text{att}}_{\sigma_i, r'_i}|_{l_i})$ 中, 第 j 个新的类的第 i 次迭代中, 这次迭代的挑战是随机的 (因而通常来说不是对的), 通过模拟来证明这个挑战是正确的; 而在 $(h^{\sigma_i}, h^{\text{Sim}}_{\sigma_i, r_i}|_{l_i})$ 中, 迭代中这个消息的生成使用的是诚实证明者策略. 同时 (注意到在任意层的归约中, Solve 永远不会更新执行历史), 在历史 $(h^{\sigma_i}, h^{\text{att}}_{\sigma_i, r'_i}|_{l_i})$ 中, 至多有 T 个类 (关于全局协议), 每个类只拥有一次迭代, 其中 PKInstD-PZK 的子执行被模拟. 由于所有这些属于一个单独的全局会话类 PKInstD-PZK 的子执行组成了一个单一的关于 PKInstD-PZK 的会话类, 我们可得到最多有 T 个在 $(h^{\sigma_i}, h^{\text{att}}_{\sigma_i, r'_i}|_{l_i})$ 中被模拟的 PKInstD-PZK 的子会话类.

现在用下面的进程 HybridSolve 来证明 $(h^{\sigma_i}, h^{\text{Sim}}_{\sigma_i, r_i}|_{l_i})$ 和 $(h^{\sigma_i}, h^{\text{att}}_{\sigma_i, r'_i}|_{l_i})$ 是不可区分的.

HybirdSolve$(t-i, h^{\sigma_i}, Q, C_t, C^{(l,m)}_{f\text{-msg}}, i)$ 与 Solve$(t-i, h^{\sigma_i}, Q, C_t, C^{(l,m)}_{f\text{-msg}}, i)$ 相同, 除了在类 $C^{(l,m)}_{f\text{-msg}}$ 的第 i 步迭代中, HybridSolve 在每次尝试的挑战 e_i 诚实地生成.

令 $h^{\text{hatt}}_{\sigma_i, r''}$ 为在 HybirdSolve$(t-i, h^{\sigma_i}, Q, C_t, C^{(l,m)}_{f\text{-msg}}, i)$ 的执行中, 单次使用随机数 r'' 的尝试的副本. 可类比 $h^{\text{att}}_{\sigma_i, r'_i}|_{l_i}$ 定义 $h^{\text{hatt}}_{\sigma_i, r''_i}|_{l_i}$. 容易看出:

(1) $(h^{\sigma_i}, h^{\text{att}}_{\sigma_i, r'_i}|_{l_i})$ 和 $(h^{\sigma_i}, h^{\text{hatt}}_{\sigma_i, r''_i}|_{l_i})$ 是相同的, 由于应用在证明者第二条消息

中的进程 c_i^e 中的承诺方案 Com_v 是完美隐藏的.

(2) 如果事件 2 没有发生, $(h^{\sigma_i}, h^{\mathrm{hatt}}_{\sigma_i, r_i''}|_{l_i})$ 和 $(h^{\sigma_i}, h^{\mathrm{Sim}}_{\sigma_i, r_i}|_{l_i})$ 是不可区分的, 这是由于 PKInstD-PZK 的类有界可重置完美零知识性质. 注意到上述的 PKInstD-PZK 的会话类在事件 2 不发生时至多有 T 个, $T < \log n$.

注意到事件 2 发生的可能性只有可忽略的概率. 所以, 这将推出结论, 对任意的 σ_i, 给定 σ_i 的历史 h^{σ_i}, $h^{\mathrm{att}}_{\sigma_i, r_i'}|_{l_i}$ 和 $h^{\mathrm{Sim}}_{\sigma_i, r_i}|_{l_i}$ 是不可区分的. □

断言 2.3.4 以下两个事件同时发生的概率是指数级小的.

(1) $\lambda^{\mathrm{att}}_{\sigma_i} > 7/8$ 对于至少 $k/2$ 的状态 σ_i.

(2) 第 j 个新的类 (关于状态 σ_{init}) 在模拟器的随机执行 r 结束之前到达了迭代阶段的末尾.

为了区分, 分别记上述两个事件为事件 a 和事件 b.

证明 令 I 为属于第 j 个类的一些迭代 i 的集合, 这些迭代满足 $\lambda^{\mathrm{att}}_{\sigma_i} > 7/8$. 我们以是否满足 $m_i \geqslant (k/128)^{t-1}/16$ 分成下面两种情形, 并逐个分析.

情形 1 $i \in I$, $m_i \geqslant (k/128)^{t-1}/16$. 在这种情形中, 有 $l_i = (k/128)^{t-1}/16$, $\lambda^{\mathrm{att}}_{\sigma_i} = \lambda^{\mathrm{att}}_{\sigma_i}|_{l_i}$ 以及 $\lambda^{\mathrm{Sim}}_{\sigma_i} \geqslant \lambda^{\mathrm{Sim}}_{\sigma_i}|_{l_i}$. 由断言 2.3.3, 事件 a 的发生意味着, 在第 j 个类中至少有 $k/2$ 个迭代 i, $\lambda^{\mathrm{Sim}}_{\sigma_i} \geqslant \lambda^{\mathrm{att}}_{\sigma_i} - \mathrm{neg}(n) > 7/8 - \mathrm{neg}(n)$, 换言之, 对这些 i, 第 j 个类在 t 层模拟器进程中完成其第 i 个迭代的概率小于 $1/8 + \mathrm{neg}(n)$.

显然, 事件 a 和事件 b 同时发生的概率小于第 j 类在事件 a 发生的情况下在 t 层模拟器中完成所有这些 $|I| > k/2$ 个迭代的概率, 后者小于 $\binom{k}{k/2}(1 - 7/8 + \mathrm{neg}(n))^{k/2}$, 我们可以推出 (注意到这些 r_i 都是独立选取的):

$$\binom{k}{k/2}(1 - 7/8 + \mathrm{neg}(n))^{k/2}$$
$$\leqslant (ke/(k/2))^{k/2}(1 - 7/8 + \mathrm{neg}(n))^{k/2}$$
$$< (e/4 + \mathrm{neg}(n))^{k/2}$$

情形 2 $i \in I$, $m_i < (k/128)^{t-1}/16$. 令 $N(N \subset I)$ 为这些迭代 i 的集合, 在这种情形中, 有 $l_i = m_i < (k/128)^{t-1}/16$. 令 $m_i' = (k/128)^{t-1}/16$. 对于这些 $i \in N$, 我们放松在 t 层模拟器进程中在状态 σ_i 中被允许启用的新的类的数量, 从 m_i 到 m_i'. 称一个 t 层的模拟器进程在原本的模拟器中完成为正常的模拟器进程. 称通过上述拓展完成的为拓展模拟器进程.

对于 $i \in N$, 考虑下面两个事件:

A: 第 j 个类在 t 层的正常的模拟器进程中完成其 i 次迭代.

B: 第 j 个类在 t 层的拓展模拟器进程中完成其 i 次迭代.

容易验证, $\Pr[A] \leqslant \Pr[B]$ 并且 $\Pr[B] \leqslant 1 - \lambda_{\sigma_i}^{\mathrm{Sim}} |m_i'|$. 由断言 2.3.3(同样注意到 $m_i' = (k/128)^{t-1}/16$), 事件 a 的发生意味着

$$\lambda_{\sigma_i}^{\mathrm{Sim}}|m_i'| > \lambda_{\sigma_i}^{\mathrm{att}}|m_i'| - \mathrm{neg}(n) = \lambda_{\sigma_i}^{\mathrm{att}} - \mathrm{neg}(n) > 7/8 - \mathrm{neg}(n)$$

所以, 事件 A 在事件 a 发生的情况下发生的概率小于 $1/8 + \mathrm{neg}(n)$.

对于 $i \in I\backslash N$, 如同情形 1 里面所展示的那样, 其在上述条件成立前提下的条件概率上界为 $1/8 + \mathrm{neg}(n)$.

所以, 对所有的 $i \in l$, 在事件 a 发生的前提下, t 层的模拟器进程中第 j 个类完成其第 i 次迭代的概率小于 $1/8 + \mathrm{neg}(n)$. 运用与情形 1 相同的理由, 可得到这个结论对于情形 2 同样成立. □

断言 2.3.5　下面两个事件同时发生的概率是指数级小的.

(1) $\Pr[\mu_{\sigma_i, r_i'}^{\mathrm{att}} < (k/128)^{t-1}/16] < 15/16$ 对至少 $3k/8$ 的状态 σ_i 成立.

(2) 第 j 个新的类 (关于状态 σ_{init}) 在 Simulate 的 r 执行结束前达到了它迭代阶段的最后一步.

为了区分, 分别记上述两个事件为事件 c 和事件 d.

证明　首先, 对于 t 层的从状态 σ_{init} 开始的 Simulate 的 r 执行, 这里最多有第 j 个新的类的 $k/128$ 个迭代 i, 使得对每个这些 i, 有 $\mu_{\sigma_i, r_i}^{\mathrm{Sim}} > (k/128)^{t-1}/16$. 否则的话, 在 r 执行中这里会有超过 $(k/128)^{t-1}/16 \times k/128 = (k/128)'/16$ 个新的类 (关于状态 σ_{init}, 注意到对于 σ_i 而言的新的类也是对于 σ_{init} 的新的类), 这与 t 层模拟器 Simulate 的一个执行中被允许产生的新的类的数量上界相矛盾.

令 I 为那些满足 $\Pr[\mu_{\sigma_i, r_i'}^{\mathrm{att}} < (k/128)^{t-1}/16] < 15/16$ 的第 j 个新的类的迭代 i. 我们可分成两种情形逐个分析.

情形 1　$i \in I$, $m_i \geqslant (k/128)^{t-1}/16$. 在这种情形中, 有 $l_i = (k/128)^{t-1}/16$, $\mu_{\sigma_i, r_i'}^{\mathrm{att}} = \mu_{\sigma_i, r_i'}^{\mathrm{att}}|l_i$.

由断言 2.3.3, 断言第一部分意味着 $\Pr[\mu_{\sigma_i, r_i}^{\mathrm{Sim}} < (k/128)^{t-1}/16] < 15/16 + \mathrm{neg}(n)$ 对所有的 $i \in I\backslash N(N$ 定义在如下的情形 2 中) 成立. 定义

$$X_i = \begin{cases} 0, & \mu_{\sigma_i, r_i}^{\mathrm{Sim}} < (k/128)^{t-1}/16 \\ 1, & \text{否则} \end{cases}$$

设定 $X = \Sigma_{i \in I} X_i$. 注意到 X_i 是独立的, 并且 $\Pr[X_i = 1] > 1/16 - \mathrm{neg}(n)$ 对于 $i \in I\backslash N$. 所以, 在事件 c 发生的条件下, 期望值 $E[X] > (1/16) \times (3k/8) - \mathrm{neg}(n) = 3k/128 - \mathrm{neg}(n)$.

然而, 正如前面所声明的, 对于第 j 个类完成迭代阶段, X 必须小于 $k/128$, 这是由于 t 层模拟器被允许生成的新的类的上界所决定的. 所以, 第 j 个类完成迭代阶段的概率小于 "$X < k/128$" 的概率. 注意到 $\Pr[X < k/128] < \Pr[|X - E[X]| > 3k/128 - k/128 - \mathrm{neg}(n)]$, 又由切比雪夫不等式有

$$\Pr[|X - E[X]| > 3k/128 - k/128 - \mathrm{neg}(n) > k/128]$$
$$< \Pr[|X - E[X]| > k/128] < e^{-c_1 k}$$

这正是我们所需要的, 其中 c_1 是一个常数.

情形 2 $i \in I$, $m_i < (k/128)^{t-1}/16$. 令 $N(N \subset I)$ 为这些迭代 i 的集合, 在这种情形中, 有 $l_i = m_i < (k/128)^{t-1}/16$. 令 $m_i' = (k/128)^{t-1}/16$. 对于 $i \in N$, 我们放松在 t 层模拟器进程中在状态 σ_i 中被允许启用的新的类的数量, 从 m_i 到 m_i'.

容易看出, 第 j 个类在 t 层的正常的模拟器进程中完成其迭代阶段的概率小于第 j 个类在 t 层的拓展模拟器进程中完成其迭代阶段的概率. 并且在拓展模拟器进程中, 对所有的 $i \in I$, 有 $m_i' > (k/128)^{t-1}/16$, 以及由情形 1 的分析展示了第 j 个类在 t 层的拓展模拟器进程中完成其迭代阶段的概率是指数级小的. 这就完成了断言 2.3.5 的证明. □

断言 2.3.6 对所有的 $t \geqslant 1, 1 \leqslant j \leqslant K$, 一个 t 层从状态 σ_{init} 开始的 Simulate 在第 j 个类陷入困境的概率是可忽略的.

证明 通过对 t 的分析证明这个断言.

当 $t = 1$ 时, 像前面一样定义 σ_i. 由断言 2.3.4 和断言 2.3.5, 我们有, 除了指数级小的概率, 这里至少有 $k/2 + 5k/8 - k = k/8$ 个状态 σ_i (事实上, 一个就足够了), 满足

(1) $\lambda_{\sigma_i}^{\mathrm{att}} < 7/8$.

(2) $\Pr[\mu_{\sigma_i, r_i'}^{\mathrm{att}} > (k/128)^{1-1}/16 = 0] < 1/16$ (需要注意的是 $\mu_{\sigma_i, r_i'}^{\mathrm{att}}$ 是一个整数的随机变量).

固定一个满足上述条件的 σ_i. 令 1 层的 Simulate 的等待列表是 Q. 在状态 σ_i 时, 第 j 个类的第 i 个迭代被加入 Q 中, 组成了一个新的等待列表, 称之为 Q_i, 并被 0 层的 Solve 所调用.

现在分析从状态 σ_i 开始的 0 层的 Solve 的一次尝试没能解决 Q_i 中任何类的概率. 注意到这里有两个事件会导致 Solve 的一次尝试失败:

(1) 在这次尝试中, 0 层的 Simulate 没能解决 Q_i 中任何类, 由于 V^* 停止了或是它在 σ_i 的一个老的类中陷入困境.

(2) 在这次尝试中, 有至少 $(k/128)^{1-1}/16 + 1 = 1$ 个新的类 (关于状态 σ_i) 被启动.

为了区分, 分别记上述两个事件为事件 e 和事件 f.

注意到由状态 σ_i 的第一条性质, $\Pr[$事件 e 发生$] = \lambda_{\sigma_i}^{\mathrm{att}} < 7/8$; 由状态 σ_i 的第二条性质, $\Pr[$事件 f 发生$] < 1/16$. 所以, 除了 $15/16$ 的概率, 从状态 σ_i 开始的 0 层的 Solve 的一次随机尝试将会成功, 这意味着在 Solve 的调用中, 失败尝试次数的期望值为 $24K \cdot 15/16 = 22.5K$. 由切比雪夫不等式, 我们有 Solve 的失败尝试大于 $23K$ 的概率小于 $e^{-c_2 k}$ 对于某个常数 c_2. 换言之, 这里在 Solve 中至少有 K 个尝试 (事实上, 一个就够了) 将会是成功的, 除了指数级小的概率.

我们已经证明了 (除了指数级小的概率) 在状态 σ_i 的 Solve 调用将成功地解决一个出现在 Q_i 中的类. 这意味着一个 1 层的 Simulate 在第 j 个类上不会陷入困境, 除了可忽略的概率.

假设: 断言 2.3.6 在 $t \leqslant t'$ 时成立.

当 $t = t' + 1$ 时, 我们使用与 $t = 1$ 时类似的方式证明断言 2.3.6 在 $t = t' + 1$ 时也成立. 首先, 至少有 $k/2 + 5k/8 - k = k/8$ 个状态, 断言 2.3.4 和断言 2.3.5 保证了 (除了指数级小的概率) 下面两个性质成立:

(1) $\lambda_{\sigma_i}^{\mathrm{att}} < 7/8$.

(2) $\Pr[\mu_{\sigma_i, r_i'}^{\mathrm{att}} > (k/128)^{t'}/16] < 1/16$.

固定一个状态 σ_i. Q 和 Q_i 的定义与前面相同. 注意到这里有三个事件会导致 Solve 的一次尝试失败:

(1) 在这次尝试中, t' 层的 Simulate 没能解决 Q_i 中任何类, 由于 V^* 停止了或是它在 σ_i 的一个老的类中陷入困境.

(2) 在这次尝试中, 有至少 $(k/128)^{t'}/16 + 1$ 个新的类 (关于状态 σ_i) 被启动.

(3) 这次尝试在一个新的类 (关于状态 σ_i) 中陷入困境.

为了区分, 分别记上述三个事件为事件 g、事件 h 和事件 i.

如同上文一样, 由状态 σ_i 的性质 1 和性质 2, 可以得到 $\Pr[$事件 g 发生$] = \lambda_{\sigma_i}^{\mathrm{att}} < 7/8$ 和 $\Pr[$事件 h 发生$] < 1/16$; 由假设可知, 事件 i 发生在一个特定的类上的概率是可忽略的. 由于一次尝试中最多有 K 个类被启动, 所以, $\Pr[$事件 i 发生$] < K \cdot \mathrm{neg}(n) = \mathrm{neg}(n)$. 因此, 除了 $15/16$ 的概率, 从状态 σ_i 开始的 t' 层的 Solve 的一次随机尝试将会成功. 使用 $t = 1$ 的基本情形的相同的原因, 可得到除了指数级小的概率, 在 Solve 中至少有 K 个尝试将会是成功的, 进而可得到结论, $t' + 1$ 层的 Simulate 的一个随机执行在第 j 个新的类中陷入困境的概率是可忽略的. $\qquad \square$

接下来, 证明引理 2.3.4.

断言 2.3.7　S 陷入困境的概率是可忽略的.

证明　注意到在 Simulate$(T,(x_1,\cdots,x_{\text{poly}}),\phi,\phi,\phi)$ 的一个随机执行中被打开的会话的总数 (因此类的总数) 至多是 K 个, 而且 $K < K^2/16 < (K/125)^T/16.$ 由断言 2.3.6 可知, 有 T 层的 Simulate 一次随机执行在一个新的类上陷入困境的概率小于 $K \cdot \text{neg}(n) = \text{neg}(n)$, 是可忽略的. 又由于对于初始状态是不存在旧的类的, 所以, Simulate$(T,(x_1,\cdots,x_{\text{poly}}),\phi,\phi,\phi)$ 陷入困境的概率是可忽略的. □

至此, 我们完成了模拟器输出结果与成功输出概率的分析和证明, 但尚未证明所构造的模拟器 S 的运行时间是多项式的, 所以, 接下来将给出模拟器 S 运行时间的分析.

2.3.6　协议 2.3.3 的可重置零知识性: 模拟器的运行时间分析

注意到非黑盒模拟器策略 $\text{Sim}^t_{\text{KID}}(r)$ 承诺一段用来产生相关证明者消息的联合进程 Π 的代码, 用来证明这段代码可以预测 Barak 协议的验证者的第二条消息. Π 包含:

(1) $\text{Sim}^t_{\text{KID}}(r)$ 被调用的 t 层进程 Simulate(不含当前子进程 $\text{Sim}^t_{\text{KID}}(r)$). 这个进程包含如下两部分:

① $\text{Sim}^t_{\text{KID}}(r)$ 被调用 t 层进程 Simulate 中的诚实部分, 如模拟器除了子进程 $\text{Sim}^t_{\text{KID}}(r)$ 和子进程 $t-1$ 层 Solve.

② 被 t 层 Simulate 调用的 $t-1$ 层进程 Solve. 这个进程 Solve 可能还会包含许多 $\text{Sim}^{t'}_{\text{KID}}(r')$, $t' < t$.

(2) 验证者 V^*.

(3) 进程 Intermed^t, 其重复在非黑盒模拟器中曾经产生过的证明者消息.

一个关键的使模拟器 S 在多项式时间内结束的观察是, Π 不包含任何同一层 t 的使用独立随机数 r' 的其他 $\text{Sim}^{t'}_{\text{KID}}(r')$, 尽管它可能包含许多 $\text{Sim}^{t'}_{\text{KID}}(r')$, $t' < t$, 同样的原因, 所有这些在同一层 $t' < t$ 的 $\text{Sim}^{t'}_{\text{KID}}(r')$ 都是独立的: 它们都使用独立的随机数且不会承诺任何包含同层的 $\text{Sim}^{t'}_{\text{KID}}(r')$ 的代码.

假设在 t' 的所有需要 $\text{Sim}^t_{\text{KID}}(r)$ 去处理的会话的数量是 s 个. 对这 s 个独立的会话, 这里有 s 个独立的 $\text{Sim}^{t'}_{\text{KID}}(r')$ 被 t' 层的 s 个独立 Simulate(已被包含在 Π 中) 调用, 它们中每一个都只能独立解决一个单独的模拟会话 (出现在 t' 层).

令任意层的 Simulate 的诚实部分的运行时间被绑定在多项式 p_1 中, V^* 的运行时间是 p_2. 注意到 t 层的 Simulate 最多调用 $k(k/128)^t/16$ 个 $t-1$ 层的 Solve 算法 (因为这里在 Simulate 的运行中至多有 $k(k/128)^t/16$ 个新的类, 它们中每一个包含 k 个时间点), 每个 $t-1$ 层的 Solve 包含 $24K$ 个 $t-1$ 层的独立调用的 Simulate. 定义 t 层的 Simulate 的运行时间为 $\text{Time}(\text{Simulate}^t)$, $\text{Sim}_{\text{KID}}^t$ 的运行时间为 $\text{Time}(\text{Sim}_{\text{KID}}^t)$, t 层的 Solve 的运行时间为 $\text{Time}(\text{Solve}^t)$. 所以, 对于 $t < T$,

$$
\begin{aligned}
\text{Time}(\text{Simulate}^t) &\leqslant p_1 + p_2 + (k(k/128)^t/16) \cdot \text{Time}(\text{Solve}^{t-1}) + \text{Time}(\text{Sim}_{\text{KID}}^t) \\
&\leqslant p_1 + p_2 + (k(k/128)^t/16) \cdot 24K \cdot \text{Time}(\text{Simulate}^{t-1}) \\
&\quad + \text{Time}(\text{Sim}_{\text{KID}}^t)
\end{aligned}
\tag{2.3.1}
$$

接下来, 绑定 $\text{Time}(\text{Sim}_{\text{KID}}^t)$. 首先证明被 $\text{Sim}_{\text{KID}}^t(r)$ 承诺的代码 Π 可在多项式时间内输出相同的简化的 Pass-Rosen 协议的证明者的第二条消息. 令 $\text{Time}(\Pi^t)$ 为 Π 的运行时间 (容易验证 Π 的正确性). 注意到被 $\text{Sim}_{\text{KID}}^t(r)$ 承诺的代码 Π 包含四个部分. 进程 Intermed^t, 其重复在非黑盒模拟器中曾经产生过的证明者消息, 所以, 可以假设其运行时间被 V^* 的运行时间 p_2 绑定 (假设每个对 V^* 的询问占 1 步). 所以, 当 $t < T$ 时,

$$
\begin{aligned}
\text{Time}(\Pi^t) &\leqslant p_1 + p_2 + (k(k/128)^t/16) \cdot \text{Time}(\text{Solve}^{t-1}) + p_2 \\
&\leqslant p_1 + 2p_2 + (k(k/128)^t/16) \cdot 24K \cdot \text{Time}(\text{Simulate}^{t-1}) \\
&\leqslant p_1 + 2p_2 + (k(k/128)^t/16) \cdot 24K \cdot [p_1 + p_2 \\
&\quad + (k(k/128)^t/16) \cdot 24K \cdot \text{Time}(\text{Simulate}^{t-2}) + \text{Time}(\text{Sim}_{\text{KID}}^{t-1})] \\
&\leqslant \cdots \\
&\leqslant \text{poly} + (24K \cdot k/16)^t \cdot (k/128)^{t-1+t-2+\cdots+1} \cdot \text{Time}(\text{Simulate}^0) \\
&\quad + (24K \cdot k/16) \cdot (k/128)^t \cdot \text{Time}(\text{Sim}_{\text{KID}}^{t-1}) \\
&\quad + (24K \cdot k/16)^2 \cdot (k/128)^{t+t-1} \cdot \text{Time}(\text{Sim}_{\text{KID}}^{t-2}) \\
&\quad + \cdots + (24K \cdot k/16)^{t-1} \cdot (k/128)^{t+t-1+\cdots+1} \cdot \text{Time}(\text{Sim}_{\text{KID}}^1)
\end{aligned}
\tag{2.3.2}
$$

其中 poly 是一个多项式.

注意到上述不等式由下面的事实得来: 所有被 Π 调用的 $t-1$ 层的 Solve 算法是独立的, 这意味着这些在相同的层 $t-1$ 被调用的 $\text{Sim}_{\text{KID}}^{t-1}$ 是独立的. 所以, 由不等式 (2.3.2), 所有 $t' < t$ 的 $\text{Time}(\text{Sim}_{\text{KID}}^{t'})$ 有形式 $\text{poly} \cdot \text{Time}(\text{Sim}_{\text{KID}}^{t'})$. 注意到 $t < T = 2\log_{k/128}^K$.

断言 2.3.8　对于所有的 $t < T$, $\text{Time}(\Pi^t)$ 是多项式的.

证明　通过对 i 层的分析来证明这个断言. 注意到对所有的 t, 如果 $\text{Time}(\Pi^t)$ 是一个多项式 p, 那么 $\text{Time}(\text{Sim}_{\text{KID}}^t)$ 是 $p'(p)$ 对于某些多项式 p'(这是由 Barak 和 Goldreich 的通用论证得到的), 也是多项式的.

当 $i = 1$ 时, 注意到 Π^1 仅仅包含 0 层的 Simulate 以及 V^* 和 Intermed, 0 层的 Simulate 其策略是诚实的而且不调用 Solve, 所以, $\text{Time}(\Pi^1)$ 的运行时间可被 $p_1 + 2p_2$ 限定住. 通过这些观察可知, $\text{Time}(\text{Sim}^1_{\text{KID}})$ 的运行时间也是多项式的.

递归: 假设对任意的 $i < t$, $\text{Time}(\Pi^i)$ 和 $\text{Time}(\text{Sim}^i_{\text{KID}})$ 的运行时间也是多项式的.

归纳: 当 $i = t$ 时, 由不等式 (2.3.2) 和对任意的 $i < t$, $\text{Time}(\text{Sim}^i_{\text{KID}})$ 的运行时间是多项式的假设, 并且 $\text{Time}(\text{Simulate}^0)$ 也是多项式的, $t < T = 2 \cdot \log^K_{k/128}$, 所以, $\text{Time}(\Pi^t)$ 是多项式的. □

因此, $\text{Time}(\text{Sim}^t_{\text{KID}})$ 对任意的 t 是多项式的, 假设对所有的 t 的最大的 $\text{Time}(\text{Sim}^t_{\text{KID}})$ 为 poly.

由不等式 (2.3.1) 可得, 对于 $t < T$,

$$\text{Time}(\text{Simulate}^t) \leqslant p_1 + p_2 + (k(k/128)^t/16) \cdot 24K \cdot \text{Time}(\text{Simulate}^{t-1}) + \text{poly}$$
$$\text{Time}(\text{Simulate}^0) \leqslant p_1$$

以及

$$\text{Time}(\text{Simulate}^T) \leqslant p_1 + p_2 + K \cdot k \cdot \text{Time}(\text{Solve}^{T-1})$$
$$\leqslant p_1 + p_2 + K \cdot k \cdot 24K \cdot \text{Time}(\text{Simulate}^{T-1})$$

由于 $T = 2\log^K_{k/128}$, 容易验证模拟器 S 的运行时间即 $\text{Time}(\text{Simulate}^T)$ 是多项式的.

2.4 BPK 模型中可重置零知识

本节我们将在 BPK 模型中构造常数轮的双重可重置零知识论证系统. 与不含初始假设的标准模型不同, Canetti 等 [7] 于 2000 年提出的 BPK 模型含有一个初始假设. BPK 模型假设验证者在所有的交互开始之前注册一个用它的身份标识的公钥. 需要强调的是, 验证者可以注册任意的公钥, 这一注册过程既不需要任何交互, 也不需要信任第三方来验证这个公钥的特性. 相比于一些已知的其他初始假设, 如公共参考串模型 (它要求由信任的第三方来生成一个公共参考串)、PKI 模型, BPK 模型被认为是含有最弱 (仅次于标准模型) 初始假设的模型.

下面将利用 2.2 节开发的工具 InstD-WI 来证明 BPK 模型中两个结果.

定理 2.4.1 如果存在单向陷门置换和抗碰撞的 Hash 函数, 那么对任意的 NP 语言在 BPK 模型中存在常数轮的重置可靠的可重置 (非黑盒) 零知识论证系统, 即双重可重置猜想在 BPK 模型中成立.

定理 2.4.2   如果存在 (抵抗多项式时间敌手的) 单向置换和 (抵抗多项式时间敌手的) 抗碰撞的 Hash 函数, 那么对任意的 NP 语言在 BPK 模型中存在常数轮的并发可靠的可重置黑盒零知识论证系统.

在定理 2.4.1 的证明中, 以一种新颖的方式利用了工具 InstD-WI, 给出一个 "Σ-难题协议" 的新结构. 定理 2.4.2 的意义在于: 它降低了以往类似结果所需要的亚指数困难性假设, 即假设某些密码学原语能抵抗亚指数时间敌手的攻击.

这里黑盒 (非黑盒) 可靠性指的是论证系统的可靠性, 是使用黑盒 (非黑盒) 技术来证明的, 即证明可靠性的归约算法被允许把恶意证明者当成黑盒来调用 (使用证明者的代码). 亚指数时间 (多项式时间) 困难性假设是指相应的构造依赖于某些能抵抗亚指数时间 (多项式时间) 敌手的密码学原语的存在. 注意到一次可靠性、顺序可靠性、并发可靠性、重置可靠性是依次增强的性质, 即后者隐含前者.

2.4.1 Σ-难题协议

Σ-难题协议是在 2.2 节的虚拟的 PKInstD-ZK 与 InstD-WI 的基础上构造的. 事实上, 我们使 PKInstD-ZK 在执行 KGProt 协议时 (即为验证者持有的 InstD-VRF 建立公私钥阶段), 让证明者生成针对某个难于判断的语言 L_0 (如 BPP 之外的语言) 的 NO 实例 y, 并用 InstD-WI 来证明公共输入 x 是一个 YES 实例 ($x \in L$) 或 y 是一个 YES 实例 ($y \in L_0$). 一旦验证者接受了这样一个证明, y 便作为下一阶段 (执行修改后的 RS-bcZK$_{BGGL}$) 中验证者持有的 InstD-VRF 的公钥实例. 注意到这里对于 InstD-WI, 它的公共输入是 (x,y), 故当 $x \notin L$ 时它是一个重置可靠的知识论证系统.

在这样的范式下, 我们可构造标准模型中的一个重置可靠的类有界可重置的零知识论证系统, 这个协议的 "类有界" 可重置性受制于底层 RS-bcZK$_{BGGL}$ 的 "有界" 并发零知识性. 然而即使是在 BPK 模型中, 上述构造范式依然会碰到同样的技术瓶颈. 考虑对在标准模型中构造的这个协议在 BPK 模型中的一个改造: 让验证者把该协议的第一轮验证者消息注册成它的公钥. 注意到这一改造并不会影响论证系统的重置可靠性. 但它依然没有取得完全的可重置零知识性. 在标准模型中, 原协议取得了类有界可重置零知识性, 在上述改造中, 由于验证者第一轮消息已经预先固定, 故这个改造后的协议在 BPK 模型中只获得了比 "类有界" 稍强一点的可重置零知识性 (但不是完全的可重置零知识性): 如果验证者被允许与之交互的诚实证明者个数是预先固定的, 则改造后的协议满足可重置零知识性. 这是因为一个 "类" 对应于一条验证者第一轮消息和一个证明者, 在标准模型中需要把两者的数目都预先绑定, 而 BPK 模型本身把验证者第一轮消息预先绑定了, 故只需要预先绑定诚实证明者的数目来获得可重置零知识性.

这样, 即使在 BPK 模型中, 采用上述表述中对 InstD-WI 的利用方式仍会遭遇当前有界并发这一技术瓶颈. 要想在 BPK 模型中获得完全的双重可重置性, 需要新的想法来利用它.

这里介绍一个基于 InstD-WI 试图在 BPK 模型中获得双重可重置性的新构造 [14], 称之为 **Σ-难题协议**. 考虑 A 和 B 之间的一个交替证明 "难题" 的协议. 这里所谓的 "难题" 是指一个计算上困难的问题, 如找到一个二进制串对应于某个单向函数的原像、给定某个伪随机生成器的输出找到它对应的输入. 设 f 为一个单向函数, G 为一个伪随机生成器.

在这个 Σ-难题协议中, A(证明者) 的目的是向 B(验证者) 证明 $x \in L$.

BPK 模型中 (非正式)Σ-难题协议:

公共输入: $x \in L$.

验证者公钥: B 生成的难题 β(答案为 α, $\beta = f(\alpha)$).

A: 选择一个随机串 γ, 将它 (作为一个难题) 发送给 B. A 利用 InstD-WI 向 B 证明 "$x \in L$ 或 γ 是伪随机生成器 G 的输出 (即存在 δ 使得 $\gamma = G(\delta)$)".

B: 利用 InstD-WI 向 A 证明 "我知道难题 γ 的答案 (即存在 δ 使得 $\gamma = G(\delta)$) 或难题 β 的答案".

A: 利用 InstD-WI 向 B 证明 "$x \in L$ 或我知道难题 β 的答案".

这里需要注意的是所有利用 InstD-WI 来证明的 "或" 断言所包含的两个断言位置不能变动, 因为 InstD-WI 是一个实例依赖的论证系统, 而我们总假定它的重置可靠的知识论证系统这一性质总是依赖于 "或" 断言中的第一个断言.

直觉　为了证明 Σ-难题协议是可重置零知识的, 模拟器 S 只需要在第二阶段从 B 那里提取到难题 β 的答案, 然后可顺利地模拟诚实证明者: 在每一个会话中, S 首先生成一个 YES 实例 γ (即存在 δ 使得 $\gamma = G(\delta)$) 并用 δ 来执行第一个 InstD-WI, 对于第三个 InstD-WI, S 利用从 B 那里提取到的 α (β 的答案) 来执行它. 这个模拟似乎可行: ① 第一个和第三个 InstD-WI(在讨论零知识时, 总假定 $x \in L$) 都是可重置证据不可区分的; ② 即便 γ (它作为第二个 InstD-WI 公共输入中的第一个实例) 是一个 YES 实例, 第二个 InstD-WI 也应该是一个重置可靠的知识论证系统 (我们将很快看到这一点), 这是因为 B 并不知道难题 γ 的答案, 于是 S 能够在执行第二个 InstD-WI 时通过调用知识抽取器 E 提取 B 生成的难题 β 的答案; ③ 所有 (即使是恶意的) B 生成的难题 β 都被预先固定, 即在所有交互进行之前的公钥注册阶段, 这些难题已经作为公钥固定在一个公共文档 F 上, 这样 S 一旦提取了所有这些预先固定的难题的答案, 它便能顺利地进行模拟.

为了证明重置可靠性, 可构造一个算法 C 利用恶意的 A 的能力来攻破单向函数 f 的单向性: C 扮演 B 的角色, 给定一个 C 不知道的难题 β 作为公钥后, 在第一个 InstD-WI 执行时它通过调用知识抽取器 E 来提取 γ 的答案 δ 并利用这个答案来执行第二个 InstD-WI, 然后在第三个 InstD-WI 执行时再次调用知识抽取器 E 来提取出 β 的答案 α, 即 β 的原像, 这样便攻破了 f 的单向性. 注意到当 $x \notin L$(在讨论可靠性时, 总假定 $x \notin L$) 时, 第一个和第三个 InstD-WI 都是重置可靠的知识论证系统, 这就保证了知识抽取器 E 能够顺利运作, 同时第二个 InstD-WI 是可重置证据不可区分的, 所以, 算法 C 能顺利地攻破 f 的单向性.

现在的问题是上述对可重置零知识性和重置可靠性的直觉上的论证似乎都站不住脚. 注意到在知识提取过程中 (见 2.2.3 小节中 E 的详细描述), 虽然只需关注单个会话类, 但知识抽取器依然需要在其他的会话类中扮演诚实验证者的角色. 注意到就 InstD-WI 本身而言, 扮演诚实验证者的角色简单而直接. 但是, 一旦把 InstD-WI 嵌入一个更大的论证系统中, 这一知识提取过程便要求:

在整个大系统中, 能够很容易地执行在子协议 InstD-WI 中扮演验证者的那一诚实方的策略, 也就是说, 知识抽取器能够以直线 (straight line) 的方式执行诚实方, 而无须重置 (rewinding) 恶意的一方.

这不是我们在直觉中描述的知识提取过程中碰到的情况. 对于整个 Σ-难题协议的模拟器 S, 它在第二个 InstD-WI 中扮演验证者 (而在整个大协议中扮演证明者) 并在这个 InstD-WI 的执行时企图提取 B 生成的难题的答案, 如果它没有 B 生成的难题对应的答案, 它便不可能完成第三个 InstD-WI (注意到 S 并不知道 $x \in L$ 的证据); 对于算法 C, 它在第一个和第三个 InstD-WI 中扮演验证者 (在整个大系统中扮演验证者) 并在这两个阶段它企图提取相关难题的答案, 如果它没有难题 γ 的答案, 它便无法完成第二个 InstD-WI (注意到 C 并不知道 β 对应的答案, 这是它要找的目标).

这样, S 或 C 调用只关注单个会话类的知识抽取器在这个具体的环境中将不再奏效, 它可能无法在期望的多项式时间内来完成整个模拟或攻破 f 的单向性: 当 S 或 C 正在对当前的会话类调用知识抽取器 E 时, 如果恶意的一方要求 S 或 C 先完成某些其他的会话类 (注意到对于这些会话类, S 或 C 很可能因为没有相应的证据来以直线的方式执行某个 InstD-WI), 那么整个模拟或 C 的执行过程会因为 "嵌套效应" 而无法在期望的多项式时间内完成.

幸运的是, 我们可采用一种黑盒和非黑盒混合的模拟方式, 能够使模拟顺利地进行. 这主要是因为所有的验证者公钥已被预先固定好了. 但对于证明重置可靠性即构造可行的算法 C, 仍然需要新的想法来克服上述困难.

接下来将分别给出 BPK 模型中双重可重置的论证系统的构造和它的安全性分析, 这就证明了在 BPK 模型中双重可重置猜想成立, 即定理 2.4.1.

2.4.2 BPK 模型中重置可靠的可重置零知识论证系统的构造

我们使用数字签名技术来解决上一小节中遇到的问题. 在公钥注册阶段, 我们让验证者注册一个选择消息攻击下存在性不可伪造数字签名的验证公钥; 而在证明阶段, 对 Σ-难题协议作如下改变: 在第二个 InstD-WI 中, 让验证者证明他知道难题 γ 的答案 δ 或知道消息 (x,γ) 对应于它的验证公钥的一个有效的签名, 这里 x 为 Σ-难题协议的公共输入; 同时, 在第三个 InstD-WI 中, 让证明者证明 $x \in L$ 或他知道消息 (x,γ) 对应于验证公钥一个有效的签名. 当证明这个改造后的协议满足重置可靠性时, 我们需要构造一个算法 C 利用恶意证明者来攻破数字签名的存在性不可伪造这一性质.

这一想法的核心是算法 C 只需关注单个会话类 (即恶意证明者成功地欺骗验证者的那个会话所在的类) 即可: 当 C 需要在其他会话类中扮演验证者时, 它通过访问签名谕示器得到相应的签名来诚实地执行这些会话中的第二个 InstD-WI. 这里注意到在不同的会话类中, 需要签名的消息 (x,γ) 是不同的. 这样 C 最终能够从恶意证明者那里提取 (注意到当 $x \notin L$ 时, 第三个 InstD-WI 是一个重置可靠的知识论证系统) 到一个它从未访问过签名谕示器的消息的签名, 从而攻破了数字签名的存在性不可伪造这一性质.

从另一方面讲, 我们将看到, 这个改造并不会影响 Σ-难题协议原有的可重置零知识性. 这是由于: ① 全部的验证公钥和公共输入序列都被预先固定了; ② 每一个难题 γ 都被一个具体的证明者的随机带所唯一确定.

设 $G: \{0,1\}^{n/2} \to \{0,1\}^n$ 是一个伪随机生成器, $DS = (KG, Sig, Ver)$ 是一个选择消息攻击下存在性不可伪造数字签名, 这里 KG、Sig 和 Ver 分别是相应的密钥生成算法、签名算法和验证算法. 依次记第一个、第二个和第三个 InstD-WI 协议为 Π_1、Π_2 和 Π_3. 这个改造后的论证系统的具体描述见协议 2.4.1.

协议 2.4.1 RS-rZK$_{BPK}$: BPK 模型中重置可靠的可重置零知识论证系统 (P,V).

公共输入: $x \in L$ $(|x| = n)$; 公共文档 F; 索引 i, 它标识了公共文档 F 中第 i 个验证者; 公钥 $pk_i = \text{ver\_}k_i$.

P 的私有输入: 证据 w 使得 $(x,w) \in R_L$.

V 的私有输入: 对应于 $\text{ver\_}k_i$ 的签名私钥 $sk_i = \text{sig\_}k_i$.

P 的随机带: (γ, r_p), 这里 $\gamma \leftarrow \{0,1\}^n$.

V 的随机带: r_v.

$P \to V$: P 发送 γ.

$P \Rightarrow V$: P 和 V 执行一个 InstD-WI Π_1, P 使用证据 w 向 V 证明 $x \in L$ 或存在 δ 使得 $\gamma = G(\delta)$. 在 Π_1 的执行中, P 利用 $r_p^1 = f_{r_p}(x, \text{ver\_}k_i, \gamma)$ 作为这个

子协议中证明者使用的随机带, 而 V 利用 $r_v^1 = f_{r_v}(x, \text{ver}\_k_i, \gamma)$ 作为这个子协议中验证者使用的随机带.

$V \Rightarrow P$: V 和 P 执行一个 InstD-WI Π_2, V 使用签名私钥 sig_k_i 来产生一个对消息 (x, γ) 的签名 σ, 并利用 σ 作为证据向 P 证明存在 δ 使得 $\gamma = G(\delta)$ 或存在 σ 使得 $\text{Ver}(\text{ver}\_k_i, \sigma, (x, \gamma)) = 1$ (即 σ 是一个有效的签名). 在 Π_2 的执行中, P 利用 $r_p^2 = f_{r_p}(x, \text{ver}\_k_i, \gamma, \text{tran}_1)$ 作为这个子协议中验证者的随机带, 而 V 利用 $r_v^2 = f_{r_v}(x, \text{ver}\_k_i, \gamma, \text{tran}_1)$ 作为这个子协议中证明者的随机带, 这里 tran_1 是指执行 Π_1 协议产生的交互副本.

$P \Rightarrow V$: P 和 V 执行一个 InstD-WI Π_3, P 使用 w 作为证据向 V 证明 $x \in L$ 或存在 σ 使得 $\text{Ver}(\text{ver}\_k_i, \sigma, (x, \gamma)) = 1$. 在 Π_3 的执行中, P 利用 $r_p^3 = f_{r_p}(x, \text{ver}\_k_i, \gamma, \text{tran}_1, \text{tran}_2)$ 作为这个子协议中证明者的随机带, V 利用 $r_v^3 = f_{r_v}(x, \text{ver}\_k_i, \gamma, \text{tran}_1, \text{tran}_2)$ 作为这个子协议中验证者的随机带, 这里 tran_2 是指执行 Π_2 协议产生的交互副本.

容易验证上述协议的完备性. 我们接下来分别证明它的重置可靠性和可重置零知识性.

2.4.3 协议 2.4.1 的重置可靠性

我们将用反证法来证明协议 2.4.1 的重置可靠性. 如果存在一个 s-重置敌手 P^* 能以不可忽略的概率来欺骗诚实验证者, 则可构造一个算法 C, 给定签名谕示器的访问许可, 来攻破数字签名 DS 的存在性不可伪造这一性质.

假设在真实的交互中, 给定一个错误的断言 $x^{①}$ ($x \notin L$) 和一个验证公钥 (ver_k) 作为输入, P^* 与 s 个诚实验证者 $V(x, \text{sig}\_k_i, \rho_i)$ $(1 \leqslant i \leqslant s)$ 交互. 我们把所有享有相同证明者第一轮消息 γ_k 的会话集合记为 Int_k. 注意到对两个有着不同的证明者第一条消息的会话, 哪怕都是 P^* 和同一验证者之间的会话, 由于验证者生成每一步所需的随机数的方式, 它们看起来像是 P^* 和两个不同的证明者第一轮消息 $\gamma_1, \cdots, \gamma_{\text{poly}}$, 这里 poly 为一个多项式. 算法 C 首先猜测一个 j, 即 C 猜测 P^* 将会在一个属于集合 Int_j 的会话中欺骗诚实验证者. 对于任意的不属于 Int_j 的其他会话, C 在签名谕示器的帮助下扮演诚实验证者; 对于集合 Int_j 中的会话, C 在执行 Π_1 时通过重置 P^* 来提取出 γ_j 的证据 δ_j ($\gamma_j = G(\delta_j)$) 并利用它来执行 Π_2, 接着 C 在执行 Π_3 时再一次通过重置 P^* 来提取出一个对消息 (x, γ_j) 的有效签名 σ. C 的具体描述如下.

---

① 这里只考虑 P^* 和许多验证者就单个错误的断言交互的情况. 注意到这并不失一般性, 因为当 P^* 就其他断言 $x' \in L \wedge x' \neq x$ 时, 我们构造的算法 C 在签名谕示器的帮助下很容易扮演诚实验证者, 并且 $x' \neq x$ 保证了 C 没有对目标消息访问过签名谕示器, 于是整个重置可靠性的证明依然成立.

算法 C

(1) C 随机地为 P^* 选择一条随机带, 扮演验证者和 P^* 交互. C 像诚实验证者一样, 它在每一步检查来自 P^* 的消息是否正确. 如果不正确, 它将立即终止当前会话.

(2) C 从 $\{1, \cdots, \text{poly}\}$ 中随机选择 j.

(3) 贯穿整个 C 和 P^* 的交互, C 在所有属于 $\text{Int}_k(k \neq j)$ 的会话中采用诚实验证者策略. 在这些会话中执行 Π_2 时, C 通过访问签名谕示器来获取消息 (x, γ_k) 的签名, 并利用这个签名作为证据来执行 Π_2.

(4) 一旦 C 在某个属于 Int_j 的会话中收到了 Π_1 的最后一轮证明者消息, C 进入下一步. 假设 (c_p, c_0), (c_v, ρ') 和 (a, τ) 分别是这个会话 Π_1 中交换的前三个消息, (a, e, z) 是 Π_1 底层协议 WI_{Blum} 的一个可接受的副本.

(5) C 把 P^* 重置回到会话前缀 $(\gamma_j, (c_p, c_0), (c_v, \rho'), a)$ (不包括 τ①) 第一次出现时的状态, 然后在执行 Π_1 时采用下面的策略:

①对于所有属于 Int_j 且具有会话前缀 $(\gamma_j, (c_p, c_0), (c_v, \rho'), a)$ 的会话 (把这些会话称为**目标会话**), C 随机选择一个不同的 $e' \neq e$(C 在所有这些会话中发送相同的 e') 作为 Π_1 底层协议 WI_{Blum} 的一个挑战, 然后调用对应于 PKInstD-ZK 的模拟器来为这个挑战进行正确性证明 ①.

②对于其他属于 Int_j 的会话, C 执行在 Π_1 中执行的诚实验证者策略.

(6) 如果某个**目标会话**再一次成为第一个到达 Π_1 最后一步的会话 (C 收到来自这个会话的最后一轮证明者消息 z'), 并且这个会话中 Π_1 底层协议 WI_{Blum} 的副本 (a, e', z') 是可接受的, 则 C 从收到的两个副本 (a, e, z) 和 (a, e', z') 中计算出 γ_j 的证据 δ_j(注意到 $x \notin L$), 然后进入下一步. 否则, 重新执行第 5 步.

(7) 对于所有属于 Int_j 的会话, C 利用它在上一步中提取的 δ_j 作为证据来执行 Π_2, 并且在 Π_3 中扮演诚实验证者.

(8) 一旦一个属于 Int_j 中的会话完全结束 (C 收到了这个会话中 Π_3 的一个完整的可接受的副本), C 利用和知识抽取器 E 相同的策略来提取一个关于消息 (x, γ_j) 的有效签名 σ. 假设 $\text{tran}, (c_p, c_0)$、(c_v, ρ') 和 (a, τ) 分别是 (对应这个会话的) 执行 Π_3 时产生的前三个消息, (a, e, z) 是 Π_3 底层协议 WI_{Blum} 的一个可接受的副本. C 在这一步的具体运行如下: 在收到 (a, e, z)(即这次会话完整地结束) 后 C 把 P^* 重置回到会话前缀 $(\text{tran}, (c_p, c_0), (c_v, \rho'), a)$ 第一次出现时的状态, 重新发送一个随机挑战 $e'(e' \neq e)$ 调用子协议 PKInstD-ZK 的模拟器来为这个挑战进行正确性证明, 同时它在其他属于 Int_j 的会话中采用诚实验证者策略 (除

---

① 和 S 的描述中遇到的情况一样, 这里所有被子协议 PKInstD-ZK 的模拟器所模拟的会话, 对于子协议 PKInstD-ZK 而言, 都属于同一会话类, 并且目标会话中执行 Π_1 产生的三个消息 $((c_p, c_0), (c_v, \rho'), a)$ 不会出现在具有不同会话前缀 $\gamma_i(i \neq j)$ 的会话中.

了它利用 δ_j 来执行 Π_2). 一旦 C 收到 Π_3 底层协议 WI_{Blum} 的另一个可接受副本 (a, e', z'), C 将从这两个副本 (a, e, z) 和 (a, e', z') 中计算出消息 (x, γ_j) 的一个有效签名 σ(注意到 $x \notin L$), 并输出它.

注意到当 $x \notin L$ 时, 子协议 PKInstD-ZK 将满足 1-类有界可重置零知识, 并且 Π_2 是可重置证据不可区分的, 故容易证明, P^* 的模拟与真实的交互是不可区分的. 因此, 如果 P^* 能以不可忽略的概率 q 欺骗某个验证者, 则 C 能够在期望的多项式时间内以 q/poly 的概率提取消息 (x, γ_j) 对应的一个有效签名 σ. 注意到这里 q/poly 仍是不可忽略的且 C 从未就消息 (x, γ_j) 访问过签名谕示器, 这样, C 就攻破了数字签名 DS 的存在性不可伪造这一性质.

2.4.4 协议 2.4.1 的可重置零知识性

这一小节将证明协议 2.4.1 在 BPK 模型中是一个重置可靠的可重置零知识论证系统. 首先来看它所隐含的困难性假设.

困难性假设. 除了 InstD-WI, 协议 2.4.1 还利用了生成器和一个选择消息攻击下存在性不可伪造数字签名, 而后两者都可以利用单向函数来构造, 因此, 协议 2.4.1 所隐含的困难性假设也就是它所利用的子协议 InstD-WI 所隐含的困难性假设, 即单向陷门置换和抗碰撞的 Hash 函数.

设 V^* 为一个 (s, t)-重置敌手. 假设在真实的交互过程中, 给定一个公共输入序列 $x_1, \cdots, x_s \in L$ (每个 x_i 长为 n), V^* 生成 s 个关于数字签名的验证公钥为 $(\text{ver\_}k_1, \cdots, \text{ver\_}k_s)$, 与 s^3 个证明者 P $(x_i, w_i, \text{ver\_}k_j, r_k, F)(r_k = (\gamma_k, r_p^k))$ $(1 \leqslant i, j, k \leqslant s)$ 交互, 这里 r_k 均为独立随机选取. 不失一般性, 假定 V^* 发送一条初始化消息来与证明者 P $(x_i, w_i, \text{ver\_}k_j, r_k, F)$ 开启一次会话.

现在构造一个模拟器 S 来证明可重置零知识性.

S 的描述如下. 首先, 给定公共输入序列 $x_1, \cdots, x_s \in L$, S 运行 V^* 的公钥注册阶段的算法来获得一个包含 s 个验证公钥 $(\text{ver\_}k_1, \cdots, \text{ver\_}k_s)$ 的公共文档 F.

在证明阶段, 一旦收到 V^* 发送给证明者 P $(x_i, w_i, \text{ver\_}k_j, r_k, F)$ 的初始消息, S 随机选择一个 δ_k 并发送 $\gamma_k = G(\delta_k)$ 给 V^*, 接着使用 δ_k 作为证据来执行 Π_1. 注意到一旦 S 在执行 Π_2 时成功地提取了对消息 (x_i, γ_k) 的一个有效的签名 $\sigma_{(i,j,k)}$(对应于验证公钥 $\text{ver\_}k_j$), 则它可以通过使用这个签名作为证据来执行 Π_3, 进而能模拟所有 V^* 与证明者 P $(x_i, w_i, \text{ver\_}k_j, r_k, F)$ 之间的会话. 注意到所有的公共输入都是 YES 实例, 而 Π_1 和 Π_3 都满足可重置证据不可区分性.

S 一阶段一阶段地有序运行. 在 S 运行的每一个阶段, 除非它侦测到 V^* 的欺骗行为 (这时它将如同诚实证明者一样终止这个会话), 它要么获得一个新的有效签名, 要么成功地结束了整个模拟. 我们强调 S 将会在 $s^3 + 1$ 个这样的阶段内结束. 注意到所有的验证公钥 (ver_$k_1, \cdots,$ ver_k_s) 和公共输入 $x_1 \cdots, x_s \in L$ 都被预先固定好了, 并且所有的 γ_k 都是被证明者的随机带唯一确定的. 因此, 对于 s^3 个证明者 $P\ (x_i, w_i, \text{ver\_}k_j, r_k, F)$, $1 \leqslant i, j, k \leqslant s$, 只需知道全部的 s^3 个有效的签名 $\sigma_{(i,j,k)}$ 便可以顺利地完成对整个交互的模拟.

剩下的工作便是展示 S 怎样在一个运行阶段来提取一个有效签名. 这样的知识提取过程显得有点不平常: 模拟器 S 在执行子协议 Π_2 时需要调用知识抽取器来提取一个有效的签名, 而 Π_3 的公共输入中第一个实例 γ 却是一个 S 生成的 YES 实例. 重要的是, 当 γ 是一个 YES 实例时, InstD-WI 并不保证有一个这样的知识抽取器 (只有当 γ 是一个 NO 实例时, InstD-WI 才是一个重置可靠的知识论证系统, 才保证有一个这样的知识抽取器). 然而, 我们将证明即使在这种情况下, S 仍能成功地调用知识抽取器来提取一个有效的签名. 这主要是因为 γ 是一个难于判断的实例并且 V^* 不知道这个实例对应的证据 δ (尽管 γ 是一个 YES 实例).

现在来描述 S 的一个具体的运行阶段. 对于重置敌手 V^* 而言, 它可以与同一个证明者 $P\ (x_i, w_i, \text{ver\_}k_j, r_k, F)$ 进行许多次会话. 把 V^* 与证明者 $P\ (x_i, w_i, \text{ver\_}k_j, r_k, F)$ 之间所有的会话组成的集合用 $\text{Int}(i, j, k)$ 表示. 如果 S 已经获取了一个关于消息 (x_i, γ_k)(对应于验证公钥 ver_k_j) 的有效签名 $\sigma_{(i,j,k)}$, 就说 $\text{Int}(i, j, k)$ 已被解决; 否则, 就说 $\text{Int}_{(i,j,k)}$ 尚未解决. 同样地, 如果一个会话属于某个已被解决的集合, 就说这个会话已被解决; 否则, 就说它尚未解决.

S 的一个运行阶段

(1) S 为 V^* 选择一个随机带, 它扮演证明者与 V^* 交互. 像诚实证明者一样, S 检查来自 V^* 的消息是否正确. 如果不正确, S 将立即终止当前会话.

(2) 贯穿这个运行阶段, 对任何已被解决的会话, S 采用如下平凡的策略: 它生成 YES 实例 γ 并利用这个实例对应的证据来执行 Π_1, 接着在执行 Π_2 时扮演诚实验证者, 然后使用 S 已经获得的有效签名作为证据来执行 Π_3.

(3) 对任何一个尚未解决的会话, S 生成一个 YES 实例 γ 并利用它的证据来执行 Π_1, 然后在执行 Π_2 时扮演诚实验证者直到某个未解决的会话到达了 Π_2 的最后一步 (即 S 接收到 V^* 在 Π_2 中最后一轮消息 z) 并且这次会话到目前为止的副本都是可接受的. 不妨设这次会话属于集合 $\text{Int}(i, j, k)$. 假设这次会话中 Π_1 结束时的副本为 tran, 子协议 Π_2 的执行副本前三条消息分别为 $(c_p, c_0), (c_v, \rho'), (a, \tau)$, 并且这次会话中 Π_2 的底层协议 WI_{Blum} 的副本为 (a, e, z).

(4) 一旦 S 接收到上述副本 (a, e, z), 它把 V^* 重置回到会话前缀 (tran,

$(c_p, c_0), (c_v, \rho'), a)$[①]首次出现时的状态 (把这个状态点称为**重置点**), 然后, 对于任何尚未解决的会话的前两个 InstD-WI, S 用如下策略来执行它们:

①对所有带有前缀 $(\mathrm{tran}, (c_p, c_0), (c_v, \rho'), a)$ 并且属于 $\mathrm{Int}_{(i,j,k)}$(尚未解决) 的会话 (称这些会话为**目标会话**), S 随机选择另一个 $e' \neq e$ (对于所有目标会话类中的会话, S 发送同一个 e') 并把它作为 Π_2 的底层协议 $\mathrm{WI_{Blum}}$ 的挑战发送给 V^*, 然后 S 运行对应 PKInstD-ZK 的模拟器来为这个挑战的正确性进行证明. 注意到所有被子协议 PKInstD-ZK 的模拟器所模拟的会话, 对于子协议 PKInstD-ZK 而言, 都属于同一个会话类.

②对于任何其他尚未解决的会话, S 生成 YES 实例 γ 并利用相应的证据来执行 Π_1, 接着在执行 Π_2 时扮演诚实验证者.

(5) 如果某个目标会话在此称为第一个到达 Π_2 最后一步的会话, 并且这个会话中 Π_2 的底层协议 $\mathrm{WI_{Blum}}$ 的副本 (a, e', z') 是一个可接受的副本, S 停机结束这一阶段的运行, 并且从两个副本 (a, e, z) 和 (a, e', z') 中计算出一个有效的签名 $\sigma_{(i,j,k)}$ 并保存它. 否则, S 重新执行本阶段中第 4 步.

注意到 S 在第 4 步中所使用的知识提取策略与 2.2 节中对 InstD-WI 改造的知识抽取器有两点不同:

(1) 对于 InstD-WI Π_2, 其底层的 PKInstD-ZK 当 γ_k 是一个 YES 实例 (它是 Π_2 的公共输入的第一个实例, 并且作为 Π_2 的子协议 PKInstD-ZK 中验证者持有的 InstD-VRF 的公钥实例) 时它可能不满足 (1-类有界) 可重置零知识性, 因而就可能无法模拟. 这一点正是 InstD-WI 当其公共输入的第一个实例为 YES 实例时它可能不是重置可靠的知识论证系统的原因.

(2) S 的知识提取策略要求在 S 对所有**目标会话**重新发送一个不同的挑战 e 之后, 这些目标会话中一个必须再次在其他尚未解决的会话到达 Π_2 的最后一步之前到达这一步, 也就是说, 在所有尚未解决的会话 (包括目标会话) 中, S 首次收到 Π_2 最后一轮证明者 (即 V^*) 消息 z' 必须来自某个目标会话.

注意到在 S 的第 4 步中, 如果一个**非目标会话**率先到达 Π_2 的最后一步, 则 S 将被 "卡住": 由于没有执行这个会话中 Π_3 的相关证据, S 将无法继续模拟这次会话.

然而, 如同前面提到的, 如果 γ_k 是一个难于判断的实例并且它由证明者生成 (故验证者不可能知道它所对应的证据), 依然能够成功地模拟 Π_2 的子协议

---

① 不包括 τ. 这里我们强调子协议 Π_2 的前三个消息 $((c_p, c_0), (c_v, \rho'), a)$ 不会出现在任何具有不同的会话前缀 $\mathrm{tran'}$ 的会话中, 这是由证明者每一步所用随机数的产生方式引起的. 注意到这一点对于模拟器 S 至关重要: 一旦会话前缀 $(\mathrm{tran'}, (c_p, c_0), (c_v, \rho'), a)$ 出现在一个**非目标会话** (即有 $\mathrm{tran'} \neq \mathrm{tran}$ 中), S 必须在这个**非目标会话**的子协议 Π_2 执行时发送相同的挑战 e 给 V^*, 于是在**目标会话**中 S 发送不同的挑战 $e' \neq e$ 的行为就会被 V^* 觉察 (因为对于相同的 Π_2 的前三个消息 $((c_p, c_0), (c_v, \rho'), a)$, S 必须表现的同诚实验证者一样发送相同的挑战), 这样就会导致模拟失败.

PKInstD-ZK 中证明者 (注意到所有被模拟的证明都属于同一个会话类). 此外, 一旦这个模拟成功, 便能证明满足要求 (2) 并不会花费 S 太多的时间, 它只需要对第 4 步重复 (期望) 多项式次即能满足 (2).

现在来证明下面两个引理. 这里只考虑 S 的单个具体的运行阶段. 记 $A = \{(\mathrm{Int}_{(i',j',k')})|\mathrm{Int}_{(i',j',k')}$ 在进入这一阶段已被解决$\}$. 记 Real^A 为 V^* 与 s^3 个诚实证明者之间直到 A 中之外的一个会话进入 Π_2 的最后一轮证明者消息 (包括这一轮消息) 为止的真实交互, $\mathrm{Sim}^A_{\mathrm{fst}}$ 为 V^* 与 S 之间直到第 3 步结束为止的交互 (也称为 S 在这一阶段的首次运行), $\mathrm{Sim}^A_{\mathrm{sec}}$ 为 S 在这一阶段的第二次运行, 它包括两部分: 第一部分是 V^* 与 S 之间直到**重置点**为止的交互, 第二部分是 V^* 与 S 之间在第 4 步中的交互 (即 V^* 被重置后的交互).

引理 2.4.1 $\mathrm{Sim}^A_{\mathrm{fst}}$ 和 $\mathrm{Sim}^A_{\mathrm{sec}}$ 都与 Real^A 是计算不可区分的.

证明 我们证明 $\mathrm{Sim}^A_{\mathrm{sec}}$ 和 Real^A 是计算不可区分的, 而 $\mathrm{Sim}^A_{\mathrm{fst}}$ 与 Real^A 的计算不可区分性可以用相同 (但更简单) 的方式来证明.

这个证明将再一次利用混合论证方法. 所有下面谈及的交互都是指 V^* 与证明者 (它们分别由诚实证明者 H_1, H_2, H_3 和 S 扮演) 之间直到 A 中之外的一个会话进入 Π_2 的最后一轮证明者消息 (包括这一轮消息) 为止的交互.

混合分布 0 Real^A.

混合分布 1 V^* 和 H_1 之间的交互 HSim^A_1, 这里 H_1, 给定所有对应公共输入的证据序列 $(w_1, \cdots, w_s)$ 作为辅助输入, 它执行诚实证明者策略, 除了在**目标会话**①中它调用 Π_2 的子协议 PKInstD-ZK 对应的模拟器来为挑战的正确性进行证明. 注意到 H_1 在执行证明者第一步时产生的 γ 都是 NO 实例, 这时**目标会话**中 Π_2 的子协议 PKInstD-ZK 就具有 1-类有界可重置零知识性 (如同前面反复提到的, 所有目标会话中 Π_2 的子协议 PKInstD-ZK 的执行都属于同一会话类), HSim^A_1 与 Real^A 是计算不可区分的.

混合分布 2 V^* 和 H_2 之间的交互 HSim^A_2, 这里 H_2, 给定所有对应公共输入的证据序列 $(w_1, \cdots, w_s)$ 作为辅助输入, 执行 H_1 的策略除了在目标会话中执行 Π_2 时它发送一个独立选取的随机挑战 (接着和 H_1 一样, 调用 Π_2 的子协议 PKInstD-ZK 对应的模拟器来为挑战的正确性进行证明). 由于统计绑定的承诺方案 Com_v 的计算隐藏性, HSim^A_2 与 HSim^A_1 是计算不可区分的.

混合分布 3 V^* 和 H_3 之间的交互 HSim^A_3, 这里 H_3, 给定所有对应公共输入的证据序列 $(w_1, \cdots, w_s)$ 作为辅助输入, 执行 H_2 的策略除了它在执行证明者

---

① 事实上, H_1 需要运行两次才能知道哪些会话属于目标会话, 这是因为目标会话只有在 A 中以外的一个会话进入 Π_2 的最后一轮证明者消息时才被定义. 所以, H_1(它带有所有公共输入的证据) 可以像诚实证明者那样先运行一次, 直到**目标会话**已经找到, 然后回过头来 (像 S 一样, 但无须改变挑战) 在这些**目标会话**中执行这个混合分布制订的新策略. 这样, HSim^A_1 实际上是 H_1 的第二次运行. 同样的情况也适用于 H_2 和 H_3.

第一步时随机生成一个 YES 实例 γ 作为它的第一轮消息. 由于 G 的伪随机性, HSim_3^A 与 HSim_2^A 是计算不可区分的.

混合分布 4 $\mathrm{Sim}_{\mathrm{sec}}^A$, 注意到这个分布与 HSim_3^A 之间的唯一区别就在于, 在执行 Π_1 时, S 永远使用证据 δ (使得 $\gamma = G(\delta)$, 这里 γ 为 S 生成的 YES 实例). 由于 Π_1 的可重置证据不可区分性, $\mathrm{Sim}_{\mathrm{sec}}^A$ 与 HSim_3^A 是计算不可区分的.   □

注意到如果 V^* 可以不可忽略的概率 p 产生一个 Π_2 的可接受的交互副本, 则一旦 $\mathrm{Sim}_{\mathrm{fst}}^A$ 和 $\mathrm{Sim}_{\mathrm{sec}}^A$ 都与真实的交互是计算不可区分的, 那么 S 能够以 $p - \mathrm{neg}$ 的概率在执行目标会话时提取对于新消息的一个有效签名, 这里 neg 为一个可忽略函数.

引理 2.4.2 S 的一个运行阶段将在期望的多项式时间内停机.

证明 注意到 S 重置 V^* 以后, 目标会话中一个会话再次成为第一个成功地结束 Π_2 的概率至少为 $p-\mathrm{neg}$, 否则, 我们很容易设计一个游戏利用这两个概率不可忽略的差别来攻破承诺方案 Com_v 的计算隐藏性或 Π_2 中子协议 PKInstD-ZK 的 1-类有界可重置零知识性 (即使在 γ 为 YES 实例的情况下, 见引理 2.4.1 的证明). 设 S 在重置 V^* 之前所花费的时间为一个多项式 $\mathrm{poly}(n)$. 这样, 如果 S 在某个目标会话中以概率 p 获得 Π_2 的一个可接受副本 (它包含一个底层 $\mathrm{WI}_{\mathrm{Blum}}$ 协议的副本 (a, e, z)), 那么 S 将在时间 $\mathrm{poly}(n)/p$ 内再次获得 Π_2 的一个可接受副本 (它包含一个底层 $\mathrm{WI}_{\mathrm{Blum}}$ 协议一个不同的副本 (a', e', z')), 也就是说 S 将在时间 $\mathrm{poly}(n)/p$ 内提取到一个有效的签名. 综上, S 的一个运行阶段所需的期望时间为 $(1-p) \cdot \mathrm{poly}(n) + p \cdot (\mathrm{poly}(n)/p)$, 这仍是一个多项式.   □

2.5 注　记

零知识证明是由 Goldwasser, Micali 和 Rackoff[1] 于 1985 年提出的. 他们定义的交互协议的可靠性能够抵抗任意具有无穷计算能力的敌手证明者, 一般称这种协议为 (零知识) 证明系统 (proof system). Brassard, Chaum 和 Crépeau[15] 提出可靠性只能够抵抗多项式时间敌手证明者的证明系统, 一般称为论证系统 (argument system). 对于一般 NP 语言的零知识证明由 Goldreich, Micali 和 Wigderson[16] 以及 Blum[17] 提出, 这一结果极大地扩展了零知识证明的应用范围, 使得它们最终成为一般性密码协议构造中的一个关键组件 [18]. 本章中零知识协议均为零知识论证系统, 这对于密码学应用而言已经足够.

Canetti, Goldreich 和 Goldwasser 等[7] 提出可重置零知识的概念, 它可以看成是对并发零知识[3] 概念的扩展. 从随机性角度, 这也是具有最强安全性的零知识定义. Barak, Goldreich 和 Goldwasser 等[2] 提出重置可靠的概念, 利用非黑盒模拟技术构造了重置可靠的零知识论证系统, 并提出双重可重置论证系统的存在性这一猜想, Deng, Goyal 和 Sahai[11] 解决了这一猜想. 为了降低可重置零知识的轮数复杂度, Canetti, Goldreich 和 Goldwasser 等 [7] 提出 BPK 模型并在此模型中构造了常数轮零知识论证系统. Micali 和 Reyzin[8] 指出了 BPK 模型中定义可靠性的微妙之处, 这一模型中可靠性可分为四种 (从弱到强): 一次可靠性、顺序可靠性、并发可靠性和重置可靠性. Deng 和 Lin[19] 以及 Yung 和 Zhao[20] 构造了 BPK 模型中并发可靠的可重置零知识论证系统. Deng, Feng 和 Goyal 等 [14] 构造了常数轮重置可靠的可重置零知识论证系统, 解决了文献 [8] 中遗留的问题即 MR 问题.

本章重点概述了零知识证明的一些基本概念和基本知识, 阐释了我们提出并实现的一系列实例依赖密码学原语, 给出了双重可重置论证系统的存在性这一猜想的证明, 介绍了 BPK 模型中常数轮重置可靠的可重置零知识论证系统的构造.

参 考 文 献

[1] Goldwasser S, Micali S, Rackoff C. The knowledge complexity of interactive proof systems. Proceedings of the 17th Annual ACM Symposium on Theory of Computing, 1985: 291-304.

[2] Barak B, Goldreich O, Goldwasser S, Lindell Y. Resettably-Sound Zero-Knowledge and its applications. FOCS, 2001, 2001: 116-125.

[3] Dwork C, Naor M, Sahai A. Concurrent zero-knowledge. J. ACM, 2004, 51(6): 851-898.

[4] Barak B. How to go beyond the Black-Box simulation barrier. FOCS, 2001, 2001: 106-115.

[5] Dwork C, Naor M. Zaps and their applications. SIAM J. Comput., 2007, 36(6): 1513-1543.

[6] Groth J, Ostrovsky R, Sahai A. Non-interactive zaps and new techniques for NIZK. Advances in Cryptology–Crypto 2006. Berlin, Heidelberg: Springer, 2006: 97-111.

[7] Canetti R, Goldreich O, Goldwasser S, Micali S. Resettable zero-knowledge (extended abstract). STOC 2000, 2000: 235-244.

[8] Micali S, Reyzin L. Soundness in the Public-Key Model. Advances in Cryptology–Crypto 2001. Berlin, Heidelberg: Springer, 2001: 542-565.

[9] Deng Y, Lin D. Instance-Dependent verifiable random functions and their application to simultaneous resettability. Advances in Cryptology–Eurocrypt 2007. Berlin, Heidelberg: Springer, 2007: 148-168.

[10] Micali S, Rabin M O, Vadhan S P. Verifiable random functions. FOCS, 1999, 1999: 120-130.

[11] Deng Y, Goyal V, Sahai A. Resolving the simultaneous resettability conjecture and a new Non-Black-Box simulation strategy. IEEE FOCS, 2009, 2009: 251-260.

[12] Deng Y. Resettably-Sound resettable zero knowledge arguments for NP. IACR Cryptol. ePrint Arch., 2008, 2008: 541.

[13] Richardson R, Kilian J. On the concurrent composition of Zero-Knowledge proofs. Advances in Cryptology–Eurocrypt 1999. Berlin, Heidelberg: Springer, 1999: 415-431.

[14] Deng Y, Feng D, Goyal V, et al. Resettable cryptography in constant rounds—The case of zero knowledge. Advances in Cryptology–Asiacrypt 2011. Berlin, Heidelberg: Springer, 2011: 390-406.

[15] Brassard G, Chaum D, Crépeau C. Minimum disclosure proofs of knowledge. J. Comput. Syst. Sci., 1988, 37(2): 156-189.

[16] Goldreich O, Micali S, Wigderson A. How to prove all NP-Statements in zero-knowledge and a methodology of cryptographic protocol design. Advances in Cryptology–Crypto'86. Berlin, Heidelberg: Springer, 1986: 171-185.

[17] Blum M. How to prove a theorem so no one else can claim it. Proc. of ICM'86, 1986: 1444-1451.

[18] Goldreich O, Micali S, Wigderson A. Proofs that yield nothing but their validity or all languages in NP have zero-knowledge proof systems. J. ACM, 1991, 38(3): 690-728.

[19] Deng Y, Lin D. Resettable zero knowledge with concurrent soundness in the bare public-key model under standard assumption//Pei D, Yung M, Lin D, et al. ed. INSCRYPT 2007. Heidelberg: Springer, 2008.

[20] Yung M, Zhao Y L. Generic and practical resettable zero-knowledge in the bare public-key model. Advances in Cryptology–Eurocrypt 2007. Berlin, Heidelberg: Springer, 2007: 129-147.

第 3 章 数字签名

在数字签名中, 每一个签名者都拥有一对公私钥 (PK, SK), 其中私钥 SK 为签名者私人所持有, 公钥 PK 可以公开获得. 签名的产生需要使用私钥 SK 对消息进行计算得到, 不持有私钥的任何人都不能产生有效的签名, 因此, 签名是不可伪造的, 同时签名也是抗抵赖的, 签名者不能事后否认自己签署的签名. 签名可使用签名者的公钥进行验证, 任何人都可以验证签名的合法性. 因此, 数字签名可用于解决网络环境下的数据完整性、身份真实性和行为不可否认性等安全问题, 不仅广泛应用于电子签名, 也是互联网广泛部署的传输层安全 (TLS) 协议的核心构件.

目前已设计出各种各样的数字签名, 其分类方式也有很多种. 根据公钥确认方式的不同, 可将数字签名分为三大类: 基于证书的数字签名、基于身份的数字签名 (也称为基于标识的数字签名) 和无证书数字签名. 数字签名还可以提供额外的应用属性, 如验证者可以检验签名是否由某一个组织或机构的合法成员产生, 但是不能确认签名者的具体身份, 从而可实施具有隐私保护功能的数字签名. 这样的数字签名有直接匿名证明、群签名和环签名等.

3.1 数字签名概述

一个数字签名 DS = (KeyGen, Sign, Verify) 通常由 3 个多项式时间算法组成: 密钥生成算法、签名算法和验证算法. 这 3 个算法分别描述如下:

(1) 密钥生成算法 $\text{KeyGen}(\kappa)$: 该算法以安全参数 κ 作为输入, 输出用户的公钥 pk 和私钥 sk, 简记为 $(pk, sk) \leftarrow \text{KeyGen}(\kappa)$.

(2) 签名算法 $\text{Sign}(sk, M)$: 该算法以用户的私钥 sk 和消息 M 作为输入, 输出一个签名 σ, 简记为 $\sigma \leftarrow \text{Sign}(sk, M)$.

(3) 验证算法 $\text{Verify}(pk, M, \sigma)$: 该算法以用户的公钥 pk、消息 M 和签名 σ 作为输入, 如果 σ 是消息 M 的合法签名, 则输出 1 (表示签名是有效的); 否则, 输出 0 (表示签名是无效的), 简记为 $0/1 \leftarrow \text{Verify}(pk, M, \sigma)$.

对于一个数字签名来讲, 需要满足正确性要求: 对于所有合法生成的密钥 $(pk, sk) \leftarrow \text{KeyGen}(\kappa)$, 对于任意的消息 $M \in \{0,1\}^*$ 及其签名 $\sigma \leftarrow \text{Sign}(sk, M)$, 签名能够通过验证, 即等式 $\text{Verify}(pk, M, \sigma) = 1$ 以 $1 - \text{neg}(\kappa)$ 的概率成立. 其中 $\text{neg}(\kappa)$ 是一个可忽略函数.

3.1.1　数字签名的类型

1. 基于证书的数字签名

在传统的数字签名中, 用户的公钥是随机产生的, 与用户的身份没有关系, 用户的公钥需要通过可信权威机构 (通常将这个可信权威机构称为证书机构或认证机构 (certificate authority, CA)) 对用户的身份进行认证, 认证方式是通过 CA 颁发数字证书, 用证书保证给定的公钥的确归属于其声称的公钥持有人, 这类数字签名称为基于证书的数字签名.

1977 年, Rivest, Shamir 和 Adleman[1] 提出了第一个实用的数字签名, 即 RSA 数字签名, 该数字签名基于大整数因子分解问题的困难性, 即寻找一个给定大整数的素因子的困难性. 更确切地讲, RSA 数字签名的困难性是建立在 RSA 困难问题之上的, 即给定两个不同的奇素数的乘积 N 和一个合适的整数 e, 求解模 N 的 e 次根. RSA 数字签名可以是确定性的 RSA-FDH (RSA-full domain Hash) 模式, 也可以是概率性的 RSA-PSS (RSA-probabilistic signature scheme) 模式. 1985 年, Koblitz 和 Miller 独立地将椭圆曲线引入密码中, 开启了椭圆曲线密码的研究. 目前, 广泛应用的基于椭圆曲线的数字签名包括 ECDSA[7]、SM2 数字签名 [47] 等.

在基于证书的数字签名中, 任意想要使用该数字签名的用户一定要首先检验公钥所对应的数字证书, 以确保所使用公钥的有效性. 目前, 公钥基础设施 (public key infrastructure, PKI) 以分级的方式在用户之间传递信任信息, 是一种非常重要的证书维护机制. 然而, 实际应用中 PKI 的部署代价较高, 基于 PKI 的密钥管理机制使用起来也比较复杂.

2. 基于身份的数字签名

1984 年, Shamir[2] 提出了基于身份的公钥密码 (identity-based public key cryptography) 概念和基于身份的数字签名构造, 使用一个能够唯一识别用户身份的比特串作为用户的公钥, 这样的比特串可以是用户的电子邮件地址、IP 地址或社保账号等. 基于身份的公钥密码不再依赖于数字证书来确保用户公钥的有效性, 简化了密钥管理.

在基于身份的公钥密码中, 用户私钥并不是由用户自己生成的, 而是由一个权威机构来产生的, 这个权威机构称为私钥生成中心 (private key generator, PKG). PKG 拥有一对主公钥和主私钥, 主公钥用于验证用户的签名, 主私钥用于生成用户的私钥. 虽然用户不需要数字证书, 但是 PKG 仍然需要数字证书, 以确保主公钥以及系统参数的有效性. 尽管基于身份的公钥密码并没有完全取缔证书, 但由于个人终端用户不需要获取自己的公钥证书, 它在很大程度上降低了系统的代价和密钥管理的复杂度.

Shamir[2] 基于 RSA 问题设计了一个基于身份的数字签名. 2001 年, Boneh 等 [3-4] 开启了基于椭圆曲线 Weil 对的基于身份的公钥密码构造, 此后, 出现了一系列利用椭圆曲线双线性映射的基于身份的数字签名构造, 包括我国的 SM9 数字签名标准 [48].

基于身份的公钥密码存在一个内生的密钥托管问题, 即私钥生成中心 PKG 掌握了所有用户的私钥, 从而, PKG 具备产生任意用户的签名、解密任意用户的密文的能力. 这一内生的密钥托管问题在基于证书的数字签名中是不存在的, 从而, 基于身份的公钥密码可能适用于小范围的对权威机构具有完全信任的网络环境. 当然, 针对密钥托管问题, 引入多个权威机构是一个可行的解决方案: 把 PKG 的主私钥分布在多个权威机构之间, 并通过某种门限的方式构造私钥. 这样, 密钥托管带来的信任问题就会有所缓解.

3. 无证书数字签名

2003 年, AI-Riyami 和 Paterson[5] 提出了无证书公钥密码 (certificateless public key cryptography, CL-PKC) 概念. 不同于基于身份的公钥密码, 无证书公钥密码中用户的私钥不是通过密钥生成中心 (key generation center, KGC) 单独产生的, 而是将 KGC 产生的部分私钥 (partial private key) 以及用户自己选择的一些秘密信息组合起来, 共同产生用户私钥. 这样, KGC 不能得到用户私钥, 从而可以有效地解决密钥托管问题.

另一方面, 无证书公钥密码不再是完全基于身份的公钥密码, 每个用户都拥有一个额外的公钥 (与用户选择的秘密信息相关), 加密者或验证者需要同时知道用户的身份及用户的额外公钥. 重要的是, 这个额外公钥不需要经过权威中心认证, 无证书公钥密码的结构决定了该公钥可以在没有证书的情况下得到验证. AI-Riyami 和 Paterson[5] 提出了无证书公钥加密的安全模型和构造方法, Zhang、Wong 和 Xu 等 [6] 给出了无证书数字签名的安全模型和构造方法.

需要注意的是, 在无证书公钥密码中, 如果密钥是用户自己产生的, KGC 就不会知道用户密钥. 当然, KGC 仍然可以产生密钥, 这一点与基于证书的公钥密码一样, 对应的 CA 也可以产生用户密钥, 所以, 我们可以假设 CA 与 KGC 具有相同等级的信任. 换句话说, 无证书公钥密码保留了 PKI/CA 的优势, 同时不需要终端用户证书.

上述类型的数字签名只提供数字签名的基本功能, 即生成签名和验证签名功能. 在实际应用中, 数字签名还可根据应用需求提供额外的安全功能, 发展出来一系列具有应用属性的数字签名, 如群签名、直接匿名证明、环签名. 特别地, 随着大数据、云计算、人工智能等技术的发展和应用, 人们对于隐私保护的需求也越来越迫切, 希望签名的验证者可以检验签名是否由某一个组织或机构的合法成员产生, 但不能确认签名者的具体身份, 从而, 实施具有隐私保护功能的数字签名. 直接匿名证明、群签名和环签名等都是可提供这种功能的数字签名.

3.1.2 数字签名的安全模型

一个数字签名自然要保证私钥的安全性, 即敌手在得到公钥和签名之后不能从中推导出私钥. 但对于数字签名来说, 需要考虑的典型攻击是伪造攻击, 即敌手可以得到用户的公钥和已签署的多个签名, 敌手的目标是针对一个新的消息产生合法的签名, 也就是伪造一个新的签名.

目前, 被广泛接受的数字签名安全性要求, 就是由 Goldwasser, Micali 和 Rivest[10] 提出的自适应选择消息攻击下存在性不可伪造. 特别地, 对于一个基于证书的数字签名 SIG 和试图伪造签名的伪造者 $\mathcal{F}$ 来说, 我们考虑由挑战者 $\mathcal{C}$ 和伪造者 $\mathcal{F}$ 参与的如下安全 "游戏":

(1) **密钥生成**　挑战者先以安全参数 κ 作为输入运行

$$(vk, sk) \leftarrow \text{KeyGen}(\kappa),$$

然后将验证密钥 vk 发送给伪造者 $\mathcal{F}$, 并秘密保存签名密钥 sk.

(2) **签名询问**　当伪造者 $\mathcal{F}$ 以消息 M 发起签名询问时, 挑战者 $\mathcal{C}$ 计算签名 $\sigma \leftarrow \text{Sign}(sk, M)$, 并将签名 σ 发送给 $\mathcal{F}$. 在整个游戏过程中, 伪造者 $\mathcal{F}$ 可以发起任意多项式 (不妨记为 Q) 次签名询问. 为了描述简单, 本章默认伪造者 $\mathcal{F}$ 每次签名询问的消息都是不同的. 令 $\{M_1, \cdots, M_Q\}$ 是 $\mathcal{F}$ 在这个阶段签名询问中的所有 Q 个消息的集合.

(3) **伪造**　伪造者 $\mathcal{F}$ 输出伪造消息签名对 (M^*, σ^*). 如果 $M^* \notin \{M_1, \cdots, M_Q\}$ 且 $\text{Ver}(vk, M^*, \sigma^*) = 1$, 则挑战者 $\mathcal{C}$ 输出 1; 否则, 输出 0.

伪造者 $\mathcal{F}$ 在上述游戏中的优势定义为挑战者 $\mathcal{C}$ 输出 1 的概率. 我们用这个优势来衡量数字签名的安全性, 并记为 $\text{Adv}_{\text{SIG}, \mathcal{F}}^{\text{euf-cma}}(\kappa) = \Pr[\mathcal{C} \text{ outputs } 1]$.

对于任意多项式时间伪造者 $\mathcal{F}$ 来说, 如果其在上述游戏中的优势 $\text{Adv}_{\text{SIG}, \mathcal{F}}^{\text{euf-cma}}(\kappa)$ 都是关于安全参数 κ 的可忽略函数, 则称数字签名 SIG 是自适应选择消息攻击下存在性不可伪造的, 简记为 EUF-CMA.

不同类型的数字签名的安全模型有所区别. 例如, 在基于身份的数字签名中, 密钥生成算法产生主公钥和主私钥 $(mpk, msk) \leftarrow \text{KeyGen}(\kappa)$, 用户的私钥则通过一个私钥提取算法 $usk \leftarrow \text{Extract}(msk, \text{ID})$, 根据主私钥和用户身份标识来产生. 签名者使用 usk 计算签名, 验证者使用用户身份标识 ID 和主公钥 mpk 检验签名的合法性.

具有应用属性的数字签名的安全模型更加复杂, 除根据密钥的产生方式定义敌手能力之外, 还需要定义 EUF-CMA 之外的安全目标, 如刻画群签名和环签名的匿名性.

3.1.3 后量子数字签名

现代数字签名都是基于经典计算理论中的困难问题设计的, 如大整数因子分解困难问题、有限域上离散对数求解困难问题、椭圆曲线离散对数求解困难问题, 这些都是在经典计算理论中公认的难解问题, 为广泛部署的数字签名的安全性提供了坚实的理论基础.

量子计算使用了全新的计算规则, 对于经典计算理论中的可解问题和难解问题的划分提出了新的挑战. 1994 年, Shor[9] 提出了一种可用于分解因子和求解离散对数的量子算法 (被称为 Shor 算法), 借助于量子计算机, Shor 算法可用于攻击 RSA、ECDSA 等一批在经典计算理论下安全的数字签名. 随着量子计算的快速发展, 实际部署的数字签名及相关的网络安全协议在量子计算世界中存在严重的安全隐患. 为了应对量子计算的挑战, 后量子数字签名成为近年来密码领域研究的一个热点.

后量子数字签名, 就是可以大规模部署在经典计算机设备和网络上、能够抵抗量子计算机攻击的数字签名, 主要包括基于格的数字签名、基于多变量的数字签名、基于编码的数字签名和基于 Hash(杂凑) 的数字签名. 20 多年来的研究表明, 格中最短向量问题、线性纠错码译码问题、多变量多项式方程组求解问题等在量子计算理论下没有发现有效的求解算法. 研究者认为, 这些数字签名不仅可以抵抗经典计算的攻击, 也可以抵抗量子计算的分析.

格 (lattice) 是实数空间 $\mathbb{R}^m$ 中一组线性无关向量的整系数组构成的集合: 给定一组线性无关的向量 $b_1, b_2, \cdots, b_n \in \mathbb{R}^m$, 其整线性组合即生成一个格 $\mathcal{L}(B) = \{Bx : x \in \mathbb{Z}^n\}$, 其中 $B = [b_1, b_2, \cdots, b_n]$ 称为这个格的基. 格中的最短向量问题 (SVP): 给定由一组基表示的格, 找出其最短的非零向量. 格上其他困难问题包括带错学习 (LWE) 问题、最小整数解问题等.

作为一个数学对象, 格的研究可以追溯到高斯时代, 但其在密码学中的应用方式却不直观. Ajtai[37] 首次提出了基于格的单向函数, 从而可以利用通用的方法设计基于格的数字签名, 但该方法构造的数字签名往往比较复杂且低效. 此后, 近 20 年的研究工作先后将格理论应用于密码学的各个领域, 形成了密码学的一个新的分支——基于格的密码, 出现了一大批直接基于格上困难问题而设计的数字签名.

3.2 无证书数字签名

无证书数字签名能够避免基于身份的数字签名中内生的密钥托管问题, 而且不需要像 PKI 一样会消耗大量计算代价的数字证书. AI-Riyami 和 Paterson 于 2003 年提出了一个用于无证书公钥加密的安全模型. 本节介绍无证书数字签名的安全模型, 给出一种高效的基于双线性对的无证书数字签名的构造, 在随机谕示器模型中, 证明了这种构造的紧安全性并将其安全性归约到 CDH 假设上[6].

3.2.1　无证书数字签名的安全模型

定义 3.2.1(无证书数字签名)　　一个无证书数字签名 (CL-DS)Ⅱ 由如下 7 个 PPT 算法构成:

(1) **Setup**　该算法的输入为 1^k(k 为安全参数), 返回一组系统参数 params 和主私钥 masterKey. 系统参数 params 定义了公开的消息空间. 该算法由密钥生成中心 (KGC) 在无证书数字签名的初始化阶段运行.

(2) **Partial-Private-Key-Extract**　该算法的输入为系统参数 params、主私钥 masterKey 和用户身份标识 ID $\in \{0,1\}^*$, 输出一个部分私钥 D_{ID}. KGC 为每个用户运行该算法, 产生的部分私钥 (partial private key) 通过安全的方式分发给对应的用户.

(3) **Set-Secret-Value**　该算法的输入为系统参数 params 和用户身份 ID, 输出一个秘密值 s_{ID}. 该算法由无证书数字签名中的每个用户运行.

(4) **Set-Private-Key**　该算法的输入为系统参数 params、用户的部分私钥 D_{ID} 和秘密值 s_{ID}, 输出一个完整的私钥 SK_{ID}. 该算法由每个用户运行.

(5) **Set-Public-Key**　该算法的输入为系统参数 params 和用户秘密值 s_{ID}, 输出该用户的一个公钥 PK_{ID}. 该算法由用户运行, 并且产生的公钥是公开可得到的.

(6) **CL-Sign**　该算法是一个签名算法, 其输入为系统参数 params、消息 M、用户身份 ID 和用户完整的私钥 SK_{ID}, 输出为一个签名 σ.

(7) **CL-Verify**　该算法是一个确定性的验证算法, 其输入是系统参数 params、用户公钥 PK_{ID}、消息 M、用户身份 ID 和一个签名 σ, 输出为一个比特 b. 如果 b=1 意味着该签名被接受, 如果 $b = 0$ 意味着该签名被拒绝.

为了分析无证书数字签名 (CL-DS) 的安全性, 我们对基于身份的数字签名的安全模型进行扩展, 允许敌手提取部分私钥, 或者提取私钥, 或者同时提取两者. 由于在无证书数字签名中没有对公钥的认证 (证书), 因此, 需要考虑敌手将任意用户的公钥替换为敌手选择公钥的能力.

这里, 敌手可以访问 5 个谕示器. 第一个是部分私钥提取 (partial private key extract) 谕示器, 该谕示器的输入是用户身份 ID, 返回的是用户的部分私钥 D_{ID}. 第二个是私钥提取谕示器, 该谕示器的输入是用户身份 ID, 如果该用户的公钥尚未被替换, 则返回 ID 对应的私钥 SK_{ID}. 第三个是公钥请求谕示器, 该谕示器的输入是用户身份 ID, 返回对应的公钥 PK_{ID}. 第四个是公钥替换谕示器, 该谕示器的输入是用户身份 ID, 将公钥 PK_{ID} 替换成 PK'_{ID}. 第五个是签名谕示

器 $O_{\text{CL-Sign}}(\cdot)$, 该谕示器的输入是 (M, ID), 返回 CL-Sign(params, M, ID, SK_{ID}).

类似于 AI-Riyami 和 Paterson[5] 提出的无证书公钥加密, 无证书数字签名的安全性也通过考虑两类敌手的情况进行分析. 第一类敌手 $\mathcal{A}^I$ 代表恶意的第三方, 攻击无证书数字签名的存在性不可伪造. 由于用户产生的公钥未经认证的本质, 需要假设敌手能够随意替换用户公钥, 这意味着敌手拥有欺骗用户使用敌手提供的公钥来验证签名的能力.

AI-Riyami 和 Paterson 针对无证书公钥加密的安全模型允许敌手即便在公钥已经被替换的情况下进行解密谕示器询问, 这就意味着挑战者在不知道对应私钥的情况下也必须正确回答对应于替换后公钥的解密询问. 这是一个非常强的安全性要求, 人们尚不清楚这个限制是否现实, 后续的一系列研究工作选择弱化这一要求, 在对应公钥被替换的情况下, 不要求挑战者仍能提供正确的解密, 而是要求如果公钥已经被替换并且敌手提供了对应的秘密值的情况下, 能够对密文给出正确的解密.

对于无证书数字签名来讲, "弱化" 的安全性定义要求: 当一个用户的公钥被敌手替换成一个与原始值不同的公钥时, 仅当敌手同时提供了对应的秘密值信息, 敌手才能针对该用户进行签名谕示器询问. 然而, 当敌手在替换一个公钥的时候, 不强制要求敌手一定要提供对应的秘密值.

这种弱化的安全需求看起来对于无证书数字签名更合理一些. 首先, 在现实世界中, 我们不能期望一个签名者在不知道对应私钥的情况下能够对一个公钥产生有效的签名. 其次, 获取部分私钥的代价比起产生私钥 s_{ID} 和公钥 PK_{ID} 来说更高. 因此, 无证书数字签名可以通过如下方式实现: 部分私钥在一段时期内保持不变, 而用户可以任意改变密钥对 $(s_{\text{ID}}, PK_{\text{ID}})$. 这样, 就存在一种攻击, 使得敌手在能够访问终端设备的时候, 使用自己选取的密钥对来替换 $(s_{\text{ID}}, PK_{\text{ID}})$.

无证书数字签名的第二类敌手 $\mathcal{A}^{II}$ 代表恶意的密钥生成中心 (KGC). 此时, 敌手拥有 KGC 的主密钥, 但是不能替换任意用户的公钥. 实际上, 如果允许第二类敌手任意替换用户的公钥, 那么敌手就一定能够伪造该用户的签名. 这是一种平凡的情况, 其危害类似于在传统的基于证书的数字签名中 CA 的恶意行为导致的后果.

定义 3.2.2 (无证书数字签名的 EUF-CMA 安全性) 令 $\mathcal{A}^I$ 和 $\mathcal{A}^{II}$ 分别表示第一类敌手和第二类敌手. 以 Π 表示一个无证书数字签名. 考虑两个游戏 "Game-I" 和 "Game-II", 敌手 $\mathcal{A}^I$ 和 $\mathcal{A}^{II}$ 在这两个游戏中与挑战者进行交互. 如果敌手 $\mathcal{A}^I$ 和 $\mathcal{A}^{II}$ 的成功概率都是可忽略的, 则称 Π 是 EUF-CMA 安全的, 即是自适应选择消息攻击下存在性不可伪造的. 需要注意的是, 在与攻击者进行交互时, 挑战者维持一份 "询问—回答" 的交互历史.

游戏 3.2.1 Game-I: 敌手 $\mathcal{A}^I$ 与挑战者进行交互的游戏.

阶段 I-1　挑战者首先运行 Setup(1^k) 算法, 产生主私钥 masterKey 和系统参数 params. 挑战者将系统参数 params 交给敌手 $\mathcal{A}^I$, 自己秘密保存主私钥 masterKey.

阶段 I-2　敌手 $\mathcal{A}^I$ 可执行如下谕示器询问操作:

(1) **提取部分私钥**　敌手的每一个此类询问都被表示为 (ID, "partial private key extract"). 在收到一个这样的询问之后, 挑战者都会计算

$$D_{\mathrm{ID}} = \text{Partial-Private-Key-Extract}(\text{params}, \text{masterKey}, \text{ID})$$

并且将运行结果返回给敌手 $\mathcal{A}^I$.

(2) **提取私钥**　敌手的每一个此类询问都被表示为 (ID, "private key extract"). 在收到一个这样的询问之后, 挑战者首先计算

$$D_{\mathrm{ID}} = \text{Partial-Private-Key-Extract}(\text{params}, \text{masterKey}, \text{ID})$$

然后运行 $s_{\mathrm{ID}} = \text{Set-Secret-Value}(\text{params}, \text{ID})$, 以及

$$SK_{\mathrm{ID}} = \text{Set-Private-Key}(\text{params}, D_{\mathrm{ID}}, s_{\mathrm{ID}})$$

最后, 挑战者将 SK_{ID} 返回给敌手 $\mathcal{A}^I$.

(3) **请求公钥**　敌手的每一个此类询问都被表示为 (ID, "public key request"). 在收到一个这样的询问请求之后, 挑战者首先计算 $D_{\mathrm{ID}} = \text{Partial-Private-Key-Extract}(\text{params}, \text{masterKey}, \text{ID})$, 以及 $s_{\mathrm{ID}} = \text{Set-Secret-Value}(\text{params}, \text{ID})$. 随后计算 $PK_{\mathrm{ID}} = \text{Set-Public-Key}(\text{params}, s_{\mathrm{ID}})$, 并将 PK_{ID} 返回给敌手 $\mathcal{A}^I$.

(4) **替换公钥**　敌手 $\mathcal{A}^I$ 可通过此类询问, 使用自己选取的值替换一个用户的公钥 PK_{ID}. 这里, 不要求敌手 $\mathcal{A}^I$ 在进行询问操作的时候提供对应的秘密值.

(5) **签名询问**　每一个签名询问的格式都被表示为 (ID, M, "signature"). 在收到这样一个询问之后, 挑战者从其保存的 "询问-回答" 列表中找到对应的 SK_{ID}, 计算对应的签名 $\sigma = \text{CL-Sign}(\text{params}, M, \text{ID}, SK_{\mathrm{ID}})$, 并将计算结果返回给敌手 $\mathcal{A}^I$.

如果敌手 $\mathcal{A}^I$ 已经替换了 PK_{ID}, 那么挑战者就不能找到 SK_{ID}, 从而签名谕示器的回答可能就不正确. 在这种情况下, 我们假设敌手 $\mathcal{A}^I$ 可向签名谕示器额外提交对应于被替换的公钥 PK_{ID} 的秘密信息 s_{ID}.

阶段 I-3　敌手 $\mathcal{A}^I$ 输出消息 M^*、目标用户 ID* 和公钥 PK_{ID^*}, 以及对应的签名 σ^*. 需要注意到 ID* 的私钥不能被提取过; 同样, ID* 也不能是公钥已经被替换掉且部分私钥已经被提取的用户. 当然, 敌手不能对 M^* 向用户 ID* 及对应公钥 PK_{ID^*} 进行过签名谕示器询问.

然而, 在 PK_{ID^*} 和 ID* 对应用户的原始公钥不一致的情况下, 如果 $\mathcal{A}^I$ 没有向签名谕示器询问过关于身份 ID* 和公钥 PK_{ID^*} 的签名, 敌手就不需要向挑战者提供对应的秘密值.

游戏 3.2.2 Game-II: 敌手 $\mathcal{A}^{II}$ 与挑战者进行交互的游戏.

阶段 II-1 挑战者首先运行 Setup 算法, 产生主私钥 masterKey 和系统参数 params. 挑战者将系统参数 params 和主私钥 masterKey 都发送给敌手 $\mathcal{A}^{II}$.

阶段 II-2 敌手 $\mathcal{A}^{II}$ 可执行如下询问操作:

(1) **计算 ID 对应的部分私钥**: 敌手 $\mathcal{A}^{II}$ 计算

$$D_{\mathrm{ID}} = \text{Partial-Private-Key-Extract}(\text{params}, \text{masterKey}, \text{ID})$$

因为 $\mathcal{A}^{II}$ 拥有主密钥 masterKey, 敌手 $\mathcal{A}^{II}$ 可以做到这一点.

(2) **进行私钥提取询问** 在收到这样一个询问之后, 挑战者计算

$$D_{\mathrm{ID}} = \text{Partial-Private-Key-Extract}(\text{params}, \text{masterKey}, \text{ID})$$

$$s_{\mathrm{ID}} = \text{Set-Secret-Value}(\text{params}, \text{ID})$$

$$SK_{\mathrm{ID}} = \text{Set-Private-Key}(\text{params}, D_{\mathrm{ID}}, s_{\mathrm{ID}})$$

然后挑战者向敌手 $\mathcal{A}^{II}$ 返回 SK_{ID}.

(3) **进行公钥请求询问** 在收到这样一个询问之后, 挑战者置

$$D_{\mathrm{ID}} = \text{Partial-Private-Key-Extract}(\text{params}, \text{masterKey}, \text{ID})$$

$$s_{\mathrm{ID}} = \text{Set-Secret-Value}(\text{params}, \text{ID})$$

$$PK_{\mathrm{ID}} = \text{Set-Public-Key}(\text{params}, s_{\mathrm{ID}})$$

随后挑战者向敌手 $\mathcal{A}^{II}$ 返回 PK_{ID}.

(4) **进行签名询问** 在收到这样一个询问之后, 挑战者从其 "询问-回答" 列表中搜寻 SK_{ID}, 然后计算 $\sigma = \text{CL-Sign}(\text{params}, M, \text{ID}, SK_{\mathrm{ID}})$, 并将结果返回给敌手 $\mathcal{A}^{II}$.

阶段 II-3 敌手 $\mathcal{A}^{II}$ 输出一个目标用户身份 ID* 和公钥 PK_{ID^*}, 消息 M^* 以及对应的签名 σ^*. 需要注意的是, 敌手没有对 ID* 进行过私钥查询. 此外, 敌手 $\mathcal{A}^{II}$ 也没有就消息 M^* 向签名谕示器询问过关于 ID* 和 PK_{ID^*} 对应的签名.

如果 $\text{CL-Verify}(\text{params}, PK_{\mathrm{ID}^*}, M^*, \text{ID}^*, \sigma^*) = 1$, 则称敌手 $\mathcal{A}(\mathcal{A}^I \text{或} \mathcal{A}^{II})$ 在上面的游戏 (Game-I 或 Game-II) 中获得成功. 记敌手 $\mathcal{A}$ 成功的概率为 $\text{Succ}_{\mathcal{A}}(k)$. 如果对于任意 PPT 敌手 $\mathcal{A}(\mathcal{A}^I \text{或} \mathcal{A}^{II})$ 来说, 其成功概率 $\text{Succ}_{\mathcal{A}}(k)$ 都是可忽略

的, 则称无证书数字签名是自适应选择消息攻击下存在性不可伪造的, 即是 EUF-CMA 安全的.

注　针对第二类敌手 $\mathcal{A}^{II}$ 的安全性定义的强度与 AI-Riyami 和 Paterson 关于无证书公钥加密[5] 的安全性定义一致, 其中敌手 $\mathcal{A}^{II}$ 可以要求获得自己所选择的用户的私钥. 实际上, 这也是一个很强的定义. 由于 $\mathcal{A}^{II}$ 拥有主密钥的知识, 所以可以计算任何用户的部分私钥, 造成的损失类似于在传统的基于证书的数字签名中存在恶意的 CA.

3.2.2　基于双线性对的无证书数字签名

本小节给出一个基于双线性对的高效的无证书数字签名, 记为 ZWXF 无证书数字签名 [6].

首先回顾一下关于双线性对的一些基本定义和性质. 令 G_1 为一个加法循环群, 该群的阶为素数 q; G_2 是一个乘法循环群, 该群的阶同样为素数 q. 令 $e: G_1 \times G_1 \to G_2$ 为一个双线性对 (pairing), 满足如下条件:

(1) **双线性性**　对于任意的点 $P, Q, R \in G_1$, 都有 $e(P + Q, R) = e(P, R)e(Q, R)$ 以及 $e(P, Q + R) = e(P, Q)e(P, R)$. 特别地, 对于任意的 $a, b \in \mathbb{Z}_q^*$, 都有

$$e(aP, bP) = e(P, P)^{ab} = e(P, abP) = e(abP, P)$$

(2) **非退化性** (non-degeneracy)　存在 $P, Q \in G_1$, 满足 $e(P, Q) \neq 1$.

(3) **可计算性**　存在一个算法, 对所有的 $P, Q \in G_1$, 可高效地计算 $e(P, Q)$.

我们用加法的方式表达群 G_1, 用乘法的方式表达群 G_2, 因为一般来讲 G_1 的实现是利用椭圆曲线上的点, 而 G_2 表示有限域上的乘法子群. 通常地, 映射 e 是通过有限域上椭圆曲线的 Weil 对 (Weil pairing) 或 Tate 对 (Tate pairing) 来实现的. 关于如何高效和安全地选取这些群、双线性对 (pairing) 和其他参数, 读者可参阅文献 [4-5].

群 G_1 上的 CDH 问题是指: 对于随机选取的 $a, b \leftarrow \mathbb{Z}_q^*$, 给定 P, aP, bP, 计算 abP 是计算上不可行的.

ZWXF 无证书数字签名由如下 7 个算法组成:

(1) **Setup**　对于输入 $1^k (k \in \mathbb{N}$ 为安全参数), 生成 (G_1, G_2, e), 其中 $(G_1, +)$ 和 $(G_2, \cdot)$ 是以素数 q 为阶的循环群, $e: G_1 \times G_1 \to G_2$ 是一个双线性对; 随机选取一个生成元 $P \leftarrow G_1$, 均匀随机选取一个主私钥 $s \leftarrow \mathbb{Z}_q^*$, 并置 $P_{\text{pub}} = sP$; 选择 3 个不同的 Hash 函数 H_1, H_2, H_3, 其中每个 Hash 函数都从 $\{0,1\}^*$ 映射到 G_1; 系统参数为 params $= (G_1, G_2, e, q, P, P_{\text{pub}}, H_1, H_2, H_3)$, 主密钥为 s.

(2) **提取部分私钥**　该算法以系统参数 params、主密钥 s 和用户身份标识 $\text{ID}_A \in \{0,1\}^*$ 作为输入, 执行如下步骤, 产生对应于身份为 ID_A 的用户 A

的部分私钥 D_A: ① 计算 $Q_A = H_1(\mathrm{ID}_A)$; ② 输出部分私钥 $D_A = sQ_A$.

我们能够很容易地看出, D_A 实际上是文献 [5] 中使用密钥 (P_{pub}, s) 对 ID 的 BLS 签名, 用户 A 可以通过验证是否满足 $e(D_A, P) = e(Q_A, P_{\mathrm{pub}})$ 来验证 BLS 签名的有效性.

(3) **设置秘密值** 该算法均匀选择一个随机值 $x \leftarrow \mathbb{Z}_q^*$, 并将 x 设置为用户 A 的秘密值.

(4) **设置私钥** 该算法的输入为 params、A 的部分私钥 D_A 和 A 的秘密值 x, 并输出 A 的完整私钥对 $SK_A = (D_A, x)$. 从而, A 的私钥就是由部分私钥和秘密值组成的对.

(5) **设置公钥** 该算法的输入为 params 和 A 的秘密值 x, 并产生 A 的公钥 $PK_A = xP$.

(6) **无证书签名** 输入系统参数 params、消息 $m \in \{0,1\}^*$、签名者 A 的身份 ID_A 及其私钥 $SK_A = (D_A, x)$, 随机选取 $r \leftarrow \mathbb{Z}_q^*$, 计算 $U = rP$ 和 $V = D_A + rH_2(m, \mathrm{ID}_A, PK_A, U) + xH_3(m, \mathrm{ID}_A, PK_A)$, 其中 $PK_A = xP$, 输出签名 $\sigma = (U, V)$.

(7) **无证书验证** 给定系统参数 params、公钥 PK_A、消息 m、用户身份 ID_A 和签名 $\sigma = (U, V)$, 计算 $Q_A = H_1(\mathrm{ID}_A)$, 如果如下等式成立则接受签名

$$e(V, P) = e(Q_A, P_{\mathrm{pub}})e(H_2(m, \mathrm{ID}_A, PK_A, U), U)e(H_3(m, \mathrm{ID}_A, PK_A), PK_A)$$

上述无证书数字签名的正确性可从 $D_A = sQ_A$ 以及下面的推导中得出.

$$\begin{aligned} e(V, P) &= e(sQ_A, P)e(rH_2(m, \mathrm{ID}_A, PK_A, U), P)e(xH_3(m, \mathrm{ID}_A, PK_A), P) \\ &= e(Q_A, sP)e(H_2(m, \mathrm{ID}_A, PK_A, U), rP)e(H_3(m, \mathrm{ID}_A, PK_A), xP) \\ &= e(Q_A, P_{\mathrm{pub}})e(H_2(m, \mathrm{ID}_A, PK_A, U), U)e(H_3(m, \mathrm{ID}_A, PK_A), PK_A) \end{aligned}$$

在这一构造中, 当前的初始化算法允许用户对于同一个部分私钥构造多个公钥. 这在一些应用中是非常有用的性质, 但是可能在别的应用中就不那么理想了.

这里, 我们还可以采用另一种技术来产生用户密钥: 实体 A 首先产生秘密值 x_A 和公钥 $PK_A = x_A P$, 令 $Q_A = H_1(\mathrm{ID}_A \| PK_A)$, 部分私钥仍旧是 $D_A = sQ_A$, 私钥是 $SK_A = (D_A, x_A)$. 这种方式使得 Q_A 绑定了用户身份 ID_A 和对应的公钥 PK_A, 从而, 用户仅能对其知道的私钥构造唯一公钥.

3.2.3 ZWXF 无证书数字签名的安全性证明

定理 3.2.1 假设 G_1 中的 CDH 问题是困难的, 则在随机谕示器模型中, ZWXF 无证书数字签名是自适应选择消息攻击下存在性不可伪造的, 即是 EUF-CMA 安全的.

根据定义 3.2.2, 该定理可直接从引理 3.2.1 和引理 3.2.2 推出.

引理 3.2.1   在定义 3.2.2 中, Game-I 刻画的攻击模型下, 如果存在一个概率多项式时间 (PPT) 伪造者 $\mathcal{A}^I$, 运行时间为 t, 并进行了 q_{H_i} 次对随机谕示器 $H_i(i = 1, 2, 3)$ 的询问, 进行了 q_{ParE} 次对部分私钥提取谕示器的询问、q_{PK} 次公钥提取谕示器的询问、q_{Sig} 次签名谕示器的询问, 能够伪造签名的成功概率为 ε, 则可在时间

$$t' < t + (q_{H_1} + q_{H_2} + q_{H_3} + q_{\text{ParE}} + q_{PK} + q_{\text{Sig}})t_m + (2q_{\text{Sig}} + 1)t_{mm}$$

内, 按如下概率求解 CDH 困难问题:

$$\varepsilon' > (\varepsilon - (q_S(q_{H_2} + q_S) + 2)/2^k)/e(q_{\text{ParE}} + 1)$$

其中 t_m 是在 G_1 中进行一次标量乘法的时间, t_{mm} 是在 G_1 中进行一次多指数运算的时间.

证明   令 $\mathcal{A}^I$ 是一个第一类敌手, 该敌手能够攻破 ZWXF 无证书数字签名. 假定 $\mathcal{A}^I$ 的运行时间为 t、成功概率为 ε. 我们需要证明存在一个 PPT 算法 B 可以调用敌手 $\mathcal{A}^I$ 来解决 G_1 中的 CDH 问题. 值得注意的是, 在不要求敌手 $\mathcal{A}^I$ 在询问签名谕示器的时候提交被替换的公钥 PK_{ID} 对应的私钥 s_{ID} 的情况下, 依然能够得到归约证明.

令算法 B 的输入为 CDH 问题的随机实例 $(X = aP, Y = bP) \in G_1 \times G_1$, B 用 $P_{\text{pub}} = X$ 初始化 $\mathcal{A}^I$, 随后开始进行谕示器模拟. 不失一般性, 假设首先要对 $H_1(\cdot)$ 谕示器询问过关于某个身份的信息, 然后才能针对该身份标识进行密钥提取询问或签名询问. 在整个游戏中, 当敌手 $\mathcal{A}^I$ 进行询问时, B 维持一个列表 $L = \{(\text{ID}, D_{\text{ID}}, PK_{\text{ID}}, s_{\text{ID}})\}$. 对于 $\mathcal{A}^I$ 的谕示器询问, B 按照如下方法进行回应.

(1) **对谕示器 H_1 询问的回答**   我们使用 Coron[8] 给出的归约证明技术来回答这种询问. 当一个身份 ID 提交给谕示器 H_1 的时候, B 首先进行随机掷币得到 $T \in \{0, 1\}$, 该随机掷币得到 0 的概率为 ς, 得到 1 的概率为 $1 - \varsigma$, 并且随机选取一个值 $t_1 \leftarrow \mathbb{Z}_q^*$. 如果 $T = 0$, 定义 Hash 函数值 $H_1(\text{ID})$ 为 $t_1 P \in G_1$; 如果 $T = 1$, 则 B 返回 $t_1 Y \in G_1$. 在两种情况下, B 都会向列表 $L_1 = \{(\text{ID}, t_1, T)\}$ 中插入 (ID, t_1, T), 以便追踪其回答谕示器询问的记录.

(2) **部分私钥询问**   假定该询问是针对身份 ID 进行的. B 首先从列表 L_1 中恢复出相应的 (ID, t_1, T), 根据之前的假设, 这样的三元组一定会存在. 如果 $T = 1$, 则 B 会输出信息 "failure" 并终止运行, 因为此时 B 不能合理地回答这类询问; 否则, B 就查找列表 L 并执行如下操作:

① 如果列表 L 中包含 $(\text{ID}, D_{\text{ID}}, PK_{\text{ID}}, s_{\text{ID}})$, B 检查是否满足 $D_{\text{ID}} = \bot$, 如果 $D_{\text{ID}} \neq \bot$, B 向敌手 $\mathcal{A}^I$ 返回 D_{ID}; 如果 $D_{\text{ID}} = \bot$, B 从列表 L_1 中恢复 (ID, t_1, T). 需要注意的是, $T = 0$ 意味着 $H_1(\text{ID})$ 之前被定义为 $t_1 P \in G_1$, 故 $D_{\text{ID}} = t_1 P_{\text{pub}} = t_1 X \in G_1$ 就是与 ID 相对应的部分私钥. 因此, B 向敌手 $\mathcal{A}^I$ 返回 D_{ID}, 并且把 D_{ID} 写入列表 L 中.

② 如果列表 L 中不包含 $(\text{ID}, D_{\text{ID}}, PK_{\text{ID}}, s_{\text{ID}})$, B 从列表 L_1 中恢复对应的 (ID, t_1, T), 置 $D_{\text{ID}} = t_1 P_{\text{pub}} = t_1 X$, 并向敌手 $\mathcal{A}^I$ 返回 D_{ID}. 同时, B 置 $PK_{\text{ID}} = s_{\text{ID}} = \bot$, 并将 $(\text{ID}, D_{\text{ID}}, PK_{\text{ID}}, s_{\text{ID}})$ 添加到列表 L 中.

(3) **公钥询问** 假定这类询问是针对用户身份 ID 进行的.

① 如果列表 L 中包含 $(\text{ID}, D_{\text{ID}}, PK_{\text{ID}}, s_{\text{ID}})$, B 检验是否满足 $PK_{\text{ID}} = \bot$. 如果 $PK_{\text{ID}} \neq \bot$, B 向 $\mathcal{A}^I$ 返回 PK_{ID}; 否则, B 随机选取 $w \leftarrow \mathbb{Z}_q^*$, 并置 $PK_{\text{ID}} = wP$, $s_{\text{ID}} = w$. 然后 B 把 PK_{ID} 返回给敌手 $\mathcal{A}^I$, 并将 $(PK_{\text{ID}}, s_{\text{ID}})$ 写入列表 L 中.

② 如果列表 L 不包含 $(\text{ID}, D_{\text{ID}}, PK_{\text{ID}}, s_{\text{ID}})$, B 置 $D_{\text{ID}} = \bot$, 随后随机选取 $w \leftarrow \mathbb{Z}_q^*$, 并置 $PK_{\text{ID}} = wP$, $s_{\text{ID}} = w$. B 向 $\mathcal{A}^I$ 返回 PK_{ID}, 并将 $(\text{ID}, D_{\text{ID}}, PK_{\text{ID}}, s_{\text{ID}})$ 添加到列表 L 中.

(4) **私钥提取询问** 假定这一询问是针对身份标识 ID 进行的. B 首先从列表 L_1 中提取出 (ID, t_1, T). 如果 $T = 1$, 则 B 输出 "failure" 并终止, 因为 B 不能合理地回答这类询问; 否则, B 查询列表 L, 并执行如下操作:

① 如果列表 L 中包含 $(\text{ID}, D_{\text{ID}}, PK_{\text{ID}}, s_{\text{ID}})$, B 检查是否满足 $D_{\text{ID}} = \bot$ 以及 $PK_{\text{ID}} = \bot$. 如果 $D_{\text{ID}} = \bot$, B 自己执行一次部分私钥询问以得到 D_{ID}; 如果 $PK_{\text{ID}} = \bot$, B 自己执行一次公钥询问, 以生成 $(PK_{\text{ID}} = wP, s_{\text{ID}} = w)$. 然后 B 会将这些值存储到列表 L 中, 并向敌手 $\mathcal{A}^I$ 返回 $SK_{\text{ID}} = (D_{\text{ID}}, w)$.

② 如果列表 L 中不包含 $(\text{ID}, D_{\text{ID}}, PK_{\text{ID}}, s_{\text{ID}})$, B 自己执行一次关于身份标识 ID 的部分私钥询问以及一次公钥询问. 然后 B 将 $(\text{ID}, D_{\text{ID}}, PK_{\text{ID}}, s_{\text{ID}})$ 存储到列表 L 中, 并向敌手 $\mathcal{A}^I$ 返回 $SK_{\text{ID}} = (D_{\text{ID}}, s_{\text{ID}})$.

(5) **公钥替换询问** 假定敌手 $\mathcal{A}^I$ 针对输入 $(\text{ID}, PK'_{\text{ID}})$ 进行该谕示器询问.

① 如果列表 L 中包含 $(\text{ID}, D_{\text{ID}}, PK_{\text{ID}}, s_{\text{ID}})$, 则 B 置 $PK_{\text{ID}} = PK'_{\text{ID}}$, $s_{\text{ID}} = \bot$.

② 如果列表 L 中不包含 $(\text{ID}, D_{\text{ID}}, PK_{\text{ID}}, s_{\text{ID}})$, 则 B 置 $D_{\text{ID}} = \bot, PK_{\text{ID}} = PK'_{\text{ID}}, s_{\text{ID}} = \bot$, 并将 $(\text{ID}, D_{\text{ID}}, PK_{\text{ID}}, s_{\text{ID}})$ 添加到列表 L 中.

(6) **对谕示器 H_2 的询问** 当一个 4 元组 $(m, \text{ID}, PK_{\text{ID}}, U)$ 被提交给谕示器 H_2 时, B 首先扫描列表 $L_2 = \{(m, \text{ID}, PK_{\text{ID}}, U, H_2, t_2)\}$, 检查是否 H_2 已经为这一输入进行了定义. 如果已经定义, 则返回已经存在的值; 否则, B 选取一个随机值 $t_2 \leftarrow \mathbb{Z}_q^*$, 给敌手 $\mathcal{A}^I$ 返回 $H_2 = t_2 P \in G_1$ 作为 $H_2(m, \text{ID}, PK_{\text{ID}}, U)$ 的 Hash 值, 并在列表 L_2 中存储该值.

(7) **对谕示器 H_3 的询问** 当一个 3 元组 $(m, \text{ID}, PK_{\text{ID}})$ 提交给谕示器 H_3 时, B 首先扫描列表 $L_3 = \{(m, \text{ID}, PK_{\text{ID}}, H_3, t_3)\}$, 检查 H_3 中是否已经关于该输入进行定义. 如果有相关定义, 则返回该值; 否则, B 选取一个随机值 $t_3 \leftarrow \mathbb{Z}_q^*$, 返回 $H_3 = t_3 P \in G_1$ 作为 $H_3(m, \text{ID}, PK_{\text{ID}})$ 的 Hash 值给敌手 $\mathcal{A}^I$, 并将这个值存储到列表 L_3 中.

(8) **签名谕示器的询问** 假定敌手 $\mathcal{A}^I$ 向谕示器询问关于 (m, ID) 的签名. 不失一般性, 假定列表 L 中包含一项 $(\text{ID}, D_{\text{ID}}, PK_{\text{ID}}, s_{\text{ID}})$, 并且 $PK_{\text{ID}} \neq \bot$(如果列表 L 中不包含这样的项, 或者如果 $PK_{\text{ID}} = \bot$, 则 B 自己运行一次公钥询问, 以获取 $(PK_{\text{ID}}, s_{\text{ID}})$).

B 随机选取两个值 $u, v \leftarrow \mathbb{Z}_q^*$, 置 $U = vP_{\text{pub}}$, 并定义 $H_2(m, \text{ID}, PK_{\text{ID}}, U)$ 的 Hash 值为 $H_2 = v^{-1}(uP - Q_{\text{ID}}) \in G_1$(如果 H_2 中对 $(m, \text{ID}, PK_{\text{ID}}, U)$ 已经进行了定义, 则 B 终止并输出 "failure"). 然后, B 在列表 L_3 中查询 $(m, \text{ID}, PK_{\text{ID}}, H_3, t_3)$ 使得 Hash 值 $H_3(m, \text{ID}, PK_{\text{ID}})$ 被定义为 $H_3 = t_3 P$(如果这样的项不存在, B 就询问一次谕示器 H_3). 最后, B 置 $V = uP_{\text{pub}} + t_3 PK_{\text{ID}}$.

现在, 把 (U, V) 返回给敌手 $\mathcal{A}^I$, 该值将是一个有效的签名, 这是因为

$$
\begin{aligned}
& e(Q_{\text{ID}}, P_{\text{pub}})e(H_2, U)e(H_3, PK_{\text{ID}}) \\
=\ & e(Q_{\text{ID}}, P_{\text{pub}})e(v^{-1}(uP - Q_{\text{ID}}), vP_{\text{pub}})e(t_3 P, PK_{\text{ID}}) \\
=\ & e(Q_{\text{ID}}, P_{\text{pub}})e(uP - Q_{\text{ID}}, P_{\text{pub}})e(P, t_3 PK_{\text{ID}}) \\
=\ & e(Q_{\text{ID}}, P_{\text{pub}})e(P, uP_{\text{pub}})e(Q_{\text{ID}}, P_{\text{pub}})^{-1}e(P, t_3 PK_{\text{ID}}) \\
=\ & e(P, uP_{\text{pub}} + t_3 PK_{\text{ID}}) = e(V, P)
\end{aligned}
$$

需要注意的是, 当 B 不知道身份标识为 ID 的用户公钥 PK_{ID} 对应的私钥值 s_{ID} 时, 上述对签名谕示器的模拟也是可行的.

最终, 敌手 $\mathcal{A}^I$ 输出对消息 $\tilde{m}$, 身份标识 $\widetilde{\text{ID}}$ 以及对应公钥 $PK_{\widetilde{\text{ID}}}$ 的伪造签名 $\tilde{\sigma} = (\tilde{U}, \tilde{V})$. 现在, B 从列表 L_1 中恢复出一个三元组 $(\widetilde{\text{ID}}, \tilde{t}_3, \tilde{T})$. 如果 $\tilde{T} = 0$, 则 B 输出 "failure" 并停止; 否则, B 继续运行, 从列表 L_2 中找出项 $(\tilde{m}, \widetilde{\text{ID}}, PK_{\widetilde{\text{ID}}}, \tilde{U}, \tilde{H}_2, \tilde{t}_2)$, 并从列表 L_3 中寻找项 $(\tilde{m}, \widetilde{\text{ID}}, PK_{\widetilde{\text{ID}}}, \tilde{H}_3, \tilde{t}_3)$. 注意到, 列表 L_2 和 L_3 一定会以极大的概率包含这样的项 (否则, B 就停止并返回 "failure"). 注意到 $\tilde{H}_2 = H_2(\tilde{m}, \text{ID}, PK_{\widetilde{\text{ID}}}, \tilde{U})$ 的值为 $\tilde{t}_2 P \in G_1$, $\tilde{H}_3 = H_3(\tilde{m}, \widetilde{\text{ID}}, PK_{\widetilde{\text{ID}}})$ 的值为 $\tilde{t}_3 P \in G_1$. 如果敌手 $\mathcal{A}^I$ 在游戏中获得成功, 则

$$
e(\tilde{V}, P) = e(Q_{\widetilde{\text{ID}}}, X)e(\tilde{H}_2, \tilde{U})e(\tilde{H}_3, PK_{\widetilde{\text{ID}}})
$$

其中 $\tilde{H}_2 = \tilde{t}_2 P, \tilde{H}_3 = \tilde{t}_3 P, Q_{\widetilde{\text{ID}}} = \tilde{t}_1 Y$, 这里元素 $\tilde{t}_1, \tilde{t}_2, \tilde{t}_3 \in \mathbb{Z}_q^*$ 是已知的, 从而有

$$
e(\tilde{V} - \tilde{t}_2 \tilde{U} - \tilde{t}_3 PK_{\widetilde{\text{ID}}}, P) = e(\tilde{t}_1 Y, X)
$$

进而 $\tilde{t}_1^{-1}(\tilde{V} - \tilde{t}_2\tilde{U} - \tilde{t}_3 PK_{\widetilde{ID}})$ 即为目标 CDH 问题实例 $(X, Y) \in G_1 \times G_1$ 的解.

现在估计 B 的失败概率. B 对谕示器 H_3 的模拟是完美的. 我们也很容易检验处理签名询问的失败概率, 因为列表 L_2 中最多有 $q_{H_2} + q_S$ 个项, 在 H_2 中出现碰撞的概率至多是 $q_S(q_{H_2} + q_S)/2^k$, 而 $\mathcal{A}^I$ 在不询问 $H_2(\tilde{m}, \widetilde{ID}, PK_{\widetilde{ID}}, \tilde{U})$ 或 $H_3(\tilde{m}, \widetilde{ID}, PK_{\widetilde{ID}})$ 的情况下, 对于身份标识 $\widetilde{ID}$ 和公钥 $PK_{\widetilde{ID}}$, 输出消息 $\tilde{m}$ 的一个有效的伪造签名 $\tilde{\sigma}$ 的成功概率至多是 $2/2^k$. 通过类似于 Coron[10] 的分析方法, B 在密钥提取询问中不发生失败或 $\mathcal{A}^I$ 对于 "不好的" 身份 $\widetilde{ID}$ 产生伪造的概率 $\varsigma^{q_{\mathrm{ParE}}}(1 - \varsigma)$ 大于或等于 $1 - 1/e(q_{\mathrm{ParE}} + 1)$, 等式当最优概率取为 $\varsigma_{\mathrm{opt}} = q_{\mathrm{ParE}}/(q_{\mathrm{ParE}} + 1)$ 时成立. 因此, 我们能够得到算法 B 在求解 G_1 中的 CDH 问题的优势至少为 $(\varepsilon - (q_S(q_{H_2} + q_S) + 2)/2^k)/e(q_{\mathrm{ParE}} + 1)$. □

引理 3.2.2 在定义 3.2.2 中, Game-II 刻画的攻击模型下, 如果存在一个 PPT 敌手 $\mathcal{A}^{II}$, 运行时间为 t, 并在进行了 q_{H_i} 次对随机谕示器 $H_i(i = 1, 2, 3)$ 的询问、q_E 次对私钥提取谕示器的询问、q_{PK} 次公钥请求谕示器的询问、q_{Sig} 次签名谕示器的询问之后, 以 ε 的优势伪造了一个签名, 那么可在时间 $t' < t + (q_{H_2} + q_{H_3} + q_{PK} + q_{\mathrm{Sig}})t_m + (2q_{\mathrm{Sig}} + 1)t_{mm}$ 内, 以概率

$$\varepsilon' > (\varepsilon - (q_S(q_{H_2} + q_S) + 2)/2^k)/e(q_E + 1)$$

解决 CDH 困难问题, 其中 t_m 是群 G_1 中计算一次标量乘法的时间, t_{mm} 是在群 G_1 中执行一次多指数运算的时间.

证明 假定敌手 $\mathcal{A}^{II}$ 是一个第二类敌手, 能够以 (t, ε) 攻破 ZWXF 无证书数字签名. 我们将构造一个运行时间为 t' 的算法 B, 至少以 ε' 的概率解决 G_1 上的 CDH 困难问题. 令算法 B 的输入是一个随机的 CDH 问题实例 $(X = aP, Y = bP) \in G_1 \times G_1$.

B 随机选取一个 $s \leftarrow \mathbb{Z}_q^*$ 作为主密钥, 随后使用 $P_{\mathrm{pub}} = sP$ 和主密钥 s 初始化 $\mathcal{A}^{II}$. 敌手 $\mathcal{A}^{II}$ 按照定义 3.2.2 所述, 开始进行谕示器询问. 需要注意的是, B 和敌手 $\mathcal{A}^{II}$ 都能计算部分私钥 $D_{ID} = sH_1(ID)$, 所以, Hash 函数 H_1 在这种情况下没有当作随机谕示器.

B 维持一个列表 $L = \{(ID, PK_{ID}, s_{ID}, T)\}$, 该列表不需要提前制作出来, 而是在 $\mathcal{A}^{II}$ 进行特定询问的时候向里面添加元素.

(1) **公钥询问** 假定这一询问是针对身份标识 ID 进行的.

① 如果列表 L 中包含 (ID, PK_{ID}, s_{ID}, T), 则 B 向 $\mathcal{A}^{II}$ 返回值 PK_{ID}.

② 如果列表 L 中不包含 (ID, PK_{ID}, s_{ID}), 类似于 Coron[8] 的证明方法, B 进行一次掷币 $T \in \{0, 1\}$, 掷币得到 0 的概率为 ς, 得到 1 的概率为 $1 - \varsigma$. B 同时随机选择一个值 $w \to \mathbb{Z}_q^*$. 如果 $T = 0$, 定义 PK_{ID} 为 $wP \in G_1$; 如果 $T = 1$, 则 B 返回 $wY \in G_1$. 在这两种情况下, B 都会设定 $s_{ID} = w$, 并向列表

$L_1 = \{(\text{ID}, PK_{\text{ID}}, s_{\text{ID}}, T)\}$ 中插入一个四元组 $(\text{ID}, PK_{\text{ID}}, s_{\text{ID}}, T)$ 以便记录其对于询问的回答方式. 最后, B 向 $\mathcal{A}^{II}$ 返回 PK_{ID}.

(2) **私钥提取询问**   假定这一询问是针对身份标识 ID 进行的.

①如果列表 L 中包含 $(\text{ID}, PK_{\text{ID}}, s_{\text{ID}}, T)$, 并且 $T = 0$, 则 B 返回 $SK_{\text{ID}} = (D_{\text{ID}}, s_{\text{ID}})$; 否则, 终止.

②如果列表 L 中不包含 $(\text{ID}, PK_{\text{ID}}, s_{\text{ID}}, T)$, 则 B 自己对身份标识 ID 进行一次公钥询问, 并将 $(\text{ID}, PK_{\text{ID}}, s_{\text{ID}}, T)$ 添加到列表 L 中. 之后, 如果 $T = 0$, 则 B 返回 $SK_{\text{ID}} = (D_{\text{ID}}, s_{\text{ID}})$; 否则, 终止.

(3) **对随机谕示器 H_2 的询问**   当一个四元组 $(m, \text{ID}, PK_{\text{ID}}, U)$ 提交给谕示器 H_2 时, B 首先扫描列表 $L_2 = \{(m, \text{ID}, PK_{\text{ID}}, U, H_2, t_2)\}$, 检查 H_2 是否已经对该输入进行了定义. 如果是, 则返回该定义值; 否则, B 选择随机数 $t_2 \leftarrow \mathbb{Z}_q^*$, 并给 $\mathcal{A}^{II}$ 返回 $H_2 = t_2 P \in G_1$ 作为 $H_2(m, \text{ID}, PK_{\text{ID}}, U)$ 的 Hash 值, 同时在 L_2 中存储该值.

(4) **对随机谕示器 H_3 的询问**   当一个三元组 $(m, \text{ID}, PK_{\text{ID}})$ 提交给谕示器 H_3 的时候, B 首先扫描列表 $L_3 = \{(m, \text{ID}, PK_{\text{ID}}, H_3, t_3)\}$, 检查 H_3 是否已经对该输入进行了定义. 如果是, 则返回已经存在的值; 否则, B 随机选择一个值 $t_3 \leftarrow \mathbb{Z}_q^*$, 并向敌手 $\mathcal{A}^{II}$ 返回 $H_3 = t_3 Y \in G_1$ 作为 $H_3(m, \text{ID}, PK_{\text{ID}})$ 的 Hash 值, 同时将该值存储到列表 L_3 中.

(5) **签名谕示器询问**   假设敌手 $\mathcal{A}^{II}$ 对输入 (m, ID) 进行一次询问. 不失一般性, 假定在列表 L 中已经存在一项 $(\text{ID}, PK_{\text{ID}}, \cdot, \cdot)$.

首先, B 随机选取 $v, u \leftarrow \mathbb{Z}_q^*$, 置 $U = uPK_{\text{ID}}$, $V = vPK_{\text{ID}} + D_{\text{ID}}$, 并将 $H_2(\text{ID}, m, PK_{\text{ID}}, U)$ 定义为 $H_2 = u^{-1}(vP - H_3)$, 其中 $H_3 = H_3(m, \text{ID}, PK_{\text{ID}})$ (如果 H_2 对于 $(m, \text{ID}, PK_{\text{ID}}, U)$ 已经进行了定义, 则 B 终止并返回 "failure").

现在, (U, V) 被返回给敌手 $\mathcal{A}^{II}$, 这看起来像是一个有效的签名, 这是因为

$$
e(Q_{\text{ID}}, P_{\text{pub}})e(H_2, U)e(H_3, PK_{\text{ID}})
$$
$$
= e(Q_{\text{ID}}, P_{\text{pub}})e(u^{-1}(vP - H_3), uPK_{\text{ID}})e(H_3, PK_{\text{ID}})
$$
$$
= e(sQ_{\text{ID}}, P)e(vP, PK_{\text{ID}})e(-H_3, PK_{\text{ID}})e(H_3, PK_{\text{ID}})
$$
$$
= e(D_{\text{ID}}, P)e(vPK_{\text{ID}}, P) = e(V, P)
$$

最终, 针对身份标识 $\widetilde{\text{ID}}$ 和公钥 $PK_{\widetilde{\text{ID}}}$, 敌手 $\mathcal{A}^{II}$ 输出消息 $\tilde{m}$ 的伪造签名 $\tilde{\sigma} = (\tilde{U}, \tilde{V})$. 这样 B 就能从 L_1 中恢复出 $(\widetilde{\text{ID}}, PK_{\widetilde{\text{ID}}}, s_{\widetilde{\text{ID}}}, \tilde{T})$. 如果 $\tilde{T} = 0$, 则 B 输出 "failure" 并停止; 否则, B 就在列表 L_2 中寻找一项 $(\tilde{m}, \widetilde{\text{ID}}, PK_{\widetilde{\text{ID}}}, \tilde{U}, \tilde{H}_2, \tilde{t}_2)$, 使得 $\tilde{H}_2 = H_2(\tilde{m}, \widetilde{\text{ID}}, PK_{\widetilde{\text{ID}}}, \tilde{U})$ 被定义为 $\tilde{t}_2 P$. 同时, B 在 L_3 中寻找一项 $(\tilde{m}, \widetilde{\text{ID}}, PK_{\widetilde{\text{ID}}}, \tilde{H}_3, \tilde{t}_3)$, 使得 $\tilde{H}_3 = H_3(\tilde{m}, \widetilde{\text{ID}}, PK_{\widetilde{\text{ID}}})$ 被定义为 $\tilde{t}_3 Y$. 注意到, 列

表 L_2 和 L_3 中会以极大的概率包含这样的项. 如果敌手 $\mathcal{A}^{II}$ 能够在游戏中获得成功, 则有

$$e(\tilde{V}, P) = e(Q_{\widetilde{ID}}, P_{\text{pub}})e(\tilde{H}_2, \tilde{U})e(\tilde{H}_3, PK_{\widetilde{ID}})$$

其中 $\tilde{H}_2 = \tilde{t}_2 P$, $\tilde{H}_3 = \tilde{t}_3 Y$, $P_{\text{pub}} = sP$, $PK_{\widetilde{ID}} = s_{\widetilde{ID}}X$, 这里 $\tilde{t}_2, \tilde{t}_3, s, s_{\widetilde{ID}} \in \mathbb{Z}_q^*$ 是已知的. 从而有

$$e(\tilde{V} - sQ_{\widetilde{ID}} - \tilde{t}_2\tilde{U}, P) = e(\tilde{t}_3 Y, s_{\widetilde{ID}}X)$$

因此, $(s_{\widetilde{ID}}\tilde{t}_3)^{-1}(\tilde{V} - sQ_{\widetilde{ID}} - \tilde{t}_2\tilde{U})$ 就是 CDH 问题实例 (X, Y) 的解.

现在估计 B 的失败概率. 我们对随机谕示器 H_3 的模拟是完美的. 同样, B 在处理签名询问时, 因 H_2 的碰撞导致失败的概率至多为 $q_S(q_{H_2} + q_S)/2^k$. 敌手 $\mathcal{A}^{II}$ 在不询问 $H_2(\tilde{m}, \widetilde{ID}, PK_{\widetilde{ID}}, \tilde{U})$ 和 $H_3(\tilde{m}, \widetilde{ID}, PK_{\widetilde{ID}})$ 的情况下, 针对身份标识 $\widetilde{ID}$ 和公钥 $PK_{\widetilde{ID}}$ 输出消息 $\tilde{m}$ 的伪造签名 $\tilde{\sigma}$ 的概率至多为 $2/2^k$. 通过类似于 Coron[8] 的分析方法, 我们可以推导出: 当最优概率取 $\varsigma_{\text{opt}} = q_E/(q_E + 1)$ 的时候, B 在私钥提取询问中不发生失败或 $\mathcal{A}^{II}$ 对于 "不好" 的身份 $\widetilde{ID}$ 产生伪造签名的概率 $\varsigma^{q_E}(1 - \varsigma)$ 大于 $1 - 1/e(q_E + 1)$. 因此, 算法 B 求解 G_1 中的 CDH 问题的优势至少为 $(\varepsilon - (q_S(q_{H_2} + q_S) + 2)/2^k)/e(q_E + 1)$. □

3.3 直接匿名证明

直接匿名证明 (direct anonymous attestation, DAA) 是一种匿名数字签名, 它是在群签名的基础上发展起来的, 与群签名不同的是, 在直接匿名证明中管理员不能对成员进行匿名性撤销, 成员签名对管理员也是匿名的, 同时直接匿名证明的直接应用场景是可信计算平台 [11-12](可信计算平台主要包括两部分: 可信平台模块和主机, 可信平台模块是一个防窜扰芯片, 这里是指可信计算组织 TCG 提出的 TPM 或中国可信计算工作组 TCMU 提出的 TCM, 简记为 TPM/TCM). 此外, 在直接匿名证明中必须提供一种假冒 TPM/TCM 的检测机制, 防止假冒 TPM/TCM 的欺骗.

本节介绍由 Chen 和 Feng[13] 提出的一种新的基于双线性映射的直接匿名证明方案, 即 BM-DAA 方案 (简称为 CF 方案), 该方案是在短群签名 [14-15] 的基础上构造的, 其安全性基于 q-SDH 假设和 DDH 假设.

3.3.1 CF 方案

CF 方案的基本思想是: 首先 TPM/TCM 与颁发者执行加入过程. TPM/TCM 选择随机秘密值 f, 计算承诺值 $C = g^f h^{t'}$, 并向颁发者零知识证明 TPM/TCM 知道秘密值 f 和 t', 颁发者验证通过后给可信计算平台颁发成员证书 (A, x, t''), 主机存储 (A, x), TPM/TCM 存储 $(f, t = t' + t'')$, 满足条件: $e(A, Yg_2^x) =$

$e(g_1, g_2) \cdot e(g^f, g_2) \cdot e(h^t, g_2)$. 然后在签名阶段可信计算平台计算知识签名 SPK$\{f,$ $x, t : e(A, Y g_2^x) = e(g_1, g_2) \cdot e(g^f, g_2) \cdot e(h^t, g_2)\}(m)$. 下面详细说明各个过程.

1. 密钥生成算法

给定安全参数 k 或 1^k, 颁发者选择群 $G_1 = \langle g_1 \rangle, G_2 = \langle g_2 \rangle, G_T = \langle g_T \rangle, G_3 = \langle g_3 \rangle$, 存在可计算的双线性对 (也称为双线性映射)$e : G_1 \times G_2 \to G_T$ 和可计算的同构 $\psi : G_2 \to G_1, \psi(g_2) = g_1$, 这些群的阶均是长度为 k 的素数 p. 颁发者随机选择 $\gamma \leftarrow \mathbb{Z}_p$ 和 $(g, h) \leftarrow (G_1)^2$, 计算 $Y = g_2^\gamma$, 则颁发者的公私钥对为

$$(pk, sk) = ((p, g_1, g_2, g_3, g_T, Y, g, h), \gamma)$$

2. 加入过程 (Join 协议)

(1) 首先执行 Pedersen 承诺方案, TPM/TCM 随机选择秘密信息 $f \leftarrow \mathbb{Z}_p$ 和 $t' \leftarrow \mathbb{Z}_p$, 计算 $C = g^f h^{t'}$, 其中 f 是被承诺的秘密值, 将 C 发送给颁发者, 之后执行零知识证明协议, 证明 TPM/TCM 拥有秘密知识 f 和 t'. 具体过程如下:

① TPM/TCM 随机选择 $(r_f, r_{t'}) \leftarrow (\mathbb{Z}_p)^2$, 计算 $C' = g^{r_f} h^{r_{t'}}$, 并将 C' 发送给颁发者.

② 颁发者随机选择 $c \leftarrow \mathbb{Z}_p$, 并将 c 发送给 TPM/TCM.

③ TPM/TCM 计算 $s_f = r_f + cf, s_{t'} = r_{t'} + ct'$, 并将 $s_f, s_{t'}$ 发送给颁发者.

④ 颁发者验证 $C' = C^{-c} g^{s_f} h^{s_{t'}}$.

(2) 颁发者随机选择 $x \leftarrow \mathbb{Z}_p, t'' \leftarrow \mathbb{Z}_p$, 计算 $A = (g_1 C h^{t''})^{1/(\gamma + x)}$, 并将 A, x 和 t'' 发送给主机.

(3) 主机存储 A 和 x, 并将 t'' 发送给 TPM/TCM.

(4) TPM/TCM 计算 $t = t' + t''$, 存储 f 和 t, 主机验证式 (3.3.1) 是否成立, 主机验证过程中 $e(g^f, g_2)$ 和 $e(h^t, g_2)$ 的值可以向 TPM/TCM 请求而获得

$$e(A, Y g_2^x) = e(g_1, g_2) \cdot e(g^f, g_2) \cdot e(h^t, g_2) \qquad (3.3.1)$$

通过 Join 协议, 可信计算平台得到成员证书 (A, x, t'') 以及秘密信息 f, 其中主机存储 (A, x), TPM/TCM 存储 (f, t). 从该协议可以看出, TPM/TCM 可在保持匿名性的同时使用同一个秘密信息 f 多次申请成员证书.

3. 签名过程 (Sign)

(1) 主机随机选择 $w \leftarrow \mathbb{Z}_p$, 计算 $T_1 = A h^w, T_2 = g^w h^{-x}, T_1$ 和 T_2 分别是对 A 和 x 的承诺, 验证式 (3.3.2) 和式 (3.3.3) 是否成立:

$$e(T_1, Y)/e(g_1, g_2) = e(h, Y)^w e(h, g_2)^{wx+t} e(g, g_2)^f / e(T_1, g_2)^x \qquad (3.3.2)$$

$$T_2 = g^w h^{-x} \quad \text{或} \quad T_2^{-x} g^{wx} h^{-xx} = 1 \tag{3.3.3}$$

(2) 接下来证明可信计算平台拥有知识 f, x, w 和 t, 使得式 (3.3.2) 和式 (3.3.3) 成立. 利用 Fiat-Shamir 启发式算法, 将对知识 f, x, w 和 t 的零知识证明转换为知识签名, 计算辅助值 $\delta_1 = wx$, $\delta_2 = -xx$, 其中 $H : \{0,1\}^* \to \mathbb{Z}_p$:

① 首先 TPM/TCM 随机选择 $r_f, r_t \leftarrow \mathbb{Z}_p$, 计算 $\tilde{R}_1 = e(g, g_2)^{r_f} e(h, g_2)^{r_t}$, 并将 $\tilde{R}_1$ 发送给主机.

② 主机随机选择 $r_x, r_w, r_{\delta_1}, r_{\delta_2} \leftarrow \mathbb{Z}_p$, 计算 $R_1 = \tilde{R}_1 e(h, Y)^{r_w} e(T_1, g_2)^{r_x} e(h, g_2)^{r_{\delta_1}}, R_2 = g^{r_w} h^{r_x}, R_3 = T_2^{r_x} g^{r_{\delta_1}} h^{r_{\delta_2}}$.

③ 主机计算 $c_h = H(g||h||g_1||g_2||g_T||Y||T_1||T_2||R_1||R_2||R_3)$, 并发送 c_h 给 TPM/TCM.

④ TPM/TCM 随机选择 $n_t \leftarrow \mathbb{Z}_p$, 计算 $c = H(H(c_h||n_t)||m)$.

⑤ 主机计算 $s_x = r_x + c(-x), s_{\delta_1} = r_{\delta_1} + c\delta_1, s_w = r_w + cw, s_{\delta_2} = r_{\delta_2} + c\delta_2$; TPM/TCM 计算 $s_f = r_f + cf, s_t = r_t + c(-t)$.

(3) 主机输出签名 $\sigma = (T_1, T_2, c, n_t, s_f, s_t, s_x, s_w, s_{\delta_1}, s_{\delta_2})$.

4. 验证过程 (Verify)

(1) 给定消息 m 的签名 $\sigma = (T_1, T_2, c, n_t, s_f, s_t, s_x, s_w, s_{\delta_1}, s_{\delta_2})$ 和公钥 $(p, g_1, g_2, g_T, Y, g, h)$.

(2) 计算 $R_1' = e(g, g_2)^{s_f} e(h, Y)^{s_w} e(h, g_2)^{s_{\delta_1} + s_t} e(T_1, g_2)^{s_x} (e(T_1, Y)/e(g_1, g_2))^{-c}, R_2' = T_2^{-c} g^{s_w} h^{s_x}, R_3' = T_2^{s_x} g^{s_{\delta_1}} h^{s_{\delta_2}}$.

(3) 验证如下等式是否成立

$$c \overset{?}{=} H(H(H(g||h||g_1||g_2||g_T||Y||T_1||T_2||R_1'||R_2'||R_3')||n_t)||m)$$

5. 可变匿名性机制

上面给出的签名对验证方来说是完全匿名的, 为了达到可变匿名性, 可信计算平台在生成签名时, 使用 TPM/TCM 的秘密 f 计算一个承诺值 T_3, 同时在计算时将选择一个签名唯一标识符 (solely signature identifier, SSID). 可信计算平台在签名时如果选择的 SSID 是相同的, 那么由该可信计算平台生成的签名是可关联的 (linkability); 如果可信计算平台在生成签名时, 随机选择 SSID, 那么生成的签名是完全匿名的. SSID 的选择可由 TPM/TCM 和验证者共同协商确定.

为了提供可变的匿名性机制, 在执行签名操作时, 同时执行下面的运算, 下面是群 G_3 中的计算

$$\eta = H_1(\text{SSID}), \quad T_3 = \eta^f, \quad R_4 = \eta^{r_f}, \quad R_4' = T_3^{-c} \eta^{s_f}$$

$$c = H(H(H(\eta\|g\|h\|g_1\|g_2\|g_3\|g_T\|Y\|T_1\|T_2\|T_3\|R_1\|R_2\|R_3\|R_4)\|n_t)\|m)$$

其中 $H_1 : \{0,1\}^* \to G_3$. 加入可变匿名性机制之后输出的签名是

$$\sigma = (\eta, T_1, T_2, T_3, c, n_t, s_f, s_t, s_x, s_w, s_{\delta_1}, s_{\delta_2}).$$

验证签名是否成立的等式为

$$c \overset{?}{=} H(H(H(\eta\|g\|h\|g_1\|g_2\|g_3\|g_T\|Y\|T_1\|T_2\|T_3\|R_1'\|R_2'\|R_3'\|R_4')\|n_t)\|m)$$

6. 假冒 TPM/TCM 检测

如果 TPM/TCM 内部的秘密 f 泄露, 验证者在签名验证时必须对 TPM/TCM 进行检测, 以确定签名是否来自被攻陷的 TPM/TCM. 检测的方法是: 将已经泄露的 TPM/TCM 秘密信息 f 加入到撤销列表中, 撤销列表中保存了所有假冒 TPM/TCM 的秘密 f, 对于在撤销列表中的 f, 验证者计算

$$T_3 \overset{?}{=} \eta^f$$

如果存在某个 f 使得等式成立, 那么该签名来自假冒的或已经撤销的 TPM/TCM.

3.3.2 CF 方案的安全性证明

定理 3.3.1 在 q-SDH 假设和群 G_3 中的 DDH 假设下, CF 方案安全地实现了一个直接匿名证明系统.

本小节采用现实系统/理想系统 (real-system/ideal-system) 模型 [16-17] 来证明 CF 方案的安全性, 类似于文献 [18] 中的安全性证明.

1. 理想系统中的可信方 T

下面首先给出 CF 方案在理想系统中的可信方 T, 该可信方与文献 [18] 中给出的可信方基本上是一致的. 在理想系统中有如下的参与方: 一个颁发者 I, 一个身份为 id_i 的可信平台模块 TPM/TCM(记为 M_i), 一个带 TPM/TCM 的可信计算平台 H_i 和一个验证者 V_j. 下面将给出 CF 方案在理想系统中的可信方 T 所支持的操作.

(1) 初始化 (Setup) 操作: 每个参与方与 T 交互, 表明该参与方是否已经被攻击方攻陷 (corrupted).

(2) 加入 (Join) 操作: 可信计算平台 H_i 向 T 发出请求, 希望成为群成员, T 询问 M_i 是否希望 H_i 成为群中的一员, 如果 M_i 同意, T 向颁发者 I 发送消息表明身份为 id_i 的可信计算平台希望加入, 如果 M_i 是假冒的, T 将向颁发者 I 表明这一点. 如果 I 批准, T 向 H_i 通知其已经成功地加入.

(3) 签名/验证 (Sign/Verify) 操作:H_i 拟对消息 m 进行签名, 用的签名唯一标识符为 SSID $\in \{0,1\}^* \bigcup \{\perp\}$. H_i 将 m 和 SSID 发送给 T. 首先 T 验证 H_i/M_i 是否为群的成员, 如果不是, T 将拒绝 H_i/M_i 的请求; 否则, T 将 m 交给相应的 M_i, 询问是否同意签名. 如果 M_i 同意, T 询问 H_i 是否需要签名. 如果 H_i 没有退出, T 执行如下步骤.

①如果 M_i 是假冒的, T 通知 V_j: 假冒 TPM/TCM 对 m 进行了签名.

②如果 SSID $= \perp$, T 通知 V_j: H_i/M_i 已经对 m 进行了签名.

③如果 SSID $\neq \perp$, T 检查 H_i/M_i 是否已经用参数 SSID 对消息进行了签名. 如果是, T 在它的假名数据库中查找对应的假名 P; 如果不是, T 将随机生成一个假名 $P \in G_3$, 并通知 V_j: 假名为 P 的平台对消息 m 签名.

该理想系统具有如下安全特性:

① 不可伪造性 (unforgeability). 不是群成员的用户或已经被撤销的群成员不能成功地进行签名操作.

② 可变匿名性 (anonymity). 验证者不能标识出签名者的身份, 如果 SSID $= \perp$, 签名是完全匿名的; 如果 SSID $\neq \perp$, 签名具有部分的匿名性, 验证者通过假名 P 标识签名者.

③ 不可关联性 (unlinkability). 如果 SSID $= \perp$, 验证者无法区分两个不同的签名是否由同一个可信计算平台签发的.

2. 模拟器 S

我们将在理想系统中构造模拟器 S. 模拟器 S 将在理想系统中代表被攻陷的参与方与 T 交互, 并且模拟现实系统中的攻击方 A. 模拟器 S 在本地对 A 进行黑盒访问 (black-box access), 获得 A 在协议的真实执行中发送的信息, 然后提供给攻击方 A 所期望接收到的信息. 在下面的讨论中, 沿用了文献 [18] 中使用的标记, 大写字母表示该参与方没有被攻陷 (corrupted), 小写字母表示该参与方已经被攻陷, 如 (Ihm) 表示颁发者 I 是诚实参与方, 主机和 TPM/TCM 已经被攻陷.

系统初始化的模拟是针对颁发者进行的, 分为如下两种情况:

(1) 如果颁发者被攻陷, 那么模拟器 S 从攻击方处接收到颁发者的公钥 $(p, g_1, g_2, g_3, g_T, Y, g, h)$.

(2) 如果颁发者是诚实的, 那么模拟器 S 运行密钥生成算法得到公钥 $(p, g_1, g_2, g_3, g_T, Y, g, h)$ 和私钥 γ.

在 Join 的模拟过程中, 根据颁发者 I、主机 H_i 和 TPM/TCM M_i 是否被攻陷, 可以分为 6 种情况, 分别为 (IHM)、(ihm)、(Ihm)、(IhM)、(iHM) 和 (ihM), 下面将分情况逐一讨论.

(IHM)、(ihm)：在这两种情况下, 所有的操作都是在参与方之间进行的, 不需要触发模拟器 S.

(Ihm)：在这种情况下, 颁发者 I 没有被攻陷, 可信计算平台 (h 和 m) 被攻陷, 如图 3.3.1 所示. 模拟器 S 从攻击方 A 处得到加入请求, S 与 A 交互, 运行 Join 协议, 在这个过程中, A 同时将 T_3 发送给 S 用于假冒 TPM/TCM 检测, 如果 S 第一次接收到 T_3, 那么 S 存储 T_3, 同时通知可信方 T 表明可信计算平台 H_i 请求加入, S 在与可信方通信的过程中将扮演理想系统中的 M_i 的角色. 如果可信方 T 同意 H_i 加入, 那么 S 与 A 将交互完成 Join 协议, 如果 T 不同意, 那么 S 将终止协议.

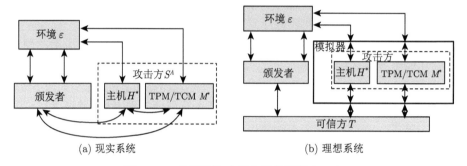

(a) 现实系统   (b) 理想系统

图 3.3.1 理想系统 / 现实系统模型 (Ihm)

(IhM)：这种情况与 (Ihm) 类似, 与 (Ihm) 不同的是, 模拟器 S 将执行 Join 过程中 TPM/TCM M_i 执行的操作.

(iHM)：在这种情况下, 模拟器 S 从可信方 T 处得到平台 id_i 的加入请求. 在理想系统中 S 将扮演颁发者的角色, 在与攻击方交互的过程中模拟现实系统中的 H_i/M_i, 如果 Join 协议能够成功地完成, 那么 S 将从攻击方 A 处得到证书 (A, x, t''), S 存储证书及秘密信息 f, 并通知 T 允许平台加入, 如果 S 没有成功地完成 Join 协议, S 将通知 T 不允许平台加入.

(ihM)：模拟器 S 从攻击方 A 处得到 H_i 的请求, 要求 M_i 加入群, S 向可信方 T 发送信息表明 H_i 希望加入群. 之后, S 从可信方 T 处得到请求消息, 表明具有身份 id_i 的平台能否加入, 接下来, S 以 TPM/TCM M_i 运行 Join 协议. 如果 Join 协议能够成功地完成, S 从攻击方处得到 t'', 存储 t'', 通知可信方 T 该平台允许加入; 否则, S 通知 T 该平台不允许加入.

在 Sign 的模拟过程中, 可分为 3 种情况, 分别为 (hM)、(hm) 和 (HM), 下面将分情况逐一讨论.

(HM)、(hm)：在这两种情况下, 所有的操作都是在参与方之间进行的, 不需要触发模拟器 S.

(hM): 模拟器 S 从攻击方 A 处得到请求, S 在现实系统中扮演 M_i 角色, 并执行如下操作:

(1) S 从 A 处得到 η 和 T_1, S 在记录库中查找, 如果 η 存在, S 选择对应的 T_3; 如果不存在, S 随机选择 $T_3 \leftarrow G_3$, 并将 T_3 发送给攻击方 A.

(2) S 伪造签名如下:

① S 随机选择 $s_f, s_t, c \leftarrow \mathbb{Z}_p$.

② S 计算

$$\tilde{R}_1 = e(g, g_2)^{s_f} e(h, g_2)^{s_t} (e(T_1, Y)/e(g_1, g_2))^{-c}, \quad \tilde{R}_4 = T_3^{-c}(\eta)^{s_f}$$

并将 $\tilde{R}_1$ 和 $\tilde{R}_4$ 发送给攻击方 A.

③ S 从 A 处得到 c_h, S 随机选择 $n_t \leftarrow \mathbb{Z}_p$, S 完善随机谕示器, 使得

$$c = H(H(c_h\|n_t)\|m)$$

(3) S 在理想系统中控制 H_i, 代表 H_i 向 T 请求诚实的 TPM/TCM 对 m 签名. 同时发送给 A 如下消息: c, n_t, s_f, s_t.

在 Verify 的模拟过程中, 可分为 4 种情况, 分别为 (HV)、(hv)、(Hv) 和 (hV). 下面将分情况逐一讨论.

(hv)、(HV): 在这两种情况下, 所有的操作都是在参与方之间进行的, 不需要触发模拟器 S.

(Hv): 在这种情况下, 平台没有被攻陷, 模拟器 S 从可信方 T 处得到消息, 平台已经对 m 进行了签名. S 需要在现实系统中模拟签名.

(1) 如果 SSID $= \perp$, S 随机选择 $\eta \leftarrow \langle g_3 \rangle$, $T_3 \leftarrow \langle g_3 \rangle$; 如果 SSID $\neq \perp$, S 在假名数据库记录中查找 P, 如果 P 存在, 查找对应的 (η, T_3), 如果没有找到, 计算 $\eta = H_1(\text{SSID})$, 随机选择 $T_3 \leftarrow \langle g_3 \rangle$ 和 $T_1, T_2 \leftarrow \langle g_1 \rangle$.

(2) S 按如下方式伪造签名:

① S 随机选择 $s_f, s_x, s_w, s_{\delta_1}, s_t, s_{\delta_2}, c \leftarrow \mathbb{Z}_p$; 计算

$$R_1' = e(g, g_2)^{s_f} e(h, Y)^{s_w} e(h, g_2)^{s_{\delta_1}+s_t} e(T_1, g_2)^{s_x} (e(T_1, Y)/e(g_1, g_2))^{-c}$$

$$R_2' = T_2^{-c} g_1^{s_w} h^{s_x}, \quad R_3' = T_2^{s_x} g^{s_{\delta_1}} h^{s_{\delta_2}}, \quad R_4' = T_3^{-c} \eta^{s_f}$$

② S 选择 n_t, 完善随机谕示器, 使得

$$c = H(H(H(\eta\|g\|h\|g_1\|g_2\|g_3\|g_T\|Y\|T_1\|T_2\|T_3\|R_1'\|R_2'\|R_3'\|R_4')\|n_t)\|m)$$

(3) S 发送消息 m 的签名 $\sigma = (\eta, T_1, T_2, T_3, c, n_t, s_f, s_t, s_x, s_w, s_{\delta_1}, s_{\delta_2})$ 给攻击方 A.

(hV): 模拟器 S 从攻击方处得到对消息 m 的签名 $\sigma = (\eta, T_1, T_2, T_3, c, n_t, s_f, s_t, s_x, s_w, s_{\delta_1}, s_{\delta_2})$, 首先验证签名 σ 的正确性. 如果签名 σ 不合法, S 忽略消息请求; 如果 σ 合法, 需要做假冒 TPM/TCM 检测, 根据撤销列表中 f 验证 $T_3 = \eta^f$.

(1) 如果找到对应的 f 使得 $T_3 = \eta^f$, 那么模拟器 S 检查是否存在与 f 对应的 id_i, 如果存在这样的 id_i, S 作为主机 H_i 请求可信方 T 对消息 m 签名. 如果不存在对应的 id_i, S 检查签名中的消息对 (η, T_3) 是否第一次出现, S 选择一个已经被攻陷的 M_i(该 M_i 还没有成为群成员), 以 M_i 的身份请求可信方 T 加入, 并且将该 M_i 标记为假冒的, 最后以 H_i 的身份对消息 m 进行签名.

(2) 如果找不到对应的 f, 表明对 m 进行签名的平台是假冒的, 但还没有放入撤销列表. S 必须找出签名来自哪个平台. S 检查签名中的 (η, T_3) 在以前是否出现过.

①如果 (η, T_3) 不是第一次出现, S 执行如下操作:

• 如果 S 在 Sign 的模拟过程中使用了 (η, T_3), 但是 S 已经在 Sign 的模拟过程中回答了可信方, 那么 S 输出 "模拟失败". S 模拟失败的原因在于攻击方伪造了签名, 并且签名中 T_3 是模拟器选择的. 因为该签名本质上是对 T_3 的离散对数的零知识证明, 所以, 如果存在这样的攻击方 A, 那么就存在另一个攻击方 A', A' 调用攻击方 A, 利用回绕调用 (rewinding) 技术能够解决群 G_3 上的 DDH 问题.

• 否则, 找到与 (η, T_3) 对应的主机 H_i、TPM/TCM M_i, 主机 H_i 与可信方 T 交互完成对 m 的签名.

②如果 (η, T_3) 是第一次出现, S 为 (η, T_3) 找到对应的 TPM/TCM M_i. TPM/TCM 已经被攻陷.

• 如果 SSID $= \perp$, S 任意选择一个没有标记为假冒 TPM/TCM 的 M_i, S 与 T 交互完成对消息 m 的签名.

• 如果 SSID $\neq \perp$, S 选择一个没有标记为假冒 TPM/TCM 的 M_i, 如果能够找到这样的 M_i, S 与 T 交互完成对消息 m 的签名. 如果找不到, 表明攻击方可以成功地伪造签名, S 的模拟失败; 但是由引理 3.3.2 可知, 如果攻击方能够成功地伪造签名, 那么必定存在一个算法攻破 q-SDH 难题.

引理 3.3.1   给定 m 的两个签名

$$\{\eta, T_1, T_2, T_3, c_1, n_t, R_1', R_2', R_3', R_4', s_f', s_t', s_x', s_w', s_{\delta_1}', s_{\delta_2}', H_1\}$$

$$\{\eta, T_1, T_2, T_3, c_2, n_t, R_1'', R_2'', R_3'', R_4'', s_f'', s_t'', s_x'', s_w'', s_{\delta_1}'', s_{\delta_2}'', H_2\}$$

使得

$$(s_f', s_x', s_t', s_w', s_{\delta_1}', s_{\delta_2}') \neq (s_f'', s_x'', s_t'', s_w'', s_{\delta_1}'', s_{\delta_2}'')$$

$$c_1 = H_1(H_1(H_1(\eta \| g \| h \| g_1 \| g_2 \| g_3 \| g_T \| Y \| T_1 \| T_2 \| T_3 \| R_1' \| R_2' \| R_3' \| R_4') \| n_t) \| m)$$

$$\neq c_2 = H_2(H_2(H_2(\eta||g||h||g_1||g_2||g_3||g_T||Y||T_1||T_2||T_3||R_1''||R_2''||R_3''||R_4'')||n_t)||m)$$

$$R_1' = e(g, g_2)^{s_f'} e(h, Y)^{s_w'} e(h, g_2)^{s_{\delta_1}' + s_t'} e(T_1, g_2)^{s_x'} (e(T_1, Y)/e(g_1, g_2))^{-c_1}$$

$$R_1'' = e(g, g_2)^{s_f''} e(h, Y)^{s_w''} e(h, g_2)^{s_{\delta_1}'' + s_t''} e(T_1, g_2)^{s_x''} (e(T_1, Y)/e(g_1, g_2))^{-c_2}$$

$$R_2' = T_2^{-c_1} g^{s_w'} h^{s_x'}, \quad R_2'' = T_2^{-c_2} g^{s_w''} h^{s_x''}, \quad R_3' = T_2^{s_x'} g^{s_{\delta_1}'} h^{s_{\delta_2}'}, \quad R_3'' = T_2^{s_x''} g^{s_{\delta_1}''} h^{s_{\delta_2}''}$$

$$R_4' = T_3^{-c_1} \eta^{s_f'}, R_4'' = T_3^{-c_2} \eta^{s_f''}$$

那么可以计算出 (A, x, t, w, f) 满足式 (3.3.1).

证明 下面的 (A, x, t, w, f) 满足引理 3.3.1.

$$A = \frac{T_1}{h^w}, \quad x = \frac{s_x'' - s_x'}{c_1 - c_2}, \quad f = \frac{s_f' - s_f''}{c_1 - c_2}, \quad w = \frac{s_w' - s_w''}{c_1 - c_2}, \quad t = \frac{s_t' - s_t''}{c_1 - c_2} \qquad \square$$

引理 3.3.2 在颁发者没有被攻陷的情况下, 如果存在攻击方 $\bar{A}$ 运行 Join 协议少于 $q-1$ 次, 能够伪造出合法签名 $(m, \sigma = (\eta, T_1, T_2, T_3, c, n_t, s_f, s_t, s_x, s_w, s_{\delta_1}, s_{\delta_2}))$, 那么就存在一个攻击方 $\bar{A}'$ 可解决 q-SDH 问题.

证明 现在需要做的事情是: 假设算法 $\bar{A}'$ 的输入为 $q+2$ 元组 $(g_1, g_2, g_2^{\gamma}, g_2^{\gamma^2}, \cdots, g_2^{\gamma^q})$, $\psi(g_2) = g_1$, 找到一个形如 $(g_1^{\frac{1}{\gamma+x}}, y)$ 的对, 其中 $y \in \mathbb{Z}_p^*$. 这可通过 $\bar{A}'$ 与 $\bar{A}$ 之间的一个游戏来完成, 具体过程如下:

(1) $\bar{A}'$ 随机选择 $\alpha \leftarrow \mathbb{Z}_p, \{(a_i, b_i) \leftarrow (\mathbb{Z}_p)^2\}_{i \in [q-1]}, m \leftarrow [q-1]$.

(2) 令 $\omega = \gamma - a_m$, $\bar{A}'$ 随机选择 $\theta \leftarrow \mathbb{Z}_p$, 生成颁发者公钥信息如下

$$\bar{g}_2 = g_2^{\left[b_m \prod\limits_{i=1, i \neq m}^{q-1} (\gamma + a_i - a_m)\right]} g_2^{\left[\alpha \prod\limits_{i=1}^{q-1} (\gamma + a_i - a_m)\right]}, \quad \bar{g}_1 = \psi(\bar{g}_2)$$

$$\bar{g} = \psi(g_2)^{\left[\prod\limits_{i=1, i \neq m}^{q-1} (\gamma + a_i - a_m)\right]}, \quad \overline{h} = \bar{g}^{\theta}, \quad \overline{Y} = \bar{g}_2^{\omega}$$

(3) $\bar{A}'$ 输出公钥 $\overline{pk} = (p, \bar{g}_1, \bar{g}_2, \overline{Y}, \bar{g}, \overline{h})$, 将 $\overline{pk}$ 发送给 $\bar{A}$.

(4) 接下来 $\bar{A}'$ 调用 $\bar{A}$ (作为需要加入群的可信计算平台) 运行 Join 协议.

①$\bar{A}'$ 回绕调用 (rewind)$\bar{A}$ 得到 f, t'.

②$\bar{A}'$ 产生 A, x, t''

$$t'' = (b_i - f)/\theta - t', \quad x = a_i$$

$$A = (\bar{g}_1 \bar{g}^f \overline{h}^{t'+t''})^{1/(\omega+x)} = (\bar{g}_1 \bar{g}^{b_i})^{1/(\omega+a_i)} = \psi(g_2)^{\left[(b_m + b_i) \prod\limits_{j=1, j \neq m, i}^{q-1} (\gamma + a_j - a_m)\right]}$$
$$\cdot \psi(g_2)^{\left[\alpha \prod\limits_{j=1, j \neq i}^{q-1} (\gamma + a_j - a_m)\right]}$$

$\bar{A}'$ 发送 (A, x, t'') 给 $\bar{A}$.

(5) $\bar{A}$ 输出签名对 (m, σ), 使得签名能够通过验证, 根据分叉引理和引理 3.3.1, $\bar{A}'$ 通过计算得到的 $(A, x, t, f) \in G_1 \times (\mathbb{Z}_p)^3$ 满足式 (3.3.1). 其中

$$A = (\bar{g}_1 \bar{g}^f \bar{h}^{t'+t''})^{1/(\omega+x)} = (\bar{g}_1 \bar{g}^{\theta t+f})^{1/(\omega+x)}$$

$$= \psi(g_2)^{\left[\frac{\alpha\gamma+(\theta t+f)+b_m}{\gamma-a_m+x} \prod\limits_{j=1, j\neq m}^{q-1} (\gamma+a_j-a_m) \right]}$$

将等式进行化简得到 $A = \psi(g_2)^{\sum\limits_{i=0}^{q-1} c_i \gamma^i + (c_q/(\gamma-a_m+x))}$, 从以上分析可以得到, 对给定的 q-SDH 元组, 其解为

$$((A/(\psi(g_2)^{\sum\limits_{i=0}^{q-1} c_i \gamma^i}))^{(1/c_q)}, x - a_m) \qquad \square$$

3. 模拟器 S 的正确性

最后, 证明环境 ε 不能区分自己是运行在现实系统中还是在理想系统中, 也就是证明现实系统和理想系统中的输出参数是计算不可区分的. 在模拟的过程中, 模拟器 S 扮演了现实系统中的不同角色, S 在模拟过程中选择的参数 (输出) 有一些 s^* 及 T^*, 这些参数都是随机选定的, 在现实系统中这些参数是由秘密信息经过计算得到的. 由于这些参数是统计不可区分的, 因此, 在 $\mathbb{Z}_p$ 中也是计算不可区分的.

另外, c 由模拟器 S 随机选择, 在现实系统中是 Hash 函数的计算结果, 由于是在随机谕示器模型中, 所以, 这两者是计算不可区分的.

3.3.3 CF 方案实现考虑

1. 签名长度

在 CF 方案中, 如果考虑匿名性保护机制, 最后得到的签名 σ 包括了 4 个群 G_1 中的元素, 8 个 $\mathbb{Z}_p$ 中的元素, 假设 $G_1 \neq G_2$, 利用文献 [19] 定义的椭圆曲线族, 当 $|p| = k = 170$ 比特时, G_T 和 G_1 中的元素长度分别为 1020 比特和 171 比特, 则 CF 方案的签名长度为 2044 比特.

2. 计算效率

由于指数运算/多指数运算及双线性对运算是最耗时的运算, 这里将根据方案中用到的指数运算 (多指数运算) 和双线性对运算来估算计算开销. 下面分别计算方案中加入过程, 签名和验证操作的可信计算平台的计算开销 (考虑匿名性机制).

其中双线性对运算 $e(g, g_2), e(h, Y), e(h, g_2), e(T_1, g_2) = e(A, g_2) \cdot e(h, g_2)^w$ 都是可以预先计算的.

(1) 加入过程：TPM/TCM 做 2 次指数运算.

(2) 签名操作：主机做 5 次指数运算, TPM/TCM 做 4 次指数运算.

(3) 验证操作：4 次多指数运算和 1 次双线性对运算.

3. 与其他方案的比较

这里将 CF 方案与 BCC 方案[18] 和 HS 方案[20] 进行比较, 具体的性能指标见表 3.3.1, 其中 "BM" 表示双线性对运算, "ME" 表示指数运算 (多指数运算), "SC" 表示模平方运算, "MC" 表示乘法运算. 并且由于在计算过程中 TPM/TCM 的计算量是一个非常重要的性能指标, 因此, 将比较在签名过程中 TPM/TCM 的计算量. 对于指数运算, 将参照文献 [21] 给出的方法估算计算开销. 对于某个指数运算, 设 m_1 是指数的二进制表示的比特长度, m_2 是指数的二进制表示中 1 的个数, 那么该指数运算的计算开销可以估算为 m_1 次模平方运算和 m_2 次乘法运算.

在 HS 方案中, 安全参数的一般取值为

$$l_n = 2048, \quad \alpha = 9/8, \quad X = 2^{792}, \quad Y = 2^{520}, \quad l_s = 540, \quad l_b = 300, \quad l_c = 160$$

那么其长度至少为 7614 比特.

而在 BCC 方案中, 安全参数的一般取值为

$$l_n = 2048, \quad l_f = 104, \quad l_e = 368, \quad l'_e = 120, \quad l_v = 2536, \quad l_\phi = 80$$

$$l_H = 160, \quad l_r = 80, \quad l_\Gamma = 1632, \quad l_\rho = 208$$

其长度至少为 20555 比特.

表 3.3.1 几种直接匿名证明方案的性能比较 [22]

方案名	签名长度	签名过程总计算量 (TPM/TCM 的计算量)	加入过程计算量	验证过程计算量	基于的假设
BCC 方案	20555 比特	8ME+0BM (16186SC+8093MC)	4ME+0BM	4ME+0BM	强 RSA, DDH
HS 方案	7614 比特	3ME+0BM (2352SC+958MC)	5ME+0BM	3ME+0BM	强 RSA, DDH
CF 方案	2044 比特	9ME+0BM (855SC+425MC)	4ME+0BM	4ME+1BM	q-SDH,DDH

从表 3.3.1 可以看出, CF 方案与其他直接匿名证明方案相比, 签名长度大大缩短, 能有效地节省传输带宽. 更重要的是, 由于 CF 方案可以采用椭圆曲线来实现, 因此, 指数运算的效率要比其他方案高, 同时最耗时的双线性对运算可以在主机上执行, 为新一代基于 ECC 算法的 TPM/TCM 提供了一种全新的隐私性保护解决方案.

3.4　环签名和代理签名

3.4.1　环签名

环签名 (ring signature) 的思想是由 Rivest, Shamir 和 Tauman[23] 于 2001 年提出的, 以实现对消息的完全匿名签名. 环签名因签名中某个参数根据一定的规则首尾相接组成环状而得名. 环签名可以被视为一种简化的群签名, 它仅包括环成员而没有管理者, 不需要群建立过程, 也无法撤销真实签名者的匿名性. 验证者能够证明消息是由环中的某个成员签署的, 但无法确认真正签名者的身份. 它克服了群签名中群管理员权限过大的缺点, 对签名者是无条件完全匿名的. 环签名作为一种密码技术, 可以用来隐藏组织的内部结构, 故在匿名电子选举、电子现金、密钥管理中的密钥分配以及多方安全计算中都有着广泛的应用.

定义 3.4.1 (环签名)　　一个环签名是由如下 3 个算法组成的数字签名:

(1) 密钥生成算法. 签名者 A_t 以 1^κ(κ 为安全参数) 为输入, 输出密钥对 (pk_t, sk_t), 分别称为公钥和私钥.

(2) 签名算法. 一个概率算法, 以待签名的消息 m, n 个环成员的公钥 $pk_1, pk_2, \cdots, pk_n$, 以及成员 A_t(实际的签名者) 的私钥 sk_t 为输入, 输出 m 的签名 σ.

(3) 验证算法. 以消息 m, 签名 σ, 环成员的公钥 $pk_1, pk_2, \cdots, pk_n$ 为输入, 如果签名通过验证, 输出接受; 否则, 输出拒绝.

环签名应当满足如下性质:

(1) 正确性: 以正确方式产生的签名应能被验证者所接受.

(2) 匿名性: 对一个有 n 个成员的环签名, 任何验证者都不能以大于 $1/n$ 的概率猜测出真正签名者的身份. 如果验证者是环中的某个非签名者, 那么他猜测出真正签名者身份的概率不大于 $1/(n-1)$.

(3) 不可伪造性: 考虑最强的不可伪造性定义. 在自适应选择消息攻击下, 任何攻击者都不能以不可忽略的概率成功地伪造一个合法签名.

本小节介绍一个标准模型中可证明安全的环签名 [24]. 设 E 是 $\mathbb{Z}_p$(p 是一个合适的大素数) 上的一个椭圆曲线, P 是 E 上的一个点, e 是一个双线性对.

(1) 密钥生成算法: 签名者随机选取 $x_s, y_s \leftarrow \mathbb{Z}_p^*$, 计算 $u_s = x_s P$, $v_s = y_s P$, 输出签名者的私钥为 (x_s, y_s), 公钥为 (u_s, v_s).

(2) 签名算法: 输入一组用户的公钥 $(u_1, v_1), (u_2, v_2), \cdots, (u_n, v_n)$, 待签名的消息 m, 以及签名者的私钥 (x_s, y_s), 签名者随机选取 $r \leftarrow \mathbb{Z}_p^*$, 并针对每一个 $i \neq s$, 随机选取 $a_i \leftarrow \mathbb{Z}_p^*$, 计算 $\sigma_s = \dfrac{1}{m + x_s + y_s r}\left(P - \sum_{i \neq s} a_i(mP + u_i + rv_i)\right).$

如果 $m + x_s + y_s r = 0$, 则重新选择不同的随机数 r. 对于所有的 $i \neq s$, 计算 $\sigma_i = a_i P$, 最后输出的签名为 $\sigma = (\sigma_1, \sigma_2, \cdots, \sigma_n, r)$.

(3) 验证算法：输入所有环成员的公钥 $(u_1, v_1), (u_2, v_2), \cdots, (u_n, v_n)$, 消息 m, 以及签名 $\sigma = (\sigma_1, \sigma_2, \cdots, \sigma_n, r)$, 验证如下等式是否成立

$$\prod_{i=1}^{n} e(mP + u_i + rv_i, \sigma_i) = e(P, P)$$

如果上述等式成立输出接受, 否则, 输出拒绝.

下面我们对上述环签名的正确性和安全性进行分析.

正确性 环签名的正确性可通过如下等式来验证

$$
\begin{aligned}
&\prod_{i=1}^{n} e(mP + u_i + rv_i, \sigma_i) \\
={}&\prod_{i \neq s} e(mP + u_i + rv_i, \sigma_i) e(mP + u_s + rv_s, \sigma_s) \\
={}&\prod_{i \neq s} e(mP + u_i + rv_i, \sigma_i) \\
&\times e\left(mP + u_s + rv_s, \frac{1}{m + x_s + y_s r}\left(P - \sum_{i \neq s} a_i(mP + u_i + rv_i)\right)\right) \\
={}&e(P, P)
\end{aligned}
$$

匿名性 定理 3.4.1 保证了签名者的身份是匿名的.

定理 3.4.1 对任意可能的算法 $\mathfrak{A}$, 任意成员集合 U, 以及任意的成员 $u \in U$, 有 $\Pr[\mathfrak{A}(\sigma) = u] \leqslant \dfrac{1}{|U|}$, 这里 σ 是用私钥 sk_u 计算的关于用户集合 U 的签名.

证明 假定 $\sigma = (\sigma_1, \sigma_2, \cdots, \sigma_n, r)$ 是用私钥 sk_u 计算的关于用户集合 U 的签名. 由于随机的 $a_i \in \mathbb{Z}_p^*$, $\sigma_i = a_i P$, 所以, 除签名者 u 外, 其他用户产生的 σ_i 都是随机的. 而签名者 u 产生的 σ_u 是根据 a_i, m 以及 sk_u 计算出来的. 因此, 容易看出, 对于固定的用户集合 U 和消息 m, $(\sigma_1, \sigma_2, \cdots, \sigma_n)$ 的值有 $|U|^{n-1}$ 种等概率的可能性. 同时 $(\sigma_1, \sigma_2, \cdots, \sigma_n)$ 的分布与分布 $\left\{ (a_1 P, a_2 P, \cdots, a_n P) : \sum_{i=1}^{n} a_i P = C \right\}$ 是一致的, 这里 C 是根据 U 和 m 生成的. 综上所述, 定理成立. $\qquad\square$

不可伪造性 由于当 $n = 1$ 时, 上述环签名实际上是文献 [25] 提出的一个短签名机制, 并且该短签名被证明在标准模型中是选择消息攻击下不可伪造的, 所以, 关于上述环签名的不可伪造性可以进行类似的证明, 具体方法可参阅文献 [25].

最后, 我们对上述环签名的效率进行简短的分析. 该环签名可通过椭圆曲线或超椭圆曲线实现, 最核心的操作就是双线性对的计算, 关于如何高效地计算双线性对可参阅文献 [26-27]. 可以看到, 该环签名在验证过程中存在 $n+1$ 个双线性对的计算, 由于这些计算的执行没有任何先后顺序, 因此, 可以让它们并行计算, 这样将大大地提高验证算法的效率.

3.4.2   代理签名

代理签名 (proxy signature) 的思想是由 Mambo, Usuda 和 Okamoto 等 [28] 于 1996 年提出的, 是一个实体可以委托其他参与方代表他自己签署文件的数字签名, 在移动代理、电子投票、电子拍卖等方面有着良好的应用前景. 基于身份的代理签名无须用户证书, 在密钥管理等方面有明显优势, 在学术界和产业界都得到了极大的关注.

安全的代理签名需要满足如下性质:

(1) 基本的不可伪造性：除了原始签名者, 任何人 (包括代理签名者) 都不能生成原始签名者的普通签名.

(2) 代理签名的不可伪造性：除了代理签名者, 任何人 (包括原始签名者) 都不能生成有效的代理签名. 特别地, 如果原始签名者委托了多个代理签名者, 那么任何代理签名者都不能伪造其他代理签名者的代理签名.

(3) 代理签名的可区分性：任何一个代理签名都与原始签名者的签名有明显区别, 不同的代理签名者生成的代理签名之间也有明显的区别.

(4) 身份可识别性：原始签名者可根据一个有效的代理签名确定出相应的代理签名者的身份.

本小节介绍一种基于身份的代理签名[29]. 该代理签名由系统建立、密钥生成、签名、签名验证、委托、代理签名和代理签名验证等算法组成.

(1) 系统建立：G 是阶为素数 q 的循环群, P 是 G 的生成元. $e: G \times G \to V$ 是一个双线性对. 随机选取 $s \leftarrow \mathbb{Z}_q^*$, 置 $P_{\text{pub}} = sP$. 选择 4 个 Hash 函数 $H_1, H_2, H_3 : \{0,1\}^* \to G, H_4 : \{0,1\}^* \to \mathbb{Z}_q^*$.

(2) 密钥生成：输入用户身份 ID, 计算 $Q_{\text{ID}} = H_1(\text{ID})$ 和相应的私钥 $d_{\text{ID}} = sQ_{\text{ID}}$.

(3) 签名：输入原始签名者 ID_i 的私钥 d_i 和待签名的消息 m_w, 签名者随机选取 $r_w \leftarrow \mathbb{Z}_q^*$ 并计算 $U_w = r_w P$, $H_w = H_2(\text{ID}_i, m_w, U_w)$ 和 $V_w = d_i + r_w H_w$. 最后输出关于消息 m_w 的签名为 $w = (U_w, V_w)$.

(4) 签名验证：输入 ID_i 关于消息 m_w 的签名 $w = (U_w, V_w)$, 验证者首先计算 $Q_i = H_1(\text{ID}_i)$ 和 $H_w = H_2(\text{ID}_i, m_w, U_w)$, 验证如下等式是否成立

$$e(P, V_w) = e(P_{\text{pub}}, Q_i) e(U_w, H_w)$$

如果等式成立输出接受, 否则, 输出拒绝.

(5) 委托: 原始签名者 ID_i 为了委派用户 ID_j 作为代理签名者, ID_i 发送消息 (m_w, w) 给 ID_j. ID_j 验证签名 w 的有效性, 如果有效, 计算代理签名密钥 $sk_P = H_4(\mathrm{ID}_i, \mathrm{ID}_j, m_w, U_w)d_j + V_w$.

(6) 代理签名: 输入代理签名密钥 sk_P, 原始签名者 ID_i 和待签名的消息 m, 代理签名者随机选取 $r_P \leftarrow \mathbb{Z}_q^*$ 并计算 $U_P = r_P P$, $H_P = H_3(\mathrm{ID}_j, m, U_P)$ 和 $V_P = sk_P + r_P H_P$. 最后输出 ID_i 委派 ID_j 计算的关于消息 m 的代理签名为 $\mathrm{psig} = (m_w, \mathrm{ID}_j, U_w, U_P, V_P)$.

(7) 代理签名验证: 输入消息 m 的代理签名 $\mathrm{psig} = (m_w, \mathrm{ID}_j, U_w, U_P, V_P)$ 和原始签名者 ID_i, 验证者首先计算 $Q_i = H_1(\mathrm{ID}_i)$, $Q_j = H_1(\mathrm{ID}_j)$, $H_w = H_2(\mathrm{ID}_i, m_w, U_w)$ 和 $H_P = H_3(\mathrm{ID}_j, m, U_P)$, 验证如下等式是否成立:

$$e(P, V_P) = e(P_{\mathrm{pub}}, Q_i)^{H_4(\mathrm{ID}_i, \mathrm{ID}_j, m_w, U_w)} e(P_{\mathrm{pub}}, Q_i) e(U_P, H_P) e(U_w, H_w)$$

如果等式成立输出接受, 否则, 输出拒绝.

这里仅对上述代理签名进行正确性分析, 安全性证明可参阅文献 [29].

正确性 代理签名的正确性可通过如下等式来验证:

$$
\begin{aligned}
&e(P, V_P)\\
&= e(P, sk_P + r_P H_P)\\
&= e(P, H_4(\mathrm{ID}_i, \mathrm{ID}_j, m_w, U_w)d_j + V_w + r_P H_P)\\
&= e(P, H_4(\mathrm{ID}_i, \mathrm{ID}_j, m_w, U_w)d_j + d_i + r_w H_w + r_P H_P)\\
&= e(P_{\mathrm{pub}}, Q_i)^{H_4(\mathrm{ID}_i, \mathrm{ID}_j, m_w, U_w)} e(P_{\mathrm{pub}}, Q_i) e(U_P, H_P) e(U_w, H_w)
\end{aligned}
$$

3.5 格上数字签名

本节介绍基于格的数字签名. 首先介绍格的基本知识和格上可编程 Hash 函数, 并引入 Split-SIS 问题; 其次给出格上数字签名的通用构造和短签名[30]; 最后构造基于格的群签名[31].

3.5.1 格的基本知识

令 $\boldsymbol{B} = (\boldsymbol{b}_1, \cdots, \boldsymbol{b}_n) \in \mathbb{R}^{m \times n}$ 是 m 维欧几里得空间 $\mathbb{R}^m$ 中 n 个线性无关列向量构成的矩阵. 一个由 $\boldsymbol{B}$ 生成的格 $\mathcal{L}(\boldsymbol{B})$ 是向量 $\boldsymbol{b}_1, \cdots, \boldsymbol{b}_n \in \mathbb{R}^m$ 的所有整系数线性组合构成的集合, 即 $\mathcal{L}(\boldsymbol{B}) = \{\boldsymbol{Bx} : \boldsymbol{x} \in \mathbb{Z}^n\} = \left\{\sum_{i=1}^{n} x_i \boldsymbol{b}_i : x_i \in \mathbb{Z}\right\}$, 其中整数 m 和 n 分别称为格 $\mathcal{L}(\boldsymbol{B})$ 的维数和秩. 矩阵 $\boldsymbol{B}$ 称为格 $\mathcal{L}(\boldsymbol{B})$ 的基. 同一个

格可能有许多不同的基. 对于由矩阵 B 生成的格 $\Lambda = \mathcal{L}(B)$, 矩阵 B' 是 Λ 的基当且仅当存在幺模矩阵 $U \in \mathbb{Z}^{n \times n}$, 使得 $B' = BU$.

令 $\mathcal{B}_m(c, r) = \{x \in \mathbb{R}^m : ||x - c|| < r\} \left(||x|| = \sqrt{\sum_{1 \leqslant j \leqslant m} x_j^2}, x = (x_1, \cdots, x_m) \right)$

是一个以 c 为中心, $r > 0$ 为半径的 m 维开球. m 维格 Λ 的第 i 个连续最小量 $\lambda_i(\Lambda)$ 是使得开球 $\mathcal{B}_m(0, r)$ 包含 i 个线性无关格向量的最小半径 r. 正式地,

$$\lambda_i(\Lambda) = \inf\{r : \dim(\mathrm{span}(\Lambda \cap \mathcal{B}_m(0, r))) \geqslant i\}$$

给定 $\mathbb{R}^m$ 中秩为 n 的格 $\Lambda = \mathcal{L}(B)$, 以 $\gamma(n) \geqslant 1$ 为近似因子的最短独立向量问题 SIVP_γ 的目标是寻找格 Λ 中 n 个线性无关向量 $V = \{v_1, \cdots, v_n\} \subset \Lambda$ 使得对于所有的 $i \in \{1, \cdots, n\}$, $||v_i|| \leqslant \gamma \cdot \lambda_n(\Lambda)$.

对于任意正实数 $s \in \mathbb{R}$ 和向量 $c \in \mathbb{R}^m$, 定义在 $\mathbb{R}^m$ 上以 c 为中心、s 为标准差的连续高斯函数为 $\rho_{s,c}(x) = \left(\frac{1}{\sqrt{2\pi s^2}} \right)^m \exp\left(\frac{-||x - c||^2}{2s^2} \right)$. 对于任意格 $\Lambda \subseteq \mathbb{Z}^m$, 定义 $\rho_{s,c}(\Lambda) = \sum_{x \in \Lambda} \rho_{s,c}(x)$. 由此, 我们可以诱导出定义在 Λ 上以 c 为中心、s 为标准差的离散高斯分布 $D_{\Lambda,s,c}(y) = \frac{\rho_{s,c}(y)}{\rho_{s,c}(\Lambda)}$. 当下标 $s = 1$(或 $c = 0$) 时, 通常忽略相应的下标. 对于定义在集合 X 上的两个分布 D_1 和 D_2, 它们的统计距离定义为 $\Delta(D_1, D_2) = \frac{1}{2} \sum_{x \in X} |D_1(x) - D_2(x)|$. 当 $\Delta(D_1, D_2)$ 是关于安全参数 κ 的可忽略函数时, 则称分布 D_1 和 D_2 是统计接近的.

文献 [32-33] 证明了如下两个引理.

引理 3.5.1　对于任意正整数 $m \in \mathbb{Z}$, 所有 $y \in \mathbb{Z}^m$ 和足够大的 $s \geqslant \omega(\sqrt{\log m})$①, 有不等式 $\Pr_{x \leftarrow D_{\mathbb{Z}^m, s}} [||x|| > s\sqrt{m}] \leqslant 2^{-m}$ 和 $\Pr_{x \leftarrow D_{\mathbb{Z}^m, s}} [x = y] \leqslant 2^{1-m}$ 成立.

引理 3.5.2　给定任意正整数 n, 素数 q, 足够大的 $m = O(n \log q)$ 和实数 $s \geqslant \omega(\sqrt{\log m})$, 对于随机均匀选取的矩阵 $A \leftarrow \mathbb{Z}_q^{n \times m}$, 有如下结论成立:

(1) 若变量 $e \sim D_{\mathbb{Z}^m, s}$, 则分布 $u = Ae \bmod q$ 统计接近于 $\mathbb{Z}_q^n$ 上的均匀分布.

(2) 对于任意 $c \in \mathbb{R}^m$ 和所有 $y \in \Lambda_q^\perp(A)$, 不等式 $\Pr_{x \leftarrow D_{\Lambda_q^\perp(A), s, c}} [x = y] \leqslant 2^{1-m}$ 成立.

(3) 给定任意 $u \in \mathbb{Z}_q^n$ 和 $v \in \mathbb{R}^m$ 满足 $Av = u \bmod q$, 变量 e 满足 $e \sim D_{\mathbb{Z}^m, s}$ 且 $Ae = u \bmod q$ 的条件分布等于 $v + D_{\Lambda_q^\perp(A), s, -v}$.

与文献 [34] 一样, 对于一个 $\mathbb{R}$ 上的随机变量 x, 如果对于所有的 $t \in \mathbb{R}$, 放缩

---

① $\omega(\cdot)$ 是非渐近紧确下界函数, 即对于任意函数 $g(n), \omega(g(n))$ 表示当 n 趋于无穷大时, $g(n)/\omega(g(n))$ 的极限值为 0.

后的矩量母函数满足 $\mathbb{E}(\exp(2\pi tx)) \leqslant \exp(\pi s^2 t^2)$, 则称变量 x 是以 s 为参数的亚高斯分布随机变量. 进一步, 如果 x 是以 s 为参数的亚高斯分布随机变量, 则对于所有 $t \geqslant 0$, 有不等式 $\Pr[|x| \geqslant t] \leqslant 2\exp(-\pi t^2/s^2)$ 成立. 作为特例, 任意满足 $|x| \leqslant B$ 的对称随机变量 x 都是以 $B\sqrt{2\pi}$ 为参数的亚高斯分布随机变量. 令 X 是一个随机矩阵变量. 如果对于所有的单位长度向量 u 和 v, 变量 $u^t X v$ 都是以 s 为参数的亚高斯分布随机变量, 则称矩阵 X 是以 s 为参数的亚高斯分布随机矩阵变量. 由定义可知, 以 s 为参数的多个独立的亚高斯分布随机向量变量的级联不管看成是向量还是矩阵, 都是以 s 为参数的亚高斯分布随机变量. 特别地, 对于任意格 $\Lambda \subset \mathbb{R}^n$ 和参数 $s > 0$, 分布 $D_{\Lambda,s}$ 是以 s 为参数的亚高斯分布随机变量. 对于亚高斯随机矩阵变量, 文献 [35] 证明了如下引理.

引理 3.5.3 对于任意以 s 为参数的亚高斯分布随机矩阵变量 $X \in \mathbb{R}^{n\times m}$, 存在统一的常数 $C \approx 1/\sqrt{2\pi}$ 使得对于任意 $t \geqslant 0$, 不等式 $s_1(X) \leqslant C \cdot s \cdot (\sqrt{m} + \sqrt{n} + t)$ 成立的概率至少为 $1 - 2\exp(-\pi t^2)$. 其中 $s_1(X) = \max\limits_{u \in \mathbb{R}^m, \|u\|=1} \| X u \|$ 表示 X 的最大奇异值.

令 n, q 是任意正整数, α 是任意正实数, χ_α 是 $\mathbb{Z}$ 上以 α 为标准差的离散高斯分布. 对于向量 $s \in \mathbb{Z}_q^n$, 定义分布 $A_{s,\alpha}$ 如下:

$$A_{s,\alpha} = \{(a, b = a^{\mathrm{T}} s + e \bmod q) : a \leftarrow \mathbb{Z}_q^n, e \leftarrow \chi_\alpha\}$$

我们用更紧凑的矩阵形式 $(A, b) \in \mathbb{Z}_q^{n\times m} \times \mathbb{Z}_q^m$ 表示从分布 $A_{s,\alpha}$ 随机独立选取的 m 个元组 $(a_1, b_1), \cdots, (a_m, b_m)$, 其中 $A = (a_1, \cdots, a_m)$, $b = (b_1, \cdots, b_m)^{\mathrm{T}}$. 当随机均匀地选取秘密向量 $s \leftarrow \mathbb{Z}_q^n$ 时, 计算 LWE 问题的目标是在给定分布 $A_{s,\alpha}$ 中任意多项式个样本后计算出秘密向量 $s \in \mathbb{Z}_q^n$. 而对应的判定 LWE 问题的目标则是在给定任意多项式个样本的条件下区分分布 $A_{s,\alpha}$ 和 $\mathbb{Z}_q^n \times \mathbb{Z}_q$ 上的均匀分布. 对于满足某些条件的 q, 判定 LWE 问题在平均情况下的困难性多项式等价于计算 LWE 问题在最坏情况下的困难性[36].

如果没有特别说明, 我们用 $\mathrm{LWE}_{n,q,\alpha}$ 表示以整数 $n, q \in \mathbb{Z}$ 和实数 $\alpha \in \mathbb{R}$ 为参数的判定 LWE 问题. 2005 年, Regev[36] 证明了 $\mathrm{LWE}_{n,q,\alpha}$ 问题在平均情况下的困难性可以用量子归约建立在格上某些问题在最坏情况下的困难性之上.

引理 3.5.4 令实数 $\alpha = \alpha(n) \in (0,1)$ 和素数 $q = q(n)$ 满足条件 $\alpha q > 2\sqrt{n}$. 如果存在多项式时间 (量子) 算法求解 $\mathrm{LWE}_{n,q,\alpha q\sqrt{2}}$ 问题, 那么存在多项式时间量子算法求解任意秩为 n 的格上近似因子为 $\gamma = \tilde{O}(n/\alpha)^{①}$ 的 SIVP_γ 问题.

最小整数解问题最早由 Ajtai[37] 开始研究, 但其正式的定义却是 Micciancio 和 Regev[32] 提出的. 正式地, 给定正整数 $n, m, q \in \mathbb{Z}$、矩阵 $A \in \mathbb{Z}_q^{n\times m}$ 和正

---

① 对于任意正整数 n, 函数 $f(n)$ 和 $g(n)$, 如果存在常数 c 满足 $f(n) = O(g(n)\log^c n)$, 则称 $f(n) = \tilde{O}(g(n))$.

实数 $\beta \in \mathbb{R}$, 最小整数解问题 $\text{SIS}_{n,m,q,\beta}$ 的目标是寻找非零向量 $\boldsymbol{x} \in \mathbb{Z}^m \backslash \{\boldsymbol{0}\}$ 使得 $\boldsymbol{Ax} = \boldsymbol{0} \bmod q$ 且 $||\boldsymbol{x}|| \leqslant \beta$. 2008 年, Gentry 等 [33] 引入了最小整数解问题的一个变种, 即非齐次最小整数解问题. 给定整数 $n, m, q \in \mathbb{Z}$、实数 $\beta \in \mathbb{R}$、向量 $\boldsymbol{u} \in \mathbb{Z}^n$ 和矩阵 $\boldsymbol{A} \in \mathbb{Z}_q^{n \times m}$, 非齐次最小整数解问题 $\text{ISIS}_{n,m,q,\beta}$ 的目标是寻找向量 $\boldsymbol{x} \in \mathbb{Z}^m$ 使得 $\boldsymbol{Ax} = \boldsymbol{u} \bmod q$ 且 $||\boldsymbol{x}|| \leqslant \beta$.

对于适当选取的参数, 当随机均匀地选取矩阵 $\boldsymbol{A} \leftarrow \mathbb{Z}_q^{n \times m}$ 时, 上述两个问题在平均情况下的困难性与格上问题最坏情况的困难性是等价的.

引理 3.5.5　对于正整数 n, 多项式界的 $m, \beta = \text{poly}(n)$ 和素数 $q \geqslant \beta \cdot \omega(\sqrt{n \log n})$, 问题 $\text{SIS}_{q,m,\beta}$ 和 $\text{ISIS}_{q,m,\beta}$ 在平均情况下的困难性与秩为 n 的格上近似因子为 $\gamma = \beta \cdot \widetilde{O}(\sqrt{n})$ 的 SIVP_γ 问题在最坏情况下的困难性是一样的.

2013 年, Laguillaumie 等 [38] 给出在随机谕示器模型中针对 ISIS 问题的关于知识的零知识证明. 具体来说, 存在针对以下 ISIS 关系的关于知识的非交互零知识证明:

$$R_{\text{ISIS}} = \{(\boldsymbol{A}, \boldsymbol{y}, \beta; \boldsymbol{x}) \in \mathbb{Z}_q^{n \times m} \times \mathbb{Z}_q^n \times \mathbb{R} \times \mathbb{Z}^m : \boldsymbol{Ax} = \boldsymbol{y}, ||\boldsymbol{x}|| \leqslant \beta\}$$

特别地, 存在知识抽取器 E 以两个拥有同一条承诺消息但具有不同挑战消息的证明作为输入, 输出满足条件 $||\boldsymbol{x}'|| \leqslant O(\beta m^2)$ 和 $\boldsymbol{Ax}' = \boldsymbol{y}$ 的证据 $\boldsymbol{x}'$. 进一步, 通过利用 LWE 问题和 ISIS 问题的对偶性可以得到针对 LWE 关系的关于知识的零知识证明协议:

$$R_{\text{LWE}} = \{(\boldsymbol{A}, \boldsymbol{b}, \alpha; \boldsymbol{s}) \in \mathbb{Z}_q^{n \times m} \times \mathbb{Z}_q^m \times \mathbb{R} \times \mathbb{Z}_q^n : ||\boldsymbol{b} - \boldsymbol{A}^{\text{T}} \boldsymbol{s}|| \leqslant \alpha \sqrt{m}\}$$

事实上, 正如文献 [39] 所述, 给定随机均匀选取的矩阵 $\boldsymbol{A} \in \mathbb{Z}_q^{n \times m}$ 使得 $\boldsymbol{A}$ 的列向量可以生成 $\mathbb{Z}_q^n$, 存在公开可计算的矩阵 $\boldsymbol{G} \in \mathbb{Z}_q^{(m-n) \times m}$ 使得: ① $\boldsymbol{G}$ 的列向量可以生成 $\mathbb{Z}_q^{m-n}$; ② $\boldsymbol{GA}^{\text{T}} = \boldsymbol{0}$. 因此, 为了证明 $(\boldsymbol{A}, \boldsymbol{b}, \alpha; \boldsymbol{s}) \in R_{\text{LWE}}$, 只需要证明存在向量 $\boldsymbol{e}$ 使得条件 $||\boldsymbol{e}|| \leqslant \alpha \sqrt{m}$ 和 $\boldsymbol{Ge} = \boldsymbol{Gb}$ 成立即可. 此外, 还可以证明对于给定的元组 $(\boldsymbol{A}, \boldsymbol{b}) \in \mathbb{Z}_q^{n \times m} \times \mathbb{Z}_q^m$, 存在短向量 $(\boldsymbol{e}, \boldsymbol{x})$ 和 $\boldsymbol{s}$ 使得条件 $||\boldsymbol{e}|| \leqslant \alpha \sqrt{m}$, $||\boldsymbol{x}|| \leqslant \beta$ 和 $\boldsymbol{b} = \boldsymbol{A}^{\text{T}} \boldsymbol{s} + p\boldsymbol{e} + \boldsymbol{x}$ 成立, 其中 $p \geqslant (\alpha \sqrt{m} + \beta) m^2$. 类似地, 这可以通过利用针对 ISIS 问题的关于知识的零知识证明协议来直接证明存在短向量 $(\boldsymbol{e}, \boldsymbol{x})$ 使得条件 $p\boldsymbol{Ge} + \boldsymbol{Gx} = \boldsymbol{Gb}$ 成立即可. 正式地, 对于 $\gamma = \max(\alpha \sqrt{m}, \beta)$, 存在针对扩展 LWE 问题的关于知识的零知识证明协议:

$$R_{\text{eLWE}} = \{(\boldsymbol{A}, \boldsymbol{b}, \gamma; \boldsymbol{s}, \boldsymbol{e}, \boldsymbol{x}) \in \mathbb{Z}_q^{n \times m} \times \mathbb{Z}_q^m \times \mathbb{R} \times \mathbb{Z}_q^n \times \mathbb{Z}^m \times \mathbb{Z}^m :$$
$$\boldsymbol{b} = \boldsymbol{A}^{\text{T}} \boldsymbol{s} + p\boldsymbol{e} + \boldsymbol{x}, ||\boldsymbol{e}|| \leqslant \gamma, ||\boldsymbol{x}|| \leqslant \gamma\}$$

令 $\boldsymbol{I}_n$ 是一个 $n \times n$ 的单位矩阵. 对于任意素数 $q > 2$, 整数 $n \geqslant 1$ 和 $k = \lceil \log_2 q \rceil$, 定义向量 $\boldsymbol{g} = (1, 2, \cdots, 2^{k-1})^{\text{T}} \in \mathbb{Z}_q^k$ 和 $\boldsymbol{G} = \boldsymbol{I}_n \otimes \boldsymbol{g}^{\text{T}} \in \mathbb{Z}_q^{n \times nk}$, 其中符号 $\otimes$ 表示直积运算. 由文献 [31] 可知, 格 $\boldsymbol{\Lambda}_q^\perp(\boldsymbol{G})$ 拥有一个公开已知的短基 $\boldsymbol{T} = \boldsymbol{I}_n \otimes \boldsymbol{T}_k \in \mathbb{Z}^{nk \times nk}$, 且满足 $||\boldsymbol{T}|| \leqslant \max\{\sqrt{5}, \sqrt{k}\}$. 令 $(q_0, q_1, \cdots, q_{k-1}) = \text{BD}_q(q) \in \{0, 1\}^k$, 则有

$$G = \begin{pmatrix} \cdots g^{\mathrm{T}} \cdots & & & \\ & \cdots g^{\mathrm{T}} \cdots & & \\ & & \ddots & \\ & & & \cdots g^{\mathrm{T}} \cdots \end{pmatrix}$$

$$T_k = \begin{pmatrix} 2 & & & & & q_0 \\ -1 & 2 & & & & q_1 \\ & -1 & & & & q_2 \\ & & \ddots & & & \vdots \\ & & & & 2 & q_{k-2} \\ & & & & -1 & q_{k-1} \end{pmatrix}$$

对于任意向量 $u \in \mathbb{Z}_q^n$ 和 $s \geqslant \omega(\sqrt{\log n})$, 基 $T = I_n \otimes T_k \in \mathbb{Z}_q^{nk \times nk}$ 可被用于以近似线性的时间抽样向量 $e \sim D_{\mathbb{Z}^{nk}, s}$ 使得 $Ge = u$. 此外, 本节还将频繁地用到如下事实: 对于任意 $v = \mathrm{BD}_q(u) \in \{0, 1\}^{nk}$, 等式 $Gv = u$ 总是成立. 其中 $\mathrm{BD}_q(u)$ 表示将 u 的分量进行二进制表示后形成的向量.

定义 3.5.1 (G-陷门)[34] 对于任意整数 $n, \bar{m}, q \in \mathbb{Z}, k = \lceil \log_2 q \rceil$, 矩阵 $A \in \mathbb{Z}_q^{n \times \bar{m}}$, 如果对于可逆矩阵 $S \in \mathbb{Z}_q^{n \times n}$, 矩阵 $R \in \mathbb{Z}^{(\bar{m} - nk) \times nk}$ 满足 $A \begin{bmatrix} R \\ I_{nk} \end{bmatrix} = SG$, 则称 R 是矩阵 A 关于标签 S 的一个 G-陷门, 其中最大奇异值 $s_1(R)$ 决定了陷门 R 的能力.

由定义可知, 如果 R 是矩阵 A 的一个 G-陷门, 那么通过向矩阵 R 填充零向量行, 可以得到任意矩阵 A 的扩展矩阵 $(A\|B)$ 的陷门 R'. 特别地, 我们有 $s_1(R') = s_1(R)$. 显然, 定义 3.5.1 能够支持任意排列矩阵 $\begin{bmatrix} R \\ I_{nk} \end{bmatrix}$ 的行向量, 因为这时仅需要对矩阵 A 的列向量作简单的置换变换即可[34].

引理 3.5.6 (陷门算法)[34] 给定任意整数 $n, n' \geqslant 1, q > 2$, 足够大的 $\bar{m} = O(n \log q)$ 和标签 $S \in \mathbb{Z}_q^{n \times n}$, 存在能够同时输出矩阵 $A \in \mathbb{Z}_q^{n \times \bar{m}}$ 及其 G-陷门 $R \in \mathbb{Z}_q^{(\bar{m} - nk) \times nk}$ 的高效随机算法 $\mathrm{TrapGen}(1^n, 1^{\bar{m}}, q, S)$ 使得如下条件成立: ① $s_1(R) \leqslant \sqrt{\bar{m}} \cdot \omega(\sqrt{\log n})$; ② A 的分布与均匀分布是统计接近的; ③ $A \begin{bmatrix} R \\ I_{nk} \end{bmatrix} = SG$, 其中 $k = \lceil \log_2 q \rceil$. 进一步, 给定矩阵 $A \in \mathbb{Z}_q^{n \times \bar{m}}$ 关于可逆标签 $S \in \mathbb{Z}_q^{n \times n}$ 的 G-陷门 R, 任意矩阵 $U \in \mathbb{Z}_q^{n \times n'}$ 和实数 $s \geqslant s_1(R) \cdot \omega(\sqrt{\log n})$, 存在能够从统计接近于 $E \sim (D_{\mathbb{Z}^{\bar{m}}, s})^{n'}$ 且满足 $AE = U$ 的分布中抽样随机元素的高效随机算法 $\mathrm{SampleD}(R, A, S, U, s)$. 此外, 对于任意向量 $s \in \mathbb{Z}_q^n, e \in \mathbb{Z}^m$ 和 $b = A^{\mathrm{T}} s + e \in$

$\mathbb{Z}_q^m$, 如果 $\|e\| < q/O(s_1(\boldsymbol{R}))$ 或 $\boldsymbol{e} \in \mathbb{Z}^m$ 是在 $1/\alpha \geqslant s_1(\boldsymbol{R}) \cdot \omega(\sqrt{\log n})$ 的分布 $D_{\mathbb{Z}^m, \alpha q}$ 中随机选取的 (即 $\boldsymbol{e} \sim D_{\mathbb{Z}^m, \alpha q}$), 那么存在高效算法 Invert$(\boldsymbol{R}, \boldsymbol{A}, \boldsymbol{S}, \boldsymbol{b})$ 可以计算出 $\boldsymbol{s}$ 和 $\boldsymbol{e}$.

给定任意正整数 $n, m_1, m_2, q \geqslant 2$, 矩阵 $\boldsymbol{A}_1 \in \mathbb{Z}_q^{n \times m_1}$, $\boldsymbol{A}_2 \in \mathbb{Z}_q^{n \times m_2}$ 和 $\boldsymbol{R} \in \mathbb{Z}_q^{m_1 \times m_2}$, 定义矩阵 $\boldsymbol{A} = \boldsymbol{A}_1 \| (\boldsymbol{A}_1 \boldsymbol{R} + \boldsymbol{A}_2) \in \mathbb{Z}_q^{n \times m}$, 其中 $m = m_1 + m_2$. 定义依赖于 $\boldsymbol{R}$ 的参数 $s_{\boldsymbol{R}}$ 如下:

$$s_{\boldsymbol{R}} = \begin{cases} 1, & \boldsymbol{R} = 0 \\ s_1(\boldsymbol{R}), & \boldsymbol{R} \neq 0 \end{cases}$$

特别地, 当 $\boldsymbol{R}$ 随机均匀地选自于分布 $\{-1, 1\}^{m_1 \times m_2}$ 时, $s_{\boldsymbol{R}} \leqslant O(\sqrt{m})$ 以 $1 - \text{neg}(n)$ 的概率成立. 文献 [33] 证明了对于特定选取的 $\boldsymbol{R}$, 矩阵 $\boldsymbol{A}_2$ 的任意 "陷门" 都构成了矩阵 $\boldsymbol{A}$ 的 "陷门". 特别地, 有如下引理.

引理 3.5.7　对于任意可忽略函数 $\epsilon(n)$, 实数 $s_1 \cdot \omega(\sqrt{\log n}) \geqslant \eta_\epsilon(\Lambda_q^\perp(\boldsymbol{A}))$ 和向量 $\boldsymbol{u} \in \mathbb{Z}_q^n$, 如果存在公开的 PPT 算法可利用矩阵 $\boldsymbol{A}_2$ 的 "陷门" $\boldsymbol{T}_{\boldsymbol{A}_2}$ 输出服从分布 $D_{\Lambda_q^\perp(\boldsymbol{A}_2), s_1 \cdot \omega(\sqrt{\log n})}$ 的元素, 那么存在 PPT 算法 SamplePre$(\boldsymbol{R}, \boldsymbol{T}_{\boldsymbol{A}_2}, \boldsymbol{A}, \boldsymbol{u}, s)$ 从统计接近于 $D_{\Lambda_q^\perp(\boldsymbol{A}), s}$ 的分布中选取元素, 其中 $s \geqslant s_{\boldsymbol{R}} s_1 \cdot \omega(\sqrt{\log n})$ 为足够大的实数. 其中 $\eta_\epsilon(\Lambda)$ 表示 Λ 以 ε 为参数的平滑因子.

此外, 如果令 $\boldsymbol{A}^{\mathrm{T}}$ 是对 $\boldsymbol{A}$ 作任意列置换操作后得到的矩阵, 那么引理 3.5.7 的结论对于 $\boldsymbol{A}^{\mathrm{T}}$ 仍然成立. 进一步, 如果令 $\boldsymbol{T}_{\boldsymbol{A}_1}$ 是矩阵 $\boldsymbol{A}_1$ 的陷门, 那么 $\boldsymbol{T}_{\boldsymbol{A}_1}$ 和元组 $(\boldsymbol{T}_{\boldsymbol{A}_2}, \boldsymbol{R})$ 都能够被 SamplePre 算法用来高效地选取分布 $D_{\Lambda_q^\perp(\boldsymbol{A}), s}$ 中的元素. 当整数 $m_1 > n \lceil \log q \rceil$ 时, 还有如下 "双陷门" 的陷门代理算法.

引理 3.5.8 (陷门代理算法)　对于任意可忽略函数 $\epsilon(n)$, 实数 $s_1 \cdot \omega(\sqrt{\log n}) \geqslant \eta_\epsilon(\Lambda_q^\perp(\boldsymbol{A}))$ 和向量 $\boldsymbol{u} \in \mathbb{Z}_q^n$, 如果存在公开的 PPT 算法可利用矩阵 $\boldsymbol{A}_2$ 的 "陷门" $\boldsymbol{T}_{\boldsymbol{A}_2}$ 选取服从分布 $D_{\Lambda_q^\perp(\boldsymbol{A}_2), s_1 \cdot \omega(\sqrt{\log n})}$ 的元素, 那么存在 PPT 算法 DelTrap$(\boldsymbol{R}, \boldsymbol{T}_{\boldsymbol{A}_2}, \boldsymbol{A}, s)$ 输出 $\boldsymbol{A}$ 的陷门 $\boldsymbol{R}'$ 使得 $s_1(\boldsymbol{R}') \leqslant s\sqrt{m}$ 以 $1 - \text{neg}(n)$ 的概率成立, 其中 $s \geqslant s_{\boldsymbol{R}} s_1 \cdot \omega(\sqrt{\log n})$ 为足够大的实数. 特别地, $\boldsymbol{R}'$ 的分布与 $\boldsymbol{T}_{\boldsymbol{A}_2}$ 的具体形式无关.

除了上述陷门生成算法外, 还可以从某个特定的仿射子空间中选取随机的矩阵及其陷门. 这类算法最早出现在文献 [40] 中, 后来文献 [38] 对其进行了扩展.

引理 3.5.9　对于任意正整数 $n, q > 2$ 和足够大的 $m > O(n \log q)$, 存在多项式时间算法 SuperSamp$(\boldsymbol{A}, \boldsymbol{C})$ 以矩阵 $\boldsymbol{A} \in \mathbb{Z}_q^{n \times m}$ 和 $\boldsymbol{C} \in \mathbb{Z}_q^{n \times n}$ 作为输入, 输出几乎均匀分布的矩阵 $\boldsymbol{B}$ 及其陷门 $\boldsymbol{R}$ 使得 $s_1(\boldsymbol{R}) \leqslant \sqrt{nm \log q} \cdot \omega(\sqrt{\log n})$ 且 $\boldsymbol{A}\boldsymbol{B}^{\mathrm{T}} = \boldsymbol{C}$.

3.5.2　格上可编程 Hash 函数

令 $\ell, \bar{m}, m, n, q, u, v \in \mathbb{Z}$ 是关于安全参数 κ 的多项式, $k = \lceil \log_2 q \rceil$. 令 $\mathcal{I}_n$ 为 $\mathbb{Z}_q^{n \times n}$ 中所有可逆矩阵的集合. 令 Hash 函数 $\mathcal{H} : \mathcal{X} \to \mathbb{Z}_q^{n \times m}$ 由算法

$(\mathcal{H}.\text{Gen}, \mathcal{H}.\text{Eval})$ 构成. 特别地, 给定安全参数 κ, 多项式时间概率算法 $\mathcal{H}.\text{Gen}(1^{\kappa})$ 能够输出 Hash 密钥 K, 即 $K \leftarrow \mathcal{H}.\text{Gen}(1^{\kappa})$. 对于任意的输入 $X \in \mathcal{X}$, 多项式时间确定性算法 $\mathcal{H}.\text{Eval}(K, X)$ 能够输出 Hash 值 $\boldsymbol{Z} \in \mathbb{Z}_q^{n \times m}$, 即 $\boldsymbol{Z} = \mathcal{H}.\text{Eval}(K, X)$. 为了表示简单, 定义 $H_K(X) = \mathcal{H}.\text{Eval}(K, X)$.

定义 3.5.2 (格上可编程 Hash 函数)[30] 对于任意 Hash 函数 $\mathcal{H} : \mathcal{X} \to \mathbb{Z}_q^{n \times m}$, 如果存在多项式时间的陷门密钥生成算法 $\mathcal{H}.\text{TrapGen}$ 和确定性陷门求值算法 $\mathcal{H}.\text{TrapEval}$ 使得对于任意均匀分布的矩阵 $\boldsymbol{A} \in \mathbb{Z}_q^{n \times \bar{m}}$ 和陷门矩阵 $\boldsymbol{G} \in \mathbb{Z}_q^{n \times nk}$, 有如下性质成立:

(1) **功能性** 多项式时间的陷门密钥生成算法 $(K', td) \leftarrow \mathcal{H}.\text{TrapGen}(1^{\kappa}, \boldsymbol{A}, \boldsymbol{B})$ 能够输出密钥 K' 及其陷门 td. 进一步, 对于任意输入 $X \in \mathcal{X}$, 确定性陷门求值算法 $(\boldsymbol{R}_X, \boldsymbol{S}_X) = \mathcal{H}.\text{TrapEval}(td, K', X)$ 能够返回 $\boldsymbol{R}_X \in \mathbb{Z}_q^{\bar{m} \times m}$ 和 $\boldsymbol{S}_X \in \mathbb{Z}_q^{n \times n}$ 使得 $s_1(\boldsymbol{R}_X) \leqslant \beta$ 且 $\boldsymbol{S}_X \in \mathcal{I}_n \cup \{\boldsymbol{0}\}$ 以接近于 1 的概率成立, 其中概率空间定义在 td 的随机性上.

(2) **正确性** 对于所有可能的 $(K', td) \leftarrow \mathcal{H}.\text{TrapGen}(1^{\kappa}, \boldsymbol{A}, \boldsymbol{B})$, 所有输入 $X \in \mathcal{X}$ 及其对应的 $(\boldsymbol{R}_X, \boldsymbol{S}_X) = \mathcal{H}.\text{TrapEval}(td, K', X)$, 等式 $H_{K'}(X) = \mathcal{H}.\text{Eval}(K', X) = \boldsymbol{A}\boldsymbol{R}_X + \boldsymbol{S}_X\boldsymbol{B}$ 恒成立.

(3) **统计接近的陷门密钥** 对于所有 $(K', td) \leftarrow \mathcal{H}.\text{TrapGen}(1^{\kappa}, \boldsymbol{A}, \boldsymbol{B})$ 和 $K \leftarrow \mathcal{H}.\text{Gen}(1^{\kappa})$, 分布 $(\boldsymbol{A}, K')$ 和 $(\boldsymbol{A}, K)$ 的统计距离至多为 γ.

(4) **均匀分布的隐藏矩阵** 对于所有 $(K', td) \leftarrow \mathcal{H}.\text{TrapGen}(1^{\kappa}, \boldsymbol{A}, \boldsymbol{B})$ 和任意满足对于 i, j 条件 $X_i \neq Y_j$ 成立的输入 $X_1, \cdots, X_u, Y_1, \cdots, Y_v \in \mathcal{X}$, 如果令 $(\boldsymbol{R}_{X_i}, \boldsymbol{S}_{X_i}) = \mathcal{H}.\text{TrapEval}(td, K', X_i)$ 和 $(\boldsymbol{R}_{Y_i}, \boldsymbol{S}_{Y_i}) = \mathcal{H}.\text{TrapEval}(td, K', Y_i)$, 则有 $\Pr[\boldsymbol{S}_{X_1} = \cdots = \boldsymbol{S}_{X_u} = \boldsymbol{0} \wedge \boldsymbol{S}_{Y_1}, \cdots, \boldsymbol{S}_{Y_v} \in \mathcal{I}_n] \geqslant \delta$, 其中概率空间定义在 td 的随机性上.

则称 Hash 函数 $\mathcal{H} : \mathcal{X} \to \mathbb{Z}_q^{n \times m}$ 是一个 $(u, v, \beta, \gamma, \delta)$-可编程 Hash 函数, 简记为 $(u, v, \beta, \gamma, \delta)$-PHF. 特别地, 如果 γ 是可忽略的且存在多项式 $\text{poly}(\kappa)$ 使得 $\delta > 1/\text{poly}(\kappa)$, 则称 $\mathcal{H}$ 是一个 (u, v, β)-PHF. 进一步, 如果 u(或 v) 是关于 κ 的任意多项式, 则称 $\mathcal{H}$ 是一个 (poly, v, β)-PHF(或 (u, poly, β)-PHF).

此外, Zhang 等[30] 还定义了一个可编程 Hash 函数的放松版本, 即弱可编程 Hash 函数. 特别地, 在弱可编程 Hash 函数中, 陷门生成算法 $\mathcal{H}.\text{TrapGen}$ 需要以一个输入集合 $X_1, \cdots, X_u \in \mathcal{X}$ 作为额外输入, 且均匀分布隐藏矩阵的性质放松为如下条件: 对于任意 $(K', td) \leftarrow \mathcal{H}.\text{TrapGen}(1^{\kappa}, \boldsymbol{A}, \boldsymbol{B}, \{X_1, \cdots, X_u\})$, 任意满足对于所有 j 条件 $Y_j \notin \{X_1, \cdots, X_u\}$ 成立的输入 $Y_1, \cdots, Y_v \in \mathcal{X}$, 如果令 $(\boldsymbol{R}_{X_i}, \boldsymbol{S}_{X_i}) = \mathcal{H}.\text{TrapEval}(td, K', X_i)$ 和 $(\boldsymbol{R}_{Y_i}, \boldsymbol{S}_{Y_i}) = \mathcal{H}.\text{TrapEval}(td, K', Y_i)$, 则有 $\Pr[\boldsymbol{S}_{X_1} = \cdots = \boldsymbol{S}_{X_u} = \boldsymbol{0} \wedge \boldsymbol{S}_{Y_1}, \cdots, \boldsymbol{S}_{Y_v} \in \mathcal{I}_n] \geqslant \delta$, 其中概率空间定义在 td 的随机性上.

令 $\ell, \bar{m}, n, q, u, v, L, N$ 是关于安全参数 κ 的多项式, 令 $k = \lceil \log_2 q \rceil$. 我们将利用公开陷门矩阵 $\boldsymbol{B} = \boldsymbol{G} \in \mathbb{Z}_q^{n \times nk}$ 来构造高效的格上可编程 Hash 函数. 首先, 回顾一下无覆盖集合的一些性质. 对于两个集合 S 和 T, 如果至少存在一个元素 $t \in T$ 使得 $t \notin S$, 则称集合 S 不能覆盖集合 T. 令 $CF = \{CF_X\}_{X \in [L]}$ 是集合 $[N] = \{1, \cdots, N\}$ 的子集组成的集合族. 如果对于任何集合个数小于 v 的集合族 $\{S_{i_1}, \cdots, S_{i_j}\}\,(j < v), \mathcal{S} = \bigcup_{1 \leqslant s \leqslant j} S_{i_s} \subseteq [L]$ 和任意满足 $Y \notin \mathcal{S}$ 的集合 CF_Y, 集合 $\bigcup_{X \in \mathcal{S}} CF_X$ 都不能覆盖 CF_Y, 则称 CF 是 v-无覆盖集合族. 此外, 如果 $CF = \{CF_X\}_{X \in [L]}$ 中每个集合的大小都等于 $\eta \in \mathbb{Z}$, 则称 $CF = \{CF_X\}_{X \in [L]}$ 是 η-均匀集合族. 特别地, 存在高效的算法能够生成无覆盖集合族 [41].

引理 3.5.10 给定输入 $L = 2^\ell$ 和 $v \in \mathbb{Z}$, 存在高效的算法能够生成由集合 $[N]$ 的子集组成 η-均匀、v-无覆盖集合族 $CF = \{CF_X\}_{X \in [L]}$, 其中 $N \leqslant 16v^2$ ℓ 且 $\eta = N/4v$.

接下来, 我们用无覆盖集合族来构造短密钥的可编程 Hash 函数.

定义 3.5.3 令 $n, q \in \mathbb{Z}$ 是关于安全参数 κ 的多项式. 对于任意 $\ell, v \in \mathbb{Z}$ 和 $L = 2^\ell$, 令 $N \leqslant 16v^2\ell, \eta \leqslant 4v\ell$ 和 $CF = \{CF_X\}_{X \in [L]}$ 如引理 3.5.10 中一样. 令 $\mu = \lceil \log_2 N \rceil$ 和 $k = \lceil \log_2 q \rceil$. 从 $[L]$ 到 $\mathbb{Z}_q^{n \times nk}$ 的 Hash 函数 $\mathcal{H} = (\mathcal{H}.\mathrm{Gen}, \mathcal{H}.\mathrm{Eval})$ 定义如下:

(1) $\mathcal{H}.\mathrm{Gen}(1^\kappa)$: 对于 $i \in \{0, \cdots, \mu - 1\}$, 随机选择 $\widehat{\boldsymbol{A}}, \boldsymbol{A}_i \leftarrow \mathbb{Z}_q^{n \times nk}$, 返回密钥 $K = (\widehat{\boldsymbol{A}}, \{\boldsymbol{A}_i\}_{i \in \{0, \cdots, \mu-1\}})$.

(2) $\mathcal{H}.\mathrm{Eval}(K, X)$: 给定密钥 $K = (\widehat{\boldsymbol{A}}, \{\boldsymbol{A}_i\}_{i \in \{0, \cdots, \mu-1\}})$ 和整数 $X \in [L]$, 利用图 3.5.1 中的子程序 Procedure I 计算并输出 $\boldsymbol{Z} = H_K(X)$.

Procedure I
$\boldsymbol{Z} := \widehat{\boldsymbol{A}}$
For all $z \in CF_X$
$(b_0, \cdots, b_{\mu-1}) := \mathrm{BitDecomp}_N(z)$
$\boldsymbol{B}_z := \boldsymbol{A}_{\mu-1} - b_{\mu-1} \cdot \boldsymbol{G}$
For $i = \mu - 2, \cdots, 0$
$\boldsymbol{B}_z := (\boldsymbol{A}_i - b_i \cdot \boldsymbol{G}) \cdot \boldsymbol{G}^{-1}(\boldsymbol{B}_z)$
$\boldsymbol{Z} := \boldsymbol{Z} + \boldsymbol{B}_z$
Return $\boldsymbol{Z}$

Procedure II
$\boldsymbol{R}_X := \widehat{\boldsymbol{R}}, \; \boldsymbol{S}_X := -(-1)^c \cdot \boldsymbol{I}_n$
For all $z \in CF_X$
$(b_0, \cdots, b_{\mu-1}) := \mathrm{BitDecomp}_N(z)$
$\boldsymbol{B}_z := \boldsymbol{A}_{\mu-1} - b_{\mu-1} \cdot \boldsymbol{G}$
$\boldsymbol{R}_z := \boldsymbol{R}_{\mu-1}$
$\boldsymbol{S}_z := (1 - b_{\mu-1}^* - b_{\mu-1}) \cdot \boldsymbol{I}_n$
For $i = \mu - 2, \cdots, 0$
$\boldsymbol{B}_z := (\boldsymbol{A}_i - b_i \cdot \boldsymbol{G}) \cdot \boldsymbol{G}^{-1}(\boldsymbol{B}_z)$
$\boldsymbol{R}_z := \boldsymbol{R}_i \cdot \boldsymbol{G}^{-1}(\boldsymbol{B}_z) + (1 - b_i^* - b_i) \cdot \boldsymbol{R}_z$
$\boldsymbol{S}_z := (1 - b_i^* - b_i) \cdot \boldsymbol{S}_z$
$\boldsymbol{R}_X := \boldsymbol{R}_X + \boldsymbol{R}_z, \; \boldsymbol{S}_X := \boldsymbol{S}_X + \boldsymbol{S}_z$
Return $(\boldsymbol{R}_X, \boldsymbol{S}_X)$

图 3.5.1 定义 3.5.3 和定理 3.5.1 中用到的子程序

现在, 我们证明定义 3.5.3 中的 Hash 函数 $\mathcal{H}$ 是一个可编程 Hash 函数.

定理 3.5.1 对于任意 $\ell, v \in \mathbb{Z}$ 和 $L = 2^\ell$, 令 $N \leqslant 16v^2\ell, \eta \leqslant 4v\ell$ 和 $CF = \{CF_X\}_{X \in [L]}$ 如引理 3.5.10 中一样. 那么对于足够大的 $\bar{m} = O(n \log q)$, 定义 3.5.3 中的 Hash 函数 $\mathcal{H}$ 是一个 $(1, v, \beta, \gamma, \delta)$-PHF, 其中 $\beta \leqslant \mu v\ell\bar{m}^{1.5} \cdot \omega(\sqrt{\log \bar{m}})$, $\gamma = \text{neg}(\kappa)$, $\delta = 1/N$, $\mu = \lceil \log_2 N \rceil$. 特别地, 如果令 $\ell = n$, $v = \omega(\log n)$, 则 $\beta = \widetilde{O}(n^{2.5})$ 且 $\mathcal{H}$ 的密钥中只包含 $\mu = O(\log n)$ 个矩阵.

证明 我们构造 $\mathcal{H}$ 的一对陷门算法如下:

(1) $\mathcal{H}.\text{TrapGen}(1^\kappa, \boldsymbol{A}, \boldsymbol{G})$: 给定足够大的 $\bar{m} = O(n \log q)$、随机均匀的矩阵 $\boldsymbol{A} \in \mathbb{Z}_q^{n \times \bar{m}}$ 和矩阵 $\boldsymbol{G} \in \mathbb{Z}_q^{n \times nk}$. 令 $s \geqslant \omega(\sqrt{\log \bar{m}}) \in \mathbb{R}$ 满足引理 3.5.2 中的条件. 随机选择 $\widehat{\boldsymbol{R}}, \boldsymbol{R}_i \leftarrow (D_{\mathbb{Z}^{\bar{m}}, s})^{nk}$ 和整数 $z^* \leftarrow [N]$, 其中 $i \in \{0, \cdots, \mu - 1\}$. 令 $(b_0^*, \cdots, b_{\mu-1}^*) = \text{BD}_N(z^*)(\text{BD}_N(z^*) = \text{BitDecomp}_N(z^*)$ 表示 z^* 的二进制表示的系数构成的向量), 记 c 为向量 $(b_0^*, \cdots, b_{\mu-1}^*)$ 中 1 的个数. 计算 $\widehat{\boldsymbol{A}} = \boldsymbol{A}\widehat{\boldsymbol{R}} - (-1)^c \cdot \boldsymbol{G}$ 和 $\boldsymbol{A}_i = \boldsymbol{A}\boldsymbol{R}_i + (1 - b_i^*) \cdot \boldsymbol{G}$. 最后, 返回密钥 $K' = (\widehat{\boldsymbol{A}}, \{\boldsymbol{A}_i\}_{i \in \{0, \cdots, \mu-1\}})$ 和陷门 $td = (\widehat{\boldsymbol{R}}, \{\boldsymbol{R}_i\}_{i \in \{0, \cdots, \mu-1\}}, z^*)$.

(2) $\mathcal{H}.\text{TrapEval}(td, K', X)$: 给定陷门 td 和 $X \in [L]$ 作为输入, 首先利用引理 3.5.10 中的算法计算 CF_X. 令 $(b_0^*, \cdots, b_{\mu-1}^*) = \text{BD}_N(z^*)$, 然后利用图 3.5.1 中的子程序 Procedure II 计算并输出 $(\boldsymbol{R}_X, \boldsymbol{S}_X)$.

由于 $s \geqslant \omega(\sqrt{\log \bar{m}})$ 和 $\widehat{\boldsymbol{R}}, \boldsymbol{R}_i \leftarrow (D_{\mathbb{Z}^{\bar{m}}, s})^{nk}$, 密钥 $K' = (\widehat{\boldsymbol{A}}, \{\boldsymbol{A}_i\}_{i \in \{0, \cdots, \mu-1\}})$ 中每个矩阵都统计接近于 $\mathbb{Z}_q^{n \times nk}$ 的均匀分布. 使用标准的混合证明技术很容易证明 $(\boldsymbol{A}, K')$ 和 $(\boldsymbol{A}, K)$ 是统计接近的, 其中 $K \leftarrow \mathcal{H}.\text{Gen}(1^\kappa)$. 特别地, 这意味着 K' 统计隐藏 z^* 的信息.

关于正确性, 我们递归证明在计算中等式 $\boldsymbol{B}_z = \boldsymbol{A}\boldsymbol{R}_z + \boldsymbol{S}_z\boldsymbol{G}$ 总是成立. 由定义可知, 在进入子程序 Procedure II 的内层循环之前总有 $\boldsymbol{B}_z = \boldsymbol{A}_{\mu-1} - b_{\mu-1} \cdot \boldsymbol{G} = \boldsymbol{A}\boldsymbol{R}_z + \boldsymbol{S}_z\boldsymbol{G}$ 成立. 假设在进入第 j 次内层循环之前有 $\boldsymbol{B}_z = \boldsymbol{A}\boldsymbol{R}_z + \boldsymbol{S}_z\boldsymbol{G}$ 成立. 因为 $\boldsymbol{A}_j - b_j \cdot \boldsymbol{G} = \boldsymbol{A}\boldsymbol{R}_j + (1 - b_j^* - b_j) \cdot \boldsymbol{G}$, 所以, $\boldsymbol{B}_z = (\boldsymbol{A}_j - b_j \cdot \boldsymbol{G}) \cdot \boldsymbol{G}^{-1}(\boldsymbol{B}_z) = \boldsymbol{A}\boldsymbol{R}_j \cdot \boldsymbol{G}^{-1}(\boldsymbol{B}_z) + (1 - b_j^* - b_j) \cdot (\boldsymbol{A}\boldsymbol{R}_z + \boldsymbol{S}_z\boldsymbol{G})$. 如果置 $\boldsymbol{R}_z := \boldsymbol{R}_j \cdot \boldsymbol{G}^{-1}(\boldsymbol{B}_z) + (1 - b_j^* - b_j) \cdot \boldsymbol{R}_z$ 和 $\boldsymbol{S}_z := (1 - b_j^* - b_j) \cdot \boldsymbol{S}_z$, 那么在第 j 次内层循环结束之后, 等式 $\boldsymbol{B}_z = \boldsymbol{A}\boldsymbol{R}_z + \boldsymbol{S}_z\boldsymbol{G}$ 总是成立. 特别地, 在循环结束时有 $\boldsymbol{S}_z = \prod_{i=0}^{\mu-1} (1 - b_i^* - b_i) \cdot \boldsymbol{I}_n$. 易证明, 对于任意 $z \neq z^*$, 有 $\boldsymbol{S}_z = \boldsymbol{0}$; 对于 $z = z^*$, 有 $\boldsymbol{S}_z = (-1)^c \cdot \boldsymbol{I}_n$, 其中 c 是向量 $(b_0^*, \cdots, b_{\mu-1}^*) = \text{BD}_N(z^*)$ 中 1 的个数. 由 $\boldsymbol{Z} = \mathcal{H}.\text{Eval}(K', X) = \widehat{\boldsymbol{A}} + \sum_{z \in CF_X} \boldsymbol{B}_z = \boldsymbol{A}\widehat{\boldsymbol{R}} - (-1)^c \cdot \boldsymbol{G} + \sum_{z \in CF_X} (\boldsymbol{A}\boldsymbol{R}_z + \boldsymbol{S}_z\boldsymbol{G}) = \boldsymbol{A}\boldsymbol{R}_X + \boldsymbol{S}_X\boldsymbol{G}$ 可知, 陷门求值算法是正确的. 特别地, 如果 $z^* \notin CF_X$, 则 $\boldsymbol{S}_X = -(-1)^c \cdot \boldsymbol{I}_n$; 否则, $\boldsymbol{S}_X = \boldsymbol{0}$. 由于 $s_1(\boldsymbol{G}^{-1}(\boldsymbol{B}_z)) \leqslant nk$, $\boldsymbol{G}^{-1}(\boldsymbol{B}_z) \in \{0, 1\}^{nk \times nk}$, 由引理 3.5.3 可知 $s_1(\widehat{\boldsymbol{R}}), s_1(\boldsymbol{R}_i) \leqslant (\sqrt{\bar{m}} + \sqrt{nk}) \cdot \omega(\sqrt{\log \bar{m}})$ 以接近于 1 的概率成立. 因此, 对

于任意 $z \in CF_X$, 都有 $s_1(\boldsymbol{R}_z) \leqslant \mu \bar{m}^{1.5} \cdot \omega(\sqrt{\log \bar{m}})$ 以接近于 1 的概率成立. 由于对于任意 $X \in [L], |CF_X| = \eta \leqslant 4v\ell$, 有不等式 $s_1(\boldsymbol{R}_X) \leqslant \mu v \ell \bar{m}^{1.5} \cdot \omega(\sqrt{\log \bar{m}})$ 以接近于 1 的概率成立. 此外, 对于任意 $X_1, Y_1, \cdots, Y_v \in [L]$ 满足 $j \in \{1, \cdots, v\}$ 和 $X_1 \neq Y_j$, 集合 $CF_{X_1} \subseteq [N]$ 中至少存在一个元素不在集合 $\bigcup_{j \in \{1, \cdots, v\}} CF_{Y_j}$ 中. 这是因为 $CF = \{CF_X\}_{X \in [L]}$ 是一个 v-无覆盖集合. 由于 z^* 随机选自于 $[N]$ 且密钥 K' 统计隐藏 z^* 的信息, 所以, $\Pr[z^* \in CF_{X_1} \wedge z^* \notin \bigcup_{j \in \{1, \cdots, v\}} CF_{Y_j}] \geqslant 1/N$. 因此, $\Pr[\boldsymbol{S}_{X_1} = \boldsymbol{0} \wedge \boldsymbol{S}_{Y_1} = \cdots = \boldsymbol{S}_{Y_v} = -(-1)^c \cdot \boldsymbol{I}_n \in \mathcal{I}_n] \geqslant \dfrac{1}{N}$. $\qquad\square$

3.5.3   Split-SIS 问题

给定随机均匀选取的矩阵 $(\boldsymbol{A}_1, \boldsymbol{A}_2) \in \mathbb{Z}_q^{n \times m} \times \mathbb{Z}_q^{n \times m}$, 整数 $N = N(n) \in \mathbb{Z}$ 和实数 $\beta = \beta(n) \in \mathbb{R}$, Split-SIS 问题的目标是计算 $(\boldsymbol{x} = (\boldsymbol{x}_1, \boldsymbol{x}_2), h) \in \mathbb{Z}^{2m} \times \mathbb{Z}$ 使得如下两个条件成立 [31]:

(1) $\boldsymbol{x}_1 \neq \boldsymbol{0}$ 或 $h\boldsymbol{x}_2 \neq \boldsymbol{0}$.

(2) $\|\boldsymbol{x}\| \leqslant \beta$, $h \in [N]$, 且 $\boldsymbol{A}_1 \boldsymbol{x}_1 + h \boldsymbol{A}_2 \boldsymbol{x}_2 = \boldsymbol{0}$.

注意到标准的 $\text{SIS}_{n, m', q, \beta}$ 问题要求多项式时间的求解算法在给定随机均匀选取的矩阵 $\boldsymbol{A}$ 和定义域 $\hat{D}_{m', \beta} := \{\boldsymbol{x} \in \mathbb{Z}^{m'} : \|\boldsymbol{x}\| \leqslant \beta\}$ 的条件下, 寻找函数 $f_{\boldsymbol{A}}(\boldsymbol{x}) = \boldsymbol{A}\boldsymbol{x} = \boldsymbol{0} \bmod q$ 的根. 而 Split-SIS 问题 $\text{Split-SIS}_{n, m, q, \beta, N}$ 则允许求解算法 "修改" 函数的定义, 即任意选取 $\boldsymbol{x}_2$ 并定义 $\boldsymbol{A}' = \boldsymbol{A}_1 \| \boldsymbol{A}_2 \boldsymbol{x}_2$, 然后输出函数 $f_{\boldsymbol{A}'}(\boldsymbol{x}') = \boldsymbol{A}'\boldsymbol{x}'$ 的根 $\boldsymbol{x}' = (\boldsymbol{x}_1, h) \in \hat{D}_{m, \beta} \times [N]$. 直观上, $\text{Split-SIS}_{n, m, q, \beta, N}$ 问题不会比 $\text{SIS}_{n, 2m, q, \beta}$ 问题更难于求解. 事实上, 如果整数 $N \geqslant 2$ 且向量 $\boldsymbol{x} = (\boldsymbol{x}_1, \boldsymbol{x}_2)$ 是 $\text{SIS}_{n, 2m, q, \beta}$ 问题实例 $\boldsymbol{A} = \boldsymbol{A}_1 \| \boldsymbol{A}_2$ 的解, 则 $(\boldsymbol{x}, 1)$ 是 $\text{Split-SIS}_{n, m, q, \beta, N}$ 问题实例 $(\boldsymbol{A}_1, \boldsymbol{A}_2)$ 的解.

然而, 对于多项式界的素数 $q = \text{poly}(n)$ 和整数 $N = \text{poly}(n) < q$, 下面定理证明了 $\text{Split-SIS}_{n, m, q, \beta, N}$ 问题至少和 $\text{SIS}_{n, 2m, q, \beta}$ 问题是一样困难的. 因此, Split-SIS 问题在平均情况下的困难性与任意格上近似 SIVP 问题的困难性是相当的 [31].

定理 3.5.2 (Split-SIS 问题的困难性)   对于任意多项式 $m = m(n), \beta = \beta(n), N = N(n)$ 和素数 $q \geqslant \beta \cdot \omega(\sqrt{n \log n}) > N$, $\text{Split-SIS}_{n, m, q, \beta, N}$ 问题与 $\text{SIS}_{n, 2m, q, \beta}$ 问题是多项式等价的.

证明 $\text{SIS}_{n, 2m, q, \beta}$ 问题不弱于 $\text{Split-SIS}_{n, m, q, \beta, N}$ 问题是显然的. 接下来, 我们将证明 $\text{Split-SIS}_{n, m, q, \beta, N}$ 问题也不弱于 $\text{SIS}_{n, 2m, q, \beta}$ 问题. 事实上, 如果存在算法 $\mathcal{A}$ 以 ϵ 的概率求解 $\text{Split-SIS}_{n, m, q, \beta, N}$ 问题, 那么存在算法 $\mathcal{B}$ 以 ϵ/N 的概率可求解 $\text{SIS}_{n, 2m, q, \beta}$ 问题. 由于整数 N 是多项式界的, 当 ϵ 是不可忽略的时, ϵ/N 同样也是不可忽略的. 正式地, 给定 $\text{SIS}_{n, 2m, q, \beta}$ 问题实例 $\widehat{\boldsymbol{A}} = \widehat{\boldsymbol{A}}_1 \| \widehat{\boldsymbol{A}}_2 \in \mathbb{Z}_q^{n \times 2m}$, 算法 $\mathcal{B}$ 随机选择整数 $h^* \leftarrow [N]$. 如果 $h^* = 0$, $\mathcal{B}$ 置 $\boldsymbol{A} = \widehat{\boldsymbol{A}}$; 否则, $\mathcal{B}$

置 $\boldsymbol{A} = h^*\widehat{\boldsymbol{A}}_1||\widehat{\boldsymbol{A}}_2$. 由于 q 是一个素数且条件 $N < q$(即 $h^* \neq 0$ 在 $\mathbb{Z}_q$ 上是可逆的), 所以, 总有 $\boldsymbol{A}$ 是随机均匀分布于 $\mathbb{Z}_q^{n \times 2m}$ 的. 然后, 以矩阵 $\boldsymbol{A} = \boldsymbol{A}_1||\boldsymbol{A}_2$ 为输入运行算法 $\mathcal{A}$, 并获得解 $(\boldsymbol{x} = (\boldsymbol{x}_1, \boldsymbol{x}_2), h) \in \mathbb{Z}^{2m} \times [N]$ 使得 $\boldsymbol{A}_1\boldsymbol{x}_1 + h\boldsymbol{A}_2\boldsymbol{x}_2 = \boldsymbol{0}$ 成立. 如果 $h^* \neq h$, $\mathcal{B}$ 直接终止运行. 否则, 如果 $h^* = 0$, $\mathcal{B}$ 返回 $\boldsymbol{y} = (\boldsymbol{x}_1, \boldsymbol{0})$; 否则, 返回 $\boldsymbol{y} = \boldsymbol{x}$. 综上, 有 $\boldsymbol{y} \neq \boldsymbol{0}$, $||\boldsymbol{y}|| \leqslant \beta$ 且 $\widehat{\boldsymbol{A}}\boldsymbol{y} = \boldsymbol{0}$. □

接下来, 定义一族对于降低群公钥和签名长度有着重要作用且基于 Split-SIS 问题的 Hash 函数. 正式地, 对于整数 n, m, 素数 q, 多项式界的实数 $\beta = \beta(n) \geqslant \omega(\sqrt{\log m})$ 和整数 $N = N(n) < q$, 定义分布 $D_{m,\beta} = \{\boldsymbol{x} \leftarrow D_{\mathbb{Z}^m, \beta} : ||\boldsymbol{x}|| \leqslant \beta\sqrt{m}\}$ 和 Hash 函数族 $\mathcal{H}_{n,m,q,\beta,N} = \{f_{\boldsymbol{A}} : D_{m,\beta,N} \to \mathbb{Z}_q^n \times D_{m,\beta}\}_{\boldsymbol{A} \in \mathbb{Z}_q^{n \times 2m}}$, 其中 $D_{m,\beta,N} := D_{m,\beta} \times D_{m,\beta} \times [N]$. 对于函数指标 $\boldsymbol{A} = \boldsymbol{A}_1||\boldsymbol{A}_2 \in \mathbb{Z}_q^{n \times 2m}$ 和输入 $(\boldsymbol{x}_1, \boldsymbol{x}_2, h) \in D_{m,\beta,N}$, 定义函数值 $f_{\boldsymbol{A}}(\boldsymbol{x}_1, \boldsymbol{x}_2, h) := (\boldsymbol{A}_1\boldsymbol{x}_1 + h\boldsymbol{A}_2\boldsymbol{x}_2, \boldsymbol{x}_2) \in \mathbb{Z}_q^n \times D_{m,\beta}$. 我们首先证明 $\mathcal{H}_{n,m,q,\beta,N}$ 的 3 个有用性质, 然后利用这些性质构造关于函数族 $\mathcal{H}_{n,m,q,\beta,N}$ 的零知识证明.

定理 3.5.3 (单向性)[31]   对于任意正整数 $n \in \mathbb{Z}$, 素数 q, 整数 $m > 2n\log q$, $N < q$ 和实数 $\beta > 2 \cdot \omega(\sqrt{\log m})$, 如果 Split-SIS$_{q,m,\sqrt{5m}\beta,N}$ 问题是困难的, 那么函数族 $\mathcal{H}_{n,m,q,\beta,N}$ 是单向的.

证明   假设存在算法 $\mathcal{A}$ 可以破坏函数族 $\mathcal{H}_{n,m,q,\beta,N}$ 的单向性, 我们可构造算法 $\mathcal{B}$ 解决 Split-SIS$_{q,m,\sqrt{5m}\beta,N}$ 问题. 具体来说, 给定 Split-SIS$_{q,m,\sqrt{5m}\beta,N}$ 问题实例 $\boldsymbol{A} = \boldsymbol{A}_1||\boldsymbol{A}_2 \in \mathbb{Z}_q^{n \times 2m}$, 算法 $\mathcal{B}$ 首先随机选择 $(\boldsymbol{x}_1, \boldsymbol{x}_2) \in D_{\mathbb{Z}^m, \beta} \times D_{\mathbb{Z}^m, \beta}$ 和 $h \leftarrow [N]$, 并计算 $\boldsymbol{y} = f_{\boldsymbol{A}}(\boldsymbol{x}_1, \boldsymbol{x}_2, h) = (\boldsymbol{A}_1\boldsymbol{x}_1 + h\boldsymbol{A}_2\boldsymbol{x}_2, \boldsymbol{x}_2)$. 然后, $\mathcal{B}$ 以 $(\boldsymbol{A}, \boldsymbol{y})$ 为输入运行算法 $\mathcal{A}$, 并获得 $\mathcal{A}$ 的输出 $(\boldsymbol{x}_1', \boldsymbol{x}_2', h')$ 使得条件 $(\boldsymbol{A}_1\boldsymbol{x}_1' + h'\boldsymbol{A}_2\boldsymbol{x}_2', \boldsymbol{x}_2') = \boldsymbol{y}$ 成立. 最后, 如果 $h \geqslant h'$, $\mathcal{B}$ 输出 $(\widehat{\boldsymbol{x}}_1, \widehat{\boldsymbol{x}}_2, \hat{h}) = (\boldsymbol{x}_1 - \boldsymbol{x}_1', \boldsymbol{x}_2, h - h')$; 否则, B 输出 $(\widehat{\boldsymbol{x}}_1, \widehat{\boldsymbol{x}}_2, \hat{h}) = (\boldsymbol{x}_1' - \boldsymbol{x}_1, \boldsymbol{x}_2, h' - h)$.

首先, 容易验证 $\boldsymbol{A}_1\widehat{\boldsymbol{x}}_1 + \hat{h}\boldsymbol{A}_2\widehat{\boldsymbol{x}}_2 = \boldsymbol{0} \bmod q$ 且 $\hat{h} \in [N]$ 成立. 其次, 由高斯分布 $D_{\mathbb{Z}^m, \beta}$ 的性质可知, 不等式 $||(\widehat{\boldsymbol{x}}_1, \widehat{\boldsymbol{x}}_2)|| \leqslant \sqrt{5m}\beta$ 以 $1 - \text{neg}(n)$ 的概率成立. 接下来, 我们只需要证明等式 $\widehat{\boldsymbol{x}}_1 = \boldsymbol{0}$ 成立的概率关于 n 是可忽略的即可. 由于算法 $\mathcal{A}$ 只能从 $\boldsymbol{A}_1\boldsymbol{x}_1$ 获得 $\boldsymbol{x}_1$ 的信息, 根据引理 3.5.2 可知 $\boldsymbol{A}_1\boldsymbol{x}_1$ 只泄露了分布 $\boldsymbol{t} + D_{\Lambda_q^\perp(\boldsymbol{A}_1), \beta, -\boldsymbol{t}}$, 其中 $\boldsymbol{t}$ 是满足等式 $\boldsymbol{A}_1\boldsymbol{t} = \boldsymbol{A}_1\boldsymbol{x}_1$ 的任意向量, 且等式 $\boldsymbol{x}_1 = \boldsymbol{x}_1'$ 成立的概率关于 n 是可忽略的, 也就是说 $\Pr[\widehat{\boldsymbol{x}} \neq \boldsymbol{0}] = 1 - \text{neg}(n)$. 这就完成了定理 3.5.3 的证明. □

由于等式 $f_{\boldsymbol{A}}(\boldsymbol{x}_1, \boldsymbol{0}, h) = f_{\boldsymbol{A}}(\boldsymbol{x}_1, \boldsymbol{0}, 0)$ 对于所有的 $h \in [N]$ 都成立, 函数族 $\mathcal{H}_{n,m,q,\beta,N}$ 在定义域 $D_{m,\beta,N} := D_{m,\beta} \times D_{m,\beta} \times [N]$ 上显然不是抗碰撞的. 然而, 如果对定义域稍加限制来排除上述平凡的碰撞, 则可以证明函数族 $\mathcal{H}_{n,m,q,\beta,N}$ 是抗碰撞的. 正式地, 考虑定义域为 $D'_{m,\beta,N} = \{(\boldsymbol{x}_1, \boldsymbol{x}_2, h) \in D_{m,\beta,N} : \boldsymbol{x}_2 \neq \boldsymbol{0}\}$ 的函数族 $\mathcal{H}_{n,m,q,\beta,N}$.

定理 3.5.4 (抗碰撞性)[31]   对于任意正整数 $n, m \in \mathbb{Z}$, 素数 q, 整数 $N < q$ 和实数 $\beta \in \mathbb{R}$, 如果 Split-SIS$_{q,m,\sqrt{5m}\beta,N}$ 问题是困难的, 那么函数族 $\mathcal{H}_{n,m,q,\beta,N}$ 在定义域 $D'_{m,\beta,N}$ 上是抗碰撞的.

证明   如果存在算法 $\mathcal{A}$ 能以不可忽略的概率 ϵ 找到函数族 $\mathcal{H}_{n,m,q,\beta,N}$ 的碰撞, 我们可构造算法 $\mathcal{B}$ 以同样的概率解决 Split-SIS$_{q,m,\sqrt{5m}\beta,N}$ 问题. 具体来说, 当获得 Split-SIS$_{q,m,\sqrt{5m}\beta,N}$ 问题实例 $\boldsymbol{A} = \boldsymbol{A}_1 \| \boldsymbol{A}_2$ 之后, $\mathcal{B}$ 直接以 $\boldsymbol{A}$ 为输入运行算法 $\mathcal{A}$, 并获得一对碰撞 $(\boldsymbol{x}_1, \boldsymbol{x}_2, h) \in D'_{m,\beta,N}$ 和 $(\boldsymbol{x}'_1, \boldsymbol{x}'_2, h') \in D'_{m,\beta,N}$ 满足条件 $(\boldsymbol{x}_1, \boldsymbol{x}_2, h) \neq (\boldsymbol{x}'_1, \boldsymbol{x}'_2, h')$ 且 $f_{\boldsymbol{A}}(\boldsymbol{x}_1, \boldsymbol{x}_2, h) = f_{\boldsymbol{A}}(\boldsymbol{x}'_1, \boldsymbol{x}'_2, h')$. 注意在这种情况下, 一定有 $\boldsymbol{x}_2 = \boldsymbol{x}'_2 \neq \boldsymbol{0}$ 成立. 如果 $h \geqslant h'$, $\mathcal{B}$ 返回 $(\hat{\boldsymbol{x}}_1, \hat{\boldsymbol{x}}_2, \hat{h}) = (\boldsymbol{x}_1 - \boldsymbol{x}'_1, \boldsymbol{x}_2, h - h')$; 否则, 返回 $(\hat{\boldsymbol{x}}_1, \hat{\boldsymbol{x}}_2, \hat{h}) = (\boldsymbol{x}'_1 - \boldsymbol{x}_1, \boldsymbol{x}_2, h' - h)$. 由假设 $(\boldsymbol{x}_1, \boldsymbol{x}_2, h) \neq (\boldsymbol{x}'_1, \boldsymbol{x}'_2, h')$ 可知, 不等式 $(\hat{\boldsymbol{x}}_1, \hat{h}) \neq \boldsymbol{0}$ 在两种情况下都成立. 换句话说, 总有 $\hat{\boldsymbol{x}}_1 \neq \boldsymbol{0}$ 或 $\hat{h}\hat{\boldsymbol{x}}_2 \neq \boldsymbol{0}$ 成立. 结合事实 $\|(\hat{\boldsymbol{x}}_1, \hat{\boldsymbol{x}}_2)\| \leqslant \sqrt{5m}\beta$ 和 $\hat{h} \in [N]$, 就完成了定理 3.5.4 的证明.   □

最后, 我们证明函数族 $\mathcal{H}_{n,m,q,\beta,N}$ 统计隐藏第三部分的输入.

定理 3.5.5   对于正整数 n, 素数 q, 整数 $m > 2n\log q$, $N = \text{poly}(n)$ 和实数 $\beta = \beta(n) > \omega(\sqrt{\log m})$, 给定随机均匀选取的 $\boldsymbol{A} = \boldsymbol{A}_1 \| \boldsymbol{A}_2 \in \mathbb{Z}_q^{n \times 2m}$ 和范数小于等于 $\beta\sqrt{m}$ 的任意向量 $\boldsymbol{x}_2$, 分布

$$\{(\boldsymbol{A}, f_{\boldsymbol{A}}(\boldsymbol{x}_1, \boldsymbol{x}_2, h), h) : \boldsymbol{x}_1 \leftarrow D_{m,\beta}, h \leftarrow [N]\}$$

和分布

$$\{(\boldsymbol{A}, (\boldsymbol{u}, \boldsymbol{x}_2), h) : \boldsymbol{u} \leftarrow \mathbb{Z}_q^n, h \leftarrow [N]\}$$

的统计距离关于 n 是可忽略的.

证明   由于函数 $f_{\boldsymbol{A}}(\boldsymbol{x}_1, \boldsymbol{x}_2, h)$ 的第二个输入 (即 $\boldsymbol{x}_2$) 独立于 h 的选择, 我们只需要证明对于任意的 $\boldsymbol{x}_2$ 和 h, 分布 $\{\boldsymbol{A}_1\boldsymbol{x}_1 + h\boldsymbol{A}_2\boldsymbol{x}_2 : \boldsymbol{x}_1 \leftarrow D_{m,\beta}\}$ 统计接近于 $\mathbb{Z}_q^n$ 上的均匀分布即可. 事实上, 结合条件 $\boldsymbol{x}_1 \leftarrow D_{\mathbb{Z}^m,\beta}$, $\beta \geqslant \omega(\sqrt{\log m})$ 和引理 3.5.2 的结论可知, 分布 $\boldsymbol{A}_1\boldsymbol{x}_1$ 统计接近于 $\mathbb{Z}_q^n$ 上的均匀分布. 进一步, 结合事实: ① 分布 $D_{\mathbb{Z}^m,\beta}$ 与分布 $D_{m,\beta}$ 的统计距离是可忽略的; ② 对于任意的 $\boldsymbol{x}_2 \in D_{m,\beta}, h \in [N]$, 分布 $\{\boldsymbol{u} + h\boldsymbol{A}_2\boldsymbol{x}_2 : \boldsymbol{u} \leftarrow \mathbb{Z}_q^n\}$ 与 $\mathbb{Z}_q^n$ 上的均匀分布是一样的, 这就完成了定理 3.5.5 的证明.   □

现在, 我们给出针对函数族 $\mathcal{H}_{n,m,q,\beta,N}$ 的知识证明. 具体来说, 给定矩阵 $\boldsymbol{A} = \boldsymbol{A}_1 \| \boldsymbol{A}_2$, 向量 $\boldsymbol{y} = (\boldsymbol{y}_1, \boldsymbol{y}_2) \in \mathbb{Z}_q^n \times \mathbb{Z}^m$ 和 $0 < \|\boldsymbol{y}_2\| \leqslant \beta\sqrt{m}$, 证明者可生成满足条件 $\|\boldsymbol{x}_1\| \leqslant \beta\sqrt{m}$, $h \in [N]$ 和 $f_{\boldsymbol{A}}(\boldsymbol{x}_1, \boldsymbol{x}_2, h) = (\boldsymbol{A}_1\boldsymbol{x}_1 + h\boldsymbol{A}_2\boldsymbol{x}_2, \boldsymbol{x}_2) = \boldsymbol{y}$ 的关于知识 $\boldsymbol{x} = (\boldsymbol{x}_1, \boldsymbol{x}_2, h) \in \mathbb{Z}^{2m+1}$ 的证明. 由于 $\boldsymbol{x}_2$ 必须等于 $\boldsymbol{y}_2$, 我们只需要给出针对如下关系的知识证明即可

$$R_{\text{Split-SIS}} = \{(\boldsymbol{A}, \boldsymbol{y}, \beta, N; \boldsymbol{x}_1, h) \in \mathbb{Z}_q^{n \times 2m} \times (\mathbb{Z}_q^n \times \mathbb{Z}^m) \times \mathbb{R} \times \mathbb{Z} \times \mathbb{Z}^m \times \mathbb{Z} :$$
$$\boldsymbol{A}_1\boldsymbol{x}_1 + h\boldsymbol{A}_2\boldsymbol{y}_2 = \boldsymbol{y}_1, \|\boldsymbol{x}_1\| \leqslant \beta\sqrt{m}, h \in [N]\}$$

直观上, 由于等式 $\boldsymbol{y}_1 = \boldsymbol{A}_1 \boldsymbol{x}_1 + h \boldsymbol{A}_2 \boldsymbol{y}_2 = (\boldsymbol{A}_1 || \boldsymbol{A}_2 \boldsymbol{y}_2)(\boldsymbol{x}_1, h)$ 成立, 我们可以直接扩展 ISIS 关系的证明协议[38] 来完成对关系 $R_{\text{Split-SIS}}$ 的证明. 然而, 当 $N \gg \beta$ 时, 直接使用之前的技术可能并不能得到有效的证明协议. 这是因为文献 [38] 的基本思想是使用足够大的分布来隐藏证据的分布. 换句话说, 在我们的情况中随机数的范数必须要远大于 N, 这可能直接导致最终的协议不能满足可靠性的要求 (图 3.5.2).

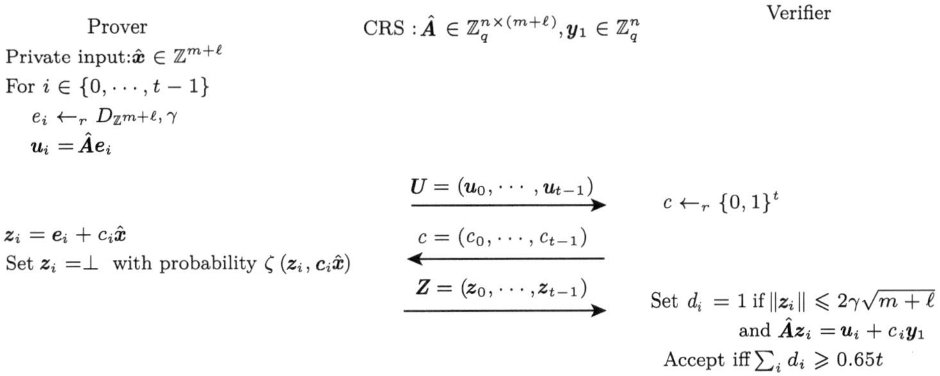

Prover   CRS : $\hat{\boldsymbol{A}} \in \mathbb{Z}_q^{n \times (m+\ell)}, \boldsymbol{y}_1 \in \mathbb{Z}_q^n$ Verifier

Private input: $\hat{\boldsymbol{x}} \in \mathbb{Z}^{m+\ell}$

For $i \in \{0, \cdots, t-1\}$

  $e_i \leftarrow_r D_{\mathbb{Z}^{m+\ell}, \gamma}$

  $\boldsymbol{u}_i = \hat{\boldsymbol{A}} e_i$

$$\xrightarrow{\boldsymbol{U} = (\boldsymbol{u}_0, \cdots, \boldsymbol{u}_{t-1})}$$

$$c \leftarrow_r \{0,1\}^t$$

$$\xleftarrow{c = (c_0, \cdots, c_{t-1})}$$

$\boldsymbol{z}_i = \boldsymbol{e}_i + c_i \hat{\boldsymbol{x}}$

Set $\boldsymbol{z}_i = \perp$ with probability $\zeta(\boldsymbol{z}_i, c_i \hat{\boldsymbol{x}})$

$$\xrightarrow{\boldsymbol{Z} = (\boldsymbol{z}_0, \cdots, \boldsymbol{z}_{t-1})}$$

Set $d_i = 1$ if $\|\boldsymbol{z}_i\| \leqslant 2\gamma\sqrt{m+\ell}$

and $\hat{\boldsymbol{A}} \boldsymbol{z}_i = \boldsymbol{u}_i + c_i \boldsymbol{y}_1$

Accept iff $\sum_i d_i \geqslant 0.65t$

图 3.5.2 针对关系 $R_{\text{Split-SIS}}$ 的 Σ 协议

为了解决上述问题, 我们采用按位分解技术来处理较大的整数 N. 基本思想是将 $h \in [N]$ 等价地分解成一组拥有较小元素的向量, 然后证明这组向量的存在性即可. 正式地, 对于任意 $h \in [N]$, 计算 h 的 $\bar{\beta} = \lceil \beta \rceil$ 进制表示, 即一个 ℓ 维的向量 $\boldsymbol{v}_h = (v_0, \cdots, v_{\ell-1}) \in \mathbb{Z}^\ell$ 使得 $0 \leqslant v_i \leqslant \bar{\beta} - 1$ 和 $h = \sum_{i=0}^{\ell-1} v_i \bar{\beta}^i$, 其中 $\ell = \lceil \log_{\bar{\beta}} N \rceil$. 记向量 $\boldsymbol{b} = \boldsymbol{A}_2 \boldsymbol{y}_2$, 计算矩阵 $\boldsymbol{D} = (\boldsymbol{b}, \bar{\beta}\boldsymbol{b}, \cdots, \bar{\beta}^{\ell-1}\boldsymbol{b}) \in \mathbb{Z}_q^{n \times \ell}$. 容易验证对于任意向量 $\boldsymbol{e} \in \mathbb{Z}^\ell$, 存在 $h' \in \mathbb{Z}_q$ 使得 $\boldsymbol{D}\boldsymbol{e} = h'\boldsymbol{b} \bmod q$, 且当 $\boldsymbol{b} \neq \boldsymbol{0}$ 时 h' 是唯一的. 特别地, 如果令 $\hat{\boldsymbol{A}} = \boldsymbol{A}_1 || \boldsymbol{D} \in \mathbb{Z}_q^{n \times (m+\ell)}$ 和 $\hat{\boldsymbol{x}} = (\boldsymbol{x}_1, \boldsymbol{v}_h) \in \mathbb{Z}^{m+\ell}$, 那么有 $\boldsymbol{y}_1 = \hat{\boldsymbol{A}}\hat{\boldsymbol{x}}$ 和 $\|\hat{\boldsymbol{x}}\| \leqslant \beta\sqrt{m+\ell}$ 成立. 由于 $\bar{\beta} > 2$ 且 N 是关于 n 的多项式, 因此, $\ell \ll m$ 和 $\|\hat{\boldsymbol{x}}\| < \eta = \beta\sqrt{2m}$.

接下来, 我们给出针对函数族 $\mathcal{H}_{n,m,q,\beta,N}$ 的 Σ 协议. 为了得到可忽略的可靠性错误, 协议重复运行 $t = \omega(\log n)$ 次只有一比特挑战的基本协议. 与文献 [38, 42] 一样, 我们的基本协议使用了拒绝采样技术来获得零知识性. 正式地, 令 $\gamma = \eta \cdot m^{1.5}$, 记 $\zeta(\boldsymbol{z}, \boldsymbol{y}) = 1 - \min\left(\dfrac{D_{\mathbb{Z}^{m+\ell}, \gamma}(\boldsymbol{z})}{M_l \cdot D_{\mathbb{Z}^{m+\ell}, \boldsymbol{y}, \gamma}(\boldsymbol{z})}, 1\right)$, 其中 $\boldsymbol{y}, \boldsymbol{z} \in \mathbb{Z}^{m+\ell}$, 常数 $M_l \leqslant 1 + O\left(\dfrac{1}{m}\right)$. 由文献 [42] 中的引理 4.5 可知, 对于每个 $i \in \{0, \cdots, t-1\}$

都有 $\Pr[\boldsymbol{z}_i \neq \bot] \approx \dfrac{1}{M_l} = 1 - O\left(\dfrac{1}{m}\right)$ 成立. 此外, 根据文献 [42] 中的引理 4.4, 我

们有 $\Pr[\|\boldsymbol{z}_i\| \leqslant 2\gamma\sqrt{m+\ell}\,|\,\boldsymbol{z}_i \neq \bot] = 1 - \mathrm{neg}(m)$. 通过简单的计算可知, 当 m 足

够大时 (如 $m > 100$), 上述协议的完备性错误至多为 $2^{-\Omega(t)}$. 进一步, 该协议还满

足特殊诚实验证者零知识性. 换句话说, 给定挑战 c_i, 存在模拟器 S 输出统计接近

于真实交互记录的分布 $(\boldsymbol{u}_i, c_i, \boldsymbol{z}_i)$. 具体来说, S 首先选择 $\boldsymbol{z}_i \leftarrow D_{\mathbb{Z}^{m+\ell}, \gamma}$ 并计算

$\boldsymbol{u}_i = \widehat{\boldsymbol{A}}\boldsymbol{z}_i - c_i \boldsymbol{y}_1 \bmod q$. 然后, S 以 $1 - \dfrac{1}{M_l}$ 的概率置 $\boldsymbol{z}_i = \bot$, 并输出 $(\boldsymbol{u}_i, c_i, \boldsymbol{z}_i)$.

由引理 3.5.2 可知, $\widehat{\boldsymbol{A}}\boldsymbol{z}_i (\bmod q)$ 统计接近于 $\mathbb{Z}_q^n$ 上的均匀分布, 因此, $\boldsymbol{u}_i$ 与协议真

实交互中的分布是统计接近的. 此外, 根据文献 [42] 中的引理 4.5, 我们有 $\boldsymbol{z}_i$ 与

协议真实交互中的分布也是统计接近的. 换句话说, S 是有效的特殊诚实验证者

零知识的模拟器.

最后, 由于使用了二元的挑战, 上述协议还满足特殊可靠性. 事实上, 给定拥

有不同挑战的交互记录 $(\boldsymbol{U}, \boldsymbol{c}, \boldsymbol{Z})$ 和 $(\boldsymbol{U}, \boldsymbol{c}', \boldsymbol{Z}')$, 可找到 $i \in \{0, \cdots, t-1\}$ 和 "弱"

的证据 $\boldsymbol{x}' = \boldsymbol{z}_i - \boldsymbol{z}_i'$ 使得 $\widehat{\boldsymbol{A}}\boldsymbol{x}' = \boldsymbol{y}_1$ 且 $\|\boldsymbol{x}'\| \leqslant 4\gamma\sqrt{2m}$.

通过以标准的方式应用 Fiat-Shamir 转换 [43], 我们可以通过计算 $\boldsymbol{c} = H(\rho, \boldsymbol{U})$

得到知识的非交互零知识证明, 其中 $H: \{0,1\}^* \to \{0,1\}^t$ 被模型化为随机谕示

器, ρ 代表其他的任何辅助输入 (如需要被签名的特定消息 M). 最后, 根据 Σ 协

议的良好性质, 我们可以通过组合协议来证明 EQ 关系、OR 关系和 AND 关系.

3.5.4 格上数字签名的通用构造及实例化

如果在 3.1.2 小节游戏中要求伪造者 $\mathcal{F}$ 在收到验证密钥 vk 之前预先选择消

息集合 $\{M_1, \cdots, M_Q\}$ 发送给挑战者 $\mathcal{C}$, 并在之后同时收到验证密钥 vk 和所有

Q 个预选消息的签名 $\{\sigma_1, \cdots, \sigma_Q\}$, 则称该修改游戏为在已知消息攻击下存在性

不可伪造安全游戏. 类似地, 在该游戏中伪造者 $\mathcal{F}$ 的优势仍然定义为挑战者 $\mathcal{C}$ 输

出 1 的概率, 记为 $\mathrm{Adv}_{\mathrm{SIG}, \mathcal{F}}^{\mathrm{euf\text{-}kma}}(\kappa) = \Pr[\mathcal{C} \text{ outputs } 1]$.

接下来, 我们给出从格上可编程 Hash 函数到数字签名的通用构造. 令 ℓ, n,

$m', v, q \in \mathbb{Z}, \beta \in \mathbb{R}$ 是关于安全参数 κ 的多项式, $k = \lceil \log_2 q \rceil$. 令 $\mathcal{H} = (\mathcal{H}.\mathrm{Gen},$

$\mathcal{H}.\mathrm{Eval})$ 是一个从 $\{0,1\}^\ell$ 到 $\mathbb{Z}_q^{n \times m'}$ 的 $(1, v, \beta)$-PHF. 令 $\bar{m} = O(n \log q), m =$

$\bar{m} + m'$ 和足够大的 $s > \max(\beta, \sqrt{m}) \cdot \omega(\sqrt{\log n}) \in \mathbb{R}$ 为系统参数. 数字签

名 $\mathrm{SIG} = (\mathrm{KeyGen}, \mathrm{Sign}, \mathrm{Verify})$ 的通用构造如下.

(1) $\mathrm{KeyGen}(1^\kappa)$: 给定安全参数 κ, 计算 $(\boldsymbol{A}, \boldsymbol{R}) \leftarrow \mathrm{TrapGen}(1^n, 1^{\bar{m}}, q, \boldsymbol{I}_n)$ 使

得 $\boldsymbol{A} \in \mathbb{Z}_q^{n \times \bar{m}}, \boldsymbol{R} \in \mathbb{Z}_q^{(\bar{m}-nk) \times nk}$. 随机选择 $\boldsymbol{u} \leftarrow \mathbb{Z}_q^n$, 计算 $K \leftarrow \mathcal{H}.\mathrm{Gen}(1^\kappa)$, 返回

验证密钥和签名密钥 $(vk, sk) = ((\boldsymbol{A}, \boldsymbol{u}, K), \boldsymbol{R})$.

(2) $\mathrm{Sign}(sk, M \in \{0,1\}^\ell)$: 给定 $sk = \boldsymbol{R}$ 和消息 M, 计算 $\boldsymbol{A}_M = \boldsymbol{A}\|H_K(M)$

$\in \mathbb{Z}_q^{n \times m}$, 其中 $H_K(M) = \mathcal{H}.\mathrm{Eval}(K, M) \in \mathbb{Z}_q^{n \times m'}$. 计算 $\boldsymbol{e} \leftarrow \mathrm{SampleD}(\boldsymbol{R}, \boldsymbol{A}_M,$

$I_n, \boldsymbol{u}, s)$, 并返回签名 $\sigma = \boldsymbol{e}$.

(3) Verify (vk, M, σ): 给定 vk、消息 M 和向量 $\sigma = \boldsymbol{e}$, 计算 $\boldsymbol{A}_M = \boldsymbol{A}||H_K(M) \in \mathbb{Z}_q^{n \times m}$, 其中 $H_K(M) = \mathcal{H}.\mathrm{Eval}(K, M) \in \mathbb{Z}_q^{n \times m'}$. 如果 $||\boldsymbol{e}|| \leqslant s\sqrt{m}$ 且 $\boldsymbol{A}_M \boldsymbol{e} = \boldsymbol{u}$, 返回 1; 否则, 返回 0.

容易验证, 上述数字签名是正确的. 关于安全性, 我们有如下定理.

定理 3.5.6 令 $\ell, n, \bar{m}, m', q \in \mathbb{Z}$ 和 $\bar{\beta}, \beta, s \in \mathbb{R}$ 是关于安全参数 κ 的多项式, $m = \bar{m} + m'$. 令 $\mathcal{H} = (\mathcal{H}.\mathrm{Gen}, \mathcal{H}.\mathrm{Eval})$ 是从 $\{0,1\}^\ell$ 到 $\mathbb{Z}_q^{n \times m'}$ 的 $(1, v, \beta, \gamma, \delta)$-PHF, 其中 $\gamma = \mathrm{neg}(\kappa)$ 和可察觉的 $\delta > 0$. 对于足够大的 $\bar{m} = O(n \log q)$ 和 $s > \max(\beta, \sqrt{m}).\omega(\sqrt{\log n}) \in \mathbb{R}$, 如果存在 PPT 伪造者 $\mathcal{F}$ 能够通过至多 $Q \leqslant v$ 次签名询问以不可忽略的概率 $\epsilon > 0$ 打破数字签名 SIG 的存在性不可伪造, 那么存在算法 $\mathcal{B}$ 能够以至少 $\epsilon' \geqslant \epsilon\delta - \mathrm{neg}(\kappa)$ 的概率解决 $\mathrm{ISIS}_{q, \bar{m}, \bar{\beta}}$ 问题, 其中 $\bar{\beta} = \beta s\sqrt{m} \cdot \omega(\sqrt{\log n})$.

直观上, 给定 ISIS 挑战实例 $(\widehat{\boldsymbol{A}}, \hat{\boldsymbol{u}})$, 挑战者先利用 $(\widehat{\boldsymbol{A}}, G)$ 生成 $\mathcal{H}$ 在陷门模式下的密钥 K', 然后定义 $vk = (\widehat{\boldsymbol{A}}, \hat{\boldsymbol{u}}, K')$, 并秘密保存 K' 的陷门 td. 对于敌手的第 i 次签名询问消息 M_i, 我们有 $\boldsymbol{A}_{M_i} = \widehat{\boldsymbol{A}}||H_{K'}(M_i) = \widehat{\boldsymbol{A}}||(\widehat{\boldsymbol{A}}\boldsymbol{R}_{M_i} + \boldsymbol{S}_{M_i}G) \in \mathbb{Z}_q^{n \times m}$. 由 $\mathcal{H}$ 的可编程性, 对于所有 Q 个签名询问的消息 $\{M_i\}_{i \in \{1, \cdots, Q\}}$ 和伪造签名的消息 M^*, 我们至少以 $\delta > 0$ 的概率有 $\boldsymbol{S}_{M_i}$ 是可逆的且 $\boldsymbol{S}_{M^*} = \boldsymbol{0}$. 在这种情况下, 挑战者可以利用 $\boldsymbol{R}_{M_i}$ 来完美地回答签名询问, 并用伪造的消息签名对 (M^*, σ^*) 来解决 ISIS 问题 $\boldsymbol{u} = \boldsymbol{A}_{M^*}\sigma^* = \widehat{\boldsymbol{A}}(\boldsymbol{I}_{\bar{m}}||\boldsymbol{R}_{M^*})\sigma^*$.

进一步, 用定义 3.5.3 中的可编程 Hash 函数实例化 $\mathcal{H}$, 即可得到验证密钥中只包含对数个矩阵和签名只包含一个格向量的短签名 SIG_1.

推论 3.5.1 令 $n, q \in \mathbb{Z}$ 是关于安全参数 κ 的多项式. 令 $\bar{m} = O(n \log q)$, $v = \mathrm{poly}(n), \ell = n$. 如果存在多项式时间伪造者 $\mathcal{F}$ 通过至多 $Q \leqslant v$ 次签名询问以不可忽略的概率 ϵ 打破数字签名 SIG_1 的存在性不可伪造, 那么存在算法 $\mathcal{B}$ 以至少 $\epsilon' \geqslant \dfrac{\epsilon}{16nv^2} - \mathrm{neg}(\kappa)$ 的概率解决 $\mathrm{ISIS}_{q, \bar{m}, \bar{\beta}}$ 问题, 其中 $\bar{\beta} = v^2 \cdot \widetilde{O}(n^{5.5})$.

可以看到, 由于我们要求 $Q \leqslant v$, 上述推论中的 ϵ' 和 $\bar{\beta}$ 均与 Q^2 有关系, 这将极大地影响最终的参数选取和算法的效率. 接下来, 我们通过组合不同的可编程 Hash 函数来降低对 Q 的依赖, 从而得到更高效的格上数字签名.

我们的基本思想是放松对 $(1, v, \beta)$-PHF $\mathcal{H} = \{H_K\}$ 的要求, 即通过组合一个较弱的可编程 Hash 函数 $\mathcal{H}' = \{H'_{K'}\}$ 使得可以使用更小的 $v = \omega(\log n)$. 具体地, 对于每个要签名的消息 M, 与其直接在数字签名 SIG 中使用 $H_K(M)$, 我们将选择一个较短的随机标签 $\boldsymbol{t}$, 并计算 $H'_{K'}(\boldsymbol{t}) + H_K(M)$ 来生成关于 M 的签名. 因此, 如果两个可编程 Hash 函数都使用相同的 $\boldsymbol{A}$ 和 G, 那么有 $H'_{K'}(\boldsymbol{t}) + H_K(M) = \boldsymbol{A}(\boldsymbol{R}'_t + \boldsymbol{R}_M) + (\boldsymbol{S}'_t + \boldsymbol{S}_M)G$, 其中 $H'_{K'}(\boldsymbol{t}) = \boldsymbol{A}\boldsymbol{R}'_t + \boldsymbol{S}'_tG$, $H_K(M) = \boldsymbol{A}\boldsymbol{R}_M + \boldsymbol{S}_MG$.

进一步, 如果可确保当 $\boldsymbol{S}'_t \in \mathcal{I}_n$ 和 $\boldsymbol{S}_M \in \mathcal{I}_n$ 时都有 $\boldsymbol{S}'_t + \boldsymbol{S}_M \in \mathcal{I}_n$, 那么并不需要对于所有 Q 个签名消息都有 $\boldsymbol{S}_M$ 可逆. 特别地, 我们只需要能够保证对于所有 Q 个签名消息 $\boldsymbol{S}'_t + \boldsymbol{S}_M \in \mathcal{I}_n$ 是可逆的, 同时对于伪造签名的消息标签对 (t^*, M^*) 有 $\boldsymbol{S}'_{t^*} + \boldsymbol{S}_{M^*} = \boldsymbol{0}$ 的概率是可察觉的就可以了.

正式地, 令 $n, q \in \mathbb{Z}$ 是关于安全参数 κ 的多项式,

$$k = \lceil \log_2 q \rceil, \quad \bar{m} = O(n \log q), \quad m = \bar{m} + nk, s = \widetilde{O}(n^{2.5}) \in \mathbb{R}$$

令 $H : \mathbb{Z}_q^n \to \mathbb{Z}_q^{n \times n}$ 是一个满秩差分编码[44], 满足对于任意向量 $\boldsymbol{v} = (v, 0, \cdots, 0)^{\mathrm{T}}$, $\boldsymbol{v}_1, \boldsymbol{v}_2 \in \mathbb{Z}_q^n$, 都有 $H(\boldsymbol{v}) = v\boldsymbol{I}_n$ 和 $H(\boldsymbol{v}_1) + H(\boldsymbol{v}_2) = H(\boldsymbol{v}_1 + \boldsymbol{v}_2)$ 成立. 对于任意 $\ell < n$ 和 $t \in \{0, 1\}^\ell$, 可以很自然地通过添加 $n - \ell$ 个零坐标将向量 $t \in \{0, 1\}^\ell$ 看成 $\mathbb{Z}_q^n$ 中的元素. 特别地, 我们将使用从 $\{0, 1\}^\ell$ 到 $\mathbb{Z}_q^{n \times nk}$ 的弱可编程 Hash 函数 $\boldsymbol{H}'_{K'}(\boldsymbol{t}) = \boldsymbol{A}_0 + H(\boldsymbol{t})\boldsymbol{G}$, 其中 $K' = \boldsymbol{A}_0$. 将 $\mathcal{H}'$ 的定义域限制在 $\{0\} \times \{0, 1\}^{n-1}$, 可以使得当 $(\boldsymbol{S}'_t, \boldsymbol{S}_M) \neq (\boldsymbol{0}, \boldsymbol{0})$ 时总有 $\boldsymbol{S}'_t + \boldsymbol{S}_M$ 是可逆的.

数字签名 $\mathrm{SIG}_2 = (\mathrm{KeyGen}, \mathrm{Sign}, \mathrm{Verify})$ 定义如下:

(1) $\mathrm{KeyGen}(1^\kappa)$: 给定安全参数 κ, 计算 $(\boldsymbol{A}, \boldsymbol{R}) \leftarrow \mathrm{TrapGen}(1^n, 1^{\bar{m}}, q, \boldsymbol{I}_n)$ 使得 $\boldsymbol{A} \in \mathbb{Z}_q^{n \times \bar{m}}, \boldsymbol{R} \in \mathbb{Z}_q^{(\bar{m}-nk) \times nk}$. 随机选择 $\boldsymbol{A}_0 \leftarrow \mathbb{Z}_q^{n \times nk}$ 和 $\boldsymbol{u} \leftarrow \mathbb{Z}_q^n$, 计算 $K \leftarrow \mathcal{H}.\mathrm{Gen}(1^\kappa)$, 并返回 $(vk, sk) = ((\boldsymbol{A}, \boldsymbol{A}_0, \boldsymbol{u}, K), \boldsymbol{R})$.

(2) $\mathrm{Sign}(sk, M \in \{0, 1\}^n)$: 给定私钥 sk 和消息 M, 随机选择 $t \leftarrow \{0, 1\}^\ell$, 计算 $\boldsymbol{A}_{M,t} = \boldsymbol{A}||((\boldsymbol{A}_0 + H(0||\boldsymbol{t})\boldsymbol{G}) + H_K(M)) \in \mathbb{Z}_q^{n \times m}$, 其中 $H_K(M) = \mathcal{H}.\mathrm{Eval}(K, M) \in \mathbb{Z}_q^{n \times nk}$. 计算 $e \leftarrow \mathrm{SampleD}(\boldsymbol{R}, \boldsymbol{A}_{M,t}, \boldsymbol{I}_n, \boldsymbol{u}, s)$, 并返回签名 $\sigma = (\boldsymbol{e}, \boldsymbol{t})$.

(3) $\mathrm{Verify}(vk, M, \sigma)$: 给定 vk、消息 M 和签名 $\sigma = (\boldsymbol{e}, \boldsymbol{t})$, 计算 $\boldsymbol{A}_{M,t} = \boldsymbol{A}||((\boldsymbol{A}_0 + H(0||\boldsymbol{t})\boldsymbol{G}) + H_K(M)) \in \mathbb{Z}_q^{n \times m}$, 其中 $H_K(M) = \mathcal{H}.\mathrm{Eval}(K, M) \in \mathbb{Z}_q^{n \times nk}$. 如果 $||\boldsymbol{e}|| \leqslant s\sqrt{m}$ 和 $\boldsymbol{A}_{M,t}\boldsymbol{e} = \boldsymbol{u}$, 返回 1; 否则, 返回 0.

由于 $\boldsymbol{R}$ 是 $\boldsymbol{A}$ 的一个 G-陷门, 通过添加零行可将其转换成质量为 $s_1(\boldsymbol{R}) \leqslant \sqrt{m} \cdot \omega(\sqrt{\log n})$ 的 $\boldsymbol{A}_{M,t}$ 的 G-陷门. 由于 $s = \widetilde{O}(n^{2.5}) > s_1(\boldsymbol{R}) \cdot \omega(\sqrt{\log n})$, SampleD 输出的向量 $\boldsymbol{e}$ 服从 $D_{\mathbb{Z}^m, s}$ 中的分布, 且满足 $\boldsymbol{A}_{M,t}\boldsymbol{e} = \boldsymbol{u}$. 由引理 3.5.1 有 $||\boldsymbol{e}|| \leqslant s\sqrt{m}$ 以极大的概率成立, 即数字签名 SIG_2 是正确的.

定理 3.5.7 令 $\ell, \bar{m}, n, q, v \in \mathbb{Z}$ 是关于安全参数 κ 的多项式. 对于合适选取的 $\ell = O(\log n)$ 和 $v = \omega(\log n)$, 如果存在多项式时间伪造者 $\mathcal{F}$ 通过至多 $Q = \mathrm{poly}(n)$ 次签名询问以不可忽略的概率 ϵ 打破数字签名 SIG_2 的存在性不可伪造, 则存在算法 $\mathcal{B}$ 能够至少以概率 $\epsilon' \geqslant \dfrac{\epsilon}{16 \cdot 2^\ell nv^2} - \mathrm{neg}(\kappa) = \dfrac{\epsilon}{Q \cdot \widetilde{O}(n)}$ 解决 $\mathrm{ISIS}_{q, \bar{m}, \bar{\beta}}$ 问题, 其中 $\bar{\beta} = \widetilde{O}(n^{5.5})$.

证明 我们直接给出算法 $\mathcal{B}$ 的构造. 它将通过模拟 $\mathcal{F}$ 的攻击环境以至少 $\dfrac{\epsilon}{Q \cdot \widetilde{O}(n^2)}$ 的概率来解决 $\mathrm{ISIS}_{q, \bar{m}, \bar{\beta}}$ 问题. 正式地, $\mathcal{B}$ 随机选择向量 $t' \leftarrow \{0, 1\}^\ell$,

并希望 $\mathcal{F}$ 将会输出关于标签 $\boldsymbol{t}^* = \boldsymbol{t}'$ 的伪造签名. 算法 $\mathcal{B}$ 模拟存在性不可伪造的游戏如下:

(1) **KeyGen**: 给定 $\mathrm{ISIS}_{q,\bar{m},\bar{\beta}}$ 问题的挑战实例 $(\boldsymbol{A}, \boldsymbol{u}) \in \mathbb{Z}_q^{n \times \bar{m}} \times \mathbb{Z}_q^n$, 算法 $\mathcal{B}$ 首先随机选择 $\boldsymbol{R}_0 \leftarrow (D_{\mathbb{Z}^{\bar{m}}, \omega(\sqrt{\log n})})^{nk}$, 计算 $\boldsymbol{A}_0 = \boldsymbol{A}\boldsymbol{R}_0 - H(0||\boldsymbol{t}')\boldsymbol{G}$. 然后, 如定理 3.5.1 中的方式计算 $(K', td) \leftarrow \mathcal{H}.\mathrm{TrapGen}(1^\kappa, \boldsymbol{A}, \boldsymbol{G})$, 置 $vk = (\boldsymbol{A}, \boldsymbol{A}_0, \boldsymbol{u}, K')$, 并秘密保存 $(\boldsymbol{R}_0, td)$.

(2) **Sign**: 给定消息 M, 算法 $\mathcal{B}$ 首先随机选择标签 $\boldsymbol{t} \leftarrow \{0,1\}^\ell$. 如果 $\boldsymbol{t}$ 已经被用于回答超过 v 个消息的签名询问, $\mathcal{B}$ 终止模拟; 否则, $\mathcal{B}$ 按定理 3.5.1 中的方式计算 $(\boldsymbol{R}_M, \boldsymbol{S}_M) = \mathcal{H}.\mathrm{TrapEval}(td, K', M)$. 然后, 我们有 $\boldsymbol{A}_{M,t} = \boldsymbol{A}||((\boldsymbol{A}_0 + H(0||\boldsymbol{t})\boldsymbol{G}) + H_{K'}(M)) = \boldsymbol{A}||(\boldsymbol{A}(\boldsymbol{R}_0 + \boldsymbol{R}_M) + (H(0||\boldsymbol{t}) - H(0||\boldsymbol{t}') + \boldsymbol{S}_M)\boldsymbol{G})$. 由于 $\boldsymbol{S}_M = b\boldsymbol{I}_n = H(b||0)$ 满足 $b \in \{-1, 0, 1\}$, 根据满秩差分编码的同态性质可知, $\widehat{\boldsymbol{S}} = H(0||\boldsymbol{t}) - H(0||\boldsymbol{t}') + \boldsymbol{S}_M = H(b||(\boldsymbol{t} - \boldsymbol{t}'))$. $\mathcal{B}$ 区分如下两种情况:

① $\boldsymbol{t} \neq \boldsymbol{t}'$ 或 $b \neq 0$: 这时有 $\widehat{\boldsymbol{S}}$ 是可逆的. 换句话说, $\widehat{\boldsymbol{R}} = \boldsymbol{R}_0 + \boldsymbol{R}_M$ 是矩阵 $\boldsymbol{A}_{M,t}$ 的 G-陷门. 由于 $s_1(\boldsymbol{R}_0) \leqslant \sqrt{m} \cdot \omega(\sqrt{\log n})$ 和 $s_1(\boldsymbol{R}_M) \leqslant O(n^{2.5})$, 我们有 $s_1(\widehat{\boldsymbol{R}}) \leqslant O(n^{2.5})$. 然后, 计算 $\boldsymbol{e} \leftarrow \mathrm{SampleD}(\widehat{\boldsymbol{R}}, \boldsymbol{A}_{M,t}, \widehat{\boldsymbol{S}}, \boldsymbol{u}, s)$, 并返回签名 $\sigma = (\boldsymbol{e}, \boldsymbol{t})$. 如果我们设置合适的 $s = O(n^{2.5}) \geqslant s_1(\widehat{\boldsymbol{R}}) \cdot \omega(\sqrt{\log n})$, 由引理 3.5.6 可知, $\mathcal{B}$ 可以极大的概率生成 M 的签名.

② $\boldsymbol{t} = \boldsymbol{t}' \wedge b = 0$: $\mathcal{B}$ 终止模拟.

(3) **Forge**: 在询问至多 Q 次签名后, $\mathcal{F}$ 输出消息 $M^* \in \{0,1\}^n$ 的伪造签名 $\sigma^* = (\boldsymbol{e}^*, \boldsymbol{t}^*)$ 使得 $||\boldsymbol{e}^*|| \leqslant s\sqrt{m}$ 和 $\boldsymbol{A}_{M^*,t^*}\boldsymbol{e}^* = \boldsymbol{u}$, 其中 $\boldsymbol{A}_{M^*,t^*} = \boldsymbol{A}||((\boldsymbol{A}_0 + H(0||\boldsymbol{t}^*)\boldsymbol{G}) + H_K(M^*)) \in \mathbb{Z}_q^{n \times m}$. 算法 $\mathcal{B}$ 计算 $(\boldsymbol{R}_{M^*}, \boldsymbol{S}_{M^*}) = \mathcal{H}.\mathrm{TrapEval}(td, K', M^*)$. 如果 $\boldsymbol{t}^* \neq \boldsymbol{t}'$ 或 $\boldsymbol{S}_{M^*} \neq \boldsymbol{0}$, 算法 $\mathcal{B}$ 终止模拟; 否则, 我们有 $\boldsymbol{A}_{M^*,t^*} = \boldsymbol{A}||\boldsymbol{A}(\boldsymbol{R}_0 + \boldsymbol{R}_{M^*}) = \boldsymbol{A}||\boldsymbol{A}\widehat{\boldsymbol{R}}$, 其中 $\widehat{\boldsymbol{R}} = \boldsymbol{R}_0 + \boldsymbol{R}_{M^*}$. 最后, $\mathcal{B}$ 输出 $\hat{e} = (\boldsymbol{I}_{\bar{m}}||\widehat{\boldsymbol{R}})\boldsymbol{e}^*$ 作为自己的回答.

由 $\mathrm{ISIS}_{q,\bar{m},\bar{\beta}}$ 的定义, $(\boldsymbol{A}, \boldsymbol{u})$ 均匀分布于 $\mathbb{Z}_q^{n \times \bar{m}} \times \mathbb{Z}_q^n$. 由于 $\boldsymbol{R}_0 \leftarrow (D_{\mathbb{Z}^{\bar{m}}, \omega(\sqrt{\log n})})^{nk}$, 根据引理 3.5.2, 我们有 $\boldsymbol{A}_0 \in \mathbb{Z}_q^{n \times nk}$ 统计接近于 $\mathbb{Z}_q^{n \times nk}$ 上的均匀分布. 进一步, 由定理 3.5.1 可知, 模拟的密钥 K' 统计接近于真实的密钥 K. 因此, 模拟的验证密钥 vk 统计接近于真实的验证密钥.

令 $M_1, \cdots, M_u$ 是 $\mathcal{B}$ 使用相同的 $\boldsymbol{t} = \boldsymbol{t}'$ 的所有签名询问消息. 对于 $i \in \{1, \cdots, u\}$, 令 $(\boldsymbol{R}_{M_i}, \boldsymbol{S}_{M_i}) = \mathcal{H}.\mathrm{TrapEval}(td, K', M_i)$. 如果如下两种情况发生:

(1) 某个标签 $\boldsymbol{t}$ 被用于回答超过 v 个消息.

(2) 对于某个 $i \in \{1, \cdots, u\}$ 矩阵 $\boldsymbol{S}_{M_i}$ 不可逆, 或者 $\boldsymbol{S}_{M^*} \neq \boldsymbol{0}$, 或者 $\boldsymbol{t}^* \neq \boldsymbol{t}'$.

那么算法 $\mathcal{B}$ 将会终止模拟. 由于 $\mathcal{F}$ 至多询问 $Q = \mathrm{poly}(n)$ 次签名, 我们可以选择 $\ell = O(\log n)$ 使得 $\frac{Q}{2^\ell} \leqslant \frac{1}{2}$. 注意到, 对于每个消息, 算法 $\mathcal{B}$ 总是随机

选择标签 $t \leftarrow \{0,1\}^\ell$. $\mathcal{B}$ 将任何一个 t 用于回答超过 v 个消息签名询问的概率至多为 $Q^2 \cdot \left(\dfrac{Q}{2^\ell}\right)^v$. 当 $v = \omega(\log n)$ 时, 这个概率是可忽略的. 特别地, $\mathcal{B}$ 将 $t = t'$ 用于回答 $u \geqslant v$ 个消息签名询问的概率也是可忽略的. 由定理 3.5.1 可知, 在 $u \leqslant v$ 的情况下, 对于所有 $i \in \{1, \cdots, u\}$, 矩阵 $\boldsymbol{S}_{M_i}$ 均可逆且 $\boldsymbol{S}_{M^*} = \boldsymbol{0}$ 的概率至少为 $\delta = \dfrac{1}{16nv^2} - \mathrm{neg}(\kappa)$. 由于 t' 是随机选取且对 $\mathcal{F}$ 来说是统计隐藏的, 因此, $\Pr[t^* = t'] \geqslant \dfrac{1}{2^\ell} - \mathrm{neg}(\kappa)$. 从而, 对于任何以概率 ϵ 打破数字签名 SIG_2 的存在性不可伪造的伪造者 $\mathcal{F}$, 我们有 $\mathcal{F}$ 在 $\mathcal{B}$ 的模拟的攻击环境中成功输出伪造签名 (M^*, e^*) 的概率至少为 $\left(\epsilon - Q^2\left(\dfrac{Q}{2^\ell}\right)^v\right) \cdot \delta \cdot \left(\dfrac{1}{2^\ell} - \mathrm{neg}(\kappa)\right) = \dfrac{\epsilon}{2^\ell \cdot 16nv^2} - \mathrm{neg}(\kappa) = \dfrac{\epsilon}{Q \cdot \widetilde{O}(n)}$.

现在, 我们证明 $\hat{e} = (\boldsymbol{I}_{\bar{m}} \| \widehat{\boldsymbol{R}})e^*$ 是 $\mathrm{ISIS}_{q,\bar{m},\bar{\beta}}$ 实例 $(\boldsymbol{A}, \boldsymbol{u})$ 的解. 由验证算法可知, $\boldsymbol{A}_{M^*, t^*}e^* = \boldsymbol{u}$ 和 $\|e^*\| \leqslant s\sqrt{m}$. 由引理 3.5.3 和定理 3.5.1 可知, $s_1(\boldsymbol{R}_0) \leqslant \sqrt{m} \cdot \omega(\sqrt{\log n})$. 因此, $\|\hat{e}\| \leqslant O(n^{2.5}) \cdot s\sqrt{m} = O(n^{5.5}) = \bar{\beta}$. $\qquad\square$

3.5.5 格上群签名

定义 3.5.4 (群签名)   一个 (静态) 群签名 GS = (KeyGen, Sign, Verify, Open) 由如下 4 个多项式时间算法组成:

(1) 密钥生成算法 KeyGen(κ, N): 以安全参数 κ 和群成员上限 N 作为输入, 输出群公钥 gpk、群管理员私钥 gmsk 和用户私钥 **gsk** $= (\mathrm{gsk}_1, \cdots, \mathrm{gsk}_N)$, 其中 gsk_j 是第 $j \in \{1, \cdots, N\}$ 个用户的私钥, 简记为

$$(\mathrm{gpk}, \mathrm{gmsk}, \textbf{gsk}) \leftarrow \mathrm{KeyGen}(\kappa, N).$$

(2) 签名算法 Sign$(\mathrm{gpk}, \mathrm{gsk}_j, M)$: 以群公钥 gpk、用户私钥 gsk_j 和消息 M 作为输入, 输出签名 σ, 简记为 $\sigma \leftarrow \mathrm{Sign}(\mathrm{gpk}, \mathrm{gsk}_j, M)$.

(3) 验证算法 Verify$(\mathrm{gpk}, M, \sigma)$: 以群公钥 gpk、消息 M 和候选签名 σ 作为输入, 如果 σ 是消息 M 的合法签名, 则输出 1; 否则, 输出 0, 简记为 $0/1 \leftarrow \mathrm{Verify}(\mathrm{gpk}, M, \sigma)$.

(4) 签名打开算法 Open$(\mathrm{gpk}, \mathrm{gmsk}, M, \sigma)$:以群公钥 gpk、群管理员私钥 gmsk、消息 M 及其合法的签名 σ 作为输入, 输出用户身份 $j \in \{1, \cdots, N\}$ 或错误符号 (也称为特殊符号)$\perp$, 简记为 $j/\perp \leftarrow \mathrm{Open}\,(\mathrm{gpk}, \mathrm{gmsk}, M, \sigma)$.

群签名的正确性要求: 对于所有合法生成的密钥 $(\mathrm{gpk}, \mathrm{gmsk}, \textbf{gsk}) \leftarrow$ KeyGen(κ, N)、任意用户 $j \in \{1, \cdots, N\}$、消息 $M \in \{0,1\}^*$ 及签名 $\sigma \leftarrow \mathrm{Sign}(\mathrm{gpk},$

$gsk_j, M)$, 等式 $\text{Verify}(gpk, M, \sigma) = 1$ 和 $\text{Open}(gpk, gmsk, M, \sigma) = j$ 以 $1 - \text{neg}(\kappa)$ 的概率成立.

群签名的安全性需要满足两个安全性质, 即匿名性和可追踪性[45], 其中匿名性要求除了群管理员之外的任何人都不能判断出签名的拥有者, 而可追踪性要求即使一组用户 $\mathcal{C}$ 合谋也不能计算出一个合法的签名使得 Open 算法不能追踪到 $\mathcal{C}$ 中的任何一个用户. 特别地, 可追踪性蕴含着任何非群成员都不能伪造一个合法的签名.

定义 3.5.5(完全匿名性) 给定 (静态) 群签名 GS, 考虑图 3.5.3 中左边子图的匿名性安全游戏, 其中签名打开谕示器 $\text{Open}(\cdot, \cdot)$ 以一组合法的消息签名对 (M, σ) 作为输入, 输出产生签名 σ 的群成员的身份. 在猜测阶段, 敌手 $\mathcal{A}$ 可以继续以任何除 (M^*, σ^*) 之外的输入询问打开谕示器. 定义敌手 $\mathcal{A}$ 在游戏中的优势为

$$\text{Adv}_{\text{GS},\mathcal{A}}^{\text{anon}}(\kappa, N) = \left| \Pr[\text{Game}_{\text{GS},\mathcal{A}}^{\text{anon}}(\kappa, N) = 1] - \frac{1}{2} \right|$$

如果对于所有概率多项式时间的敌手 $\mathcal{A}$, 其在游戏中的攻击优势 $\text{Adv}_{\text{GS},\mathcal{A}}^{\text{anon}}(\kappa, N)$ 关于参数 (κ, N) 都是可忽略的, 则称 GS 是完全匿名的.

$\text{Game}_{\text{GS},\mathcal{A}}^{\text{anon}}(\kappa, N):$
$(gpk, gmsk, \mathbf{gsk}) \leftarrow \text{KeyGen}(\kappa, N)$
$(st, i_0, i_1, M^*) \leftarrow \mathcal{A}^{\text{Open}(\cdot, \cdot)}(gpk, \mathbf{gsk})$
$b \leftarrow \{0, 1\}$
$\sigma^* \leftarrow \text{Sign}(gpk, gsk_{i_b}, M^*)$
$b' \leftarrow \mathcal{A}^{\text{Open}(\cdot, \cdot)}(st, \sigma^*)$
If $b = b'$ return 1, else return 0

$\text{Game}_{\text{GS},\mathcal{A}}^{\text{trace}}(\kappa, N):$
$(gpk, gmsk, \mathbf{gsk}) \leftarrow \text{KeyGen}(\kappa, N)$
$(M^*, \sigma^*) \leftarrow \mathcal{A}^{\text{Sign}(\cdot, \cdot), \text{Corrupt}(\cdot)}(gpk, gmsk)$
If $\text{Verify}(gpk, M^*, \sigma^*) = 0$ then return 0
If $\text{Open}(gmsk, M^*, \sigma^*) = \bot$ then return 1
If $\exists j^* \in \{1, \cdots, N\}$ such that
$\quad \text{Open}(gpk, gmsk, M^*, \sigma^*) = j^*$ and $j^* \notin \mathcal{C}$
$\quad$ and (j^*, M^*) was not queried to $\text{Sign}(\cdot, \cdot)$ by $\mathcal{A}$
then return 1, else return 0

图 3.5.3 群签名的安全游戏

在一个弱化的定义中即选择明文攻击 (CPA) 匿名性, 敌手 $\mathcal{A}$ 不允许询问任何打开谕示器. 本小节首先给出一个 CPA 匿名的群签名, 然后通过将加密方案替换成选择密文安全的即可将其扩展为满足完全匿名性的群签名.

定义 3.5.6 (完全可追踪性) 给定 (静态) 群签名 GS, 考虑图 3.5.3 中右边子图的可追踪性安全游戏, 其中签名谕示器 $\text{Sign}(\cdot, \cdot)$ 以用户的身份 i 和消息 M 作为输入, 输出用私钥 gsk_i 签名 M 而得到的签名 σ, 而 $\text{Corrupt}(\cdot)$ 则以用户的身份作为输入, 输出对应用户的私钥. 定义敌手 $\mathcal{A}$ 在游戏中的优势为

$$\text{Adv}_{\text{GS},\mathcal{A}}^{\text{trace}}(\kappa, N) = \Pr[\text{Game}_{\text{GS},\mathcal{A}}^{\text{trace}}(\kappa, N) = 1]$$

如果对于所有概率多项式时间敌手 $\mathcal{A}$, 其在安全游戏中的攻击优势 $\mathrm{Adv}_{\mathrm{GS},\mathcal{A}}^{\mathrm{trace}}(\kappa, N)$ 关于参数 (κ, N) 都是可忽略的, 则称 GS 是完全可追踪的.

现在, 我们给出满足 CPA 匿名性的格上群签名. 通过将底层的加密方案替换成选择密文安全的加密方案即可得到具有完全匿名性的方案. 令 $n = \mathrm{poly}(\kappa)$ 为底层格的维数, δ 是一个实数使得 $n^{1+\delta} > \lceil (n+1)\log q + n\rceil$, 其他的参数定义如下:

$$
\begin{aligned}
& m = 6n^{1+\delta} \\
& s = m \cdot \omega(\log n) \\
& \beta = s\sqrt{m} \cdot \omega(\sqrt{\log n}) = m^{1.5} \cdot \omega(\log^{1.5} n) \\
& p = m^{2.5}\beta = m^4 \cdot \omega(\log^{1.5} n) \\
& q = m^2 \cdot \max(pm^{2.5} \cdot \omega(\log m), 4N) = m^{2.5}\max(m^6 \cdot \omega(\log^{2.5} m), 4N) \\
& \alpha = 2\sqrt{m} \\
& \eta = \max(\beta, \alpha)\sqrt{m} = m^2 \cdot \omega(\log^{1.5} m)
\end{aligned} \tag{3.5.1}
$$

下面给出方案 GS=(KeyGen, Sign, Verify, Open) 的描述:

(1) KeyGen(κ, N): 以安全参数 κ 和群成员的最大个数 N 作为输入, 置整数 $n, m \in \mathbb{Z}$, 素数 $p, q \in \mathbb{Z}$ 和实数 $s, \alpha, \beta, \eta \in \mathbb{R}$ 如式 (3.5.1) 所示. 选择 Hash 函数 $H: \{0,1\}^* \to \{0,1\}^t$, 其中 $t = \omega(\log n)$. 然后, 执行如下步骤:

① 计算 $(\boldsymbol{A}_1, \boldsymbol{T}_{\boldsymbol{A}_1}) \leftarrow \mathrm{TrapGen}(n, m, q)$, 并选择 $\boldsymbol{A}_{2,1}, \boldsymbol{A}_{2,2} \leftarrow \mathbb{Z}_q^{n \times m}$.

② 计算 $(\boldsymbol{B}, \boldsymbol{T}_{\boldsymbol{B}}) \leftarrow \mathrm{SuperSamp}(n, m, q, \boldsymbol{A}_1, \boldsymbol{0})$.

③ 对于所有 $j = 1, \cdots, N$, 定义 $\overline{\boldsymbol{A}}_j = \boldsymbol{A}_1 \| (\boldsymbol{A}_{2,1} + j\boldsymbol{A}_{2,2})$, 计算陷门 $\boldsymbol{T}_{\overline{\boldsymbol{A}}_j} \leftarrow \mathrm{DelTrap}(\boldsymbol{0}, \boldsymbol{T}_{\boldsymbol{A}_1}, \overline{\boldsymbol{A}}_j, s)$ 使得 $s_1(\boldsymbol{T}_{\overline{\boldsymbol{A}}_j}) \leqslant s\sqrt{m}$.

④ 输出群公钥 $\mathrm{gpk} = \{\boldsymbol{A}_1, \boldsymbol{A}_{2,1}, \boldsymbol{A}_{2,2}, \boldsymbol{B}\}$, 群管理员私钥 $\mathrm{gmsk} = \boldsymbol{T}_{\boldsymbol{B}}$ 和群成员私钥 $\mathbf{gsk} = \{\mathrm{gsk}_j = \boldsymbol{T}_{\overline{\boldsymbol{A}}_j}\}_{j \in \{1, \cdots, N\}}$.

(2) Sign$(\mathrm{gpk}, \mathrm{gsk}_j, M)$: 以群公钥 $\mathrm{gpk} = \{\boldsymbol{A}_1, \boldsymbol{A}_{2,1}, \boldsymbol{A}_{2,2}, \boldsymbol{B}\}$、群成员 j 的私钥 $\mathrm{gsk}_j = \boldsymbol{T}_{\overline{\boldsymbol{A}}_j}$ 和消息 $M \in \{0,1\}^*$ 作为输入, 执行如下步骤:

① 计算 $(\boldsymbol{x}_1, \boldsymbol{x}_2) \leftarrow \mathrm{SamplePre}(\boldsymbol{T}_{\overline{\boldsymbol{A}}_j}, \boldsymbol{S}_{\boldsymbol{G}}, \overline{\boldsymbol{A}}_j, \boldsymbol{0}, \beta)$, 其中 $\boldsymbol{x}_1, \boldsymbol{x}_2 \in D_{\mathbb{Z}^m, \beta}$.

② 选择 $\boldsymbol{s} \leftarrow \mathbb{Z}_q^n$, $\boldsymbol{e} \leftarrow \chi_\alpha$, 并计算 $\boldsymbol{c} = \boldsymbol{B}^{\mathrm{T}}\boldsymbol{s} + p\boldsymbol{e} + \boldsymbol{x}_1$.

③ 生成关于知识 $(\boldsymbol{s}, \boldsymbol{e}, \boldsymbol{x}_1)$ 和关系 $(\boldsymbol{B}, \boldsymbol{c}, \eta; \boldsymbol{s}, \boldsymbol{e}, \boldsymbol{x}_1) \in R_{\mathrm{eLWE}}$ 的非交互零知识证明 π_1.

④ 令 $\bar{\beta} = \lceil\beta\rceil$ 和 $\ell = \lceil\log_{\bar\beta} N\rceil$, 定义 $\boldsymbol{b} = \boldsymbol{A}_{2,2}\boldsymbol{x}_2$ 和 $\boldsymbol{D} = (\boldsymbol{b}, \bar{\beta}\boldsymbol{b}, \cdots, \bar{\beta}^{\ell-1}\boldsymbol{b}) \in \mathbb{Z}_q^{n \times \ell}$. 生成关于知识 $\boldsymbol{x}_1, \boldsymbol{e}, \boldsymbol{v}_j = (v_0, \cdots, v_{\ell-1}) \in \mathbb{Z}_{\bar\beta}^\ell$ 满足 $(\boldsymbol{A}_1\boldsymbol{c} + \boldsymbol{A}_{2,1}\boldsymbol{x}_2 = (p\boldsymbol{A}_1)\boldsymbol{e} - \boldsymbol{D}\boldsymbol{v}_j) \wedge (\boldsymbol{A}_1\boldsymbol{c} = (p\boldsymbol{A}_1)\boldsymbol{e} + \boldsymbol{A}_1\boldsymbol{x}_1)$ 的非交互零知识证明 π_2, 其中所使用的挑战由 $H(\boldsymbol{c}, \boldsymbol{x}_2, \pi_1, M, \mathbf{Com})$ 计算得到, 而 $\mathbf{Com}$ 则是对应的承诺消息.

⑤ 输出签名 $\sigma = (\boldsymbol{c}, \boldsymbol{x}_2, \pi_1, \pi_2)$.

(3) Verify(gpk, M, σ)：以群公钥 gpk = $\{\boldsymbol{A}_1, \boldsymbol{A}_{2,1}, \boldsymbol{A}_{2,2}, \boldsymbol{B}\}$、消息 M 和签名 $\sigma = (\boldsymbol{c}, \boldsymbol{x}_2, \pi_1, \pi_2)$ 作为输入，如果 $\|\boldsymbol{x}_2\| \leqslant \beta\sqrt{m}$，$\boldsymbol{A}_{2,2}\boldsymbol{x}_2 \neq \boldsymbol{0}$ 且 π_1, π_2 都是合法的零知识证明，返回 1；否则，返回 0。

(4) Open(gpk, gmsk, M, σ)：以公钥 gpk = $\{\boldsymbol{A}_1, \boldsymbol{A}_{2,1}, \boldsymbol{A}_{2,2}, \boldsymbol{B}\}$、群管理员私钥 gmsk = $\boldsymbol{T_B}$、消息 M 和签名 $\sigma = (\boldsymbol{c}, \boldsymbol{x}_2, \pi_1, \pi_2)$ 作为输入，计算 $(\boldsymbol{s}, \hat{\boldsymbol{x}}_1) \leftarrow$ Invert$(\boldsymbol{T_B}, \boldsymbol{S_G}, \boldsymbol{B}, \boldsymbol{c})$ 和 $\boldsymbol{x}_1 = \hat{\boldsymbol{x}}_1 \bmod p$。然后，计算 $\boldsymbol{y}_0 = \boldsymbol{A}_{2,2}\boldsymbol{x}_2$ 和 $\boldsymbol{y}_1 = -\boldsymbol{A}_1\boldsymbol{x}_1 - \boldsymbol{A}_{2,1}\boldsymbol{x}_2$。如果 $\boldsymbol{y}_0 \neq \boldsymbol{0}$ 且存在唯一的 $j \in \mathbb{Z}_q^*$ 使得 $\boldsymbol{y}_1 = j \cdot \boldsymbol{y}_0 \bmod q$ 成立，则输出 j；否则，输出 $\perp$。

对于上述群签名的正确性，我们有如下定理。

定理 3.5.8 如果参数 $n, m, s, \alpha, \beta, \eta, p, q$ 如式 (3.5.1) 所示，p, q 为素数且 $t = \omega(\log n)$，那么方案 GS 是正确的且群公钥和签名的长度分别为 $4nm\log q$ 和 $O(tm\log q)$。

证明 由于 $m = 6n^{1+\delta} > \lceil 6n\log q + n\rceil$，算法 TrapGen 和 SuperSamp 能以接近于 1 的概率正确运行。特别地，由引理 3.5.6 和引理 3.5.9 可知，$s_1(\boldsymbol{T}_{\boldsymbol{A}_1}) \leqslant O(\sqrt{m})$ 和 $s_1(\boldsymbol{T_B}) \leqslant m \cdot O(\sqrt{\log n})$ 成立。进一步，由引理 3.5.8 可知，对于所有 $j = 1, \cdots, N$，$s_1(\boldsymbol{T}_{\overline{\boldsymbol{A}}_j}) \leqslant s\sqrt{m}$。此外，由于群公钥只含有 4 个 $\mathbb{Z}_q^{n \times m}$ 中的元素，其长度至多为 $4nm\log q = O(nm\log q)$。

对于签名算法 Sign，给定实数 $\beta = s\sqrt{m} \cdot \omega(\sqrt{\log m}) \geqslant s_1(\boldsymbol{T}_{\overline{\boldsymbol{A}}_j}) \cdot \omega(\sqrt{\log n})$，由 SamplePre 算法的正确性可知，$\boldsymbol{x}_1, \boldsymbol{x}_2 \sim D_{\mathbb{Z}^m, \beta}$，且 $\|\boldsymbol{x}_i\| \leqslant \beta\sqrt{m}$ 以接近于 1 的概率成立。此外，由于 $\boldsymbol{e}$ 选自于分布 χ_α，所以，$\|\boldsymbol{e}\| \leqslant \alpha\sqrt{m}$ 以接近于 1 的概率成立。进一步，由于 $\eta = \max(\beta, \alpha)\sqrt{m}$，签名算法可以正确地生成证明 π_1 和 π_2。对于签名 $\sigma = (\boldsymbol{c}, \boldsymbol{x}_2, \pi_1, \pi_2)$ 的长度，我们知道，$\boldsymbol{c}$ 和 $\boldsymbol{x}_2$ 至多为 $m\log q$。此外，由于参数 $t = \omega(\log n)$，证明 π_1 和 π_2 的长度分别至多为 $(3m - n)t\log q$ 和 $(2m + 2n + \ell)t\log q$。因此，根据条件 $\ell = \lceil\log_{\bar{\beta}} N\rceil \ll n$ 和 $m = O(n\log q)$，可得到签名的总长度小于 $2m\log q + (5m + n + \ell)t\log q = O(t(m + \log N)\log q) = O(tm\log q)$。

此外，由于 $\boldsymbol{x}_2 \sim D_{\mathbb{Z}^m, \beta}$ 和引理 3.5.2 可知，$\Pr[\boldsymbol{A}_{2,2}\boldsymbol{x}_2 = \boldsymbol{0}] \leqslant O(q^{-n})$。进一步，由证明 π_1 和 π_2 的完备性可知，验证算法 Verify 以接近于 1 的概率正确运行。至于算法 Open，我们只需要证明其可以正确地从 $\boldsymbol{c}$ 中恢复出 $\boldsymbol{x}_1$ 即可。由于 $s_1(\boldsymbol{T_B}) \leqslant m \cdot O(\sqrt{\log n})$ 且 $\|\hat{\boldsymbol{x}}_1 = (pe + \boldsymbol{x}_1)\| \leqslant q/O(s_1(\boldsymbol{T_B}))$，算法 Invert 可以正确地计算出 $\hat{\boldsymbol{x}}_1$。进一步，由 $\|\boldsymbol{x}_1\|_\infty \leqslant \|\boldsymbol{x}_1\| < p$ 可知，Open 算法可以正确地计算出 $\boldsymbol{x}_1$。其中 $\|\boldsymbol{x}_1\|_\infty = \max\limits_{1 \leqslant j \leqslant m} |x_{1j}| \ (\boldsymbol{x}_1 = (x_{11}, \cdots, x_{1m}))$。□

对于方案 GS 的 CPA 匿名性和完全可追踪性，我们证明如下两个定理。

定理 3.5.9 (CPA 匿名性) 如果 $\text{LWE}_{n,q,\alpha}$ 问题是困难的，那么群签名 GS

在随机谕示器模型中满足 CPA 匿名性.

证明　我们将通过一个安全游戏序列来证明定理 3.5.9.

游戏 G_0　挑战者通过运行算法 KeyGen 诚实地生成群公钥 gpk $= \{\boldsymbol{A}_1,$ $\boldsymbol{A}_{2,1}, \boldsymbol{A}_{2,2}, \boldsymbol{B}\}$, 群管理员私钥 gmsk $= \boldsymbol{T}_{\boldsymbol{B}}$, 群成员私钥 **gsk** $= \{\text{gsk}_j = \boldsymbol{T}_{\overline{\boldsymbol{A}}_j}\}$. 然后, 挑战者将 (gpk, **gsk**) 传递给敌手 $\mathcal{A}$, 并获得消息 M 和用户下标 $i_0, i_1 \in \{1, \cdots, N\}$. 最后, 挑战者随机选择 $b \leftarrow \{0,1\}$, 计算 $\sigma^* = (\boldsymbol{c}^*, \boldsymbol{x}_2^*, \pi_1^*, \pi_2^*) \leftarrow$ Sign(gpk, gsk$_{i_b}$, M), 并返回 σ^* 给敌手 $\mathcal{A}$.

游戏 G_1　除了通过适当的编程随机谕示器 H, 并利用非交互零知识证明的模拟器生成证明 π_1^*, π_2^* 外, 挑战者的行为与游戏 G_0 中的一样. 由非交互零知识证明的性质可知, 游戏 G_1 与游戏 G_0 是计算不可区分的.

游戏 G_2　除了 $\boldsymbol{x}_1^*, \boldsymbol{x}_2^*$ 的生成方式不一样之外, 挑战者的行为与游戏 G_1 中的一样. 特别地, 挑战者首先选择 $\boldsymbol{x}_2^* \leftarrow D_{\mathbb{Z}^m, \beta}$, 然后利用陷门 $\boldsymbol{T}_{\boldsymbol{A}_1}$ 计算 $\boldsymbol{x}_1$ 使得 $\overline{\boldsymbol{A}}_{i_b}(\boldsymbol{x}_1^*, \boldsymbol{x}_2^*) = \boldsymbol{0}$. 由 SamplePre 算法的性质可知, 游戏 G_2 与游戏 G_1 是统计不可区分的.

游戏 G_3　除了利用随机选择的 $\boldsymbol{u} \leftarrow \mathbb{Z}_q^m$ 计算 $\boldsymbol{c}^* = \boldsymbol{u} + \boldsymbol{x}_1^*$ 之外, 挑战者的行为与游戏 G_2 中的一样.

引理 3.5.11　如果 LWE$_{n,q,\alpha}$ 问题是困难的, 那么游戏 G_3 和游戏 G_2 是计算不可区分的.

证明　假设存在算法 $\mathcal{A}$ 以不可忽略的概率区分游戏 G_2 和游戏 G_3, 我们可构造算法 $\mathcal{B}$ 解决 LWE$_{n,q,\alpha}$ 问题. 正式地, 给定 LWE$_{n,q,\alpha}$ 问题的输入 $(\widehat{\boldsymbol{B}}, \widehat{\boldsymbol{u}}) \in \mathbb{Z}_q^{n \times m} \times \mathbb{Z}_q^m$, $\mathcal{B}$ 置 $\boldsymbol{B} = p\widehat{\boldsymbol{B}}$, 并计算 $(\boldsymbol{A}_1, \boldsymbol{T}_{\boldsymbol{A}_1}) \leftarrow$ SuperSamp$(n, m, q, \boldsymbol{B}, \boldsymbol{0})$. 然后, 选择 $\boldsymbol{A}_{2,1}, \boldsymbol{A}_{2,2} \leftarrow \mathbb{Z}_q^{n \times m}$. 对于所有 $j = 1, \cdots, N$, 定义 $\overline{\boldsymbol{A}}_j = \boldsymbol{A}_1 || (\boldsymbol{A}_{2,1} + j\boldsymbol{A}_{2,2})$, 计算陷门 $\boldsymbol{T}_{\overline{\boldsymbol{A}}_j} \leftarrow$ DelTrap$(\boldsymbol{0}, \boldsymbol{T}_{\boldsymbol{A}_1}, \overline{\boldsymbol{A}}_j, s)$. 最后, $\mathcal{B}$ 将群公钥 gpk $= \{\boldsymbol{A}_1, \boldsymbol{A}_{2,1}, \boldsymbol{A}_{2,2}, \boldsymbol{B}\}$ 和群成员私钥 **gsk** $= \{\text{gsk}_j = \boldsymbol{T}_{\overline{\boldsymbol{A}}_j}\}_{j \in \{1, \cdots, N\}}$ 传递给算法 $\mathcal{A}$. 由引理 3.5.8 可知, 游戏 G_2 和游戏 G_3 中元素 gpk, **gsk** 的分布是统计接近的.

当需要生成挑战签名时, $\mathcal{B}$ 计算 $\boldsymbol{c} = p\widehat{\boldsymbol{u}} + \boldsymbol{x}_1^*$. 除此之外, $\mathcal{B}$ 与游戏 G_2 中的挑战者的行为一样. 注意到如果 $(\widehat{\boldsymbol{B}}, \widehat{\boldsymbol{u}})$ 是一个 LWE$_{n,q,\alpha}$ 问题实例, 则 $\boldsymbol{c}$ 的分布与游戏 G_2 中的一致; 否则, 由 p, q 是素数且 $p < q$ 可知, $p\widehat{\boldsymbol{u}}$ 均匀分布于 $\mathbb{Z}_q^m$. 换句话说, $\boldsymbol{c}$ 的分布与游戏 G_3 中的一致. 显然, 如果 $\mathcal{A}$ 能够以 ϵ 的优势区分 G_2 和 G_3, 那么 $\mathcal{B}$ 就能以优势 $\epsilon - \text{neg}(\kappa)$ 解决 LWE$_{n,q,\alpha}$ 问题.　　□

游戏 G_4　除了选择 $\boldsymbol{c}^* \leftarrow \mathbb{Z}_q^m$ 之外, 挑战者的行为与游戏 G_3 中的一样.

由于在游戏 G_4 中 σ^* 独立于 b 的选取, 我们有如下结论.

引理 3.5.12　在游戏 G_4 中, $\mathcal{A}$ 输出 $b' = b$ 的概率为 $1/2$.

接下来, 我们证明方案 GS 的完全可追踪性.

定理 3.5.10 (完全可追踪性)   在最小整数解假设下, 方案 GS 在随机谕示器模型中满足完全可追踪性.

证明   假设存在敌手 $\mathcal{A}$ 攻破方案 GS 的完全可追踪性, 我们可构造敌手 $\mathcal{B}$ 解决最小整数解问题. 正式地, 算法 $\mathcal{B}$ 以矩阵 $\widehat{A} \in \mathbb{Z}_q^{n \times m}$ 为输入, 尝试寻找解 $\hat{x} \in \mathbb{Z}_q^m$ 使得 $\|\hat{x}\| \leqslant \mathrm{poly}(m)$ 且 $\widehat{A}\hat{x} = \mathbf{0}$.

(1) **参数生成** $\mathcal{B}$ 随机选择 $R \leftarrow \{-1,1\}^{m \times m}$ 和 $j^* \leftarrow \{-4m^{2.5}N + 1, \cdots,$ $4m^{2.5}N - 1\}$, 并计算 $(A_{2,2}, T_{A_{2,2}}) \leftarrow \mathrm{TrapGen}(n, m, q)$. 然后, 置 $A_1 = \widehat{A}$ 和 $A_{2,1} = A_1 R - j^* A_{2,2}$. 最后, 计算 $(B, T_B) \leftarrow \mathrm{SuperSamp}(n, m, q, A_1, \mathbf{0})$, 并将群公钥 $\mathrm{gpk} = \{A_1, A_{2,1}, A_{2,2}, B\}$ 和群成员私钥 $\mathrm{gmsk} = T_B$ 传递给敌手 $\mathcal{A}$.

(2) **私钥询问**   当接收到敌手 $\mathcal{A}$ 关于用户 j 的私钥询问时, 如果 $j = j^*$ 或 $j \notin \{1, \cdots, N\}$, $\mathcal{B}$ 直接终止所有计算; 否则, 定义 $\overline{A}_j = A_1 \| (A_{2,1} + j A_{2,2}) = A_1 \| (A_1 R + (j - j^*) A_{2,2})$, 计算陷门 $T_{\overline{A}_j} \leftarrow \mathrm{DelTrap}(R, T_{A_{2,2}}, \overline{A}_j, s)$ 并返回给敌手 $\mathcal{A}$.

(3) **签名询问**   当接收到敌手 $\mathcal{A}$ 关于消息 M 和用户 j 的签名询问时, 如果 $j \notin \{1, \cdots, N\}$, $\mathcal{B}$ 直接终止所有计算; 否则, 如果 $j = j^*$, $\mathcal{B}$ 选择 $c \leftarrow \mathbb{Z}_q^m$ 和 $x_2 \leftarrow D_{\mathbb{Z}^m, s}$, 然后利用零知识证明的模拟器生成关于消息 M 的两个证明 π_1 和 π_2. 最后, 返回签名 $\sigma = (c, x_2, \pi_1, \pi_2)$. 否则, $\mathcal{B}$ 先按照私钥询问中的方法生成用户 $j \neq j^*$ 的私钥, 然后诚实地运行签名算法产生相应的签名.

(4) **伪造**   当 $\mathcal{A}$ 以概率 ϵ 输出伪造的合法签名 $\sigma = (c, x_2, \pi_1, \pi_2)$ 时, $\mathcal{B}$ 通过编程 H 生成两个不同的 "挑战", 从而抽取出范数至多为 $4\eta m^2$ 的知识 e, x_1 和 v_j. 由分叉引理[46]可知, $\mathcal{B}$ 成功的概率至少为 $\epsilon(\epsilon/q_h - 2^{-t})$, 其中 q_h 为 $\mathcal{A}$ 询问随机谕示器的最大次数. 然后, $\mathcal{B}$ 通过利用 T_B 解密 c 得到 (e', x_1'), 并区分如下两种情况:

① 如果 $(x_1', e') \neq (x_1, e)$, 我们有 $A_1 c = p A_1 e + A_1 x_1 = p A_1 e' + A_1 x_1'$. 因此, $\hat{x} = p(e - e') + (x_1 - x_1')$ 是最小整数解问题实例 $\widehat{A}$ 的解, $\mathcal{B}$ 返回 $\hat{x}$ 并终止. 在这种情况下, 我们有 $\|\hat{x}\| \leqslant 8(p+1)\eta m^2 = m^8 \cdot \omega(\log^3 m)$.

② 如果 $(x_1', e') = (x_1, e)$, 由证明 π_2 的关系等式可知, $A_1 x_1 + A_{2,1} x_2 + j A_{2,2} x_2 = \mathbf{0}$, 其中 $j = \sum_{i=0}^{\ell-1} v_i \overline{\beta}^i$ 且 $v_h = (v_0, \cdots, v_{\ell-1})$. 通过简单的计算可知, $|j| < 4m^{2.5}N < q$. 进一步, 由于 $A_{2,2} x_2 \neq \mathbf{0}$ 且 q 是素数, 打开算法总是会输出 j. 如果 $j \neq j^*$, $\mathcal{B}$ 直接终止; 否则, $\mathcal{B}$ 返回 $\hat{x} = x_1 + R x_2$ 并终止.

由于 j^* 随机分布于 $\{-4m^{2.5}N + 1, \cdots, 4m^{2.5}N - 1\}$, 等式 $j^* = j$ 成立的概率至少为 $\frac{1}{8m^{2.5}N}$. 此外, 当 $j^* = j$ 时, 我们有 $A_1 x_1 + A_{2,1} x_2 + j A_{2,2} x_2 = A_1 x_1 + A_1 R x_2 = \mathbf{0}$. 换句话说, $\hat{x} = x_1 + R x_2$ 是最小整数解实例 $\widehat{A}$ 的解. 特别

地, $||\hat{\boldsymbol{x}}|| \leqslant \eta m^{2.5} \cdot \omega(\sqrt{\log m}) = m^{4.5}\omega(\log^2 m)$.

总之, $\mathcal{B}$ 解决最小整数解问题的概率至少为 $\dfrac{\epsilon(\epsilon/q_h - 2^{-t})}{8m^{2.5}N}$. 进一步, 由于 $\hat{\boldsymbol{x}}$ 的范数至多为 $m^8 \cdot \omega(\log^3 m)$ 且 $q \geqslant m^{8.5} \cdot \omega(\log^{2.5} m)$, 由引理 3.5.4 可知, 方案 GS 的完全可追踪性是建立在任意格上具有多项式近似因子 γ 的 SIVP_γ 问题的困难性之上. □

3.6 注　　记

数字签名已成为网络空间安全的核心技术, 国际标准化组织也制定了一系列数字签名标准, 如基于整数因子分解问题的数字签名标准 ISO/IEC 14888-2: 2008[49] 包括了 RSA 等数字签名, 基于离散对数问题的数字签名标准 ISO/IEC 14888-2: 2018[50] 既包括了基于证书的 ECDSA 和 SM2 数字签名等, 也包括了基于身份的 SM9 数字签名等, 这些国际标准已经广泛应用于国民经济和社会生活的各个方面. 此外, 国际互联网工程任务组制定了基于椭圆曲线的无证书数字签名规范 [51].

直接匿名证明技术在实现认证的同时提供了隐私保护功能, 不仅广泛应用于可信计算领域, 也被一些新型认证标准采纳, 国际 FIDO(Fast Identity Online) 联盟制定了 FIDO ECDAA 算法, 作为强认证标准体系的核心算法. 关于 DAA 的研究可参阅文献 [22].

格上数字签名作为后量子密码的核心技术, 得到了国际上标准化机构的高度关注, 也是美国国家标准技术研究所 (NIST) 的后量子密码标准[52] 的核心算法, 是新型数字签名标准的最佳候选者之一.

本章重点概述了数字签名的类型、安全模型和发展方向, 给出了无证书数字签名和格上数字签名的安全模型及其构造方法, 介绍了直接匿名证明、群签名、环签名和代理签名等具有特殊安全属性的数字签名.

参 考 文 献

[1] Rivest R L, Shamir A, Adleman L M. A method for obtaining digital signatures and public-key cryptosystems. Communications of ACM, 1978, 21(2): 120-126.

[2] Shamir A. Identity based cryptosystems and signature schemes. Advances in Cryptology–Crypto'84. Lecture Notes in Computer Science, Vol. 196. Berlin, Heidelberg: Springer-Verlag, 1984: 47-53.

[3] Boneh D, Franklin M. Identity-based encryption from the Weil pairing. Advances in Cryptology–Crypto 2001. Lecture Notes in Computer Science, Vol. 2139. Berlin, Heidelberg: Springer-Verlag, 2001: 213-229.

[4] Boneh D, Lynn B, Shacham H. Short signatures from the Weil pairing. Advances in Cryptology–Asiacrypt 2001, Lecture Notes in Computer Science, Vol. 2248. Berlin, Heidelberg: Springer-Verlag, 2001: 514-532.

[5] AI-Riyami S, Paterson K. Certificateless public key cryptography. Advances in Cryptology–Asiacrypt 2003. Lecture Notes in Computer Science, Vol. 2894. Berlin, Heidelberg: Springer-Verlag, 2003: 452-473.

[6] Zhang Z F, Wong D S, Xu J, Feng D G. Certificateless public-key signature: Security model and efficient construction. Fourth international conference on applied cryptography and network security (ACNS 2006), LNCS 3989.Berlin:Springer, 2006: 293-308.

[7] FIPS PUB 186-2. Digital Signature Standard (DSS). National Institute of Standards and Technology, 2000.

[8] Coron J S. On the exact security of full domain hash. Advances in Cryptology–Crypto 2000. Berlin, Heidelberg: Springer, 2000: 229-235.

[9] Shor P W. Algorithms for quantum computation: Discrete logarithms and factoring. IEEE Symp. on Foundations of Computer Science, 1994: 124-134.

[10] Goldwasser S, Micali S, Rivest R. A digital signature scheme secure against adaptive chosen message attack (extended abstract). SIAM Journal on Computing, 1988, 17(2): 281-308.

[11] Trusted Computing Group. TPM Main Part 1, Design Principles Specification. Version 1.2 Revision 62, 2003.

[12] 国家商用密码管理公告 (第 13 号). 可信计算密码支撑平台功能与接口规范. 国家商用密码管理办公室. http://www.oscca.gov.cn/.

[13] Chen X F, Feng D G. Direct anonymous attestation for next generation TPM. Journal of Computers, 2008, 3(12): 43-50.

[14] Boneh D, Boyen X, Shacham H. Short Group Signatures. Advaves in Cryptology–Crypto 2004. Berlin, Heidelberg: Springer, 2004: 41-55.

[15] Boneh D, Shacham H. Group signatures with verifier-local revocation. ACM Conference on Computer and Communications Security, 2004: 168-177.

[16] Canetti R. Studies in Secure Multiparty Computation and Applications. PhD Thesis, Weizmann Institute of Science, Rehovot 76100, Israel, 1995.

[17] Pfitzmann B, Waidner M. Composition and integrity preservation of secure reactive systems. Proc. 7th ACM Conference on Computer and Communications Security. New York: ACM Press, 2000: 245-254.

[18] Brickell E F, Camenisch J, Chen L Q. Direct anonymous attestation. ACM Conference on Computer and Communications Security, 2004: 132-145.

[19] Miyaji A, Nakabayashi M, Takano S. New explicit conditions of elliptic curve traces for FR-reduction. IEICE Trans., 2002, E85-A(2): 481-484.

[20] Ge H, Tate S R. A direct anonymous attestation scheme for embedded devices. Public Key Cryptography, 2007: 16-30.

[21] Menezes A J, Oorschot P C, Vanstone S A. Handbook of Applied Cryptography. Boca

Raton: CRC Press, Inc, 1997: 613-619.

[22] 冯登国. 安全协议——理论与实践. 北京: 清华大学出版社, 2011.

[23] Rivest R, Shamir A, Tauman Y. How to leak a secret. Advances in Cryptology–Asiacrypt 2001, LNCS 2248. Berlin, Heidelberg: Springer-Verlag, 2001: 552-565.

[24] Xu J, Zhang Z F, Feng D G. A ring signature scheme using bilinear pairings. WISA 2004, LNCS 3325. Berlin, Heidelberg: Springer-Verlag, 2004: 160-170.

[25] Boneh D, Boyen X. Short signatures without random oracles. Advances in Cryptology–Eurocrypt 2004, LNCS 3027. Berlin, Heidelberg: Springer-Verlag, 2004: 56-73.

[26] Barreto P S L M, Kim H Y, Lynn B, Scott M. Efficient algorithms for pairing based cryptosystems. Advances in Cryptology–Crypto 2002, LNCS 2442. Berlin, Heidelberg: Springer-Verlag, 2002: 354-369.

[27] Galbraith S D, Harrison K, Soldera D. Implementing the tate pairing. ANTS 2002, LNCS 2369. Berlin, Heidelberg: Springer-Verlag, 2002: 324-337.

[28] Mambo M, Usuda K, Okamoto E. Proxy signatures for delegating signing operation. 3rd ACM Conference on Computer and Communications Security (CCS). ACM, 1996: 48-57.

[29] Xu J, Zhang Z F, Feng D G. ID-Based proxy signature using bilinear pairings. ISPA Workshops, 2005: 359-367.

[30] Zhang J, Chen Y, Zhang Z F. Programmable hash functions from lattices: Short Signatures and IBEs with Small Key Sizes. Advances in Cryptology–Crypto 2016. Berlin, Heidelberg: Springer, 2016: 303-332.

[31] Nguyen P, Zhang J, Zhang Z F. Simpler efficient group signatures from lattices. Public-Key Cryptography—PKC 2015. New York: Springer, 2015: 401-426.

[32] Micciancio D, Regev O. Worst-case to average-case reductions based on Gaussian measures. SIAM J. Comput., 2007, 37: 267-302.

[33] Gentry C, Peikert C, Vaikuntanathan V. Trapdoors for hard lattices and new cryptographic constructions. STOC, ACM, 2008: 197-206.

[34] Micciancio D, Peikert C. Trapdoors for lattices: Simpler, tighter, faster, smaller//Pointcheval D, Johansson T, ed. Advances in Cryptology–Eurocrypt 2012. LNCS, Vol.7237. Berlin, Heidelberg: Springer, 2012: 700-718.

[35] Vershynin R. Introduction to the non-asymptotic analysis of random matrices. arXiv preprint arXiv:1011.3027, 2010.

[36] Regev O. On lattices, learning with errors, random linear codes, and cryptography. Proceedings of the Thirty-Seventh Annual ACM Symposium on Theory of Computing, STOC'05. New York: ACM, 2005: 84-93.

[37] Ajtai M. Generating hard instances of lattice problems (extended abstract). Proceedings of the Twenty-Eighth Annual ACM Symposium on Theory of Computing, STOC'96. New York: ACM, 1996: 99-108.

[38] Laguillaumie F, Langlois A, Libert B, Stehlé D. Lattice-based group signatures with logarithmic signature size//Sako K, Sarkar P. ed. Advances in Cryptology–Asiacrypt

2013. Lecture Notes in Computer Science, Vol. 8270. Berlin, Heidelberg: Springer, 2013: 41-61.

[39] Micciancio D, Mol P. Pseudorandom knapsacks and the sample complexity of lWE search-to-decision reductions//Rogaway P, ed. Advances in Cryptology–Crypto 2011. Lecture Notes in Computer Science, Vol. 6841. Berlin, Heidelberg: Springer, 2011: 465-484.

[40] Gordon S, Katz J, Vaikuntanathan V. A group signature scheme from lattice assumptions. Advances in Cryptology–Asiacrypt 2010. Lecture Notes in Computer Science. Berlin, Heidelberg: Springer, 2010: 395-412.

[41] Erdös P, Frankl P, Füredi Z. Families of finite sets in which no set is covered by the union of r others. Isr. J. Math., 1985, 51(1-2): 79-89.

[42] Lyubashevsky V. Lattice signatures without trapdoors//Pointcheval D, Johansson T, ed. Eurocrypt 2012. LNCS, Vol. 7237. Berlin, Heidelberg: Springer, 2012: 738-755.

[43] Fiat A, Shamir A. How to prove yourself: Practical solutions to identification and signature problems//Odlyzko A,ed. Advances in Cryptology–Crypto'86. Lecture Notes in Computer Science, Vol. 263. Berlin Heidelberg: Springer, 1987: 186-194.

[44] Agrawal S, Boneh D, Boyen X. Efficient lattice (H) IBE in the standard model//Gilbert H, ed. Advances in Cryptology–Eurocrypt 2010. LNCS, Heidelberg: Springer, 2010: 553-572.

[45] Bellare M, Micciancio D, Warinschi B. Foundations of group signatures: Formal definitions, simplified requirements, and a construction based on general assumptions//Biham E, ed. Advances in Cryptology–Eurocrypt 2003. Lecture Notes in Computer Science, Vol. 2656. Berlin Heidelberg: Springer, 2003: 614-629.

[46] Bellare M, Neven G. Multi-signatures in the plain public-key model and a general forking lemma. Proceedings of the 13th ACM Conference on Computer and Communications Security, CCS'06. New York: ACM Press, 2006: 390-399.

[47] GB/T 32918.2-2016 信息安全技术 —— SM2 椭圆曲线公钥密码算法-第二部分：数字签名算法，国家标准 2016.

[48] GB/T 38635.2-2020 信息安全技术 —— SM9 标识密码算法-第二部分：算法，国家标准 2020.

[49] ISO/IEC 14888-2: 2008 Information Technology - Security techniques — Digital signatures with appendix — Part 2: Integer factorization based mechanisms.

[50] ISO/IEC 14888-3: 2018 IT Security techniques — Digital signatures with appendix — Part 3: Discrete logarithm based mechanisms.

[51] IETF RFC 6507, Elliptic curve-based certificateless signatures for identity-based encryption, 2012.

[52] NIST Post-Quantum Cryptography Standardization. https://csrc.nist.gov/projects/post-quantum-cryptography.

第 4 章　认证密钥交换

　　如本书第 1 章所述, 如果两个用户想要使用对称密码算法 (如 DES、AES、SM4) 来进行秘密通信, 那么他们首先需要通过某种方式获得一个共享的密钥. 在现实世界中两个用户可以通过当面约定或其他物理方式来建立一个共享密钥, 但这种方式由于时效性等原因并不适用于如网上购物、电子商务等绝大多数需要网络上陌生用户之间建立秘密通信的应用. 1976 年, Diffie 和 Hellman[1] 提出著名的 Diffie-Hellman 密钥交换协议 (简称为 DH 密钥交换, 也简称为 DH 协议). DH 协议允许网络上两个用户 A 和 B 通过在公开的网络信道上交互消息来建立只有 A 和 B 知道的会话密钥. 特别地, 其他用户即使拿到了 A 和 B 所有的公开交互消息也不能计算出 A 和 B 的会话密钥. 当前, DH 协议已成为如 SSL/TLS 等安全协议的核心组件, 被大规模应用于各式各样的信息系统中.

　　自 Diffie 和 Hellman 的工作之后, 研究者们已经提出了许多不同类型和不同功能的密钥交换协议. 例如, 根据参与用户的数目, 密钥交换协议可以分为两方密钥交换协议和多方密钥交换协议 (后者也称为群密钥交换协议). 在没有特别说明的情况下, 本章讨论的密钥交换协议特指两方密钥交换协议, 尤其是重点关注一类重要的两方密钥交换协议——两方认证密钥交换协议, 简称为认证密钥交换 (有时也简称为 AKE).

4.1　认证密钥交换概述

　　虽然密钥交换能够使得两个诚实用户可以通过公开交互信息来建立相同的会话密钥, 但一般的密钥交换在很多时候却很难满足实际应用系统的安全性. 事实上, DH 协议[1] 就存在典型的中间人攻击 (也称为中间入侵攻击).

4.1.1　中间人攻击

　　本小节以 DH 协议为例来介绍中间人攻击, 并以此来引入认证密钥交换. DH 协议的描述可参阅本书 1.2.6 小节.

　　如果用户 A 和 B 都成功执行了 DH 协议, 那么他们能够计算出相同的会话密钥 $K_A = g^{xy} = K_B$. 根据 DDH 假设, 对于随机选择的 x, y, r, 分布 (g^x, g^y, g^{xy}) 和 (g^x, g^y, g^r) 计算不可区分可知, 任何人即使获得了用户 A 和 B 公开传输的消

息 X 和 Y 也不能将会话密钥 g^{xy} 和随机数 g^r 区分开. 换句话说, 如果敌手只是被动地监听用户 A 和用户 B 之间的通信, 那么 DH 协议是安全的. 但如果敌手主动参与协议的执行, 那么 DH 协议是不安全的. 考虑如下中间人 C 参与协议执行的过程:

(1) 用户 A 随机选择 $x \in \mathbb{Z}_p^*$, 计算 $X = g^x$ 并将 X 发送给用户 B.

(2) 中间人 C 冒充用户 B 截留用户 A 发送给 B 的消息 X, C 随机选择 $z \leftarrow \mathbb{Z}_p^*$, 计算 $Z = g^z$ 并冒充用户 A 将 Z 发送给用户 B.

(3) 用户 B 随机选择 $y \leftarrow \mathbb{Z}_p^*$, 计算 $Y = g^y$ 并将 Y 发送给用户 A.

(4) 中间人 C 冒充用户 A 截留用户 B 发送给 A 的消息 Y, 然后冒充用户 B 将 Z 发送给用户 A.

协议执行结束后, 用户 A 可以计算得到 $K_A = Z^x = g^{xz}$, 用户 B 可以计算得到 $K_B = Z^y = g^{yz}$, 而中间人 C 则可以计算出 $K_{C,A} = X^z = g^{xz}$ 和 $K_{C,B} = Y^z = g^{yz}$. 由于缺乏对用户身份的认证, 用户 A 以为和用户 B 共享了会话密钥 K_A, 用户 B 以为和用户 A 共享了会话密钥 K_B, 但实际上他们分别与中间人 C 共享了会话密钥 $K_A = K_{C,A}$ 和 $K_B = K_{C,B}$. 这意味着, 中间人 C 能够轻易地获得用户 A 和用户 B 之间使用会话密钥 K_A 和 K_B 传递的秘密信息. 造成中间人攻击最重要的原因就是 DH 协议缺乏对用户身份的认证.

认证密钥交换是一类重要的密钥交换协议, 其能够同时提供密钥交换和用户认证两个功能, 从而能够有效地抵抗中间人攻击.

4.1.2 认证密钥交换的分类

为了实现认证密钥交换, 用户之间需要拥有一定的信任基础. 事实上, 两个陌生用户之间也不存在用户认证的问题. 根据信任基础的不同可将认证密钥交换分成以下几类:

(1) **基于长期密钥的认证密钥交换**. 这类认证密钥交换假设两个用户之间已经存在一个高安全的长期对称密钥, 或者两个用户分别和在线服务器拥有一个长期的共享密钥. 事实上, 如果两个用户 A 和 B 之间拥有一个长期的对称密钥 K, 那么可将 DH 密钥交换转换成认证密钥交换 (称之为 DH 认证密钥交换). 设 MAC 是一个安全的消息认证码, $\text{MAC}_K(M)$ 是以 K 为密钥生成的关于消息 M 的标签 (有时也称为认证码). 设 p 是一个大素数, $G = \langle g \rangle$ 是一个以 g 为生成元的 p 阶循环群. 给定公共参数 $\text{params} = (G, g, p)$, 假设用户 A 和 B 拥有长期共享密钥 K, 考虑如下 DH 认证密钥交换.

DH 认证密钥交换的执行过程:

① 用户 A 随机选择 $x \leftarrow \mathbb{Z}_p^*$, 计算 $X = g^x$ 和 $\text{tag}_A = \text{MAC}_K(X)$, 并发送 (X, tag_A) 给用户 B.

② 当从用户 A 收到消息 (X, tag_A) 后, 用户 B 先用自己的长期密钥 K 验证等式 $\text{tag}_A = \text{MAC}_K(X)$ 是否成立; 若 $\text{tag}_A \neq \text{MAC}_K(X)$, 用户 B 直接终止协议; 否则, 用户 B 随机选择 $y \leftarrow \mathbb{Z}_p^*$, 计算 $Y = g^y$ 和 $\text{tag}_B = \text{MAC}_K(Y\|X\|\text{tag}_A)$, 并将 (Y, tag_B) 发送给用户 A.

DH 认证密钥交换的输出:

① 用户 A: 当收到用户 B 的消息 (Y, tag_B) 后, 用户 A 先用自己的长期密钥 K 验证等式 $\text{tag}_B = \text{MAC}_K(Y\|X\|\text{tag}_A)$ 是否成立; 若 $\text{tag}_B \neq \text{MAC}_K(Y\|X\|\text{tag}_A)$, 用户 A 直接终止协议; 否则, 用户 A 计算并输出密钥 $K_A = Y^x = g^{xy}$.

② 用户 B: 计算并输出会话密钥 $K_B = X^y = g^{xy}$.

由于只有用户 A 和 B 知道长期密钥 K, 根据 MAC 的安全性, 除了用户 A 和 B 之外, 任何其他用户都不能产生 $\text{tag}_A = \text{MAC}_K(X)$ 和 $\text{tag}_B = \text{MAC}_K(Y\|X\|\text{tag}_A)$. 当收到消息 $\text{tag}_A = \text{MAC}_K(X)$ 时, 用户 B 能够确定用户 A 参与协议并生成了 X. 同样, 当收到消息 $\text{tag}_B = \text{MAC}_K(Y\|X\|\text{tag}_A)$ 时, 用户 A 能够确定用户 B 参与了协议并且生成了 Y. 以上两种性质显然能够有效地阻止敌手冒充用户 A 或用户 B 进行中间人攻击.

(2) 基于 PKI 的认证密钥交换. 这类认证密钥交换假设存在一个可信第三方 (通常称为证书或认证机构 (CA)) 来认证用户的身份, 并给每个用户颁发一个绑定了用户身份和公钥的数字证书. 用户独自拥有数字证书中公钥对应的私钥. 在 PKI 环境中, 可以使用数字签名或公钥加密来实现认证密钥交换. 特别地, 如果将以上基于长期密钥的 DH 认证密钥交换中的 MAC 替换为数字签名, 就可得到一个基于 PKI 的 DH 认证密钥交换.

(3) 基于口令的认证密钥交换. 这类认证密钥交换假设用户之间已经拥有一个低熵的口令 pw. 由于口令通常只包括 6—8 位字符, 选择空间比较小, 不能简单地将口令直接作为对称密钥来加密或认证消息. 举个反例, 如果在以上 DH 认证密钥交换中, 将 pw 直接作为 MAC 的密钥来运行协议的话, 那么当敌手拿到消息 X 和 $\text{tag}_A = \text{MAC}_{pw}(X)$, 就可以通过猜测 pw 的值和验证等式 $\text{tag}_A = \text{MAC}_{pw}(X)$ 来完成离线字典攻击. 事实上, 基于口令的认证密钥交换的一个最重要的安全目标就是要抵抗离线字典攻击. 当然, 这类认证密钥交换也可以纳入口令认证类协议.

(4) 多因子认证密钥交换. 这类认证密钥交换假设用户之间拥有两种或多种信任基础. 例如, 两个用户除了拥有对方的数字证书外还共享了一个口令, 认证密钥交换可以同时使用两种信息来提高安全性, 并且做到任何一种类型信息不安全或被泄露的情况下协议仍然能够提供一定的安全性.

接下来, 探讨一个有趣的问题: 为什么需要认证密钥交换来产生会话密钥呢? 特别地, 如果两个用户之间已经共享了高安全的长期密钥, 为什么不直接使用长

期密钥来直接通信呢? 这个问题实际上涉及以下几个方面的安全性考虑:

① 保护长期密钥的安全性. 相对于保护一次性的会话密钥, 保护长期密钥的软硬件要求要高很多. 由于现代密码算法的安全性往往依赖于敌手获得关于密钥的信息量, 人们自然希望长期密钥使用的次数越少越好. 特别地, 如果仅仅使用长期密钥来进行认证密钥交换, 那么长期密钥在整个生命周期中都不会用于处理太多的消息.

② 保持会话的独立性. 对于不同的消息使用不同的密钥可以保持会话的独立性, 而且能够做到当某些会话密钥被泄露的时候也不会影响使用其他会话密钥通信的安全性. 同时, 用户不需要为保持会话独立性而保存太多的长期密钥, 而是仅在需要的时候利用长期密钥来建立一个临时会话密钥即可.

③ 满足前向安全性. 如果认证密钥交换满足前向安全性, 那么长期密钥泄露不会影响之前已经完成的临时会话密钥的安全性. 由于临时会话密钥的生命周期往往比较短, 相对而言长期密钥的泄露风险要高很多, 使用满足前向安全性的认证密钥交换能尽可能地保护已完成通信的安全性.

4.1.3　认证密钥交换的安全模型

1993 年, Bellare 和 Rogaway[2] 首次给出了认证密钥交换的安全模型, 简称为 BR 模型. 在 BR 模型中, 敌手控制了所有用户之间的通信信道. 特别地, 敌手可以拦截信道上的所有消息并读取消息的内容, 删除或修改任意的消息, 或者插入它自己选取的任意消息. 为了刻画敌手的能力, 诚实用户通过一系列带状态的谕示器 (Oracle, 也译为 "预言机" 或 "预言或谕示") 来模拟. 例如, $\Pi^i_{A,B}$ 表示用户 A 的第 i 次协议执行且目标用户为 B 的谕示器. 每个谕示器都有自己的内部状态, 通常包括用户的长期密钥和单次协议执行相关的临时状态.

(1) tsk: 记录会话密钥, 初始化为空, 即 tsk = ⊥.

(2) acc: 记录本次协议的接受状态, 初始化为未接受, 即 acc = ⊥.

敌手可以通过 Send 询问和 Reveal 询问来发起协议并控制协议的执行:

(1) Send(A, B, i, m): 发送消息 m 给 $\Pi^i_{A,B}$. 特别地, 如果 $m = \perp$ 表示激活 $\Pi^i_{A,B}$. 收到该询问后, $\Pi^i_{A,B}$ 会按照协议规定执行操作, 更新内部状态, 返回协议消息给敌手等.

(2) Reveal(A, B, i): 询问 $\Pi^i_{A,B}$ 的临时会话密钥. 如果 $\Pi^i_{A,B}$ 已经接受且产生了临时会话密钥, 即 acc $\neq \perp \wedge$ tsk $\neq \perp$, 返回临时密钥 tsk; 否则, 返回 ⊥.

Send 询问刻画了敌手对于通信信道的完全控制. 特别地, 诚实用户 $\Pi^i_{A,B}$ 的激活及其收到的消息等都由敌手通过 Send 询问来决定. Reveal 询问刻画了临时会话密钥 tsk 的泄露, 即敌手允许获得某些诚实用户的临时会话密钥.

此外, BR 模型还引入了额外的 Test 询问. 特别地, 当某个 $\Pi^i_{A,B}$ 接受并产生了临时会话密钥 tsk 后, 敌手可以选择 $\Pi^i_{A,B}$ 作为攻击目标发起 Test 询问.

(3) Test(A, B, i)：当收到该询问后, $\Pi^i_{A,B}$ 随机选择 $b \leftarrow \{0,1\}$, 如果 $b = 0$, 返回 tsk 给敌手; 否则, 随机选择一个会话密钥 tsk′ 并返回 tsk′ 给敌手.

BR 模型的安全性最终由一个挑战者 $\mathcal{C}$ 和敌手 $\mathcal{A}$ 之间的 "游戏"(game)(也称为 "实验"(experiment)) 来形式化定义. 设 Π 是一个认证密钥交换, κ 是安全参数.

游戏 4.1.1 　 $\text{Game}^{\text{BR}}_{\mathcal{A},\Pi}(\kappa)$ 的执行流程如下：

(1) 挑战者 $\mathcal{C}$ 为所有诚实用户生成长期密钥.

(2) 敌手 $\mathcal{A}$ 可以选择任意多项式数量级的谕示器发起 Send 和 Reveal 询问, 挑战者 $\mathcal{C}$ 负责模拟谕示器的行为并给出回答.

(3) 敌手 $\mathcal{A}$ 可以选择一个已接受的目标 $\Pi^i_{A,B}$ 并发起 Test 询问, 挑战者 $\mathcal{C}$ 接收到该询问之后, 随机选择 $b \leftarrow \{0,1\}$, 如果 $b = 0$, 返回 $\Pi^i_{A,B}$ 生成的临时密钥 tsk 给敌手 $\mathcal{A}$; 否则, 随机选择 tsk′ 并返回 tsk′ 给敌手 $\mathcal{A}$.

(4) 敌手 $\mathcal{A}$ 可以继续选择任意多项式数量级的谕示器发起 Send 和 Reveal 询问, 挑战者 $\mathcal{C}$ 负责模拟谕示器的行为并给出回答.

(5) 敌手 $\mathcal{A}$ 输出对比特 b 的猜测值 b', 并结束游戏.

如果敌手 $\mathcal{A}$ 对比特 b 的猜测正确, 即 $b = b'$, 就称敌手 $\mathcal{A}$ 赢得了游戏 $\text{Game}^{\text{BR}}_{\mathcal{A},\Pi}(\kappa)$. 定义敌手 $\mathcal{A}$ 赢得游戏 $\text{Game}^{\text{BR}}_{\mathcal{A},\Pi}(\kappa)$ 的优势为 $\text{Adv}^{\text{BR}}_{\mathcal{A},\Pi}(\kappa) = \Pr[b = b'] - \dfrac{1}{2}$.

为了定义安全性并排除平凡的攻击, 还需要引入两个概念, 即伙伴谕示器和新鲜谕示器. 在 BR 模型中, 伙伴谕示器是由匹配会话来定义的. 特别地, 记 3 元组 (t, β, α) 表示 $\Pi^i_{A,B}$ 在 t 时刻收到询问消息 β 并回应了消息 α. 称由这样的 3 元组按照时间先后顺序排列得到的所有接收和发送的完整消息序列为 $\Pi^i_{A,B}$ 的会话记录. 如果 $\Pi^i_{A,B}$ 和 $\Pi^j_{B,A}$ 的会话记录满足如下关系：

(1) $\Pi^i_{A,B}$ 的会话记录：$(t_0, \perp, \alpha_1), (t_2, \beta_1, \alpha_2), (t_4, \beta_2, \alpha_3), \cdots$;

(2) $\Pi^j_{B,A}$ 的会话记录：$(t_1, \alpha_1, \beta_1), (t_3, \alpha_2, \beta_2), (t_5, \alpha_3, \beta_3), \cdots$,

即如果敌手诚实地传递 $\Pi^i_{A,B}$ 和 $\Pi^j_{B,A}$ 之间的消息, 就称 $\Pi^i_{A,B}$ 和 $\Pi^j_{B,A}$ 的会话记录是匹配的, 其中 $t_0 < t_1 < t_2 < \cdots$. 进一步, 如果 $\Pi^i_{A,B}$ 和 $\Pi^j_{B,A}$ 的会话记录是匹配的, 就称 $\Pi^i_{A,B}$ 和 $\Pi^j_{B,A}$ 互为伙伴谕示器.

此外, 称 $\Pi^i_{A,B}$ 是新鲜谕示器, 如果 $\Pi^i_{A,B}$ 满足如下 3 个条件：① $\Pi^i_{A,B}$ 已接受且产生了临时会话密钥; ② 敌手没有对 $\Pi^i_{A,B}$ 发起 Reveal 询问; ③ 当 $\Pi^i_{A,B}$ 存在伙伴谕示器 $\Pi^j_{B,A}$ 时, 敌手没有对 $\Pi^j_{B,A}$ 发起 Reveal 询问.

定义 4.1.1 (BR 安全性) 称一个认证密钥交换 Π 满足 BR 安全性, 如果它满足如下两个条件.

(1) 正确性: 如果 $\Pi_{A,B}^i$ 和 $\Pi_{B,A}^j$ 均完成了协议执行且互为伙伴谕示器, 则它们均处于接受状态, 且产生了相同的会话密钥.

(2) 不可区分性: 对于任意概率多项式时间敌手 $\mathcal{A}$, 如果 Test 询问的谕示器是新鲜的, 则敌手 $\mathcal{A}$ 的攻击优势关于安全参数是可忽略的.

由于匹配会话的定义比较复杂, BR 模型较难使用. 后续出现了改良的 BR95 模型 [3] 和 BPR2000 模型 [4]. 与上述介绍的 BR 模型的主要区别在于 BR95 模型使用伙伴函数来确定伙伴关系, 而 BPR2000 模型则使用会话标识 (SID) 来确定伙伴关系. BPR2000 模型建议使用所有消息的级联来定义协议的会话标识. 此外, 从 BR95 模型开始, 敌手还可以通过发起 Corrupt 询问来腐化诚实用户, 并获得诚实用户的长期密钥等信息. Corrupt 询问可以用于刻画前向安全性等安全目标.

认证密钥交换的另一个重要模型是由 Canetti 和 Krawczyk[5] 提出的, 简称为 CK 模型. CK 模型将协议的安全性分为理想世界的安全性 (AM) 和现实世界的安全性 (UM), 在理想世界中, 诚实用户之间拥有认证通信信道, 敌手不允许修改或插入消息, 但其仍然可以拦截并查看信道上的消息, 控制信道上的消息传输. 而在现实世界中诚实用户之间没有认证信道, 因此, 敌手拥有完全的攻击能力. CK 模型通过引入认证器的概念可以将 AM 安全性转化为 UM 安全性, 这实际上给出了一种认证密钥交换的模块化设计方法: 先设计在 AM 模型中安全的协议, 然后再通过认证器将其转换为在 UM 模型中安全的协议. 如果转换过程使用的认证器是安全的, 那么协议设计者并不需要证明最终协议在 UM 模型中的安全性, 而只需要给出原始协议在 AM 模型中针对较弱的敌手攻击的安全性证明即可. 此外, 除了允许敌手发起 Send、Reveal、Corrupt 和 Test 等询问外, CK 模型还引入了内部会话状态 (session state) 的概念, 并允许敌手发起 Session-State-Reveal 询问来获得谕示器的内部会话状态. 与 BPR2000 模型一样, CK 模型使用会话标识来确定伙伴关系, 但并没有明确如何定义会话标识. 此外, CK 模型也没有明确内部会话状态应该包含什么, 这意味着协议设计者可以自己指定内部会话状态, 而不同的内部会话状态定义往往会造成安全性的巨大差异.

4.1.4 隐式认证密钥交换和 HMQV 协议

根据不同的认证程度, 认证密钥交换可以分为显式认证密钥交换和隐式认证密钥交换. 特别地, 如果对于两个用户参与的密钥交换, 当一个用户通过运行协议产生了一个临时会话密钥 tsk 时, 能够确保自己想建立秘密通信的目标用户参与了协议且只有目标用户能够获得临时会话密钥 tsk 的信息, 就称该协议是**显式认**

证密钥交换. 借助公钥加密和数字签名等其他密码组件, 可用通用的方法将普通的密钥交换转化为显式认证密钥交换. 这类方法的优点是设计者只需要关注普通的密钥交换即可, 可简化认证密钥交换的设计和安全性分析, 但缺点是依赖于其他密码组件且通信复杂度相对较高.

相对于显式认证密钥交换, 如果对于两个用户参与的密钥交换, 当一个用户通过运行协议产生了一个临时会话密钥 tsk 时, 能够确保除了自己想建立秘密通信的目标用户之外其他任何人都不能拥有临时会话密钥 tsk 的信息, 就称该协议是**隐式认证密钥交换**. 显然, 隐式认证密钥交换能够向参与协议的用户保证只有特定的目标用户才能够产生相同的临时会话密钥 tsk, 但却不能保证目标用户一定参与了协议并获得相同的临时会话密钥 tsk. 换句话说, 目标用户可能并没有参与协议且没有获得密钥 tsk. 虽然从用户认证的角度, 隐式认证密钥交换要弱于显式认证密钥交换, 但从建立秘密通信的角度来看, 其提供的安全性已足够. 特别地, 即使一个隐式认证密钥交换生成了临时会话密钥 tsk 的用户不能确定自己的目标用户是否参与了协议, 但用该临时会话密钥 tsk 建立的秘密通信总是安全的, 这是因为除了目标用户之外其他任何用户都没有临时会话密钥 tsk 的信息. 通常来说, 隐式认证密钥交换具有较高的效率, 但设计和安全性证明往往比较复杂.

下面以 HMQV 协议来举例说明隐式认证密钥交换. HMQV 协议是由 Krawczyk[6] 基于 MQV 设计的一个可证明安全隐式认证密钥交换, 该协议与著名的 DH 协议具有相同的通信复杂度和效率. HMQV 协议的公共参数为 params $= (G, g, p)$, 其中 p 是一个大素数, $G = \langle g \rangle$ 是一个以 g 为生成元的循环群. $H_1 : \{0,1\}^* \to \mathbb{Z}_p$ 和 $H_2 : G \to \{0,1\}^\kappa$ 是两个抗碰撞的 Hash 函数. 此外, 每个用户都有一对长期的公私钥. 特别地, 假设用户 A 拥有长期公私钥对 $(pk_A, sk_A) = (g^a, a)$, 用户 B 拥有长期公私钥对 $(pk_B, sk_B) = (g^b, b)$.

HQMV 协议的执行过程:

(1) 用户 A 随机选择 $x \leftarrow \mathbb{Z}_p^*$, 计算 $X = g^x$ 并将 X 发送给用户 B.

(2) 用户 B 随机选择 $y \leftarrow \mathbb{Z}_p^*$, 计算 $Y = g^y$ 并将 Y 发送给用户 A.

HQMV 协议的输出:

(1) 用户 A: 计算 $c = H_1(B, X), d = H_1(A, Y)$ 以及 $K_A = (pk_B^d Y)^{ac+x}$, 输出会话密钥 $tsk_A = H_2(K_A) = H_2\left(g^{(bd+y)(ac+x)}\right)$.

(2) 用户 B: 计算 $c = H_1(B, X), d = H_1(A, Y)$ 以及 $K_B = (pk_A^c X)^{bd+y}$, 输出会话密钥 $tsk_B = H_2(K_B) = H_2\left(g^{(bd+y)(ac+x)}\right)$.

通过对比 DH 协议和 HMQV 协议可以看到, HMQV 协议与 DH 协议的执行过程完全一致, 唯一不同的是会话密钥的计算方式. 由于 HMQV 协议与 DH 协议交互的信息是一样的, 对于用户 A 和 B 来说, 仅仅凭自己收到的信息根本不能确定信息是来自目标用户还是攻击者, 从而不能实现显式认证. 但由于临时密钥材料 K_A 和 K_B 的计算都需要用到用户的长期私钥, 因此, 攻击者无法计算出临时密钥, 从而保证了临时密钥的安全性. 事实上, 如果 $H_1 : \{0,1\}^* \to \mathbb{Z}_p$ 和 $H_2 : G \to \{0,1\}^\kappa$ 是随机谕示器 (random oracle, RO), HMQV 协议在 CK 模型中基于 CDH 假设是可证明安全的. 值得注意的是, 通过增加一轮密钥确认操作, HMQV 协议也可以变成显式认证密钥交换. 例如, 用户 A 可以利用密钥材料 K_A 计算出一个值并发送给用户 B 做验证. 同理, 用户 B 也可以利用 K_B 计算出一个值并发送给用户 A 做验证. 由于只有诚实执行的用户 A 和 B 才能够拥有相同的 $K_A = K_B$, 双方都能够通过密钥确认而确认对方的身份.

4.2 公平认证密钥交换

秘密通信的主要目的是阻止非授权方获取合法通信方之间传递的秘密信息, 其研究焦点是在各授权方之间建立安全信道以防范非授权第三方 (窃听方或主动攻击方) 获得秘密信息, 通常可将这个问题归结为认证密钥交换 (AKE) 问题. 在 AKE 模型中, 考虑的敌手是某非授权第三方, 而对授权方 (合法通信的双方或多方) 的行为并没有什么限制, 即授权方可以自由揭示任何有关通信信息, 没有对此采取任何技术防范手段. 在政府、军事和外交等领域, 这个问题显得并不特别突出. 但当今社会已步入大数据时代, 隐私问题已成为一个相当广泛而核心的概念; 另一方面, 目前像网上购物或通过登录特定网站获取服务代理商的服务这样的网上交易业务日益普及, 关于服务商是否提供过某特定服务这样的纠纷也逐渐增多. 如何平衡保护个人隐私和确保网上交易公平之间的矛盾已成为一个不容忽视的问题. 本节介绍一种解决这个问题的方法, 主要包括公平认证密钥交换 (FAKE) 的基本思想、FAKE 的形式化安全模型和可证明安全的 FAKE 具体实例 [7].

4.2.1 公平认证密钥交换的基本思想

在具体阐述公平认证密钥交换的基本思想之前, 不妨设想一下如下的应用场景: 无论在何地, 客户 C 因某种商务或个人需要, 需要通过个人终端登录某服务器 S 以获取相应服务. 一般做法是: C 利用自己的 Smart 卡 (公钥证书) 或口令远程登录服务器, 通过执行一个安全的 AKE, 使得 C 和 S 之间共享一个秘密会话密钥 K, 然后在 K 的保护下 C 从 S 获得具体服务 (如加密通信).

显然, 如果 AKE 是安全的, 那么除了 C 和 S 之外的任何第三方不足以对通信内容的机密性、可认证性构成威胁. 但问题是: 作为信任方之一的服务器 S 往往具有向第三方提供 "数字证明" 的能力: 证实某时某刻客户 C 曾经向 S 申请了某具体服务, 这很可能严重威胁了客户 C 的隐私权. 产生这个问题的原因显然在于 S 可以不受任何限制地泄露有关客户 C 的信息.

Di Raimondo, Gennaro 和 Krawczyk[8] 提出使用可否认的 AKE 来解决这个问题, 基本想法是把 Dwork, Naor 和 Sahai[9] 提出的可否认的认证扩展为可否认的 AKE, 即在设计密钥交换协议时, 既要考虑满足一般意义下的 AKE 的安全性, 同时还要满足可否认性: 消息的发送方或所有者在必要时可以否认曾经发送过该消息 (即另一方不具有向第三方证实曾经发生过会话的能力), 但 Di Raimondo 等 [8] 并未提出这类具体协议的实例, 只是证明了基于公钥密码的 Internet 密钥交换协议 SKEME[10] 满足可否认性. 并特别指出, 当前多数 AKE 并不满足可否认性, 因为为了抵抗诸如密钥替换之类的攻击, 往往需要在协议会话中加入用户身份信息, 而且广泛使用数字签名、MAC 等技术, 这都使得协议会话记录与用户身份绑定.

可否认的 AKE 的重要应用意义还在于: 合法通信双方执行协议的结果是达成共享会话密钥 K, 然后在进一步的会话中使用 K 通过对称密码加密传递或认证消息; 而如果会话是可否认的, 那么进一步使用 K 保护的会话显然也是可否认的 (因为会话密钥 K 和用户身份 ID 不再绑定). 因此, 秘密通信的可否认性可以归结为 AKE 的可否认性.

尽管 Di Raimondo 等 [8] 提出的可否认的 AKE 的思想具有重要的应用价值, 但还存在一些缺陷, 主要是没有考虑平衡通信公平性和保护个人隐私之间的矛盾. 无妨仍然继续考虑前面提到的例子: 在客户 C 和服务器 S 会话结束之后, 有可能一段时间之后 C 与服务商 (服务器) S 产生有关 S 是否曾经提供网络服务的纠纷, 这时 C 需要能够向第三方 (如法官) 证明某时某刻的确在 C 和 S 之间发生过上述秘密会话, 这个性质就称为协议的公平性, 并把这样的 AKE 称为公平认证密钥交换 (FAKE).

就 FAKE 而言, 只有客户 C 能够提出协议会话发生的 "证明", 因此, 客户具有绝对意义下的 "否认" 权利, 服务商只具有 "部分否认" 权利, 这主要是出于侧重保护客户隐私的需要. 公平交换问题一直是安全领域中的一个重要基础问题, 也有着非常现实的应用需求, 如在各方互不信任的环境中进行数据交换. 而我们提出的公平认证密钥交换思想与一般的公平交换问题的不同之处在于: 着重强调保护个人隐私 (可否认性) 和客户权利 (必要时举证), 这在网上交易这类应用中有着重要的应用价值. 从前面的例子可以看出, Di Raimondo 等[8] 提出的可否认的 AKE 在保护客户权利方面有明显缺陷: 发生纠纷时任何一方也无法提供数据交换通信的证明. 最为 "公平" 的认证密钥交换应该是: 利用一个可信或半可信的 (semi-trusted) 第三方 T (裁决方) 来处理客户 C 和服务商 S 之间的纠纷. 这种技术路线原则上是可行的, 但引入第三方 T 的做法很可能会破坏 C 的隐私, 毕竟 T 不同于一般的密钥证书认证机构, 适当可信的 T 并不容易得到, 也增加了实现代价. 另外, 在实际应用中, 完全意义上的公平交换往往并不必要[11].

至此, 可以提出关于 FAKE 的基本应用轮廓: 立足实际应用, 不采用任何可

信第三方 (当然公钥证书认证机构往往还是需要的); 客户 C 发起和服务器 (服务商) S 的 FAKE, 然后 C 利用作为协议结果的会话密钥 K 从 S 那里获得进一步的服务. 这里除了要确保 FAKE 满足一般意义上的 AKE 的安全性[10] 之外, 还要确保: C 具有完全意义上的可否认性, S 满足部分可否认性, 即在 C 不揭示秘密证据的条件下, C 和 S 各自均可以伪造 (在第三方看来) 合法的会话; 必要时 C 可以向第三方提供协议会话曾经发生的数字证明, 一旦该证明得以揭示, 通信双方的身份均与协议记录得以绑定, 因此, 合法通信双方均不再具有伪造协议会话的能力 (公平性), 当然就更不能伪造或否认基于会话密钥的进一步的秘密通信.

应该指出, FAKE 中的公平性是 "相对" 的, 发起方 (客户 C) 由于控制了证据, 因此, 事实上具有额外的权利: C 可以自主决定何时、向谁释放证据. 这与求助于第三方的公平协议是有区别的. 但在现实世界中存在很多技术或非技术方法确保 C 不会滥用这种权利. 就实际应用而言, 往往纠纷是关于某时某刻客户是否从服务商那里获得了某具体服务, 作为弱势方的 C 为了保护自己的合法权利, 当然会出示 "证据". 因此, FAKE 是解决平衡保护客户隐私和确保各方合法权利之间矛盾的一种可行的技术解决方案.

4.2.2 公平认证密钥交换的安全模型

公平认证密钥交换 (FAKE) 是在互不信任环境中执行的特殊类型的认证密钥交换 (AKE), 其安全性内涵主要包含 3 层含义: ① 作为一般 AKE 的安全性, 即 mBJM 安全性 (主要是会话密钥的机密性和可认证性); ② 可否认性; ③ 公平性. 下面分别阐述这些概念.

1. mBJM 模型和模块化证明技术

有关 AKE 形式化安全模型的研究结果很多, 这方面最为系统的研究结果可参见 Bellare, Rogaway 和 Canetti 等 [2,12] 的工作, 基本安全目标是确保会话密钥的机密性和可认证性. 最早由 Bellare 和 Rogaway[2] 提出的 AKE 形式化安全模型是一种现实模型, 即协议只定义在现实世界中, 而安全性是通过会话密钥与随机数的计算不可区分性来定义的, 定义了敌手拥有的 5 种谕示器来形式化敌手可能发动的各种攻击. Bellare, Canetti 和 Krawczyk[12] 则进一步建议在设计复杂协议时采用简单、富有吸引力的模块化设计原则, 通常称为 BCK 安全模型. 基本思想是: 基于模块化观点, 首先把 AKE 定义在理想模型中, 由于理想模型相对简单 (敌手是被动的)、易于证明安全性, 其次通过特定的 "认证器" 把协议 "编译" 成现实模型中的协议. Kudla 和 Paterson[13] 则在 Bellare, Rogaway 和 Canetti 等 [2,12] 的工作的基础上, 结合使用两种方法论, 提出了适用于 PKI 环境中的 mBJM 安全模型, 并针对协议结束时需要 Hash 函数处理才输出会话密钥的 AKE

(Hash 处理方式事实上已经在密钥交换设计中被广泛接受, 如各类密钥导出函数), 借助 Gap 假设, 给出了较 Bellare 等 [12] 的工作更具有灵活性的模块化证明思想.

下面首先简要描述一下 mBJM 模型. 该模型包括的每个用户 U 具有对应的公私钥对 (PK_U, SK_U), 通常使用谕示器 Π_U^i 形式化表示用户 U 的第 i 个通信实例 (即形式化表示 U 的第 i 次运行协议), 这些谕示器对各类输入的消息 (询问) 依据协议规则给出相应的输出 (回答). 任何 Π_U^i 只可能处于如下 3 种状态之一: 未决状态、接受状态和拒绝状态. 一旦处于接受状态, Π_U^i 应该具有: 角色 $\text{role}_U^i \in \{\text{发起方, 应答方}\}$、对应伙伴 (partner) 的标识 ID(记为 pid_U^i, 即意定的通信方)、会话标识 sid_U^i 及会话密钥 sk_U^i.

敌手 $\mathcal{A}$ 被形式化为一个概率多项式时间 (PPT) 算法, $\mathcal{A}$ 完全控制信道, 并通过使用不同的询问与各种谕示器交互.

下面通过一个在挑战者 $\mathcal{C}$ 和敌手 $\mathcal{A}$ 之间的 "游戏" 来形式化定义 mBJM 安全性. 设 Π 是一个认证密钥交换, κ 是安全参数.

游戏 4.2.1　$\text{Game}_{\mathcal{A},\Pi}^{\text{mBJM}}(\kappa)$ 的执行流程如下:

(1) $\mathcal{C}$ 运行密钥和参数生成算法为用户分配参数和公私钥对 ($\mathcal{A}$ 不知道私钥).

(2) $\mathcal{A}$ 可以提出多项式数量级的谕示器询问, 由 $\mathcal{C}$ 给出回答. $\mathcal{A}$ 可以提出如下询问:

① $\text{Send}(\Pi_U^i, M)$: $\mathcal{A}$ 向 Π_U^i 发送消息 M, $\mathcal{C}$ 根据协议给出模拟回答.

② $\text{Reveal}(\Pi_U^i)$: $\mathcal{A}$ 要求获得 Π_U^i 持有的会话密钥 sk_U^i.

③ $\text{Corrupt}(U)$: $\mathcal{A}$ 要求获得 U 的私钥.

如果 $\mathcal{A}$ 曾经提出过 $\text{Reveal}(\Pi_U^i)$ 询问, 则称 $\mathcal{A}$ 已经揭示了谕示器 Π_U^i; 如果 $\mathcal{A}$ 曾经提出过 Corrupt 询问, 则称 $\mathcal{A}$ 已经腐化了相应的用户; 如果 Π_U^i 的伙伴没有被揭示且 pid_U^i 没有被腐化, 则称该谕示器是新鲜的.

④ $\text{Test}(\Pi_{U^*}^i)$: 在某一时刻, $\mathcal{A}$ 可以对某新鲜谕示器 $\Pi_{U^*}^i$ 提出 Test 询问, $\mathcal{C}$ 随机选择比特 b. 如果 b 为 1, 则 $\mathcal{C}$ 输出 $sk_{U^*}^i$; 否则, 输出随机数. 此后, $\mathcal{A}$ 可以继续提出前面的谕示器询问, 但禁止揭示 $\Pi_{U^*}^i$ 及其伙伴谕示器, 也不能收买 $\text{pid}_{U^*}^i$.

(3) 敌手 $\mathcal{A}$ 输出对比特 b 的猜测值 b'.

如果 $\mathcal{A}$ 对比特 b 的猜测正确, 即 $b = b'$, 就称敌手赢得了游戏 $\text{Game}_{\mathcal{A},\Pi}^{\text{mBJM}}(\kappa)$.

如果协议满足强相伴性 (strong partnering), 且任何 PPT 敌手赢得游戏 $\text{Game}_{\mathcal{A},\Pi}^{\text{mBJM}}(\kappa)$ 的概率是可忽略的, 就称 AKE 满足 mBJM 安全性. 这里 AKE 的强相伴性是指: 对于任何两个非意定的通信方而言, 任何 PPT 敌手不可能以不可忽略的概率使得二者均处于接受状态并持有相同的会话密钥. 有关 mBJM 模型的细节可参阅文献 [13].

Krawczyk[10] 提出的 AKE 模块化证明技术适用于上述的 mBJM 模型, 基本思路是: 首先证明 AKE 满足所谓的 "强相伴性", 然后证明与该协议相关的某协

议在 "高度约化" 模型中是安全的, 最后利用 "Gap 假设" 把约化模型中的 "相关协议" 的安全性证明 "转化成" 一般模型中 AKE 的安全性证明. 对于如上的 AKE 而言, 这里所谓的 "相关协议" 是指, 最终的会话密钥是某数字串 (即 Hash 函数的输入).

2. 条件可否认性

FAKE 作为一种特殊类型的 AKE, 与普通 AKE 的区别在于: ① FAKE 规定客户 C 为协议发起方 (请求服务商 S 提供服务), S 作为协议应答方; ② C 和 S 共享一个由 C 产生的公共随机承诺 h, 当考虑 mBJM 安全性和可否认性时, h 视为协议的公共随机输入, h 由带有秘密输入 k 的算法 KCommit 产生, 即 $h = \text{KCommit}(k)$, k 由 C 秘密产生, 称为会话证据; ③ 可否认性, 在会话证据不被揭示的前提条件下, 协议满足可否认性; ④ 公平性, 一旦会话证据 k 被 C 揭示, 则协议双方都不能否认曾经运行过协议.

这里采用可证明安全性理论中常用的模拟论断来定义可否认性, 为了与一般的可否认性定义加以区分, 称为条件可否认性.

定义 4.2.1(条件可否认性) 称 FAKE 是条件可否认的, 如果对于任何 PPT 敌手 $\mathcal{A}$, 在会话证据 k 保密的条件下, 存在一个模拟算法 SIM, 其输入与 $\mathcal{A}$ 完全一样, 输出的模拟观察 (simulated view) 和敌手从协议执行得到的真实观察是计算不可区分的.

除了承诺秘密输入保密的条件, 基本思想和 Dwork 等[9] 的工作是一致的. 上述敌手不同于传统上考虑的外部敌手, 注意到定义 4.2.1 的主要目的是防止敌手 (可能是外部敌手, 也可能就是协议的某一方如服务器 S) 试图向第三方证明曾经发生的会话, 因此, 敌手的观察包括: 内部掷币状态、完整的交互记录, 特别还有 $\mathcal{A}$ 通过执行协议得到的会话密钥 K(如果会话没有结束, 会话密钥标记为错误, 不失一般性, 不考虑这种情况). 注意必须考虑到对输出会话密钥的模拟, 即不仅密钥交互会话过程本身是可模拟的, 而且会话密钥取值本身也应该是模拟输出的一部分, 只有这样才能避免敌手特别是内部敌手具有证明某网络服务是否曾经发生的能力, 因为会话过程和输出会话密钥的可模拟性将使得敌手的 "证据" 变得毫无意义. 这是与当前许多可否认认证协议的主要区别之一, 通常也是安全性证明的难点所在.

仍然可通过一个在挑战者 $\mathcal{C}$ 和敌手 $\mathcal{A}$ 之间的 "游戏" 来形式化定义条件可否认性. 设 Π 是一个 FAKE, κ 是安全参数.

游戏 4.2.2 $\text{Game}_{\mathcal{A},\Pi}^{\text{FAKE-CD}}(\kappa)$ 的执行流程如下:

(1) $\mathcal{C}$ 运行密钥和参数生成算法为用户分配参数和公私钥对 ($\mathcal{A}$ 不知道私钥).

(2) 类似于游戏 4.2.1, 可以提出谕示器询问 $\text{Send}(\Pi_U^i, M)$, $\text{Reveal}(\Pi_U^i)$,

Corrupt(U).

(3) $\mathcal{C}$ 随机选择某用户 $\Pi^i_{U^*}$ 作为模拟对象: 不允许敌手 $\mathcal{A}$ 同时对 U^* 及其对应伙伴 $\text{pid}^i_{U^*}$ 提出 Corrupt 询问, 但允许询问其中之一, 如果询问, 由 $\mathcal{C}$ 向 $\mathcal{A}$ 提供对应的私钥, 作为 $\mathcal{A}$ 的输入之一.

(4) $\mathcal{C}$ 构造一个模拟器 SIM, 其输入与 $\mathcal{A}$ 完全一致. 最后 $\mathcal{C}$ 运行 SIM 算法, 输出会话记录和对最终会话密钥 $sk^i_{U^*}$ 的模拟值.

显然定义 4.2.1 是说, 如果任何 PPT 敌手能够在多项式时间内区分如上的模拟观察和实际观察, 就称 $\mathcal{A}$ 赢得了游戏 $\text{Game}^{\text{FAKE-CD}}_{\mathcal{A},\Pi}(\kappa)$. 否则, 就称协议 Π 满足条件可否认性.

3. 公平性

直观上来看, 一个 "公平" 的认证密钥交换至少应满足如下两个条件: ① 只有产生会话证据的一方 (客户 C) 才可能揭示会话证据; ② 在揭示会话证据的条件下, 各方均不再满足可否认性, 这时会话记录已经与各方身份 "绑定".

为了给出公平性的形式化定义, 先考虑敌手 $\mathcal{A}$ 和挑战方 (包括挑战者 $\mathcal{C}$、客户 C) 之间的如下 "游戏". 设 Π 是一个 FAKE, κ 是安全参数.

游戏 4.2.3 $\text{Game}^{\text{FAKE-F}}_{\mathcal{A},\Pi}(\kappa)$ 的执行流程如下:

(1) 初始化. 主要是挑战者 $\mathcal{C}$ 运行密钥和参数生成算法, 为用户分配公私钥对和相应参数.

(2) 谕示器询问. $\mathcal{A}$ 可以向挑战方做如下询问:

① Send(Π^i_U, M): $\mathcal{A}$ 向谕示器 Π^i_U 发送消息 M, 后者根据协议给出回答.

② Reveal(Π^i_U): $\mathcal{A}$ 请求揭示 Π^i_U 持有的会话密钥.

③ Corrupt(U): $\mathcal{A}$ 请求揭示 U 的私钥.

④ KCommit 询问: $\mathcal{A}$ 请求客户 C 随机选择 k, 输出值 $h = \text{KCommit}(k)$; 如果 $\mathcal{A}$ 愿意, $\mathcal{A}$ 也可以自己随机选择 k, 并计算 $h = \text{KCommit}(k)$.

⑤ KReveal 询问: $\mathcal{A}$ 请求客户 C 揭示以前的 KCommit 询问中的会话证据 k.

(3) 输出. 最后敌手 $\mathcal{A}$ 输出涉及用户 X_c, X_d 的协议记录 (k, h, T), 这里 k 是会话证据, $h = \text{KCommit}(k)$ 是公共随机承诺, T 是完整的协议记录 (协议双方的收发消息). 如果用户 X_c, X_d 至多有一个曾经被提出过 Corrupt 询问, 且下列两种情形之一发生, 就称 $\mathcal{A}$ 赢得了游戏 $\text{Game}^{\text{FAKE-F}}_{\mathcal{A},\Pi}(\kappa)$:

情形 1: h 是以前的某 KCommit 询问的输出, 但从没有过对应的 KReveal 询问.

情形 2: $\mathcal{A}$ 同时还输出 (h, T'), 这里新的协议记录 $T' \neq T$, T 和 T' 是计算不可区分的.

定义 4.2.2(公平性)　　称 FAKE 是公平的, 如果任何 PPT 敌手赢得游戏 Game$_{A,\Pi}^{\text{FAKE-F}}(\kappa)$ 的概率都是可忽略的.

以上定义是对 "公平性" 直观理解的形式化归纳和抽象. 一方面, 协议对客户 C 是 "公平" 的, 因为上述游戏输出的情形 1 确保只有产生会话证据的实体 (客户 C) 才可能揭示它, 这样使得 C 产生的协议记录与自己的身份得以绑定. 另一方面, 情形 2 则保证了: 任何一方 (即使是 "合法" 通信方之一) 都不能基于相同的会话证据再产生一份新的合法协议记录 (即不再具有否认性), 即使是产生会话证据的客户 C 本身 (当然应答方 S 就更是如此).

4.2.3　公平认证密钥交换具体实例

本小节利用并发签名机制 [11] 设计了一个可证明安全的 FAKE 具体实例.

1. 并发签名

环签名允许群体中任何成员代表群体签名, 但任何人都无法追踪群体中的具体签名方, 在环签名中不存在任何管理员. Kudla[11] 在研究两方公平签名交换协议时, 以两方环签名 (签名群体只有两方) 为基础, 通过一方在产生签名分量时植入陷门 (称为 Keystone) 的方法, 提出了 "并发签名"(concurrent signature) 的概念. 称一个并发签名是安全的, 如果满足正确性、不可传递性、不可伪造性和公平性. 所谓不可传递性, 是指签名的合法性由用户 1 和用户 2 共同来验证, 任何一方不具有向第三方证明签名合法性的能力 (不揭示 Keystone 值 k 的情况下). 而正确性、不可伪造性和普通签名的定义是类似的. 公平性表示: ① 只有产生 Keystone 的一方可以揭示 k; ② 一旦揭示 Keystone, 所有满足不可传递性的签名就和用户身份绑定.

并发签名是一个由如下多项式时间算法组成的数字签名:

(1) 参数建立 (Setup): 输入安全参数 l、输出公开参数 (包括公钥空间 PK、私钥空间 SK、消息空间 M、签名空间 S、Keystone 空间 K、Keystone 迹空间 F 以及函数 KCommit : $K \to F$ 的描述) 的概率算法.

(2) 密钥生成 (KeyGen): 以公开参数为输入, 输出公私钥对 ($X \in PK, x \in SK$) 的概率算法.

(3) NT-签名 (NTSign): 一个概率算法, 以 $(X_i, X_j, x_i, h_j, m)(X_i \neq X_j \in PK, x_i \in SK, m \in M, h_j \in F)$ 为输入, 输出对 m 的签名 $\sigma = (s, h_i, h_j)(s \in S, h_i, h_j \in F)$. 为了方便起见, 称 σ 为 NT-签名 (满足不可传递性的签名).

(4) NT-签名验证 (NTVerify): 以 $\bar{s} = (\sigma, X_i, X_j)$ 为输入, 输出接受或拒绝.

(5) 并发签名验证 (CSVerify): 以 $(k, \text{kpos}, \bar{s})$ 为输入 (这里 k 是 Keystone, kpos $\in \{1, 2\}$) 的算法. 如果 kpos $= 1$, 检验是否满足 KCommit(k) $= h_i$, 如果不

是, 拒绝并终止; 如果 kpos = 2, 检验是否满足 KCommit(k) = h_j, 如果不是, 拒绝并终止. 然后运行 NTVerify($\bar{s}$), 输出结果 (拒绝或接受).

下面给出并发签名的一个具体实例, 将其简记为 CSig.

(1) 参数建立 (Setup): 设安全参数为 l, p、q 是满足 $q|(p-1)$ 的大素数, $G = \langle g \rangle$ 是 $\mathbb{Z}_p^*$ 的 q 阶子群, $H_1, H_2 : \{0,1\}^* \to \mathbb{Z}_q$ 是两个 Hash 函数, KCommit 定义为 H_1, 公开参数为 (p, q, g, H_1, H_2).

(2) 密钥生成 (KeyGen): 用户 1 和用户 2 的公私钥对分别为 $(X_i = g^{x_i} \bmod p, x_i)(i = 1, 2)$.

(3) NT-签名 (NTSign): 不失一般性, 不妨设输入为 (X_1, X_2, x_1, h_2, m). 随机选取 $t \leftarrow \mathbb{Z}_q$, 计算

$$h = H_2(X_1||X_2||m||g^t X_2^{h_2})$$
$$h_1 = (h - h_2) \bmod q$$
$$s = t - x_1 h_1 \bmod q$$

输出签名 $\sigma = (s, h_1, h_2)$.

(4) NT-签名验证 (NTVerify): 以 (σ, X_1, X_2, m) 为输入, 检验如下等式是否成立

$$(h_1 + h_2) \bmod q = H_2(X_1||X_2||m||g^s X_1^{h_1} X_2^{h_2} \bmod p)$$

(5) 并发签名验证 (CSVerify): 设输入 Keystone k. 检验 $H_1(k) = h_2$ 是否成立, 如果成立再执行验证算法 NTVerify.

接下来简要介绍一下并发签名的安全模型.

正确性定义是显然的, 这里不予详述.

称并发签名满足不可传递性, 如果存在 PPT 算法 FakeNTSign, 对于任意输入 (X_1, X_2, x_2, m)(用户 2 的私钥可已知), 输出 NT-签名 σ 可以被 NTVerify 接受, 并且和用户 1 产生的实际签名是计算不可区分的.

不可伪造性可通过敌手 $\mathcal{A}$ 和挑战者 $\mathcal{C}$ 之间的一个 "游戏" 来形式化定义. 设 Π 是一个并发签名, κ 是安全参数.

游戏 4.2.4　$\text{Game}_{\mathcal{A},\Pi}^{\text{CSig-UN}}(\kappa)$ 的执行流程如下:

(1) 初始化: $\mathcal{C}$ 运行参数和密钥生成算法为用户分配参数和公私钥对.

(2) 敌手 $\mathcal{A}$ 可以向 $\mathcal{C}$ 做如下询问:

① KCommit 询问: $\mathcal{A}$ 可以要求 $\mathcal{C}$ 随机选择 Keystone k, 返回公开承诺值 $f = $ KCommit(k); 如果愿意自己选择 Keystone, 则可以自己计算出 $f = $ KCommit(k).

② KReval 询问: $\mathcal{A}$ 可以要求 $\mathcal{C}$ 提供以前的 KCommit 询问的输出所对应的 Keystone.

③ NTSign 询问：$\mathcal{A}$ 可以询问对应于 (X_i, X_j, h_j, m) 的 NT 签名 $\sigma = (s, h_i, h_j)$ $= \text{NTSign}(X_i, X_j, x_i, h_j, m)$.

④ FakeNTSign 询问：$\mathcal{A}$ 可以要求获得对应 (X_i, X_j, m) 的 NT 签名, $\mathcal{C}$ 用 $\sigma = (s, h_i, h_j) = \text{FakeNTSign}(X_i, X_j, x_j, m)$ 作为回答.

⑤ Corrupt 询问：$\mathcal{A}$ 可以要求获得某用户的私钥.

(3) 游戏输出：最后 $\mathcal{A}$ 输出对应于公钥 X_c, X_d, 对某消息 m 的签名 $\sigma = (s, h_c, f)$.

称 $\mathcal{A}$ 赢得游戏 $\text{Game}_{\mathcal{A},\Pi}^{\text{CSig-UN}}(\kappa)$, 如果如下条件满足：$\text{NTVerify}(\sigma, X_c, X_d, m)$ 为真; 以前没有任何形如 (X_c, X_d, f', m)(对任意的 $f' \in F$) 的 NTSign 询问; 没有形如 (X_c, X_d, m) 的 FakeNTSign 询问; 没有针对 X_c 的 Corrupt 询问; 下面两种情形之一成立：

情形 1 没有针对 X_d 的 Corrupt 询问.

情形 2 f 以前是某 KCommit 询问的输出, 或者 $\mathcal{A}$ 也输出一个满足 $f = \text{KCommit}(k)$ 的 Keystone k.

称并发签名是不可伪造的, 如果任何 PPT 敌手赢得游戏 $\text{Game}_{\mathcal{A},\Pi}^{\text{CSig-UN}}(\kappa)$ 的概率都是可忽略的.

公平性也可以通过一个 "游戏" 来定义.

游戏 4.2.5 $\text{Game}_{\mathcal{A},\Pi}^{\text{CSig-F}}(\kappa)$ 的执行流程如下：

(1) 初始化：同游戏 4.2.4.

(2) 谕示器询问：同游戏 4.2.4.

(3) 输出：最后敌手 $\mathcal{A}$ 输出一个 Keystone k 和 $(\sigma = (s, h_c, f), X_c, X_d, m)$.

称敌手 $\mathcal{A}$ 赢得了游戏 $\text{Game}_{\mathcal{A},\Pi}^{\text{CSig-F}}(\kappa)$, 如果签名 $(\sigma = (s, h_c, f), X_c, X_d, m)$ 能够通过 CSVerify 验证, 且如下情形之一成立：

情形 1 f 是以前某 KCommit 询问的输出, 并且没有以 f 为输入的 KReval 询问.

情形 2 $\mathcal{A}$ 还输出一个 $(\sigma' = (s', h_c', f), X_c, X_d, m')$, 能够通过 NTVerify 验证, 但不能通过 CSVerify 验证.

称并发签名满足公平性, 如果任何 PPT 敌手赢得游戏 $\text{Game}_{\mathcal{A},\Pi}^{\text{CSig-F}}(\kappa)$ 的概率都是可忽略的.

可证明[11]：CSig 是安全的, 即满足正确性、非传递性、不可伪造性和公平性.

2. 一个基于并发签名的 FAKE

参数设置 公开大素数 p, q, 满足 $q|(p-1)$, g 是有限域 $\mathbb{Z}_p$ 中的一个 q 阶元素, $G = \langle g \rangle \subset \mathbb{Z}_p^*$, Hash 函数 $H : \{0,1\}^* \to \{0,1\}^l$, l 是安全参数. 客户 C 的密钥对为 $(x_C \in \mathbb{Z}_q^*, X_C = g^{x_C} \bmod p)$, 服务器 S 的密钥对为 $(x_S \in \mathbb{Z}_q^*, X_S = g^{x_S} \bmod p)$.

FAKE 的执行过程

(1) 发起方 (客户 C) 初始化某会话进程 Π_C^i, 取定对应伙伴 (服务器 S) 的标识, 记为 $\mathrm{pid}_C^i = S$, 随机选取临时参数 $c \leftarrow \mathbb{Z}_q$, C 发送消息 $T_C = g^c \bmod p$ 给应答方 S.

(2) 接收到消息后, 应答方 S 同样初始化某会话进程 Π_S^j, 类似地, 取定 $\mathrm{pid}_S^j = C$; 然后随机选取临时参数 $b \leftarrow \mathbb{Z}_q$, 发送消息 $T_S = g^b \bmod p$ 给客户 C.

(3) C 随机选取临时参数 $k \leftarrow \mathbb{Z}_q$, 计算 $h = \mathrm{KCommit}(k)$, 即 $h = H_1(k)$, 计算并发送 $\sigma_C = \mathrm{CSig}_{x_C, h}(T_C, T_S) = (s_C, h_C, h)$ 给 S, 这里 $\mathrm{CSig}_{x_C, h}(T_C, T_S)$ 表示以 h 为输入、对消息 (T_C, T_S) 的并发签名.

(4) 应答方 S 执行 NTVerify, 验证并发签名 σ_C 的合法性, 如果合法, 设置本次会话的标识 $\mathrm{sid}_C^i = X_C, X_S, T_C, T_S$; 同样以询问值 h 为输入、计算对消息 (T_S, T_C) 的并发签名 $\sigma_S = (s_S, h_S, h)$, 并发送该签名给 C.

FAKE 的输出

(1) 客户 C: 验证收到并发签名 σ_S 的第 3 个签名分量是否 $h = H_1(k)$, 如果是, 执行 NTVerify, 验证 σ_S 的合法性, 如果合法, 设置本次会话的标识 $\mathrm{sid}_C^i = X_C, X_S, T_C, T_S$, 计算会话密钥 $K_C = H(T_S^{x_C} || X_S^c || \mathrm{sid}_C^i)$.

(2) 服务器 S: 计算会话密钥 $K_S = H(X_C^b || T_C^{x_S} || \mathrm{sid}_S^j)$.

如果双方都处于接受状态, 则客户 C 通过会话密钥 K_C 要求服务器 S 提供特定服务, 而服务器 S 则使用会话密钥 K_S 来为客户提供服务.

3. FAKE 的安全性证明

首先 FAKE 满足正确性, 因为如果不存在外来干扰, 易见

$$K_C = H(T_S^{x_C} || X_S^c || \mathrm{sid}_C^i) = H(g^{bx_C} || g^{cx_S} || \mathrm{sid}_C^i) = H(g^{bx_C} || g^{cx_S} || \mathrm{sid}_S^j) = K_S$$

正如 Kudla[11] 所指出的那样, 为了使协议在 mBJM 模型中满足强相伴性, 只需保证: 每个会话标识都是唯一的, 且除了可忽略概率外, 仅当 $\mathrm{role}_U^i \neq \mathrm{role}_{U'}^{i'}$, $\mathrm{sid}_U^i = \mathrm{sid}_{U'}^j, \mathrm{pid}_U^i = U', \mathrm{pid}_{U'}^j = U$ 同时成立, 才满足 $sk_U^i = sk_{U'}^j$. 注意到 FAKE 的会话密钥是经 Hash 处理得到的, 而 Hash 函数的输入字符串包含了 $\mathrm{sid}_U^i, U, U', \mathrm{pid}_U^i$ 等必要的伙伴信息, 特别是随机选取的 T_C, T_S 均包含在会话标识 sid_U^i 当中, 因此, 易于在随机谕示器模型中证明 FAKE 满足强相伴性.

FAKE 实际上是对 Kudla[11] 提出的 AKE 的修改: 主要加入了生成并发签名的步骤, 但在考虑 mBJM 安全性时, CSig 可以视为普通数字签名, 由于这是一个可证明安全的数字签名, 因此, 协议的安全性证明可直接套用 Kudla[11] 提出的模块化证明技术, 应用由 Okamoto 和 Pointcheval[14] 提出的 Gap 假设 (如下给出的 GDH 问题是 Gap 假设的一个实例). 通俗地讲, Gap 问题就是这样一种问题, 在

判定谕示器 (如下文的 DDH 谕示器) 的帮助下, 解决某计算问题 (如 CDH 问题). 目前 Gap 问题已在可证明安全领域获得了很多成功应用, 也被学术界广泛接受.

FAKE 的安全性证明主要基于如下问题:

(1) CDH 问题: 已知 $g^a, g^b \in G(a, b \leftarrow \mathbb{Z}_q)$, 求解 $g^c = g^{ab} \bmod p$.

(2) DDH 问题: 已知 $g^a, g^b, g^c \in G(a, b \leftarrow \mathbb{Z}_q)$, 判定 $c = ab$ 是否成立.

(3) GDH 问题: 已知 $g^a, g^b \in G(a, b \leftarrow \mathbb{Z}_q)$, 同时已知一个可以解决 DDH 问题的谕示器, 求解 $g^c = g^{ab} \bmod p$.

如果求解以上问题的任何 PPT 算法的成功概率都是可忽略的, 就称求解以上问题是困难的.

定理 4.2.1 在 GDH 问题困难的意义下, FAKE 是 mBJM 安全的.

定理 4.2.1 的证明方法类似于文献 [11] 中的方法.

定理 4.2.2 如果求解 GDH 问题是困难的, 则 FAKE 满足条件可否认性.

证明 为了证明 FAKE 针对某恶意的通信方的可否认性, 只需构造一个模拟器 SIM 与该恶意的通信方模拟交互, 使得模拟协议记录与该恶意方和真实方执行协议得到的协议记录是计算不可区分的. 不失一般性, 假设我们是模拟客户 C(反过来也一样) 与敌手 $\mathcal{A}$ 交互, 根据形式化安全模型规划, SIM 的输入与敌手完全一致, 包括敌手运行密钥生成算法得到的应答方 S 的公私钥对 $(X_S = g^{x_S} \bmod p, x_S \leftarrow \mathbb{Z}_q^*)$, 但 C 的私钥则是未知的.

首先, 模拟协议的第 1 步和第 2 步与 FAKE 完全一样, 即 SIM 初始化某会话进程 Π_C^i, 取定 $\mathrm{pid}_C^i = S$, 随机选取 $c \leftarrow \mathbb{Z}_q$, 发送消息 T_C 给应答方 S, 并接收来自 S 的消息 T_S. 至此, 敌手得到的对协议的模拟观察和实际观察的分布显然是完全一致的.

由于并发签名 CSig 满足非传递性, 即以 $(X_C, X_S = g^{x_S} \bmod p, x_S, (T_C, T_S))$ 为输入, 存在一个 PPT 算法 FakeNTsign, 输出一个合法签名 (能够通过 NTVerify 验证), 该签名与实际签名是计算不可区分的. SIM 运行上述算法: 随机选择 $t, h_C' \leftarrow \mathbb{Z}_q$, 计算 $z' = g^t X_C^{h_C'} \bmod p, h = H_2(X_C||X_d||T_C||T_S||z'), h' = (h - h_C') \bmod q, s_C' = t - x_S h' \bmod q$, 输出签名 $\sigma_C' = (s_C', h_C', h')$, 易于验证该签名可通过 NTVerify 验证, 并且和客户 C 的实际签名是计算不可区分的. 发送该签名给 S.

如果接收到签名 $\sigma_S = \mathrm{CSig}_{x_S, h}(T_S, T_C) = (s_S, h_S, h)$, SIM 验证 $h = h'$ 是否成立以及签名是否合法, 如果合法, 设置本次会话标识 $\mathrm{sid}_C^i = X_C, X_S, T_C, T_S$.

由于 CSig 满足非传递性, 因此, 敌手得到的模拟观察和实际观察是计算不可区分的. 下面只需模拟协议的输出即会话密钥取值 $K_C = H(T_S^{x_C}||X_S^c||\mathrm{sid}_C^i) = H(g^{bx_C}||g^{cx_S}||\mathrm{sid}_C^i) = H(g^{bx_C}||g^{cx_S}||\mathrm{sid}_S^j) = K_S$. 我们在随机谕示器模型中考虑这个问题, 即 H 是随机谕示器. SIM 维持一张表 $L_H = \{(g^b, g^{x_C}, *, g^{cx_S}, \mathrm{sid}_C^i, K)\}$

(因为已知 S 的私钥, 因此, 计算 g^{cxs} 是容易的), 开始为空. 协议执行完毕, SIM 随机选择 $K \leftarrow \{0,1\}^l$, 输出 K, 并添入表中对应位置. 如果敌手 $\mathcal{A}$ 向谕示器 H 询问 $g^{bxc}||g^{cxs}||\text{sid}_S^j$, SIM 首先检查会话标识 $\text{sid}_S^j = X_C, X_S, T_C, T_S$ 是否出现在 L_H 中的对应位置, 如果没有, 给予新的随机回答, 并在表中加以标记; 如果出现了, 在 DDH 谕示器的帮助下, 判断第一个询问分量是不是 g^{bxc}, 如果不是, 给予新的随机回答, 并加以特别标记, 否则, 把表中对应位置的 $*$ 替换成 g^{bxc}, 并用 K 作为回答.

综上所述, SIM 向接收方 (敌手 $\mathcal{A}$) 完整模拟了协议发起方 C 的行为, 特别是根据随机谕示器模型方法论, 敌手不经询问随机谕示器即输出会话密钥的概率是可忽略的, 因此, 敌手得到的模拟观察和实际观察是计算不可区分的.

类似地, 可以证明模拟接收方 S 的情况. □

定理 4.2.3 FAKE 满足公平性.

证明 我们在随机谕示器模型中给出证明, 即 H_1, H_2, H 都是随机谕示器. 假设协议不满足公平性, 即经过协议模拟的观察 (包括游戏 4.2.3 中各类谕示器询问), 存在 PPT 敌手 $\mathcal{A}$ 以不可忽略的概率输出某会话证据即 Keystone k 以及完整的协议记录 T. T 必然包含两个通过 NTVerify 和 CSVerify 验证的合法并发签名对 $\sigma_C = (s_C, h_C, h)$, $\sigma_S = (s_S, h_S, h)$, 这里 $h = H_1(k)$. 首先考虑并发签名的公平性游戏 4.2.3 的情形 1, 由于 H_1 是随机谕示器, 任何敌手在没有向 H_1 询问过 k 的情况下输出满足 $h = H_1(k)$ 的 k 的概率显然是可忽略的. 因此, 唯一的可能就是情形 2 以不可忽略的概率发生, 即基于同样的 $h = H_1(k)$, 敌手 $\mathcal{A}$ 以不可忽略的概率同时还输出新的协议记录 T', 这意味着产生了新的合法并发签名, 这显然与并发签名的不可伪造性是矛盾的, 因此, 公平性游戏 4.2.3 的情形 1、情形 2 的发生概率均是可忽略的. □

4.3 匿名认证密钥交换

口令认证密钥交换是一类具有重要应用前景的密钥交换协议, 这类协议不需要 PKI, 而仅仅依赖于用户之间共享的口令来建立具有密码学安全强度的临时会话密钥. 由于大多数网上应用 (如电子邮件、社交账号) 的注册和登录使用等都依赖于用户和服务器之间共享的一个 6~8 位的口令, 口令认证密钥交换被广泛部署于实际应用中. 匿名口令认证密钥交换允许用户在不泄露自己真实身份的同时和服务器建立一个会话密钥. 通过匿名口令认证密钥交换, 用户能够向服务器证明自己是所有合法用户中的一个, 从而可以在不泄露具体身份的前提下获得服务器提供的某些可能泄露用户隐私信息的服务. 例如, 匿名投票、匿名评价等. 本节将给出一个高效的匿名认证密钥交换 [15], 该协议已成为 ISO/IEC 20009-4 国际标准.

4.3.1 匿名认证密钥交换的安全模型

假设系统中有 n 个用户 $\Gamma = \{U_1, \cdots, U_n\}$ 和一个可信服务器 S. 每个用户 U_i 和服务器 S 之间都共享了一个从分布 $\mathcal{D}$ 中选取的信息熵比较小的口令 pw_i. 换句话说, 服务器 S 拥有一个口令集合 $PW_S = \{pw_i\}_{1 \leqslant i \leqslant n}$. 任何用户 U 都可以使用自己的口令 pw 与服务器 S 来运行匿名认证密钥交换, 但只有当 $pw \in PW_S$ 时, U 和 S 之间才能够建立一个相同的临时会话密钥. 服务器 S 除了得到 $U \in \Gamma$ 或 $U \notin \Gamma$ 的信息外, 得不到用户的其他任何信息. 考虑到 U 和 S 可能同时运行许多协议实例, 记用户 U 的第 i 次执行的协议实例为 Π_U^i. 同理, 记服务器 S 的第 j 次执行的协议实例为 Π_S^j. 为了确定伙伴关系, 赋予每个协议实例一个由所有输入和输出信息级联构成的会话标识. 如果用户 U 的协议实例 I_U 和服务器 S 的协议实例 I_S 具有相同的会话标识, 就称 I_U 和 I_S 互为伙伴协议实例 (也简称为伙伴实例).

敌手能力　敌手控制了用户和服务器之间的通信网络, 可以监听和拦截用户与服务器之间的通信, 并且插入任意的消息. 特别地, 敌手拥有如下能力:

(1) Execute(U, i, S, j): 让实例 Π_U^i 和 Π_S^j 诚实地执行协议. 该询问刻画了被动监听攻击, 敌手将获得 Π_U^i 和 Π_S^j 之间交互的所有消息.

(2) Send(I, m): 发送消息 m 给 U 或 S 的实例 I. 该询问可用于发起主动攻击, 敌手将获得实例 I 返回的结果.

(3) Reveal(I): 询问 U 或 S 的实例 I 的临时会话密钥. 该询问主要用于刻画会话密钥的泄露, 敌手将获得实例 I 的临时会话密钥.

对于一个 U 或 S 的实例 I, 如果 I 已经接受并产生了密钥, 且敌手没有对其本身和伙伴实例发起 Reveal 询问的话, 就称实例 I 是新鲜的.

安全模型　匿名认证密钥交换要满足密钥安全性、认证性和用户匿名性 3 个目标, 分别通过敌手 $\mathcal{A}$ 和挑战者 $\mathcal{C}$ 之间的游戏 4.3.1~ 游戏 4.3.3 来刻画. 设 Π 是一个匿名认证密钥交换, κ 是安全参数.

游戏 4.3.1　$\text{Game}_{\mathcal{A}, \Pi}^{\text{AAKE-key}}(\kappa)$ 的执行流程如下:

(1) $\mathcal{C}$ 为所有诚实用户和服务器选择随机的共享口令.

(2) $\mathcal{A}$ 可以发起任意多项式数量级的 Execute、Send 和 Reveal 询问, $\mathcal{C}$ 负责给出回答.

(3) $\mathcal{A}$ 可以选择一个已接受的新鲜实例 I 发起 Test 询问, $\mathcal{C}$ 接收到该询问之后, 随机选择 $b \leftarrow \{0, 1\}$, 如果 $b = 0$, 返回实例 I 的真实密钥; 否则, 返回随机的密钥.

(4) $\mathcal{A}$ 可以继续发起任意多项式数量级的 Execute、Send 和 Reveal 询问, $\mathcal{C}$

负责给出回答.

(5) $\mathcal{A}$ 输出对比特 b 的猜测值 b', 并结束游戏.

如果 $\mathcal{A}$ 对比特 b 的猜测正确, 即 $b = b'$, 就称敌手 $\mathcal{A}$ 赢得了游戏 $\mathrm{Game}_{\mathcal{A},\Pi}^{\mathrm{AAKE\text{-}key}}(\kappa)$. 定义敌手 $\mathcal{A}$ 赢得游戏 $\mathrm{Game}_{\mathcal{A},\Pi}^{\mathrm{AAKE\text{-}key}}(\kappa)$ 的优势为 $\mathrm{Adv}_{\mathcal{A},\Pi}^{\mathrm{AAKE\text{-}key}}(\kappa) = \Pr[b = b'] - \dfrac{1}{2}$. 如果存在 $\epsilon \in (0,1)$, 对于任意运行时间为 t 的敌手 $\mathcal{A}$ 都有 $\mathrm{Adv}_{\mathcal{A},\Pi}^{\mathrm{AAKE\text{-}key}}(\kappa) \leqslant \varepsilon$ 成立, 就称协议 Π 是 (t,ϵ)-key 安全的.

游戏 4.3.2 $\mathrm{Game}_{\mathcal{A},\Pi}^{\mathrm{AAKE\text{-}auth}}(\kappa)$ 的执行流程如下:

(1) $\mathcal{C}$ 为所有诚实用户和服务器选择随机的共享口令.

(2) $\mathcal{A}$ 可以发起任意多项式数量级的 Execute、Send 和 Reveal 询问, $\mathcal{C}$ 负责给出回答.

定义事件 F 为存在一个没有伙伴实例, 但却接受并产生了一个会话密钥的实例 I. 如果事件 F 发生了, 就称敌手赢得了游戏 $\mathrm{Game}_{\mathcal{A},\Pi}^{\mathrm{AAKE\text{-}auth}}(\kappa)$. 定义敌手赢得游戏 $\mathrm{Game}_{\mathcal{A},\Pi}^{\mathrm{AAKE\text{-}auth}}(\kappa)$ 的优势为 $\mathrm{Adv}_{\mathcal{A},\Pi}^{\mathrm{AAKE\text{-}auth}}(\kappa) = \Pr[F]$. 如果存在 $\epsilon \in (0,1)$, 对于任意运行时间为 t 的敌手 $\mathcal{A}$ 都有 $\mathrm{Adv}_{\mathcal{A},\Pi}^{\mathrm{AAKE\text{-}auth}}(\kappa) \leqslant \varepsilon$ 成立, 就称协议 Π 是 (t,ϵ)-auth 安全的.

游戏 4.3.3 $\mathrm{Game}_{\mathcal{A},\Pi}^{\mathrm{AAKE\text{-}anon}}(\kappa)$ 的执行流程如下:

(1) $\mathcal{C}$ 为两个诚实用户 U_0 和 U_1 分别选择与服务器共享的随机口令 pw_0 和 pw_1, 并随机选择 $b \leftarrow \{0,1\}$.

(2) $\mathcal{C}$ 将 pw_0 和 pw_1 发送给 $\mathcal{A}$, $\mathcal{A}$ 可以扮演服务器和用户 U_b 进行任意的交互, 最后输出对 b 的猜测 b'.

如果 $\mathcal{A}$ 对比特 b 的猜测正确, 即 $b = b'$, 就称敌手赢得了游戏 $\mathrm{Game}_{\mathcal{A},\Pi}^{\mathrm{AAKE\text{-}anon}}(\kappa)$. 定义敌手赢得游戏 $\mathrm{Game}_{\mathcal{A},\Pi}^{\mathrm{AAKE\text{-}anon}}(\kappa)$ 的优势为 $\mathrm{Adv}_{\mathcal{A},\Pi}^{\mathrm{AAKE\text{-}anon}}(\kappa) = \Pr[b = b'] - \dfrac{1}{2}$. 如果存在 $\epsilon \in (0,1)$, 对于任意运行时间为 t 的敌手 $\mathcal{A}$ 都有 $\mathrm{Adv}_{\mathcal{A},\Pi}^{\mathrm{AAKE\text{-}anon}}(\kappa) \leqslant \varepsilon$ 成立, 就称协议 Π 是 (t,ϵ)-anon 安全的.

4.3.2 匿名认证密钥交换具体实例

设 p 是一个大素数, $G = \langle g \rangle$ 是一个以 g 为生成元的 p 阶循环群. 设 $\mathcal{H} : \{0,1\}^* \to G$ 是一个抗碰撞的 Hash 函数, $\mathcal{H}_0, \mathcal{H}_1 : \{0,1\}^* \to \{0,1\}^\ell$ 是两个随机函数, 其中 ℓ 是安全参数. 设 $\Gamma = \{U_i\}_{1 \leqslant i \leqslant n}$ 是所有用户的集合, pw_i 是用户 U_i 和服务器 S 共享的口令, 记 $PW_i = \mathcal{H}(i, pw_i)$. 下面将给出一个匿名认证密钥交换 Π 的具体描述.

Π 的执行过程如下:

(1) 服务器 S 首先随机选择 $r_S \leftarrow \mathbb{Z}_p$, 并计算 $A_j = PW_j^{r_S} (1 \leqslant j \leqslant n)$, 然后发送 $(S, \{A_j\}_{1 \leqslant j \leqslant n})$ 给用户 U_i.

(2) 当收到服务器的消息 $(S, \{A_j\}_{1 \leqslant j \leqslant n})$ 后, 用户 U_i 首先检查所有 A_j 的值是否各不相同, 如果存在相同的值, U_i 直接终止协议; 否则, 选择随机数 $r_U, x \leftarrow \mathbb{Z}_p$, 计算 $X = g^x, Z = A_i^{r_U}$, 并生成 $X^* = Z \cdot X, B = PW_i^{r_U}$, 将 (X^*, B) 发送给服务器 S.

(3) 当收到用户的消息 (X^*, B) 后, 服务器 S 先计算 $Z' = B^{rs}$ 和 $X' = X^*/Z'$, 然后随机选择 $y \leftarrow \mathbb{Z}_p$, 计算 $Y = g^y$ 和 $K' = (X')^y$, 并生成认证信息 $\mathrm{Auth}_S = \mathcal{H}_1(\mathrm{sid} \| Z' \| K')$, 其中 $\mathrm{sid} = \Gamma \| S \| \{A_j\}_{1 \leqslant j \leqslant n} \| X^* \| B \| Y$.

Π 的输出:

(1) 服务器 S 的输出: 计算并输出临时会话密钥 $\mathrm{tsk} = \mathcal{H}_0(\mathrm{sid} \| Z' \| K')$.

(2) 用户 U_i 的输出: 计算 $K = Y^x$, 并验证 $\mathcal{H}_1(\mathrm{sid} \| Z \| K)$ 是否和 Auth_S 相等, 如果不相等, U_i 终止协议的执行; 否则, 计算并输出临时会话密钥 $\mathrm{tsk} = \mathcal{H}_0(\mathrm{sid} \| Z \| K)$.

上述协议 Π 采用口令的 Hash 值作为认证协议的基底并与健忘传输协议相结合, 提升了协议的性能.

4.3.3 匿名认证密钥交换的安全性证明

匿名认证密钥交换 Π 的安全性证明需要用到 3 个假设, 即 CDH 假设、SCDH 假设和 DIADH 假设. 我们知道, CDH 假设是说, 对于随机选择的 $x, y \leftarrow \mathbb{Z}_p$, 给定 g^x, g^y 为输入, 计算 g^{xy} 是困难的. 现在定义 SCDH 假设和 DIADH 假设. 设 p 是一个大素数, $G = \langle g \rangle$ 是一个以 g 为生成元的 p 阶循环群.

定义 4.3.1(SCDH 假设)　对于随机选择的 $x \leftarrow \mathbb{Z}_p$, 给定 g^x 为输入, 计算 g^{x^2} 是困难的.

定义 4.3.2(DIADH 假设)　对于随机选择的 $x, y, r \leftarrow \mathbb{Z}_p$, 分布 $(g^x, g^y, g^{xy/(x+y)})$ 和 (g^x, g^y, g^r) 是计算不可区分的.

定理 4.3.1　在 SCDH 和 DIADH 假设下, 协议 Π 在随机谕示器模型中满足密钥安全性和认证性.

定理 4.3.1 的证明思路　不失一般性, 假设敌手攻击的目标为用户 $U_1 \in \Gamma = \{U_1, \cdots, U_n\}$ 和服务器 S 协议执行的安全性, 且攻击成功的优势为 ϵ. 设 $I_1 = g^{w_1}, I_2 = g^{w_2}, I_3 = g^{w_3}$ 是一个 DIADH 问题实例. 我们将考虑如下安全游戏序列 $G_0 G_1 \cdots G_5$, 其中 G_0 是真实的游戏, G_5 是理想的游戏.

在游戏 G_1 中, 使用表 $\Lambda_{\mathcal{H}}, \Lambda_{\mathcal{H}_0}, \Lambda_{\mathcal{H}_1}$ 来模拟随机谕示器 $\mathcal{H}, \mathcal{H}_0, \mathcal{H}_1$, 并正常模拟 Send、Execute、Reveal 和 Test 谕示器. 进一步, 维护两个私有的随机谕示器 $\mathcal{H}_0', \mathcal{H}_1'$. 在游戏 G_2 中, 排除随机谕示器 $\mathcal{H}$ 的输出中的碰撞, 以及部分交互信息中出现 $(\{X^*, B\}, Y)$ 中的碰撞. 在游戏 G_3 中, sk 和 Auth_S 由私有的随机谕示器来生成. 显然, 在游戏 G_3 中, 敌手成功的优势为零. 特别地, 当事

件 AskH $=$ AskH1 $\vee$ AskH0 没有发生时, 游戏 G_3 和游戏 G_2 是计算不可区分的.

事件 AskH1: 对应交互消息记录 Trans $= (S, \{A_j\}, \{X^*, B\}, Y)$, 敌手 $\mathcal{A}$ 询问了 $\mathcal{H}_1(\text{Trans}\|Z'\|K')$ 或 $\mathcal{H}_1(\text{Trans}\|Z\|K)$, 其中 $Z = \text{DH}_{PW}(A_1, B)$, $K = \text{DH}_g((X^*/Z), Y)$. 事件 AskH0: 对应交互消息记录 Trans $=(S, \{A_j\}, \{X^*, B\}, Y)$, 敌手 $\mathcal{A}$ 询问了 $\mathcal{H}_0(\text{Trans}\|Z'\|K')$ 或 $\mathcal{H}_0(\text{Trans}\|Z\|K)$, 其中 U 或 S 至少有一方已经接收, 但事件 AskH1 没有发生.

进一步, 事件 AskH1 可以分成三个子事件: 事件 AskH1-passive 表示 Trans $= (S, \{A_j\}, \{X^*, B\}, Y)$ 中所有的元素是模拟器产生的; 事件 AskH1-withU 表示 Trans $=(S, \{A_j\}, \{X^*, B\}, Y)$ 中仅仅 $\{X^*, B\}$ 是模拟器产生的, 以及事件 AskH1-withS 表示 Trans $= (S, \{A_j\}, \{X^*, B\}, Y)$ 中仅仅 $\{\{A_j\}, Y\}$ 是模拟器产生的.

在游戏 G_4 中, 用实例 (I_1, I_2, I_3) 来修改模拟策略. RuleS_1: 随机选择 $r_S \leftarrow \mathbb{Z}_q$, 并计算 $A_1 = I_3^{r_S}$. RuleU_1: 随机选择 $r_c \leftarrow \mathbb{Z}_q$, 并计算 $B = I_3^{r_c}$. RuleS_2: 随机选择 $y \leftarrow \mathbb{Z}_q$, 并计算 $Y = I_1^y$. RuleG_1: 随机选择 $k \leftarrow \mathbb{Z}_q$ 和 $d \leftarrow \{1, 2\}$, 计算 $r = I_d^k$, 并将 (q, k, d, r) 加入 $\Lambda_{\mathcal{H}}$ 中.

在游戏 G_4 中, 首先用引理 4.3.1 来确保有且仅存在一个口令对应的二元组 (Z, K) 对应着 $\Lambda_{\mathcal{H}}$ 中的部分交互信息 Trans $= (S, \{A_j\}, \{X^*, B\}, Y)$. 特别地, 引理 4.3.1 确保了当且仅当事件敌手猜测正确口令时事件 AskH1-withU 和 AskH1-withS 才发生, 这意味着敌手主动攻击的成功概率由猜测口令的成功概率来界定. 引理 4.3.2 确保了事件 AskH1-passive 的概率是可忽略的, 这意味着没有被动敌手能够成功攻击密钥安全性.

引理 4.3.1　对于部分交互信息 Trans $= (S, \{A_j\}, \{X^*, B\}, Y)$, 如果存在两个元素 PW_{i_0} 和 PW_{i_1} 使得 $(\Gamma, S, \{A_j\}, X^*, B, Y, Z_b, K_b)$ 在 $\Lambda_{\mathcal{H}}$ 中, 其中 $Z_b = \text{DH}_{PW_{i_b}}(A_1, B)$, $K_b = \text{DH}_g((X^*/Z_b), Y)$, 就可以 $1/2$ 的概率解决 DIADH 问题.

引理 4.3.2　对于部分被动交互信息 Trans $= (S, \{A_j\}, \{X^*, B\}, Y)$, 如果存在一个元素 PW 使得 $(\Gamma, S, \{A_j\}, X^*, B, Y, Z, K)$ 在 $\Lambda_{\mathcal{H}}$ 中, 其中 $Z = \text{DH}_{PW}(A_1, B)$, $K = \text{DH}_g((X^*/Z), Y)$, 就可以 $1/2$ 的概率解决 DIADH 问题.

定理 4.3.2　在 CDH 假设下, 协议 Π 在随机谕示器模型中满足用户对于服务器的匿名性.

定理 4.3.2 的证明思路　考虑事件 S_Guess_Auth: S 向用户提供了认证且正确猜测 b 的值, 即对于部分交互信息 Trans $= (S, \{A_{i_0}, A_{i_1}\}, \{X^*, B\}, Y)$, S 发送了一个正确的认证信息 $Auth_S$ 给用户 U_{i_b}, 其中 A_{i_0}, A_{i_1} 和 Y 是由 S 选取的, $X^* = g^x \cdot A_{i_b}^{r_c}$ 和 $B = PW_{i_b}^{r_c}$ 是由用户 U_{i_b} 计算的. 换句话说, 对于这样的交互信息, S 计算出正确的 $Z = \text{DH}_{PW_{i_b}}(A_{i_b}, B)$ 和 $K = Y^x$. 记 $e_0 = \log_{PW_{i_0}} A_{i_0}$, $e_1 = \log_{PW_{i_1}} A_{i_1}$.

如果 S 是诚实的, 那么 $e_0 = e_1$ 对 S 来说是已知的, S 一定可计算出 Z 和 K, 从而计算出认证信息. 在这种情况下, (X^*, B) 是关于 (A_{i_0}, A_{i_1}) 对 g^x 的合法加密. 因此, 事件 S_Guess_Auth 发生的概率为 1/2, 即 S 成功的优势为 0.

当 $e_0 \neq e_1$ 时, S 可计算 $Z_0 = B^{e_0}$ 和 $Z_1 = B^{e_1}$. 为了正确地生成 Auth_S, S 必须要从 Z_0 和 Z_1 选出正确值. 由 X^* 和 B 的随机性可知, 这种情况下成功的概率为 1/2, 即 S 成功的优势为 0.

如果 S 是恶意的且不知道 e_0, e_1 时, S 必须要解决一个 CDH 问题才能够产生正确的认证信息. 因此, 在 CDH 假设下, S 成功的优势是可忽略的.

4.4 基于环上 LWE 问题的认证密钥交换

本节和 4.5 节将主要介绍格上的认证密钥交换. 本节将给出一个 PKI 环境中的认证密钥交换 [16], 这个协议是基于环上 LWE 困难问题可证明安全的, 且达到了最优的两轮通信轮数 (即整个协议只有一来一回两条消息).

4.4.1 两轮认证密钥交换的安全模型

本小节主要回顾一下针对两轮认证密钥交换的安全模型 [2,17].

会话   设 $N \in \mathbb{Z}$ 是系统中诚实用户的最大个数. 在这种情况下, 每个用户都唯一地用整数 $i \in \{1, 2, \cdots, N\}$ 来标识, 且拥有一对长期公私钥对 (pk_i, sk_i), 其中公钥 pk_i 通过证书机构 (CA) 的签名与其身份 i 绑定. 一次协议的运行称为一个会话. 一个用户的会话由具有形式 (Π, I, i, j) 或 (Π, R, j, i, X_i) 的消息来触发, 其中 Π 是协议标识符, I 和 R 是角色标识符, i 和 j 是用户标识符. 如果用户 i 收到了具有形式 (Π, I, i, j) 的消息, 则称 i 是会话的发起者. 此后, 用户 i 会输出消息 X_i 给用户 j 作为回答. 如果用户 j 收到了具有形式 (Π, R, j, i, X_i) 的消息, 则称 j 是会话的响应者. 此后, 用户 j 会输出消息 Y_j 给用户 i 作为回答. 消息交换完成后, 用户会计算出会话密钥.

如果一个会话属于用户 i 且以 i 作为发起者, 那么其对应的会话标识具有形式 $\text{sid} = (\Pi, I, i, j, X_i)$ 或 $\text{sid} = (\Pi, I, i, j, X_i, Y_j)$. 类似地, 如果一个会话属于用户 j 且以 j 作为响应者, 那么其对应的会话标识具有形式 $\text{sid} = (\Pi, R, j, i, X_i, Y_j)$. 对于会话标识 $\text{sid} = (\Pi, *, i, j, *[, *])$, 第三个坐标 (即 i) 被称为会话的拥有者, 而另外一个用户则被称为会话的响应者. 当一个会话的拥有者已经计算出会话密钥时, 就称这个会话已完成. 会话 $\text{sid} = (\Pi, I, i, j, X_i, Y_j)$ 和会话 $\widetilde{\text{sid}} = (\Pi, R, j, i, X_i, Y_j)$ 互称为对方的匹配会话.

敌手能力   我们将敌手 $\mathcal{A}$ 模型化为概率多项式时间 (PPT) 图灵机, 且其控制了所有用户之间的通信信道. 特别地, 敌手 $\mathcal{A}$ 还控制了所有会话的激活. 具体来说, 敌手 $\mathcal{A}$ 可以拦截信道上的所有消息并读取消息的内容, 删除或修改任意的消息, 以及注入它自己选取的任意消息. 此外, 还假设敌手 $\mathcal{A}$ 可以通过信息泄露获得用户包括长期私钥等的隐私信息. 正式地, 敌手 $\mathcal{A}$ 的能力被模型化为如下谕示器 (我们将文献 [5] 中的 Send 询问分解成 Send_0、Send_1 和 Send_2 来处理只有两轮消息的认证密钥交换):

① $\mathrm{Send}_0(\Pi, I, i, j)$: $\mathcal{A}$ 激活用户 i 作为发起者, 并获得发送给用户 j 的消息 X_i.

② $\mathrm{Send}_1(\Pi, R, j, i, X_i)$: $\mathcal{A}$ 以消息 X_i 激活用户 j 作为响应者, 并获得发送给用户 i 的消息 Y_j.

③ $\mathrm{Send}_2(\Pi, R, i, j, X_i, Y_j)$: $\mathcal{A}$ 以消息 Y_j 结束之前用 $\mathrm{Send}_0(\Pi, I, i, j)$ 询问激活用户 i 且获得消息 X_i 的会话.

④ $\mathrm{Reveal(sid)}$: 如果会话已经完成, 返回对应的会话密钥.

⑤ $\mathrm{Corrupt}(i)$: 敌手 $\mathcal{A}$ 腐化用户 i 并获得用户 i 的长期私钥. 一个用这种方式被腐化的用户称为不诚实用户; 否则, 称为诚实用户.

⑥ $\mathrm{Test(sid^*)}$: 随机选择 $b \leftarrow \{0,1\}$. 如果 $b = 0$, 返回一个随机选择的密钥; 否则, 返回会话 sid^* 的会话密钥. 特别地, 只允许敌手 $\mathcal{A}$ 做一次 Test 询问且 sid^* 只能是新鲜的会话.

定义 4.4.1(新鲜性)   设 $\mathrm{sid}^* = (\Pi, I, i^*, j^*, X_i, Y_j)$ 或 $(\Pi, R, j^*, i^*, X_i, Y_j)$ 是以用户 i^* 为发起者且以用户 j^* 为响应者的已完成会话. 若其匹配会话存在, 则记 $\widetilde{\mathrm{sid}}^*$ 为其匹配会话. 如果如下条件成立:

(1) $\mathcal{A}$ 没有使用 sid^* 发起 Reveal 询问.

(2) 若 $\widetilde{\mathrm{sid}}^*$ 存在, $\mathcal{A}$ 没有使用 $\widetilde{\mathrm{sid}}^*$ 发起 Reveal 询问.

(3) 若 $\widetilde{\mathrm{sid}}^*$ 不存在, 用户 i^* 和 j^* 都是诚实的, 即 $\mathcal{A}$ 没有腐化用户 i, j 中的任何一个. 则称会话 sid^* 是新鲜的.

值得注意的是, 原始的 BR 模型 [2] 并不允许 Corrupt 询问. 在上述新鲜性的定义中, 当匹配会话存在时允许敌手 $\mathcal{A}$ 腐化双方用户, 即敌手 $\mathcal{A}$ 可以先获得用户的长期私钥, 然后被动的监听目标会话 sid^* 和 $\widetilde{\mathrm{sid}}^*$. 当刻画弱前向安全性 [6] 时, 敌手 $\mathcal{A}$ 只允许在目标诚实会话结束后获得用户的长期私钥. 因此, 从这种角度来看, 上述定义似乎赋予了敌手更多的能力.

安全游戏   两轮认证密钥交换的安全性由如下安全游戏来刻画. 在游戏中, 敌手 $\mathcal{A}$ 可以按任意的顺序发起上述几种类型的询问, 并且只对新鲜的会话做一次 Test 询问. 当敌手 $\mathcal{A}$ 输出对 b 的猜测 b' 时, 游戏结束. 如果敌手 $\mathcal{A}$ 猜测正确, 即 $b' = b$, 就称敌手 $\mathcal{A}$ 赢得了该游戏. 定义敌手 $\mathcal{A}$ 在上述游戏中的优势为 $\mathrm{Adv}_{\mathcal{A},\Pi}^{\mathrm{AKE}}(\kappa) = |\Pr[b' = b] - 1/2|$, 其中 κ 是安全参数.

定义 4.4.2(安全性)   对于任意认证密钥交换 Π 和安全参数 κ, 如果如下条件成立:

(1) 如果两个用户诚实地完成了匹配的会话, 则他们能够以 $1 - \mathrm{neg}(\kappa)$ 的概率计算出相同的会话密钥, 其中 neg 是一个关于安全参数 κ 的可忽略函数.

(2) 对于任意多项式时间的敌手 $\mathcal{A}$, 其优势 $\mathrm{Adv}_{\mathcal{A},\Pi}^{\mathrm{AKE}}(\kappa)$ 是关于安全参数 κ 的可忽略函数, 则称协议 Π 是安全的.

4.4.2 基于环上 LWE 问题的认证密钥交换

本小节将给出一个基于环上 LWE 问题的认证密钥交换 [16]. 用符号 $\mathrm{poly}(n)$ 表示关于变量 n 的任意多项式函数, 即存在常数 c 使得 $\mathrm{poly}(n) = O(n^c)$. 对于定义在集合 X 上的两个分布 D_1 和 D_2, 它们的统计距离定义为 $\Delta(D_1, D_2) = \frac{1}{2} \sum_{x \in X} |D_1(x) - D_2(x)|$. 当 $\Delta(D_1, D_2)$ 是关于安全参数 κ 的可忽略函数时, 则称分布 D_1 和 D_2 是统计接近的.

对于奇素数 $q > 2$, 记 $\mathbb{Z}_q = \left\{ -\frac{q-1}{2}, \cdots, \frac{q-1}{2} \right\}$, 且定义子集

$$E := \left\{ -\left\lfloor \frac{q}{4} \right\rfloor, \cdots, \left\lfloor \frac{q}{4} \right\rfloor \right\}$$

作为集合 $\mathbb{Z}_q$ 的中间部分. 定义函数 Cha 为 E 的补集的特征函数, 即如果 $v \in E$, 则 $\mathrm{Cha}(v) = 0$; 否则, $\mathrm{Cha}(v) = 1$. 显然, 对于任意的 $v \in \mathbb{Z}_q$, $v + \mathrm{Cha}(v) \cdot \frac{q-1}{2} \bmod q$ 总是属于 E. 定义从 $\mathbb{Z}_q \times \{0,1\}$ 到 $\{0,1\}$ 的辅助模函数 $\mathrm{Mod}_2(v, b) = \left(v + b \cdot \frac{q-1}{2} \right) \bmod q \bmod 2$. 下面将证明: 如果 $b = \mathrm{Cha}(v)$ 且存在足够小的 e 使得 $w = v + 2e$, 则通过 w, b 将能够恢复出 $\mathrm{Mod}_2(v, b)$. 特别地, $\mathrm{Mod}_2(v, b) = \mathrm{Mod}_2(w, b)$.

引理 4.4.1 如果 q 是一个奇素数, $v \in \mathbb{Z}_q$, $e \in \mathbb{Z}_q$ 且满足 $|e| < q/8$, 则对于 $w = v + 2e$, 有 $\mathrm{Mod}_2(v, \mathrm{Cha}(v)) = \mathrm{Mod}_2(w, \mathrm{Cha}(v))$ 成立.

证明 首先, 注意到 $w + \mathrm{Cha}(v)\frac{q-1}{2} \bmod q = v + \mathrm{Cha}(v)\frac{q-1}{2} + 2e \bmod q$. 其次, 我们知道 $v + \mathrm{Cha}(v)\frac{q-1}{2} \bmod q$ 属于集合 E. 也就是说, $-\left\lfloor \frac{q}{4} \right\rfloor \leqslant v + \mathrm{Cha}(v)\frac{q-1}{2} \bmod q \leqslant \left\lfloor \frac{q}{4} \right\rfloor$. 进一步, 由于 $-\frac{q}{8} < e < \frac{q}{8}$, 从而有 $-\left\lfloor \frac{q}{2} \right\rfloor \leqslant v + \mathrm{Cha}(v)\frac{q-1}{2} \bmod q + 2e \leqslant \left\lfloor \frac{q}{2} \right\rfloor$ 成立. 因此, 等式

$$v + \mathrm{Cha}(v)\frac{q-1}{2} \bmod q + 2e = v + \mathrm{Cha}(v)\frac{q-1}{2} + 2e \bmod q$$
$$= w + \mathrm{Cha}(v)\frac{q-1}{2} \bmod q$$

和 $\mathrm{Mod}_2(w, \mathrm{Cha}(v)) = \mathrm{Mod}_2(v, \mathrm{Cha}(v))$ 成立. □

令 $R_q = \mathbb{Z}_q[x]/(x^n + 1)$ 为系数定义在 $\mathbb{Z}_q$ 上的 $n-1$ 次多项式环. 按照多项式系数嵌入, R_q 中的元素与 $\mathbb{Z}_q^n$ 中的 n 维向量是一一对应的, 因此, 可将 $\mathbb{Z}_q^n$ 中的范数、分布等定义自然地推广到 R_q 中. 接下来, 将函数 Cha 和 Mod_2 按系数坐标独立地扩展到环 R_q 的元素上. 即对于环元素 $v = (v_0, \cdots, v_{n-1}) \in R_q$ 和二元向量 $\boldsymbol{b} = (b_0, \cdots, b_{n-1}) \in \{0,1\}^n$, 定义函数 $\widetilde{\mathrm{Cha}}(v) = (\mathrm{Cha}(v_0), \cdots, \mathrm{Cha}(v_{n-1}))$ 和 $\widetilde{\mathrm{Mod}_2}(v, \boldsymbol{b}) = (\mathrm{Mod}_2(v_0, b_0), \cdots, \mathrm{Mod}_2(v_{n-1}, b_{n-1}))$. 为了简单起见, 仍用符号 Cha 和 Mod_2 来分别表示 $\widetilde{\mathrm{Cha}}$ 和 $\widetilde{\mathrm{Mod}_2}$. 显然, 引理 4.4.1 对于扩展到环 R_q 上的函数 $\widetilde{\mathrm{Cha}}$ 和 $\widetilde{\mathrm{Mod}_2}$ 仍成立.

在下面将要介绍的协议中, 双方用户将使用函数 Cha 和 Mod_2 来计算相同的密钥材料. 具体来说, 为了利用 Mod_2 函数从近似相等的两个环元素中计算出共享的密钥材料, 协议响应者将会公开地发送函数 Cha 作用在其秘密环元素 v 上的结果给协议的发起者, 然后计算 $\mathrm{Mod}_2(v, \mathrm{Cha}(v))$ 作为自己的会话密钥材料. 在理想情况下, 对于随机均匀选取的元素 $v \leftarrow R_q$, 希望函数 $\mathrm{Mod}_2(v, \mathrm{Cha}(v))$ 的输出均匀分布于 $\{0,1\}^n$. 然而, 当 q 是奇素数时, 这种情况永远不可能发生. 幸运的是, 对于随机均匀选取的 $v \leftarrow R_q$, 可证明 $\mathrm{Mod}_2(v, \mathrm{Cha}(v))$ 即使在给定 $\mathrm{Cha}(v)$ 的情况下仍然保持较高的最小熵, 因此, 函数 Mod_2 的结果可用于导出随机均匀分布的会话密钥. 事实上, 可证明更强的结果.

引理 4.4.2 设 q 是奇素数且 $R_q = \mathbb{Z}_q[x]/(x^n + 1)$ 为系数定义在 $\mathbb{Z}_q$ 上的 $n-1$ 次多项式环. 对于任意的 $\boldsymbol{b} \in \{0,1\}^n$ 和 $v' \in R_q$, 当 v 随机均匀地选自于 R_q 时, 在给定 $\mathrm{Cha}(v)$ 的情况下函数值 $\mathrm{Mod}_2(v + v', \boldsymbol{b})$ 的最小熵至少为 $-n\log\left(\dfrac{1}{2} + \dfrac{1}{|E| - 1}\right)$. 特别地, 当 $q > 203$ 时, 有 $-n\log\left(\dfrac{1}{2} + \dfrac{1}{|E| - 1}\right) > 0.97n$.

证明 由于 v 的系数是均匀独立地选自于 $\mathbb{Z}_q$, 根据函数 Cha 和 Mod_2 的定义可简化证明且将注意力集中在 v 的第一个系数即可. 设 $v = (v_0, \cdots, v_{n-1})$, $v' = (v'_0, \cdots, v'_{n-1})$ 和 $\boldsymbol{b} = (b_0, \cdots, b_{n-1})$, 接下来将 $\mathrm{Cha}(v_0)$ 分成以下两种情形来讨论.

(1) 如果 $\mathrm{Cha}(v_0) = 0$, 则 $v_0 + v'_0 + b_0 \cdot \dfrac{q-1}{2}$ 均匀分布于集合 $v'_0 + b_0 \cdot \dfrac{q-1}{2} + E \bmod q$. 显然, 这个平移的集合含有 $(q+1)/2$ 个元素. 如果平移很小, 则这是一个连续的整数集合. 如果平移足够大且发生了回绕 (即由 $\bmod q$ 操作引起的该集合中的元素从 $\mathbb{Z}_q$ 中的最大值到最小值的跳跃), 则这是两个连续整数集合的并. 因此, 需要考虑以下几种情况:

① 如果 $|E|$ 是偶数且没有发生回绕, 则函数值 $\mathrm{Mod}_2(v_0 + v'_0, b_0)$ 均匀分布于 $\{0,1\}$. 因此, $\mathrm{Mod}_2(v_0 + v'_0, b_0)$ 在取值上没有任何偏差.

② 如果 $|E|$ 是奇数且没有发生回绕, 则 $\mathrm{Mod}_2(v_0 + v_0', b_0)$ 在取值上具有 $\dfrac{1}{2|E|}$ 的偏差. 换句话说, $\mathrm{Mod}_2(v_0 + v_0', b_0)$ 将以恰巧 $\dfrac{1}{2} + \dfrac{1}{2|E|}$ 的概率取值 0 或取值 1.

③ 如果 $|E|$ 是奇数且发生了回绕, 则集合 $v_0' + b_0 \cdot \dfrac{q-1}{2} + E \bmod q$ 分裂成两个部分：其中一个具有偶数个连续整数, 另一个具有奇数个连续整数. 这导致了与没有发生回绕是同一种情况.

④ 如果 $|E|$ 是偶数且发生了回绕, 则集合 $v_0' + b_0 \cdot \dfrac{q-1}{2} + E \bmod q$ 分裂成两个具有偶数个连续整数的集合, 或者两个具有奇数个连续整数的集合. 如果两个集合都含有偶数个元素, 则函数值 $\mathrm{Mod}_2(v_0 + v_0', b_0)$ 将均匀分布于 $\{0,1\}$. 如果两个集合都含有奇数个元素, 则易于计算 $\mathrm{Mod}_2(v_0 + v_0', b_0)$ 在取值上存在偏差 $\dfrac{1}{|E|}$.

(2) 如果 $\mathrm{Cha}(v_0) = 1$, 则 $v_0 + v_0' + b_0 \cdot \dfrac{q-1}{2}$ 均匀地分布于 $v_0' + b_0 \cdot \dfrac{q-1}{2} + \tilde{E}$, 其中 $\tilde{E} = \mathbb{Z}_q \backslash E$. 按照与 $\mathrm{Cha}(v_0) = 0$ 类似的情况分析可知, $\mathrm{Mod}_2(v_0 + v_0', b)$ 在取值上具有偏差 $\dfrac{1}{|\tilde{E}|} = \dfrac{1}{|E|-1}$.

综合上述所有情况, 在给定 $\mathrm{Cha}(v_0)$ 的情况下, 函数值 $\mathrm{Mod}_2(v_0 + v_0', b_0)$ 的最小熵至少为 $-\log\left(\dfrac{1}{2} + \dfrac{1}{|E|-1}\right)$. 由于 $\mathrm{Mod}_2(v + v', \boldsymbol{b})$ 的每个输出比特都是独立的, 因此, 给定 $\mathrm{Cha}(v)$, 最小熵 $H_\infty(\mathrm{Mod}_2(v + v', \boldsymbol{b})) \geqslant -n\log\left(\dfrac{1}{2} + \dfrac{1}{|E|-1}\right)$.

这就完成了引理 4.4.2 的第一个结论的证明. 结合事实：当 $q > 203$ 时, 不等式 $-\log\left(\dfrac{1}{2} + \dfrac{1}{|E|-1}\right) > -\log(0.51) > 0.97$ 成立, 即完成了引理 4.4.2 的第二个结论的证明. 其中 $H_\infty(X) = -\log(\max_x P(X = x))$, X 是一个随机变量. $\qquad\square$

接下来将给出协议的具体描述. 设 n 是 2 的幂次, q 是一个奇素数且满足 $q \bmod 2n = 1$. 记环 $R = \mathbb{Z}[x]/(x^n + 1)$, $R_q = \mathbb{Z}_q[x]/(x^n + 1)$. 对于任意正实数 $\gamma \in \mathbb{R}$, 设 $H_1 : \{0,1\}^* \to \chi_\gamma = D_{\mathbb{Z}^n, \gamma}$ 是一个只输出 R_q 上可逆元素的 Hash 函数, 其中 $D_{\mathbb{Z}^n, \gamma}$ 是定义在 n 维整数向量空间 $\mathbb{Z}^n$ 上的以零点为中心, 以 γ 为标准差的高斯分布 [18]. 在实际中, 可以首先通过标准的密码 Hash 函数 (如 SHA-2) 来得到均匀分布的随机串, 然后用其作为随机数来选取分布 $D_{\mathbb{Z}^n, \gamma}$ 中的元素, 并且只有当选出的元素在 R_q 中可逆时才输出; 否则, 重复尝试选取另外的元素. 对于适当选取的参数 γ, 在每次独立抽样中我们可以极大的概率选出 R_q 中的可逆元素. 设 $H_2 : \{0,1\}^* \to \{0,1\}^\kappa$ 是密钥导出函数, 其中 κ 是最终会话密钥的长度. H_1

和 H_2 都被看成随机谕示器[19]. 设 $\chi_\alpha = D_{\mathbb{Z}^n,\alpha}, \chi_\beta = D_{\mathbb{Z}^n,\beta}$ 是两个分别以正实数 $\alpha, \beta \in \mathbb{R}$ 为参数的离散高斯分布. 设 $a \in R_q$ 是随机均匀地选自于 R_q 的全局公共参数, M 是某个常数. 设 $p_i = as_i + 2e_i \in R_q$ 是用户 i 的长期公钥, 其中 (s_i, e_i) 是其对应地取自分布 χ_α 的长期私钥. 类似地, 用户 j 拥有长期公钥 $p_j = as_j + 2e_j$ 和长期私钥 (s_j, e_j).

协议发起   用户 i 执行如下步骤:

(1) 随机选取 $r_i, f_i \leftarrow \chi_\beta$ 并计算 $x_i = ar_i + 2f_i$.

(2) 计算 $c = H_1(i, j, x_i)$, $\hat{r}_i = s_i c + r_i$ 和 $\hat{f}_i = e_i c + f_i$.

(3) 以 $\min\left(\dfrac{D_{\mathbb{Z}^{2n},\beta}(\boldsymbol{z})}{M \cdot D_{\mathbb{Z}^{2n},\beta,\boldsymbol{z}_1}(\boldsymbol{z})}, 1\right)$ 的概率进入第 4 步, 其中 $\boldsymbol{z} \in \mathbb{Z}^{2n}$ 是元素 $\hat{r}_i$ 和元素 $\hat{f}_i$ 系数向量的级联; $\boldsymbol{z}_1 \in \mathbb{Z}^{2n}$ 是元素 $s_i c$ 和元素 $e_i c$ 系数向量的级联; 否则, 返回 (1).

(4) 发送 x_i 给用户 j.

协议响应   当接收到用户 i 的消息 x_i 时, 用户 j 执行如下步骤:

(1) 随机选取 $r_j, f_j \leftarrow \chi_\beta$ 并计算 $y_j = ar_j + 2f_j$.

(2) 计算 $d = H_1(j, i, y_j, x_i)$, $\hat{r}_j = s_j d + r_j$ 和 $\hat{f}_j = e_j d + f_j$.

(3) 以 $\min\left(\dfrac{D_{\mathbb{Z}^{2n},\beta}(\boldsymbol{z})}{M \cdot D_{\mathbb{Z}^{2n},\beta,\boldsymbol{z}_1}(\boldsymbol{z})}, 1\right)$ 的概率进入第 4 步, 其中 $\boldsymbol{z} \in \mathbb{Z}^{2n}$ 是元素 $\hat{r}_j$ 和元素 $\hat{f}_j$ 系数向量的级联, $\boldsymbol{z}_1 \in \mathbb{Z}^{2n}$ 是元素 $s_j d$ 和元素 $e_j d$ 系数向量的级联; 否则, 返回 (1).

(4) 随机选取 $g_j \leftarrow \chi_\beta$ 并计算 $k_j = (p_i c + x_i)\hat{r}_j + 2c g_j$, 其中 $c = H_1(i, j, x_i)$.

(5) 计算 $w_j = \mathrm{Cha}(k_j) \in \{0, 1\}^n$ 并发送 (y_j, w_j) 给用户 i.

(6) 计算 $\sigma_j = \mathrm{Mod}_2(k_j, w_j)$ 并导出会话密钥 $sk_j = H_2(i, j, x_i, y_j, w_j, \sigma_j)$.

协议结束   当接收到用户 j 的消息 (y_j, w_j) 时, 用户 i 执行如下步骤:

(1) 随机选取 $g_i \leftarrow \chi_\beta$ 并计算 $k_i = (p_j d + y_j)\hat{r}_i + 2d g_i$, 其中 $d = H_1(j, i, y_j, x_i)$.

(2) 计算 $\sigma_i = \mathrm{Mod}_2(k_i, w_j)$ 并导出会话密钥 $sk_i = H_2(i, j, x_i, y_j, w_j, \sigma_i)$.

大规模部署上述协议需要 PKI 的支持. 在这种情况下, 如其他基于 PKI 的协议一样, 所有的系统参数 (如 $a \in R_q$) 都由证书机构 (CA) 来产生. 在上述协议中, 双方用户都会使用拒绝采样技术[20], 即他们都会以一定的概率重复各自协议中的前三个步骤. 对于适当选取的参数 β, 每个用户会重复执行这些步骤的概率大约为 $1 - \dfrac{1}{M}$, 其中 M 为某个常数. 因此, 在平均重复大约 M 次前三个步骤后, 每个用户都会运行到第 4 步并发送消息给对方. 接下来将证明如果双方用户成功发送了消息给对方, 那么他们将能够计算出相同的会话密钥.

正确性   为了证明上述协议的正确性, 即双方用户都会计算出相同的会话密钥 $sk_i = sk_j$, 只需证明 $\sigma_i = \sigma_j$ 即可. 由于 σ_i 和 σ_j 都是函数 Mod_2 以 $\mathrm{Cha}(k_j)$

作为第二部分输入的结果, 由引理 4.4.1 可知, 只需证明 k_i 和 k_j 足够接近即可. 注意到双方用户将会按如下方式计算 k_i 和 k_j:

$$
\begin{aligned}
k_i &= (p_j d + y_j)\hat{r}_i + 2dg_i \\
&= a(s_j d + r_j)\hat{r}_i + 2(e_j d + f_j)\hat{r}_i + 2dg_i \\
&= a\hat{r}_i\hat{r}_j + 2\tilde{g}_i \\
k_j &= (p_i c + x_i)\hat{r}_j + 2cg_j \\
&= a(s_i c + r_i)\hat{r}_j + 2(e_i c + f_i)\hat{r}_j + 2cg_j \\
&= a\hat{r}_i\hat{r}_j + 2\tilde{g}_j
\end{aligned}
$$

其中 $\tilde{g}_i = \hat{f}_j\hat{r}_i + dg_i$, $\tilde{g}_j = \hat{f}_i\hat{r}_j + cg_j$. 因此, 有 $k_i = k_j + 2(\tilde{g}_i - \tilde{g}_j)$. 显然, 只要选择参数使得 $\|\tilde{g}_i - \tilde{g}_j\|_\infty < q/8$, 即可由引理 4.4.1 保证 $\sigma_i = \sigma_j$.

上述认证密钥交换协议的安全性证明需要用到环上 LWE (简记为 RLWE) 问题的困难性. 接下来, 先给出 RLWE 问题的定义. 令整数 n 是 2 的幂次, 素数 q 满足 $q \bmod 2n = 1$, 定义环 $R_q = \mathbb{Z}_q[x]/(x^n + 1)$. 对于任意环元素 $s \in R_q$ 和实数 α, 定义分布 $B_{s,\alpha} = \{(a, b = as + e) : a \leftarrow R_q, e \leftarrow \chi_\alpha\}$. 对于随机均匀选取的秘密元素 $s \leftarrow R_q$ 和任意多项式界的正整数 ℓ, $\text{RLWE}_{n,q,\alpha,\ell}$ 问题的目标是在给定 ℓ 个样本的条件下区分分布 $B_{s,\alpha}$ 和 $R_q \times R_q$ 上的均匀分布. 对于适当选取的参数, $\text{RLWE}_{n,q,\alpha,\ell}$ 问题的困难性可以建立在环 R_q 中理想格上某些问题的最坏情况困难性之上 [21]. 此外, 当随机选择秘密元素 $s \leftarrow \chi_\alpha$ 时, 相应的 $\text{RLWE}_{n,q,\alpha,\ell}$ 问题至少和标准 RLWE 问题是一样困难的 [21-22]. 此外, 该定义还可以扩展到矩阵形式. 具体地, 对于正整数 $\ell_1, \ell_2 \in \mathbb{Z}$, 正实数 $\alpha \in \mathbb{R}$ 和向量 $\boldsymbol{s} = (s_0, \cdots, s_{\ell_2-1}) \in R_q^{\ell_2}$, 定义在 $R_q^{\ell_1} \times R_q^{\ell_1 \times \ell_2}$ 上的分布 $M_{\boldsymbol{s},\alpha,\ell_1,\ell_2}$ 由如下算法产生: 随机选择 $\boldsymbol{a} = (a_0, a_1, \cdots, a_{\ell_1-1}) \leftarrow R_q^{\ell_1}$; 对于所有 $i \in \{0, 1, \cdots, \ell_1 - 1\}$ 和 $j \in \{0, 1, \cdots, \ell_2 - 1\}$, 随机选择 $e_{i,j} \leftarrow \chi_\alpha$ 并计算 $b_{i,j} = a_i s_j + e_{i,j}$; 输出 $(\boldsymbol{a}, \boldsymbol{B} = (b_{i,j})) \in R_q^{\ell_1} \times R_q^{\ell_1 \times \ell_2}$. 对于多项式界的 $\ell_1 = \text{poly}(n)$ 和 $\ell_2 = \text{poly}(n)$, 由 RLWE 问题的困难性可知, 分布 $M_{\boldsymbol{s},\alpha,\ell_1,\ell_2}$ 和 $R_q^{\ell_1} \times R_q^{\ell_1 \times \ell_2}$ 上的均匀分布是计算不可区分的 [23].

定理 4.4.1 设 n 是 2 的幂次且满足 $0.97n \geqslant 2\kappa$, 素数 $q > 203$ 且满足 $q \bmod 2n = 1$, 实数 $\beta = \omega(\alpha\gamma n \sqrt{n \log n})$, ℓ 是任意多项式, H_1 和 H_2 是随机谕示器. 进一步, 如果 $\text{RLWE}_{n,q,\alpha,\ell}$ 问题是困难的, 则上述协议在定义 4.4.2 的意义下是安全的.

定理 4.4.1 的证明思想非常简单. 由于公共元素 a 和每个用户的公钥 (如 $p_i = as_i + 2e_i$) 实际上构成了以 α 为高斯参数的 RLWE 问题实例, 根据假设所有的长期公钥都与 R_q 中随机均匀分布的元素是计算不可区分的. 类似地, 在 RLWE 假设下所有交换的元素 x_i 和 y_j 也都是与 R_q 中随机均匀分布的元素是计算不可区分的.

不失一般性, 以用户 j 为例来检查会话密钥的分布. 注意到如果 k_j 是均匀分布于 R_q 中, 那么由引理 4.4.2 可知, 即使在给定 w_j 的情况下, $\sigma_j \in \{0,1\}^n$ 仍然具有极高的最小熵, 即 $0.97n > 2\kappa$. 进一步, 由于 H_2 是一个随机谕示器, 所以, sk_j 是均匀分布于 $\{0,1\}^\kappa$ 上的. 因此, 只需检查 $k_j = (p_ic + x_i)(s_jd + r_j) + 2cg_j$ 的分布即可. 就如上述直觉一样, 安全性证明会将 k_j 的随机性建立在以公开元素 $\hat{a}_j = c^{-1}(p_ic + x_i) = p_i + c^{-1}x_i$、秘密元素 $\hat{s}_j = s_jd + r_j$ 以及错误项 $2g_j$ 的 RLWE 问题实例的伪随机性之上, 即 $k_j = c(\hat{a}_j\hat{s}_j + 2g_j)$.

事实上, 由以下事实可知, k_j 是伪随机的: ① c 在 R_q 上是可逆的; ② 当 p_i 或 x_i 是随机均匀选取时, $\hat{a}_j$ 总是随机均匀地分布于 R_q 之上; ③ 由文献 [20] 中的拒绝采样定理可知, $\hat{s}_j$ 的分布与 χ_β 是统计接近的. 换句话说, $\hat{a}_j\hat{s}_j + 2g_j$ 与以 β 为高斯参数的 RLWE 问题实例是统计接近的, 因此, 是伪随机的.

设 N 是系统中用户的最大个数, m 是每个用户拥有会话的最大数目. 可将攻击协议的敌手分为如下 5 种类型:

(1) Type I: $\mathrm{sid}^* = (\Pi, I, i^*, j^*, x_{i^*}, (y_{j^*}, w_{j^*}))$ 是挑战会话, y_{j^*} 是用户 j^* 在以谕示器询问 $\mathrm{Send}_1(\Pi, R, j^*, i^*, x_{i^*})$ 激活的会话中输出的.

(2) Type II: $\mathrm{sid}^* = (\Pi, I, i^*, j^*, x_{i^*}, (y_{j^*}, w_{j^*}))$ 是挑战会话, y_{j^*} 不是用户 j^* 在以谕示器询问 $\mathrm{Send}_1(\Pi, R, j^*, i^*, x_{i^*})$ 激活的会话中输出的.

(3) Type III: $\mathrm{sid}^* = (\Pi, R, j^*, i^*, x_{i^*}, (y_{j^*}, w_{j^*}))$ 是挑战会话, x_{i^*} 不是用户 i^* 在以谕示器询问 $\mathrm{Send}_0(\Pi, I, i^*, j^*)$ 激活的会话中输出的.

(4) Type IV: $\mathrm{sid}^* = (\Pi, R, j^*, i^*, x_{i^*}, (y_{j^*}, w_{j^*}))$ 是挑战会话, x_{i^*} 是用户 i^* 在以谕示器询问 $\mathrm{Send}_0(\Pi, I, i^*, j^*)$ 激活的会话中输出的, 但用户 i^* 要么没有完成这个会话, 要么刚好以 y_{j^*} 完成了这个会话.

(5) Type V: $\mathrm{sid}^* = (\Pi, R, j^*, i^*, x_{i^*}, (y_{j^*}, w_{j^*}))$ 是挑战会话, x_{i^*} 是用户 i^* 在以谕示器询问 $\mathrm{Send}_0(\Pi, I, i^*, j^*)$ 激活的会话中输出的, 但用户 i^* 以元素 $y_{j'} \neq y_{j^*}$ 完成了这个会话.

显然, 上述 5 种类型的敌手给出了所有攻击协议敌手的一个完备划分. 在证明中, 将允许 Type I 和 Type IV 的敌手通过 Corrupt 询问获得用户 i^* 和用户 j^* 的长期私钥. 由于对于 Type II、Type III 和 Type V 的敌手, 挑战会话 sid^* 一定没有匹配会话, 由定义 4.4.1 可知, 敌手不能腐化用户 i^* 或 j^* 来获得相应的长期私钥. 除了在针对 Type II、Type III 和 Type V 敌手的证明中, 需要用到随机谕示器 H_1 的性质和分叉引理[24] 外, 针对所有类型敌手的安全性证明都是非常相似的. 非正式地, 敌手在获得 c (或 d) 之前必须要先 "承诺" x_i (或 y_j). 因此, 敌手不能事先确定 $p_ic + x_i$ (或 $p_jd + y_j$) 的值, 但模拟器在 $p_ic + x_i$ (或 $p_jd + y_j$) 中却可以通过编程随机谕示器 H_1 来嵌入 RLWE 问题实例.

接下来, 给出对 Type I 敌手的详细安全性证明, 而省略针对其他类型敌手的安全性证明.

引理 4.4.3 设 n 是 2 的幂次且满足 $0.97n \geqslant 2\kappa$, 素数 $q > 203$ 满足 $q \bmod 2n = 1$, 实数 $\beta = \omega(\alpha\gamma n\sqrt{n\log n})$, ℓ 是任意多项式, H_1 和 H_2 是随机谕示器. 进一步, 如果 $\mathrm{RLWE}_{n,q,\alpha,\ell}$ 问题是困难的, 则上述协议在 Type I 敌手的攻击下是安全的.

特别地, 如果存在以不可忽略概率 ϵ 成功攻击协议的 Type I 敌手 $\mathcal{A}$, 那么存在多项式时间算法 $\mathcal{B}$ 以至少 $\frac{\epsilon}{m^2 N^2} - \mathrm{neg}(\kappa)$ 的优势解决 $\mathrm{RLWE}_{n,q,\alpha,\ell}$ 问题.

证明 通过一个游戏序列 $G_{1,k}$ 来证明上述引理, 其中 $0 \leqslant k \leqslant 7$. 除了模拟器 S 会在游戏开始前随机猜测敌手选取的挑战会话且在猜测错误后终止游戏外, 游戏 $G_{1,0}$ 几乎与真实的安全游戏是一样的. 然而, 在最后一个游戏 $G_{1,7}$ 中, 挑战会话的会话密钥却是独立随机选取的, 因此, 敌手赢得游戏 $G_{1,7}$ 的优势是可忽略的. 通过证明任何两个相邻的游戏都是计算不可区分的来建立协议的安全性.

游戏 $G_{1,0}$ S 首先随机选择 $i^*, j^* \leftarrow \{1, \cdots, N\}$, $s_{i^*}, s_{j^*} \leftarrow \{1, \cdots, m\}$, 并希望敌手 $\mathcal{A}$ 将会用 $\mathrm{sid}^* = (\Pi, I, i^*, j^*, x_{i^*}, (y_{j^*}, w_{j^*}))$ 作为挑战会话, 其中 x_{i^*} 是用户 i^* 在第 s_{i^*} 次会话中输出的, 而 y_{j^*} 则是用户 j^* 在以询问 $\mathrm{Send}_1(\Pi, R, j^*, i^*, x_{i^*})$ 激活的第 s_{j^*} 次会话中输出的. 然后, S 随机选择 $a \leftarrow R_q$ 和 $s_i, e_i \leftarrow \chi_\alpha$ 来诚实地生成所有用户的长期公钥, 并为敌手 $\mathcal{A}$ 模拟安全游戏. 具体来说, S 将分别为随机谕示器 H_1 和 H_2 维持列表 L_1 和 L_2, 并按如下方式回答敌手 $\mathcal{A}$ 的询问:

(1) $H_1(\mathrm{in})$: 如果表 L_1 中不存在二元组 $(\mathrm{in}, \mathrm{out})$, 那么随机选择可逆元 $\mathrm{out} \leftarrow \chi_\gamma$ 并将 $(\mathrm{in}, \mathrm{out})$ 加入表 L_1 中. 然后, 返回 out 给敌手 $\mathcal{A}$.

(2) $H_2(\mathrm{in})$: 如果表 L_2 中不存在二元组 $(\mathrm{in}, \mathrm{out})$, 那么随机选择 $\mathrm{out} \leftarrow \{0,1\}^\kappa$ 并将 $(\mathrm{in}, \mathrm{out})$ 加入表 L_2 中. 然后, 返回 out 给敌手 $\mathcal{A}$.

(3) $\mathrm{Send}_0(\Pi, I, i, j)$: $\mathcal{A}$ 以用户 j 为响应者激活用户 i 的一个新会话, S 执行如下步骤:

① 随机选取 $r_i, f_i \leftarrow \chi_\beta$ 并计算 $x_i = ar_i + 2f_i$.

② 计算 $c = H_1(i, j, x_i)$, $\hat{r}_i = s_i c + r_i$ 和 $\hat{f}_i = e_i c + f_i$.

③ 以 $\min\left(\dfrac{D_{\mathbb{Z}^{2n}, \beta}(\boldsymbol{z})}{M \cdot D_{\mathbb{Z}^{2n}, \beta, \boldsymbol{z}_1}(\boldsymbol{z})}, 1\right)$ 的概率进入第 4 步, 其中 $\boldsymbol{z} \in \mathbb{Z}^{2n}$ 是元素 $\hat{r}_i$ 和元素 $\hat{f}_i$ 系数向量的级联, $\boldsymbol{z}_1 \in \mathbb{Z}^{2n}$ 是元素 $s_i c$ 和元素 $e_i c$ 系数向量的级联; 否则, 返回第 1 步.

④ 返回 x_i 给敌手 $\mathcal{A}$.

(4) $\mathrm{Send}_1(\Pi, R, j, i, x_i)$: S 执行如下步骤:

① 随机选取 $r_j, f_j \leftarrow \chi_\beta$ 并计算 $y_j = ar_j + 2f_j$.

② 计算 $d = H_1(j, i, y_j, x_i)$, $\hat{r}_j = s_j d + r_j$ 和 $\hat{f}_j = e_j d + f_j$.

③ 以 $\min\left(\dfrac{D_{\mathbb{Z}^{2n}, \beta}(\boldsymbol{z})}{M \cdot D_{\mathbb{Z}^{2n}, \beta, \boldsymbol{z}_1}(\boldsymbol{z})}, 1\right)$ 的概率进入第 4 步, 其中 $\boldsymbol{z} \in \mathbb{Z}^{2n}$ 是元素 $\hat{r}_j$ 和元素 $\hat{f}_j$ 系数向量的级联, $\boldsymbol{z}_1 \in \mathbb{Z}^{2n}$ 是元素 $s_j d$ 和元素 $e_j d$ 系数向量的级联; 否则, 返回第 1 步.

④ 随机选取 $g_j \leftarrow \chi_\beta$ 并计算 $k_j = (p_i c + x_i)\hat{r}_j + 2c g_j$, 其中 $c = H_1(i, j, x_i)$.

⑤ 计算 $w_j = \mathrm{Cha}(k_j) \in \{0,1\}^n$ 并返回 (y_j, w_j) 给 $\mathcal{A}$.

⑥ 计算 $\sigma_j = \mathrm{Mod}_2(k_j, w_j)$ 并导出会话密钥 $sk_j = H_2(i, j, x_i, y_j, w_j, \sigma_j)$.

(5) $\mathrm{Send}_2(\Pi, I, i, j, x_i, (y_j, w_j))$: S 按如下步骤计算 k_i 和 sk_i:

① 随机选取 $g_i \leftarrow \chi_\beta$ 并计算 $k_i = (p_j d + y_j)\hat{r}_i + 2d g_i$, 其中 $d = H_1(j, i, y_j, x_i)$.

② 计算 $\sigma_i = \mathrm{Mod}_2(k_i, w_j)$ 并导出会话密钥 $sk_i = H_2(i, j, x_i, y_j, w_j, \sigma_i)$.

(6) $\mathrm{Reveal(sid)}$: 设 $\mathrm{sid} = (\Pi, *, i, *, *, *, *)$, 如果 sid 的会话密钥 sk_i 已经生成, S 将 sk_i 返回给敌手 $\mathcal{A}$.

(7) $\mathrm{Corrupt}(i)$: 返回用户 i 的长期私钥 s_i 给敌手 $\mathcal{A}$.

(8) $\mathrm{Test(sid)}$: 设 $\mathrm{sid} = (\Pi, I, i, j, x_i, (y_j, w_j))$, 如果 $(i, j) \neq (i^*, j^*)$, 或者 x_i 不是由用户 i^* 的第 s_{i^*} 次会话输出的, 或者 y_j 不是由用户 j^* 的第 s_{j^*} 次会话输出的, S 直接终止游戏. 否则, S 随机选择 $b \leftarrow \{0, 1\}$. 如果 $b = 0$, 返回 $sk'_i \leftarrow \{0, 1\}^\kappa$ 给 $\mathcal{A}$; 否则, 返回 sid 对应的会话密钥 sk_i 给 $\mathcal{A}$.

断言 4.4.1   在游戏 $G_{1,0}$ 中, S 不会中途终止的概率至少为 $\dfrac{1}{m^2 N^2}$.

证明   由于 S 随机独立地选择 $i^*, j^* \leftarrow \{1, \cdots, N\}$ 和 $s_{i^*}, s_j^* \leftarrow \{1, \cdots, m\}$, 其猜测正确的概率至少为 $\dfrac{1}{m^2 N^2}$. 故上述结论易得. $\square$

游戏 $G_{1,1}$ 除了第 4 步外, S 的行为几乎与游戏 $G_{1,0}$ 中的一样:

(4) $\mathrm{Send}_1(\Pi, R, j, i, x_i)$: 如果 $(i, j) \neq (i^*, j^*)$, 或者这不是用户 j^* 的第 s_{j^*} 次会话, S 按照游戏 $G_{1,0}$ 中的一样回答敌手; 否则, S 执行如下步骤:

① 随机选取 $r_j, f_j \leftarrow \chi_\beta$ 并计算 $y_j = a r_j + 2 f_j$.

② 随机选择可逆元 $d \leftarrow \chi_\gamma$ 并计算 $\hat{r}_j = s_j d + r_j$, $\hat{f}_j = e_j d + f_j$.

③ 以 $\min\left(\dfrac{D_{\mathbb{Z}^{2n}, \beta}(\boldsymbol{z})}{M \cdot D_{\mathbb{Z}^{2n}, \beta, \boldsymbol{z}_1}(\boldsymbol{z})}, 1\right)$ 的概率进入第 4 步, 其中 $\boldsymbol{z} \in \mathbb{Z}^{2n}$ 是元素 $\hat{r}_j$ 和元素 $\hat{f}_j$ 系数向量的级联, $\boldsymbol{z}_1 \in \mathbb{Z}^{2n}$ 是元素 $s_j d$ 和元素 $e_j d$ 系数向量的级联; 否则, 返回第 1 步.

④ 如果表 L_1 中存在元组 $((j, i, y_j, x_i), *)$, S 直接终止游戏; 否则, 将 $((j, i, y_j, x_i), d)$ 加入表 L_1 中. 然后, 随机选择 $g_j \leftarrow \chi_\beta$ 并计算 $k_j = (p_i c + x_i)\hat{r}_j + 2c g_j$, 其

中 $c = H_1(i, j, x_i)$.

⑤ 计算 $w_j = \text{Cha}(k_j) \in \{0,1\}^n$ 并返回 (y_j, w_j) 给 $\mathcal{A}$.

⑥ 计算 $\sigma_j = \text{Mod}_2(k_j, w_j)$ 并导出会话密钥 $sk_j = H_2(i, j, x_i, y_j, w_j, \sigma_j)$.

设 $F_{1,k}$ 为事件 $\mathcal{A}$ 在游戏 $G_{1,k}$ 中输出 $b' = b$.

断言 4.4.2　　如果 $\text{RLWE}_{n,q,\beta,\ell}$ 问题是困难的, 则 $\Pr[F_{1,1}] = \Pr[F_{1,0}] -$ $\text{neg}(\kappa)$.

证明　　由于 H_1 是随机谕示器, 如果在 S 生成 y_j 之前敌手 $\mathcal{A}$ 没有用 (j, i, y_j, x_i) 询问 H_1, 那么游戏 $G_{1,0}$ 和游戏 $G_{1,1}$ 是同分布的. 因此, 如果敌手 $\mathcal{A}$ 在两个游戏中做出这类询问的概率都是可忽略的, 即可得到断言中的结论. 事实上, 如果 $\mathcal{A}$ 在看到 y_j 之前就以不可忽略的概率用 (j, i, y_j, x_i) 询问了随机谕示器 H_1, 我们可以构造出算法 $\mathcal{B}$ 直接解决 $\text{RLWE}_{n,q,\beta,\ell}$ 问题.

正式地, 给定 $\text{RLWE}_{n,q,\beta,\ell}$ 问题的挑战实例 $(u, \boldsymbol{b}) \in R_q \times R_q^\ell$, $\mathcal{B}$ 置 $a = u$ 并按照游戏 $G_{1,0}$ 中的方式为敌手模拟攻击环境直到 $\mathcal{B}$ 需要为用户 j^* 的第 s_{j^*} 次会话输出 y_j 给用户 i^* 时. 与其随机地产生新鲜的 y_j, $\mathcal{B}$ 简单地从向量 $\boldsymbol{b} = (b_0, \cdots, b_{\ell-1})$ 中选取第一个没有使用的元素作为 y_j. 如果表 L_1 中存在元组 $((j, i, y_j, x_i), *)$, $\mathcal{B}$ 输出 1 并终止; 否则, 输出 0 并终止.

显然, 在 $\mathcal{B}$ 需要计算 y_j 之前, 上述敌手 $\mathcal{A}$ 与游戏 $G_{1,0}$ 和游戏 $G_{1,1}$ 中的敌手拥有相同的观察 (也称为视图). 进一步, 如果存在随机选择的 $r_{\ell'}, f_{\ell'} \leftarrow \chi_\beta (\ell' \in \{0, 1, \cdots, \ell-1\})$ 使得 $\boldsymbol{b} = (b_0 = ur_0 + 2f_0, \cdots, b_{\ell-1} = ur_{\ell-1} + 2f_{\ell-1})$, 那么由假设知 $\mathcal{A}$ 以 (j, i, y_j, x_i) 询问随机谕示器 H_1 的概率是不可忽略的. 相反地, 如果 $\boldsymbol{b}$ 是随机均匀地分布于 $\mathbb{R}_q^\ell$ 的, 那么 $\mathcal{A}$ 做出相应询问的概率是可忽略的. 换句话说, 通过与 $\mathcal{A}$ 交互, $\mathcal{B}$ 可以成功地解决 RLWE 问题. 由 $\text{RLWE}_{n,q,\beta,\ell}$ 问题是困难的假设可知, 敌手 $\mathcal{A}$ 是不存在的, 这就完成了断言的证明.　　□

游戏 $G_{1,2}$　　除了第 4 步外, S 的行为几乎与游戏 $G_{1,1}$ 中的一样:

(4) $\text{Send}_1(\Pi, R, j, i, x_i)$: 如果 $(i, j) \neq (i^*, j^*)$, 或者这不是用户 j^* 的第 s_{j^*} 次会话, S 按照游戏 $G_{1,1}$ 中的一样回答 $\mathcal{A}$ 的询问; 否则, S 执行如下步骤:

① 随机选取可逆元 $d \leftarrow \chi_\gamma$, 并随机选择 $\boldsymbol{z} \leftarrow D_{\mathbb{Z}^{2n}, \beta}$.

② 分解 $\boldsymbol{z}$ 为环元素 $\hat{r}_j, \hat{f}_j \in R_q$ 并定义 $y_j = a\hat{r}_j + 2\hat{f}_j - p_j d$.

③ 以 $1/M$ 的概率进入第 4 步; 否则, 返回第 1 步.

④ 如果表 L_1 中存在元组 $((j, i, y_j, x_i), *)$, S 直接终止游戏; 否则, 将 $((j, i, y_j, x_i), d)$ 加入表 L_1 中. 然后, 随机选择 $g_j \leftarrow \chi_\beta$ 并计算 $k_j = (p_i c + x_i)\hat{r}_j + 2cg_j$, 其中 $c = H_1(i, j, x_i)$.

⑤ 计算 $w_j = \text{Cha}(k_j) \in \{0,1\}^n$ 并返回 (y_j, w_j) 给 $\mathcal{A}$.

⑥ 计算 $\sigma_j = \text{Mod}_2(k_j, w_j)$ 并导出会话密钥 $sk_j = H_2(i, j, x_i, y_j, w_j, \sigma_j)$.

断言 4.4.3　　如果 $\beta = \omega(\alpha\gamma n\sqrt{n\log n})$, 则 $\Pr[F_{1,2}] = \Pr[F_{1,1}] - \text{neg}(\kappa)$.

证明　由高斯分布的性质可知, 在游戏 $G_{1,1}$ 中 $\|s_j d\| \leqslant \alpha \gamma n \sqrt{n}$ 和 $\|e_j d\| \leqslant \alpha \gamma n \sqrt{n}$ 以极大的概率成立. 这意味着 $\beta = \omega(\alpha \gamma n \sqrt{n \log n})$ 满足拒绝采样定理中的条件[20]. 因此, 在游戏 $G_{1,2}$ 中 $(d, \boldsymbol{z})$ 的分布是统计接近于游戏 $G_{1,1}$ 中相应元素的分布. 结合等式 $y_j = a \hat{r}_j + 2 \hat{f}_j - p_j d$ 在两个游戏中都是恒成立的这一事实即完成了断言的证明. □

游戏 $G_{1,3}$　除了第 3 步外, S 的行为几乎与游戏 $G_{1,2}$ 中的一样:

(3) $\text{Send}_0(\Pi, I, i, j)$: 如果 $(i, j) \neq (i^*, j^*)$, 或者这不是用户 i^* 的第 s_{i^*} 次会话, S 按游戏 $G_{1,2}$ 中的一样回答 $\mathcal{A}$ 的询问; 否则, S 执行如下步骤:

① 随机选取 $r_i, f_i \leftarrow \chi_\beta$ 并计算 $x_i = a r_i + 2 f_i$.

② 随机选取可逆元 $c \leftarrow \chi_\gamma$ 并计算 $\hat{r}_i = s_i c + r_i$ 和 $\hat{f}_i = e_i c + f_i$.

③ 以 $\min\left(\dfrac{D_{\mathbb{Z}^{2n}, \beta}(\boldsymbol{z})}{M \cdot D_{\mathbb{Z}^{2n}, \beta, \boldsymbol{z}_1}(\boldsymbol{z})}, 1\right)$ 的概率进入第 4 步, 其中 $\boldsymbol{z} \in \mathbb{Z}^{2n}$ 是元素 $\hat{r}_i$ 和元素 $\hat{f}_i$ 系数向量的级联, $\boldsymbol{z}_1 \in \mathbb{Z}^{2n}$ 是元素 $s_i c$ 和元素 $e_i c$ 系数向量的级联; 否则, 返回第 1 步.

④ 如果表 L_1 中存在元组 $((i, j, x_i), *)$, S 直接终止游戏; 否则, 将 $((i, j, x_i), c)$ 加入表 L_1 中, 返回 x_i 给敌手 $\mathcal{A}$.

断言 4.4.4　如果 $\text{RLWE}_{n, q, \beta, \ell}$ 问题是困难的, 则 $\Pr[F_{1,3}] = \Pr[F_{1,2}] - \text{neg}(\kappa)$.

断言 4.4.4 的证明　由于与断言 4.4.1 的证明类似, 我们省略其详细的证明.

游戏 $G_{1,4}$　除了第 3 步外, S 的行为几乎与游戏 $G_{1,3}$ 中的一样:

(3) $\text{Send}_0(\Pi, I, i, j)$: 如果 $(i, j) \neq (i^*, j^*)$, 或者这不是用户 i^* 的第 s_{i^*} 次会话, S 按游戏 $G_{1,3}$ 中的一样回答 $\mathcal{A}$ 的询问; 否则, S 执行如下步骤:

① 随机选取可逆元 $c \leftarrow \chi_\gamma$, 并随机选择 $\boldsymbol{z} \leftarrow D_{\mathbb{Z}^{2n}, \beta}$.

② 分解 $\boldsymbol{z}$ 为环元素 $\hat{r}_i, \hat{f}_i \in R_q$, 并定义 $x_i = a \hat{r}_i + 2 \hat{f}_i - p_i c$.

③ 以 $1/M$ 的概率进入第 4 步; 否则, 返回第 1 步.

④ 如果表 L_1 中存在元组 $((i, j, x_i), *)$, S 直接终止游戏; 否则, 将 $((i, j, x_i), c)$ 加入表 L_1 中, 返回 x_i 给敌手 $\mathcal{A}$.

断言 4.4.5　如果 $\beta = \omega(\alpha \gamma n \sqrt{n \log n})$, 则 $\Pr[F_{1,4}] = \Pr[F_{1,3}] - \text{neg}(\kappa)$.

断言 4.4.5 的证明　由于与断言 4.4.2 的证明类似, 我们省略其详细的证明.

游戏 $G_{1,5}$　除了第 5 步外, S 的行为几乎与游戏 $G_{1,4}$ 中的一样:

(5) $\text{Send}_2(\Pi, I, i, j, x_i, (y_j, w_j))$: 如果 $(i, j) \neq (i^*, j^*)$, 或者这不是用户 i^* 的第 s_{i^*} 次会话, S 按游戏 $G_{1,4}$ 中的一样回答 $\mathcal{A}$ 的询问; 否则, 如果 (y_j, w_j) 是用户 j^* 的第 s_{j^*} 次会话输出的, S 置 $sk_i = sk_j$, 其中 sk_j 是会话 $\text{sid} = (\Pi, R, j, i, x_i, (y_j, w_j))$ 对应的会话密钥; 否则, S 随机选择 $g_i \leftarrow \chi_\beta$ 并计算 $k_i = (p_j d + y_j) \hat{r}_i + 2 d g_i$, 其中 $d = H_1(j, i, y_j, x_i)$. 最后, S 计算 $\sigma_i = \text{Mod}_2(k_i, w_j)$ 并

导出会话密钥 $sk_i = H_2(i, j, x_i, y_j, w_j, \sigma_i)$.

断言 4.4.6 $\Pr[F_{1,5}] = \Pr[F_{1,4}] - \text{neg}(\kappa)$.

断言 4.4.6 的证明 显然, 由协议的正确性可知游戏 $G_{1,5}$ 只是游戏 $G_{1,4}$ 在形式上的改变.

游戏 $G_{1,6}$ 除了第 3 步和第 5 步外, S 的行为几乎与游戏 $G_{1,5}$ 中的一样:

(3) $\text{Send}_0(\Pi, I, i, j)$: 如果 $(i, j) \neq (i^*, j^*)$, 或者这不是用户 i^* 的第 s_{i^*} 次会话, S 按游戏 $G_{1,5}$ 中的一样回答 $\mathcal{A}$ 的询问; 否则, S 执行如下步骤:

① 随机选取可逆元 $c \leftarrow \chi_\gamma$, 并随机选择 $\hat{x}_i \leftarrow R_q$.

② 定义 $x_i = \hat{x}_i - p_i c$.

③ 以 $1/M$ 的概率进入第 4 步; 否则, 返回第 1 步.

④ 如果表 L_1 中存在元组 $((i, j, x_i), *)$, S 直接终止游戏; 否则, 将 $((i, j, x_i), c)$ 加入表 L_1 中, 返回 x_i 给敌手 $\mathcal{A}$.

(5) $\text{Send}_2(\Pi, I, i, j, x_i, (y_j, w_j))$: 如果 $(i, j) \neq (i^*, j^*)$, 或者这不是用户 i^* 的第 s_{i^*} 次会话, 或者 (y_j, w_j) 不是用户 j^* 的第 s_{j^*} 次会话输出的, S 按游戏 $G_{1,5}$ 中的一样回答 $\mathcal{A}$ 的询问; 否则, S 执行如下步骤:

① 随机选择 $k_i \leftarrow R_q$.

② 计算 $\sigma_i = \text{Mod}_2(k_i, w_j)$ 并导出会话密钥 $sk_i = H_2(i, j, x_i, y_j, w_j, \sigma_i)$.

相对于游戏 $G_{1,5}$, 我们在游戏 $G_{1,6}$ 中做了两个改变: ① $a\hat{r}_i + 2\hat{f}_i$ 被替换为随机均匀选取的元素 $\hat{x}_i \leftarrow R_q$; ② 当 (y_j, w'_j) 是用户 j^* 在第 s_{j^*} 次会话中输出的但 $w_j \neq w'_j$ 时, $k_i = (p_j d + y_j)\hat{r}_i + 2dg_i$ 被替换为随机均匀选取的 $k_i \leftarrow R_q$. 接下来, 将使用文献 [25] 中 "延迟分析" 的证明技术. 非正式地, 我们需要通过暂缓复杂的概率分析到以后的游戏中才能继续游戏序列的证明. 具体来说, 对于 $k = 5, 6, 7$, 记 $Q_{1,k}$ 为游戏 $G_{1,k}$ 中满足如下条件的事件: ① (y_j, w'_j) 是用户 j^* 在第 s_{j^*} 次会话中输出的但 $w_j \neq w'_j$; ② 敌手 $\mathcal{A}$ 的确使用了某个 H_2 谕示器询问来为用户 i^* 的第 s_{i^*} 次会话产生会话密钥, 即存在 $\sigma_i = \text{Mod}_2(k_i, w_j)$ 使得 $sk_i = H_2(i, j, x_i, y_j, w_j, \sigma_i)$. 显然, 如果 $Q_{1,5}$ 不发生, 那么敌手 $\mathcal{A}$ 将不能区分 S 使用了正常计算的 k_i 还是随机均匀选取的元素. 这是因为 H_2 是随机谕示器, 即使 $\mathcal{A}$ 获得了会话密钥 sk_i, 它也不能得到 k_i 的任何信息. 然而, 由于技术原因, 我们并不能立即得到这样的结论. 特别地, 我们将通过证明 $\Pr[Q_{1,5}] \approx \Pr[Q_{1,6}] \approx \Pr[Q_{1,7}]$, 且 $\Pr[Q_{1,7}]$ 关于安全参数 κ 是可忽略的来达到目的.

断言 4.4.7 如果 $\text{RLWE}_{n,q,\beta,\ell}$ 问题是困难的, 则 $\Pr[Q_{1,6}] = \Pr[Q_{1,5}] - \text{neg}(\kappa)$, $\Pr[F_{1,6}|\neg Q_{1,6}] = \Pr[F_{1,5}|\neg Q_{1,5}] - \text{neg}(\kappa)$.

证明 根据随机谕示器 H_2 的性质可知, 事件 $Q_{1,5}$ 独立于对应会话密钥 sk_i 的分布. 换句话说, 不管敌手 $\mathcal{A}$ 是否获得了 sk_i, 概率 $\Pr[Q_{1,5}]$ 都是一样的. 同样的结论也适用于 $\Pr[Q_{1,6}]$. 进一步, 在 $\text{RLWE}_{n,q,\beta,\ell}$ 假设下, 游戏 $G_{1,5}$ 中的元

素 $\hat{x}_i = a\hat{r}_i + 2\hat{f}_i$ 与 R_q 上随机均匀选取的元素是计算不可区分的. 因此, 在两个游戏中敌手获得的公开信息, 包括长期公钥和公开交互的消息都是计算不可区分的. 特别地, 对于 $k = 5,6$, 敌手在事件 $Q_{1,k}$ 发生前的视图也是计算不可区分的, 这意味着 $\Pr[Q_{1,6}] = \Pr[Q_{1,5}] - \mathrm{neg}(\kappa)$. 此外, 如果对于 $k = 5,6$, 事件 $Q_{1,k}$ 都不发生, 那么会话密钥 sk_i 在两个游戏中是同分布的. 换句话说, 我们有 $\Pr[F_{1,6}|\neg Q_{1,6}] = \Pr[F_{1,5}|\neg Q_{1,5}] - \mathrm{neg}(\kappa)$ 成立, 这就完成了断言的证明.　　□

游戏 $G_{1,7}$　除了第 4 步外, S 的行为几乎与游戏 $G_{1,6}$ 中的一样:

(4) $\mathrm{Send}_1(\Pi, R, j, i, x_i)$: 如果 $(i,j) \neq (i^*, j^*)$, 或者这不是用户 j^* 的第 s_{j^*} 次会话, S 按游戏 $G_{1,6}$ 中的一样回答 $\mathcal{A}$ 的询问; 否则, S 执行如下步骤:

① 随机选取可逆元 $d \leftarrow \chi_\gamma$, 并随机选择 $\hat{y}_j \leftarrow R_q$.

② 定义 $y_j = \hat{y}_j - p_j d$.

③ 以概率 $1/M$ 进入第 4 步; 否则, 返回第 1 步.

④ 如果表 L_1 中存在元组 $((j, i, y_j, x_i), *)$, S 直接终止游戏; 否则, 将 $((j, i, y_j, x_i), d)$ 加入表 L_1 中. 然后, S 随机均匀地选取 $k_j \leftarrow R_q$.

⑤ 计算 $w_j = \mathrm{Cha}(k_j) \in \{0,1\}^n$ 并返回 (y_j, w_j) 给 $\mathcal{A}$.

⑥ 计算 $\sigma_j = \mathrm{Mod}_2(k_j, w_j)$ 并导出会话密钥 $sk_j = H_2(i, j, x_i, y_j, w_j, \sigma_j)$.

断言 4.4.8　设 n 是 2 的幂次, 素数 $q > 203$ 且满足 $q \bmod 2n = 1$, $\beta = \omega(\alpha\gamma n\sqrt{n\log n})$, ℓ 是任意多项式, H_1, H_2 是随机谕示器. 进一步, 如果 $\mathrm{RLWE}_{n,q,\alpha,\ell}$ 问题是困难的, 那么游戏 $G_{1,6}$ 和游戏 $G_{1,7}$ 是计算不可区分的. 特别地, 有 $\Pr[Q_{1,7}] = \Pr[Q_{1,6}] - \mathrm{neg}(\kappa)$ 和 $\Pr[F_{1,7}|\neg Q_{1,7}] = \Pr[F_{1,6}|\neg Q_{1,6}] - \mathrm{neg}(\kappa)$.

证明　假设存在敌手 $\mathcal{A}$ 可以区分游戏 $G_{1,6}$ 和游戏 $G_{1,7}$, 我们构造区分器 $\mathcal{D}$ 直接解决 $\mathrm{RLWE}_{n,q,\alpha,\ell}$ 问题. 具体地, 给定 $\mathrm{RLWE}_{n,q,\alpha,\ell}$ 问题的实例 $(\boldsymbol{u} = (u_0, \cdots, u_{\ell-1}), \boldsymbol{B}) \in R_q^\ell \times R_q^{\ell \times \ell}$, $\mathcal{D}$ 首先置 $a = u_0$. 然后, 随机选择可逆元素 $\boldsymbol{v} = (v_1, \cdots, v_{\ell-1}) \leftarrow \chi_\gamma^{\ell-1}$, 并计算 $\hat{\boldsymbol{u}} = (v_1 u_1, \cdots, v_{\ell-1} u_{\ell-1})$. 最后, 除了第 3 步和第 4 步外, $\mathcal{D}$ 的行为几乎与游戏 $G_{1,6}$ 中的一样:

(3) $\mathrm{Send}_0(\Pi, I, i, j)$: 如果 $(i,j) \neq (i^*, j^*)$, 或者这不是用户 i^* 的第 s_{i^*} 次会话, $\mathcal{D}$ 按游戏 $G_{1,6}$ 中的一样回答 $\mathcal{A}$ 的询问; 否则, $\mathcal{D}$ 执行如下步骤:

① 分别置 c 和 $\hat{x}_i$ 为向量 $\boldsymbol{v}$ 和 $\hat{\boldsymbol{u}}$ 中第一个未使用的元素.

② 定义 $x_i = \hat{x}_i - p_i c$.

③ 以 $1/M$ 的概率进入第 4 步; 否则, 返回第 1 步.

④ 如果表 L_1 中存在元组 $((i, j, x_i), *)$, $\mathcal{D}$ 直接终止游戏; 否则, 将 $((i, j, x_i), c)$ 加入表 L_1 中, 返回 x_i 给敌手 $\mathcal{A}$.

(4) $\mathrm{Send}_1(\Pi, R, j, i, x_i)$: 如果 $(i,j) \neq (i^*, j^*)$, 或者这不是用户 j^* 的第 s_{j^*} 次会话, $\mathcal{D}$ 按游戏 $G_{1,6}$ 中的一样回答 $\mathcal{A}$ 的询问; 否则, $\mathcal{D}$ 执行如下步骤:

① 随机选取可逆元 $d \leftarrow \chi_\gamma$, 并置 $\hat{y}_j$ 为向量 $\boldsymbol{b}_0 = (b_{0,0}, \cdots, b_{0,\ell-1})$ 中第一个未使用的元素. 其中 $\boldsymbol{b}_0$ 为矩阵 $\boldsymbol{B}$ 的第一行.

② 定义 $y_j = \hat{y}_j - p_j d$.

③ 以概率 $1/M$ 进入第 4 步; 否则, 返回第 1 步.

④ 如果表 L_1 中存在元组 $((j, i, y_j, x_i), *)$, $\mathcal{D}$ 直接终止游戏; 否则, 将 $((j, i, y_j, x_i), d)$ 加入表 L_1 中. 然后, 令 $\ell_1 \geqslant 1$ 和 $\ell_2 \geqslant 0$ 分别为元素 $\hat{x}_i$ 和 $\hat{y}_j$ 出现在向量 $\hat{\boldsymbol{u}}$ 和 $\boldsymbol{b}_0$ 中的下标, $\mathcal{D}$ 置 $k_j = cb_{\ell_1,\ell_2}$.

⑤ 计算 $w_j = \mathrm{Cha}(k_j) \in \{0,1\}^n$ 并返回 (y_j, w_j) 给 $\mathcal{A}$.

⑥ 计算 $\sigma_j = \mathrm{Mod}_2(k_j, w_j)$ 并导出会话密钥 $sk_j = H_2(i, j, x_i, y_j, w_j, \sigma_j)$.

由于 $\boldsymbol{v}$ 是随机独立地选自于 $\chi_\gamma^{\ell-1}$, 元素 c 在游戏 $G_{1,6}$ 和游戏 $G_{1,7}$ 中的分布是一样的. 此外, 由于 v_i 在 R_q 中是可逆的, 因此, $\hat{\boldsymbol{u}}$ 是均匀分布于 $R_q^{\ell-1}$ 的. 这意味着 $\hat{x}_i$ 在游戏 $G_{1,6}$ 和游戏 $G_{1,7}$ 中是完全一样的. 进一步, 如果 $(\boldsymbol{u}, \boldsymbol{B}) \in R_q^\ell \times R_q^{\ell \times \ell}$ 是真实的 $\mathrm{RLWE}_{n,q,\alpha,\ell}$ 实例, 那么存在 $s_{\ell_2}, e_{0,\ell_2}, e_{\ell_1,\ell_2} \leftarrow \chi_\beta$ 使得 $\hat{y}_j = u_0 s_{\ell_2} + 2e_{0,\ell_2}$ 且 $k_j = cb_{\ell_1,\ell_2} = cu_{\ell_1}s_{\ell_2} + 2ce_{\ell_1,\ell_2} = \hat{x}_i s_{\ell_2} + 2ce_{\ell_1,\ell_2} = (x_i + p_i c)s_{\ell_2} + 2ce_{\ell_1,\ell_2}$. 换句话说, 敌手 $\mathcal{A}$ 的视图与游戏 $G_{1,6}$ 中的是完全一样的. 然而, 如果 $(\boldsymbol{u}, \boldsymbol{B})$ 是 $R_q^\ell \times R_q^{\ell \times \ell}$ 中随机均匀选取的元素, 由 c 是可逆元可知, 元素 $\hat{y}_j$ 和 $k_j = cb_{\ell_1,\ell_2}$ 都是随机均匀分布于 R_q 中的. 因此, 敌手 $\mathcal{A}$ 的视图与游戏 $G_{1,7}$ 中的是完全一样的. 总之, 我们证明了如果敌手 $\mathcal{A}$ 可以区分游戏 $G_{1,6}$ 和游戏 $G_{1,7}$, 那么区分器 $\mathcal{D}$ 就可以解决 $\mathrm{RLWE}_{n,q,\alpha,\ell}$ 问题. $\square$

断言 4.4.9 如果 $0.97n > 2\kappa$, 则 $\Pr[Q_{1,7}] = \mathrm{neg}(\kappa)$.

证明 设 $k_{i,k}$ 是 S 在游戏 $G_{1,k}$ 中为用户 i^* 第 s_{i^*} 次会话 "产生" 的会话密钥. 类似地, 设 $k_{j,k}$ 是 S 在游戏 $G_{1,k}$ 中为用户 j^* 第 s_{j^*} 次会话 "产生" 的会话密钥. 由协议的正确性可知, 在游戏 $G_{1,5}$ 中存在小系数的 $\hat{g}$ 使得 $k_{i,5} = k_{j,5} + \hat{g}$ 成立. 因为已经证明了在事件 $Q_{1,k}$ 发生前敌手 $\mathcal{A}$ 在游戏 $G_{1,5}$, $G_{1,6}$ 和 $G_{1,7}$ 中的视图是计算不可区分的, 所以, 直到游戏 $G_{1,7}$ 中事件 $Q_{1,7}$ 发生之前在敌手 $\mathcal{A}$ 的眼中仍然存在具有小系数向量的元素 $\hat{g}'$ 使得等式 $k_{i,7} = k_{j,7} + \hat{g}'$ 成立. 设 (y_j, w_j) 是用户 $j = j^*$ 在第 s_{j^*} 次会话中输出的, 但 (y_j, w'_j) 并不是用于完成用户 $i = i^*$ 第 s_{i^*} 次会话 (即挑战会话) 的消息. 由于在游戏 $G_{1,7}$ 中元素 $k_{j,7}$ 是随机均匀地选自于 R_q, 且敌手只能从公开消息 w_j 获得关于 $k_{j,7}$ 的消息, 元素 $\hat{g}$ 中关于 k_j 的信息将完全地决定于 w_j. 因此, 由引理 4.4.2 可知, 在给定 w_j 的情况下, 元素 $\sigma'_i = \mathrm{Mod}_2(k_i, w'_j) = \mathrm{Mod}_2(k_j + \hat{g}', w'_j)$ 仍然具有极高的最小熵. 换句话说, 敌手 $\mathcal{A}$ 询问随机谕示器 $H_2(i, j, x_i, y_j, w'_j, \sigma'_i)$ 的概率最多为 $2^{-0.97n} + \mathrm{neg}(\kappa)$. 由条件 $0.97n > 2\kappa$ 可知, 这关于安全参数 κ 是可忽略的, 这就完成了断言的证明. $\square$

断言 4.4.10 $\Pr[F_{1,7} | \neg Q_{1,7}] = 1/2 + \mathrm{neg}(\kappa)$.

证明 设 (y_j, w_j) 是用户 $j = j^*$ 在第 s_{j^*} 次会话中输出的消息, 且 (y_j, w'_j)

是用于完成用户 $i = i^*$ 的第 s_{i^*} 次会话 (即挑战会话) 的消息. 我们区分以下两种
情况:

(1) $w_j = w'_j$: 在这种情况下, 有 $sk_i = sk_j = H_2(i, j, x_i, y_j, w_j, \sigma_i)$, 其中
$\sigma_i = \sigma_j = \mathrm{Mod}_2(k_j, w_j)$. 由于在游戏 $G_{1.7}$ 中元素 k_j 是随机均匀地选自于 R_q,
由引理 4.4.2 可知, 即使在给定消息 w_j 的情况下, 元素 $\sigma_j \in \{0,1\}^n$ 仍然具有
至少 $0.97n$ 的最小熵. 因此, 敌手 $\mathcal{A}$ 以 σ_i 询问随机谕示器 H_2 的概率至多为
$2^{-0.97n} + \mathrm{neg}(\kappa)$.

(2) $w_j \neq w'_j$: 由事件 $Q_{1.7}$ 的定义可知, 敌手 $\mathcal{A}$ 绝不会以 σ_i 询问随机谕示
器 H_2.

总之, 不管在哪种情况下敌手 $\mathcal{A}$ 以 σ_i 询问随机谕示器 H_2 的概率都是可忽略
的. 由随机谕示器的性质可知, 如果敌手没有使用 σ_i 做出相应的询问, 那么会话密
钥 sk_i 是随机均匀地分布于 $\{0,1\}^\kappa$ 上. 换句话说, $\Pr[F_{1.7}|\neg Q_{1.7}] = 1/2 + \mathrm{neg}(\kappa)$
成立. $\square$

综合断言 4.4.1 至断言 4.4.10 中的结论, 这就完成了引理 4.4.3 的证明.

4.5 基于 LWE 问题的口令认证密钥交换

本节将给出一个基于格的口令认证密钥交换[26]. 该协议是基于 LWE 困难问
题可证明安全的, 且达到了最优的两轮通信轮数.

4.5.1 两轮口令认证密钥交换的安全模型

本小节将主要回顾针对两轮口令认证密钥交换的安全模型[4,27,28]. 这类协议
需要由一个可信第三方来生成公共参数. 设 $\mathcal{U}$ 是所有用户的集合. 对于任意两个
用户 $A, B \in \mathcal{U}$, 他们之间预先共享了一个口令 $pw_{A,B}$. 为了分析方便, 这里假定所
有 $pw_{A,B}$ 口令都是从一个字典空间 $\mathcal{D}$ 随机独立选取的. 每个用户 $A \in \mathcal{U}$ 都可以
与不同的实体执行多次协议. 为了刻画这一点, 在模型中允许敌手 $\mathcal{A}$ 拥有多个不
同的协议执行实例. 特别地, 设用户 A 的第 i 个实例为 Π^i_A. 每个协议实例只能被
使用一次, 且每个实例都伴随着初始化为 $\bot$ 或 0 的如下变量:

(1) 变量 sid^i_A, pid^i_A 和 sk^i_A 分别记录实例 Π^i_A 的会话标识, 伙伴用户标识和会
话密钥. 会话标识由实例 Π^i_A 发出和收到的所有消息按时间顺序的级联组成, 伙
伴用户标识则指定了实例 Π^i_A 想要交互的目标用户.

(2) 布尔变量 acc^i_A 和 term^i_A 分别记录实例 Π^i_A 的接受或终止状态.

对于任何用户 $A, B \in \mathcal{U}$ 的两个实例 Π^i_A 和 Π^j_B, 如果 $\mathrm{sid}^i_A = \mathrm{sid}^j_B \neq \bot$, $\mathrm{pid}^i_A =$
B 且 $\mathrm{pid}^j_B = A$, 则称 Π^i_A 和 Π^j_B 互为伙伴实例. 对于一个口令认证密钥交换, 如果
对于任意两个互为伙伴的实例 Π^i_A 和 Π^j_B 都有 $\mathrm{acc}^i_A = \mathrm{acc}^j_B = 1$ 和 $sk^i_A = sk^j_B \neq \bot$
以极大的概率成立, 则称该协议是正确的.

敌手能力 敌手 $\mathcal{A}$ 是一个完全控制了用户之间所有通信信道的 PPT 算法. 特别地, $\mathcal{A}$ 可以拦截信道上的消息、读取所有消息、删除或修改任意的消息, 以及插入它自己的消息. 敌手 $\mathcal{A}$ 还可以获得一个实例的会话密钥. 以上这些能力都通过敌手询问如下的谕示器来刻画:

(1) Send(A, i, msg): 发送消息 msg 给实例 Π_A^i. 当收到消息 msg 后, 实例 Π_A^i 按照协议的规定更新内部状态, 并计算输出消息返回给敌手. 特别地, 敌手可通过 Send(A, i, B) 询问来激发未使用的实例 Π_A^i 与目标用户 B 交互, 并获得实例 Π_A^i 产生的第一条消息.

(2) Execute(A, i, B, j): 如果两个实例 Π_A^i 和 Π_B^j 都未被使用, 那么这个谕示器将让 Π_A^i 和 Π_B^j 诚实地执行协议, 并返回所有的消息记录.

(3) Reveal(A, i): 如果实例 Π_A^i 已经生成了会话密钥 sk_A^i (即 $sk_A^i \neq \bot$), 那么谕示器将返回 sk_A^i 给敌手.

(4) Test(A, i): 该谕示器首先随机选择 $b \leftarrow \{0, 1\}$. 如果 $b = 0$, 则返回随机的会话密钥给敌手; 否则, 返回实例 Π_A^i 的真实会话密钥 sk_A^i 给敌手. 敌手只能询问该谕示器一次.

定义 4.5.1 (新鲜性) 对于一个实例 Π_A^i, 如果满足如下条件:

(1) 敌手 $\mathcal{A}$ 没有向实例 Π_A^i 发起 Reveal(A, i) 询问.

(2) 敌手 $\mathcal{A}$ 没有向实例 Π_B^j 发起 Reveal(B, j) 询问.

其中 Π_A^i 和 Π_B^j 为伙伴实例. 则称该实例 Π_A^i 是新鲜的.

安全游戏 两轮口令认证密钥交换 Π 的安全性可由如下安全游戏来刻画. 在游戏中敌手 $\mathcal{A}$ 可以按任意的顺序发起上述几种类型的询问, 并且只对已接受 (即 $\text{acc}_A^i = 1$) 的新鲜实例 Π_A^i 做一次 Test 询问. 当敌手 $\mathcal{A}$ 输出对 b 的猜测 b' 时, 游戏结束. 如果敌手 $\mathcal{A}$ 猜测正确, 即 $b' = b$, 就称敌手 $\mathcal{A}$ 赢得了该游戏. 定义敌手 $\mathcal{A}$ 在上述游戏中的优势为 $\text{Adv}_{\mathcal{A},\Pi}(\kappa) = |\Pr[b' = b] - 1/2|$.

如果敌手 $\mathcal{A}$ 对于某个实例 Π_A^i 发起了 Send$(A, i, *)$, Reveal(A, i) 或 Test(A, i) 询问, 则称敌手 $\mathcal{A}$ 执行了在线攻击. 特别地, Execute 询问不被认为是在线攻击. 由于口令的字典空间通常都非常小, 一个 PPT 敌手总可以通过发起在线攻击, 并尝试猜测每一个口令来赢得游戏. 因此, 在线攻击的次数是敌手通过在线方式测试口令数目的上限. 非正式地, 对于一个口令认证密钥交换, 如果对于所有 PPT 敌手来说在线口令猜测攻击都是他们最好的攻击, 则称一个口令认证密钥交换是安全的.

定义 4.5.2 (安全性) 对于一个口令认证密钥交换 Π, 如果对所有的口令字典 $\mathcal{D}$ 和所有发起 $Q(\kappa)$ 次在线攻击的 PPT 敌手 $\mathcal{A}$ 都有 $\text{Adv}_{\mathcal{A},\Pi}(\kappa) \leqslant Q(\kappa)/|\mathcal{D}| + \text{neg}(\kappa)$, 则称 Π 是安全的.

4.5.2 基于 LWE 问题的口令认证密钥交换

本小节将给出一个基于 LWE 问题的可证明安全口令认证密钥交换[26]. 首先, 给出可分离公钥加密和平滑投射 Hash 函数的概念及其在格上的实例化构造. 其次, 给出从可分离公钥加密及其近似平滑投射 Hash 函数到口令认证密钥交换的通用构造.

带标签的公钥加密 一个以 $\mathcal{P}$ 为明文空间的带标签的公钥加密由 3 个多项式时间算法构成, 记为 PKE = (KeyGen, Enc, Dec). 密钥生成算法 KeyGen 以安全参数 κ 作为输入, 输出公钥 pk 和私钥 sk, 记为 $(pk, sk) \leftarrow$ KeyGen(1^κ). 加密算法 Enc 以 pk、标签 label$\in \{0,1\}^*$、明文消息 $pw \in \mathcal{P}$ 和一个外部的随机数 r 作为输入, 输出密文 c, 记为 $c \leftarrow$ Enc(pk, label, pw, r) 或 $c \leftarrow$ Enc(pk, label, pw). 确定性的解密算法 Dec 以 sk、label $\in \{0,1\}^*$ 和 c 作为输入, 输出明文消息 pw 或 $\bot$, 记为 $pw/\bot \leftarrow$ Dec(sk, label, c).

带标签的公钥加密的正确性要求: 对于所有 $(pk, sk) \leftarrow$ KeyGen(1^κ), 任意 label$\in \{0,1\}^*$, 任意明文 pw 和密文 $c \leftarrow$ Enc(pk, label, pw), 等式 Dec(sk, label, c) = pw 总是以极大的概率成立.

安全性则由如下挑战者 $\mathcal{C}$ 和敌手 $\mathcal{A}$ 之间的游戏来刻画. 设 PKE = (KeyGen, Enc, Dec) 是一个带标签的公钥加密, κ 是安全参数.

游戏 4.5.1 Game$^{\text{cca}}_{\mathcal{A},\text{PKE}}(\kappa)$ 的执行流程如下:

(1) Setup: 挑战者 $\mathcal{C}$ 首先生成 $(pk, sk) \leftarrow$ KeyGen(1^κ), 然后将 pk 给敌手 $\mathcal{A}$ 并自己保存私钥 sk.

(2) Phase 1: 敌手 $\mathcal{A}$ 可以使用任意的元组 (label, c) 发起解密询问, 挑战者 $\mathcal{C}$ 计算并返回 $pw \leftarrow$ Dec(sk, label,c) 给敌手 $\mathcal{A}$.

(3) Challenge: 敌手 $\mathcal{A}$ 输出两个等长的明文 $pw_0, pw_1 \in \mathcal{P}$ 和 label$^* \in \{0,1\}^*$, 挑战者 $\mathcal{C}$ 随机选择 $b^* \leftarrow \{0,1\}$, 计算并返回挑战密文 $c^* \leftarrow$ Enc(pk, label*, pw_{b^*}) 给敌手 $\mathcal{A}$.

(4) Phase 2: 敌手 $\mathcal{A}$ 可以继续使用任意的元组 (label, c)$\neq$(label*, c^*) 发起解密询问, 挑战者 $\mathcal{C}$ 计算并返回 $pw \leftarrow$ Dec(sk, label, c) 给敌手 $\mathcal{A}$.

(5) Guess: 敌手 $\mathcal{A}$ 输出猜测 $b \in \{0,1\}$.

如果 $b = b^*$, 则称敌手 $\mathcal{A}$ 赢得了游戏 Game$^{\text{cca}}_{\mathcal{A},\text{PKE}}(\kappa)$, 并定义敌手 $\mathcal{A}$ 的攻击优势为 Adv$^{\text{cca}}_{\mathcal{A},\text{PKE}}(\kappa) = \left| \Pr[b = b^*] - \dfrac{1}{2} \right|$.

定义 4.5.3(CCA 安全性) 对于带标签的公钥加密 PKE, 如果所有 PPT 敌手 $\mathcal{A}$ 的攻击优势 Adv$^{\text{cca}}_{\mathcal{A},\text{PKE}}(\kappa)$ 关于安全参数 κ 都是可忽略的, 则称 PKE 是 CCA 安全的, 即是选择密文攻击安全的.

直观来说, 带标签的公钥加密的可分离性质要求加密算法可分解成两个函数.

定义 4.5.4 (可分离公钥加密) 对于 CCA 安全的带标签的公钥加密 PKE=(KeyGen, Enc, Dec), 如果存在两个高效可计算的函数 (f, g) 满足如下性质:

(1) 对于 $(pk, sk) \leftarrow$ KeyGen(1^κ), 标签 label $\in \{0, 1\}^*$, 明文 $pw \in \mathcal{P}$ 和随机数 $r \in \{0, 1\}^*$, 有 $c = (u, v) = $ Enc$(pk, \text{label}, pw, r)$, 其中 $u = f(pk, pw, r)$, $v = g(pk, \text{label}, pw, r)$. 特别地, 密文 $c = (u, v)$ 的第一部分 u 在解密的意义下确定了明文 pw: 对任意 v' 和 label$' \in \{0, 1\}^*$, 等式 Dec$(sk, \text{label}', (u, v')) \notin \{\perp, pw\}$ 的概率关于安全参数是可忽略的, 其中概率取自于随机选择的 sk 和 r.

(2) PKE 的安全性在如下修改了挑战阶段的 CCA 安全游戏中仍然成立: 敌手 $\mathcal{A}$ 首先提交两个明文 $pw_0, pw_1 \in \mathcal{P}$, 挑战者 $\mathcal{C}$ 随机选择 $b^* \leftarrow \{0, 1\}$、随机数 $r^* \leftarrow \{0\,1\}^*$ 并返回 $u^* = f(pk, pw_{b^*}, r^*)$ 给敌手 $\mathcal{A}$. 当收到 u^*, 敌手 $\mathcal{A}$ 输出标签 label $\in \{0, 1\}^*$. 最终挑战者 $\mathcal{C}$ 计算 $v^* = g(pk, \text{label}, pw_{b^*}, r^*)$, 并返回挑战密文 $c^* = (u^*, v^*)$ 给敌手 $\mathcal{A}$. 则称 PKE 关于函数 (f, g) 是可分离的.

定义 4.5.4 从功能和安全性两个方面刻画了公钥加密的可分离性质. 特别地, 修改的 CCA 安全游戏允许敌手看到部分挑战密文 u^* 后, 适应性地选择 label 来产生完整的挑战密文 $c^* = (u^*, v^*)$.

近似平滑投射 Hash 函数 (简称为 ASPH 函数) Cramer 和 Shoup[29] 首次提出了平滑投射 Hash 函数用于构造 CCA 安全的公钥加密. 此后, 平滑投射 Hash 函数被扩展用于构造口令认证密钥交换. 为了方便起见, 将稍微修改文献 [30] 中的近似平滑投射 Hash(ASPH) 函数的定义. 设 PKE = (KeyGen, Enc, Dec) 是一个关于函数 (f, g) 的、以 $\mathcal{P}$ 为明文空间的可分离公钥加密, 且明文空间 $\mathcal{P}$ 是高效可识别的. 还要求 PKE 的密文满足如下意义的密文可验证性: 一个标签密文对 (label, c) 关于公钥 pk 的合法性在知道公钥 pk 的情况下可以高效地确定; 同时, 任何诚实生成的密文都是合法的. 此外, 给定密文 c, 可轻易地将 $c = (u, v)$ 解析成分别对应函数 (f, g) 输出的两个部分. 固定密钥对 $(pk, sk) \leftarrow$ KeyGen(1^κ). 设 C_{pk} 是关于公钥 pk 的所有合法标签密文对的集合. 定义集合 X, L 和 $\overline{L}$ 如下:

$$X = \{(\text{label}, c, pw) \mid (\text{label}, c) \in C_{pk}; pw \in \mathcal{P}\}$$
$$L = \{(\text{label}, c, pw) \in X \mid \text{label} \in \{0, 1\}^*; c = \text{Enc}(pk, \text{label}, pw)\}$$
$$\overline{L} = \{(\text{label}, c, pw) \in X \mid \text{label} \in \{0, 1\}^*; pw = \text{Dec}(sk, \text{label}, c)\}$$

由上述定义可知, 给定 c 和标签 label $\in \{0, 1\}^*$, 最多只有一个明文 $pw \in \mathcal{P}$ 满足 (label, c, pw) $\in \overline{L}$.

定义 4.5.5 (ϵ-ASPH 函数) 一个伴随公钥加密 PKE 的 ϵ-ASPH 函数由以公钥 pk 为输入, 输出 $(K, \ell, \{H_{hk} : X \to \{0, 1\}^\ell\}_{hk \in K}, S, \text{Proj}: K \to S)$ 的抽样算法来定义, 且满足

(1) 存在高效的算法可用于：① 抽样 $hk \leftarrow K$；② 给定 $hk \in K$ 和 $x = (\text{label}, (u, v), pw) \in X$，计算 $H_{hk}(x) = H_{hk}(u, pw)$；③ 给定任意 $hk \in K$，计算 $hp = \text{Proj}(hk)$。

(2) 给定 $x = (\text{label}, (u, v), pw) \in L$ 和随机数 r 满足 $u = f(pk, pw, r), v = g(pk, \text{label}, pw, r)$，存在高效的算法计算 $\text{Hash}(hp, x, r) = \text{Hash}(hp, (u, pw), r)$，且 $\Pr_{hk \leftarrow K}[\text{Ham}(H_{hk}(u, pw), \text{Hash}(hp, (u, pw), r)) \geqslant \varepsilon\ell] = \text{neg}(\kappa)$。其中 $\text{Ham}(\cdot, \cdot)$ 表示两个向量之间的汉明距离。

(3) 对于任意函数 $h : S \to X \backslash \bar{L}, hk \leftarrow K, hp = \text{Proj}(hk), x = h(hp)$，$(hp, H_{hk}(x))$ 和 (hp, ρ) 是统计接近的。其中 ρ 随机均匀选自 $\{0, 1\}^\ell$。

为了构造基于格的可分离公钥加密及其近似平滑投射 Hash 函数，需要一个关于如下关系且满足模拟可靠的非交互零知识证明 (NIZK)：

$$
R_{\text{pke}} := \left\{ \begin{array}{l} ((A_0, A_1, c_0, c_1, \beta),\ (s_0, s_1, w)): \\[2mm] \left\| c_0 - A_0^{\mathrm{T}} \begin{pmatrix} s_0 \\ 1 \\ w \end{pmatrix} \right\| \leqslant \beta \wedge \left\| c_1 - A_1^{\mathrm{T}} \begin{pmatrix} s_1 \\ 1 \\ w \end{pmatrix} \right\| \leqslant \beta \end{array} \right\}
$$

其中 $A_0, A_1 \in \mathbb{Z}_q^{n \times m}, c_0, c_1 \in \mathbb{Z}_q^m, \beta \in \mathbb{R}, s_0, s_1 \in \mathbb{Z}_q^{n_1}, w \in \mathbb{Z}_q^{n_2}, n = n_1 + n_2 + 1, m, q \in \mathbb{Z}$。如果增强陷门置换存在，那么任何 NP 语言都存在模拟可靠的 NIZK。此外，在随机谕示器模型中，也可以很轻易地构造基于格上困难问题的高效 NIZK。

设 (CRSGen, Prove, Verify) 是针对关系 R_{pke} 的带标签的 NZIK。特别地，算法 CRSGen(1^κ) 以 1^κ(κ 是安全参数) 作为输入，输出公共随机串 crs，即 $crs \leftarrow$ CRSGen(1^κ)。算法 Prove 以元组 $(x, wit) = ((A_0, A_1, c_0, c_1, \beta), (s_0, s_1, w)) \in R_{\text{pke}}$ 和标签 label $\in \{0, 1\}^*$ 作为输入，输出证明 π，即 $\pi \leftarrow$ Prove$(crs, x, wit, \text{label})$。算法 Verify 以 x、证明 π 和 label $\in \{0, 1\}^*$ 为输入，输出 $b \in \{0, 1\}$，即 $b \leftarrow$ Verify$(crs, x, \pi, \text{label})$。正确性要求：对于任意 $(x, wit) \in R_{\text{pke}}$ 和 label $\in \{0, 1\}^*$，Verify$(crs, x, \text{Prove}(crs, x, wit, \text{label}), \text{label}) = 1$ 成立。下面给出格上可分离公钥加密及其平滑投射 Hash 函数的具体构造。

设 $n_1, n_2 \in \mathbb{Z}$ 和素数 $q, n = n_1 + n_2 + 1, m = O(n \log q) \in \mathbb{Z}$，实数 $\alpha, \beta \in \mathbb{R}$ 是系统参数。设 $\mathcal{P} = \{-\alpha q + 1, \cdots, \alpha q - 1\}^{n_2}$ 为明文空间，(CRSGen, Prove, Verify) 是关于 R_{pke} 模拟可靠的 NIZK。公钥加密 PKE=(KeyGen, Enc. Dec) 的定义如下：

(1) KeyGen(1^κ)：给定安全参数 κ，计算 $(A_0, R_0) \leftarrow$ TrapGen$(1^n, 1^m, q)$、$(A_1, R_1) \leftarrow$ TrapGen$(1^n, 1^m, q)$ 和 $crs \leftarrow$ CRSGen(1^κ)，返回公私钥对 $(pk, sk) = ((A_0, A_1, crs), R_0)$。

(2) Enc$(pk, \text{label}, w \in \mathcal{P})$：给定 $pk = (A_0, A_1, crs)$，label $\in \{0, 1\}^*$ 和明文

w, 随机选择 $s_0, s_1 \leftarrow \mathbb{Z}_q^{n_1}$, $e_0, e_1 \leftarrow D_{\mathbb{Z}^m, \alpha q}$, 计算并返回密文 $C = (c_0, c_1, \pi)$, 其中

$$c_0 = A_0^{\mathrm{T}} \begin{pmatrix} s_0 \\ 1 \\ w \end{pmatrix} + e_0, \quad c_1 = A_1^{\mathrm{T}} \begin{pmatrix} s_1 \\ 1 \\ w \end{pmatrix} + e_1,$$

$$\pi \leftarrow \mathrm{Prove}\left(crs, (A_0, A_1, c_0, c_1, \beta), (s_0, s_1, w), \mathrm{label}\right)$$

(3) $\mathrm{Dec}(sk, \mathrm{label}, C)$: 给定 $sk = R_0$, $\mathrm{label} \in \{0,1\}^*$ 和密文 $C = (c_0, c_1, \pi)$, 如果 $\mathrm{Verify}\left(crs, (A_0, A_1, c_0, c_1, \beta), \pi, \mathrm{label}\right) = 0$, 返回 $\perp$; 否则, 计算

$$t = \begin{pmatrix} s_0 \\ 1 \\ w \end{pmatrix} \leftarrow \mathrm{Solve}(A_0, R_0, c_0)$$

并返回 $w \in \mathbb{Z}_q^{n_2}$.

正确性 由于高斯分布的性质, 有 $\|e_0\|, \|e_1\| \leqslant \alpha q \sqrt{m}$ 以极大的概率成立. 为了 NIZK 能够正确工作, 只需要置 $\beta \geqslant \alpha q \sqrt{m}$. 由 $s_1(R_0) \leqslant \sqrt{m} \cdot \omega(\sqrt{\log n})$ 可知, 对于 $y = A_0^{\mathrm{T}} t + e_0$, 只要 $\|e_0\| \cdot \sqrt{m} \cdot \omega(\sqrt{\log n}) \leqslant q$ 成立, 算法 Solve 总可以成功恢复 t. 因此, 总可以通过设置参数来满足正确性.

对于任意密文 $C = (c_0, c_1, \pi) \leftarrow \mathrm{Enc}(pk, \mathrm{label}, w)$, 设 r 是用于生成 (c_0, c_1) 和 π 的随机数. 定义 (f, g) 如下:

(1) 函数 f 以 (pk, w, r) 作为输入, 以 r 作为随机数运行加密算法来生成并返回密文 (c_0, c_1), 即 $(c_0, c_1) = f(pk, w, r)$.

(2) 函数 g 以 $(pk, \mathrm{label}, w, r)$ 作为输入, 以 r 作为随机数运行 Prove 算法来生成并返回 π, 即 $\pi = g(pk, \mathrm{label}, w, r)$.

安全性 上述可分离公钥加密 PKE 的安全性可通过严格安全证明建立在 LWE 问题的困难性之上. 接下来, 先给出 LWE 问题的定义. 令 n, q 是任意正整数, α 是任意正实数, $D_{\mathbb{Z}, \alpha}$ 是定义在 $\mathbb{Z}$ 上以零点为中心, 以 α 为标准差的离散高斯分布[18]. 对于向量 $s \in \mathbb{Z}_q^n$, 定义分布 $A_{s, \alpha} = \{(\boldsymbol{a}, b = \boldsymbol{a}^{\mathrm{T}} s + e \bmod q) : \boldsymbol{a} \leftarrow \mathbb{Z}_q^n, e \leftarrow D_{\mathbb{Z}, \alpha}\}$. 当随机均匀地选取秘密向量 $s \leftarrow \mathbb{Z}_q^n$ 时, 计算 LWE 问题的目标是在给定分布 $A_{s, \alpha}$ 中任意多项式个样本的条件下计算出秘密向量 $s \leftarrow \mathbb{Z}_q^n$. 而对应的判定 LWE 问题的目标则是在给定任意多项式个样本的条件下区分分布 $A_{s, \alpha}$ 和 $\mathbb{Z}_q^n \times \mathbb{Z}$ 上的均匀分布. 对于满足某些条件的 q, 判定 LWE 问题在平均情况下的困难性多项式等价于计算 LWE 问题在最坏情况下的困难性[31]. 如果没有特别说明, 用 $\mathrm{LWE}_{n, q, \alpha}$ 表示以整数 $n, q \in \mathbb{Z}$ 和实数 $\alpha \in \mathbb{R}$ 为标准差的判定 LWE 问题. 2005 年, Regev 证明了 $\mathrm{LWE}_{n, q, \alpha}$ 问题在平均情况下的困难性可以通过量子归约

建立在格上某些问题的最坏情况困难性之上 [31]. 此外, 当 $s \leftarrow \chi_\alpha^n$ 时, 相应的变种 $\text{LWE}_{n,q,\alpha}$ 问题至少和标准的 LWE 问题是一样困难的 [22].

通过观察可知, 上述可分离公钥加密 PKE 的构造使用了 Naor-Yung 的双加密结构 [32,33], 即由两个选择明文安全的 LWE 公钥加密加上一个非交互零知识证明得到. 因此, 在 LWE 问题的困难假设下, 可以很容易证明上述可分离公钥加密 PKE 的安全性 [26].

进一步, 给定 label $\in \{0,1\}^*$、$C = (c_0, c_1, \pi)$ 和公钥 pk, 如果等式 Verify $(crs, (A_0, A_1, c_0, c_1, \beta), \pi, \text{label}) = 1$ 成立, 则称 (label, C) 关于公钥 pk 是合法的标签–密文对. 定义公钥加密 PKE 的 ASPH 函数 $(K, \ell, \{H_{hk} : X \to \{0,1\}^\ell\}_{hk \in K}, S, \text{Proj} : K \to S)$ 如下:

(1) Hash 密钥由 ℓ 维的向量 $hk = (x_1, \cdots, x_\ell)$ 组成, 其中 $x_i \sim D_{\mathbb{Z}^m, \gamma}$. 令 $A_0^{\mathrm{T}} = (B\|U) \in \mathbb{Z}_q^{m \times n}$ 满足 $B \in \mathbb{Z}_q^{m \times n_1}, U \in \mathbb{Z}_q^{m \times (n_2+1)}$. 定义投射密钥 $hp = \text{Proj}(hk) = (u_1, \cdots, u_\ell)$, 其中 $u_i = B^{\mathrm{T}} x_i$.

(2) $H_{hk}(x) = H_{hk}((c_0, c_1), w)$: 给定 $hk = (x_1, \cdots, x_\ell)$ 和 $x = (\text{label}, C, w) \in X$, 对于所有 $i \in \{1, \cdots, \ell\}$, 计算 $z_i = x_i^{\mathrm{T}}\left(c_0 - U\begin{pmatrix} 1 \\ w \end{pmatrix}\right)$, 其中 $C = (c_0, c_1, \pi)$.

将 z_i 看成 $\{-(q-1)/2, \cdots, (q-1)/2\}$ 中的元素, 如果 $z_i = 0$, 置 $b_i \leftarrow \{0,1\}$; 否则, 置 $b_i = \begin{cases} 0, & z_i < 0, \\ 1, & z_i > 0. \end{cases}$ 最后, 返回 $H_{hk}((c_0, c_1), w) = (b_1, \cdots, b_\ell)$.

(3) $\text{Hash}(hp, x, s_0) = \text{Hash}(hp, ((c_0, c_1), w), s_0)$: 给定 $hp = (u_1, \cdots, u_\ell)$, $x = (\text{label}, (c_0, c_1, \pi), w) \in L$ 和 $s_0 \in \mathbb{Z}_q^{n_1}$, 计算 $z_i' = u_i^{\mathrm{T}} s_0$, 其中 $c_0 = B s_0 + U\begin{pmatrix} 1 \\ w \end{pmatrix} + e_0, e_0 \leftarrow D_{\mathbb{Z}^m, \alpha q}$. 然后, 将 z_i' 看成 $\{-(q-1)/2, \cdots, (q-1)/2\}$ 中的元素, 如果 $z_i' = 0$, 置 $b_i' \leftarrow \{0,1\}$; 否则, 置 $b_i' = \begin{cases} 0, & z_i < 0, \\ 1, & z_i' > 0. \end{cases}$ 最后, 返回 $\text{Hash}(hp, ((c_0, c_1), w), s_0) = (b_1', \cdots, b_\ell')$.

对于任意矩阵 $A \in \mathbb{Z}_q^{n \times m}$, 定义格 $\Lambda_q(A) = \{y \in \mathbb{Z}^m \text{ s.t. } \exists s \in \mathbb{Z}^n, A^{\mathrm{T}} s = y \bmod q\}$. 定义 $\text{dist}(z, \Lambda_q(A)) = \min_{x \in \Lambda_q(A)} \|x - z\|, \text{dist}(z, \Lambda_q(A))$ 为向量 z 到格 $\Lambda_q(A)$ 的距离, 定义集合 $Y_A = \{\tilde{y} \in \mathbb{Z}_q^m : \forall a \in \mathbb{Z}_q \setminus \{0\}, \text{dist}(a\tilde{y}, \Lambda_q(A)) \geqslant \sqrt{q}/4\}$. 基于文献 [26] 中的适应性强平滑引理, 易证上述 ASPH 函数满足 ϵ-ASPH 函数的定义 [26].

引理 4.5.1 (适应性强平滑引理)[26]　令正整数 $n, m \in \mathbb{Z}$ 和素数 q 满足 $m \geqslant 2n \log q$. 令 $\gamma \geqslant 4\sqrt{mq}$. 那么除了 $\mathbb{Z}_q^{n \times m}$ 中占比可忽略的矩阵 $A \in \mathbb{Z}_q^{n \times m}$ 之外, 对于任意函数 $h : \mathbb{Z}_q^n \to Y_A$, 分布 $(Ae, z^{\mathrm{T}} e)$ 和 $\mathbb{Z}_q^n \times \mathbb{Z}_q$ 上的均匀分布是统计

接近的, 其中 $e \sim D_{\mathbb{Z}^m, \gamma}, z = h(\boldsymbol{A}e)$.

接下来, 我们将给出基于可分离公钥加密及其近似平滑投射 Hash 函数到两轮口令认证密钥交换的通用构造. 使用以上基于格的可分离公钥加密及其近似平滑投射 Hash 函数即可得到首个基于格的两轮口令认证密钥交换 [26].

设 PKE $=$ (KeyGen, Enc, Dec) 是关于函数 (f, g) 的可分离公钥加密, $(K, \ell, \{H_{hk} : X \to \{0,1\}^\ell\}_{hk \in K}, S, \text{Proj} : K \to S)$ 是其伴随的 ϵ-ASPH 函数. 设会话密钥空间为 $\{0,1\}^\kappa$, 其中 κ 是安全参数, ECC : $\{0,1\}^\kappa \to \{0,1\}^\ell$ 是可以纠正 $2\epsilon\ell$ 比特错误的纠错码, $\text{ECC}^{-1} : \{0,1\}^\ell \to \{0,1\}^\kappa$ 为相应的译码 (也称为解码) 算法. 这里假定对于随机均匀选取的 $\rho \in \{0,1\}^\ell$, 值 $w = \text{ECC}^{-1}(\rho)$ 当 $w \neq \perp$ 时在 $\{0,1\}^k$ 上是均匀分布的.

公共参数 系统参数由公钥加密 PKE 的公钥 pk 组成. pk 可由一个可信第三方来产生, 也可由多个用户共同产生. 系统中没有一个用户知道 pk 对应的私钥.

协议执行 考虑共享 $pw \in \mathcal{D} \subset \mathcal{P}$ 的两个用户 A 和 B 之间的协议执行, 其中 $\mathcal{D}$ 是系统中所有口令构成的集合. 首先, A 选择加密随机数 $r_1 \leftarrow \{0,1\}^*$ 和 ASPH 函数的 Hash 密钥 $hk_1 \leftarrow K$, 计算投射密钥 $hp_1 = \text{Proj}(hk_1)$. 然后, 令 $\text{label}_1 = A\|B\|hp_1$, 计算 $(u_1, v_1) = \text{Enc}(pk, \text{label}_1, pw, r_1)$, 其中 $u_1 = f(pk, pw, r_1), v_1 = g(pk, \text{label}_1, pw, r_1)$. 最后, A 发送 $(A, hp_1, c_1 = (u_1, v_1))$ 给用户 B.

当收到来自 A 的消息 $(A, hp_1, c_1 = (u_1, v_1))$, B 首先检查 c_1 是不是关于 pk 和 $\text{label}_1 = A\|B\|hp_1$ 的合法密文. 如果不是, B 直接终止协议; 否则, B 选择加密随机数 $r_2 \leftarrow \{0,1\}^*$, ASPH 函数的 Hash 密钥 $hk_2 \leftarrow K$ 和 $sk \leftarrow \{0,1\}^\kappa$. 然后, 计算 $hp_2 = \text{Proj}(hk_2), u_2 = f(pk, pw, r_2), tk = \text{Hash}(hp_1, (u_2, pw), r_2) \oplus H_{hk_2}(u_1, pw)$ 和 $\Delta = tk \oplus \text{ECC}(sk)$. 最后, 令 $\text{label}_2 = A\|B\|hp_1\|c_1\|hp_2\|\Delta$, 用户 B 计算 $v_2 = g(pk, \text{label}_2, pw, r_2)$, 发送消息 $(hp_2, c_2 = (u_2, v_2), \Delta)$ 给 A, 并将 sk 作为会话密钥.

当收到来自用户 B 的消息 $(hp_2, c_2 = (u_2, v_2), \Delta)$ 后, A 检查 c_2 是不是关于 pk 和 $\text{label}_2 = A\|B\|hp_1\|c_1\|hp_2\|\Delta$ 的合法密文. 如果不是, A 直接终止协议; 否则, 计算 $tk' = H_{hk_1}(u_2, pw) \oplus \text{Hash}(hp_2, (u_1, pw), r_1)$, 并译码 $sk = \text{ECC}^{-1}(tk' \oplus \Delta)$. 如果 $sk = \perp$, A 直接终止协议; 否则, A 输出会话密钥 $sk \in \{0,1\}^\kappa$.

当一个协议用户在收到一条输入的消息时没有在之后的计算中终止协议, 就称该用户接受这条消息为合法协议消息. 特别地, 一个协议用户当且仅当收到合法的协议消息时才会产生会话密钥.

正确性 首先, 所有诚实产生的消息都是合法的, 即协议双方均不会意外终止协议. 其次, 由 ASPH 函数的性质可知, $H_{hk_1}(u_2, pw) \oplus \text{Hash}(hp_1, (u_2, pw), r_2) \in \{0,1\}^\ell$ 至多含有 $\epsilon\ell$ 个非零比特. 对应地, $\text{Hash}(hp_2, (u_1, pw), r_1) \oplus H_{hk_2}(u_1, pw) \in \{0,1\}^\ell$ 至多含有 $\epsilon\ell$ 个非零比特. 因此, $tk' \oplus tk$ 至多含有 $2\epsilon\ell$ 个非零比特. 由于 ECC 可以纠正 $2\epsilon\ell$ 比特错误, 所以, $sk = \text{ECC}^{-1}(tk' \oplus tk \oplus \text{ECC}(sk))$ 总是成立, 即协议是正确的.

定理 4.5.1   如果 PKE = (KeyGen, Enc, Dec) 是一个可分离公钥加密, $(K, \ell, \{H_{hk} : X \to \{0,1\}^\ell\}_{hk \in K}, S, \text{Proj} : K \to S)$ 是其对应的近似平滑投射 Hash 函数, ECC : $\{0,1\}^\kappa \to \{0,1\}^\ell$ 是能够纠正 $2\epsilon\ell$ 比特错误的纠错码, 那么上述口令认证密钥交换是安全的.

证明   通过一系列游戏 $G_0 \sim G_{10}$ 来证明上述定理, 其中 G_0 是真实的安全游戏, G_{10} 是完全随机的游戏. 通过证明敌手在 G_0 和 G_{10} 中成功优势的差距至多为 $Q(\kappa)/|\mathcal{D}| + \text{neg}(\kappa)$ 来完成证明. 设 $\text{Adv}_{\mathcal{A},i}(\kappa)$ 为敌手 $\mathcal{A}$ 在游戏 G_i 中的优势.   □

游戏 G_0   该游戏为真实的安全游戏, 挑战者将按 4.5.1 小节中安全游戏的定义如实地回答敌手所有的询问.

游戏 G_1   除了在回答 Execute 询问时挑战者直接使用 ASPH 函数的密钥 hk_1 和 hk_2 来计算 $tk' = H_{hk_1}(u_2, pw) \oplus H_{hk_2}(u_1, pw)$ 外, 该游戏与游戏 G_0 完全一致.

引理 4.5.2   设 $\left(K, \ell, \{H_{hk} : X \to \{0,1\}^\ell\}_{hk \in K}, S, \text{Proj} : K \to S\right)$ 是一个 ϵ-ASPH 函数, ECC : $\{0,1\}^\kappa \to \{0,1\}^\ell$ 能纠正 $2\epsilon\ell$ 比特错误, 则 $|\text{Adv}_{\mathcal{A},1}(\kappa) - \text{Adv}_{\mathcal{A},0}(\kappa)| \leqslant \text{neg}(\kappa)$.

由于挑战者知道 hk_1 和 hk_2, 根据 ASPH 函数和 ECC 的正确性, 游戏 G_1 和 G_0 是计算不可区分的. 证明略.

游戏 G_2   除了在回答 Execute 询问时挑战者直接加密 $0 \notin \mathcal{D}$ 来产生 c_1 外, 该游戏与游戏 G_1 完全一致.

引理 4.5.3   如果 PKE = (KeyGen, Enc, Dec) 是一个 CCA 安全的公钥加密, 则 $|\text{Adv}_{\mathcal{A},2}(\kappa) - \text{Adv}_{\mathcal{A},1}(\kappa)| \leqslant \text{neg}(\kappa)$.

注意到游戏 G_2 仅在回答 Execute 询问时将游戏 G_1 中对于 $pw \neq 0$ 的加密密文 c_1 替换成对于 $0 \notin \mathcal{D}$ 的加密密文, 根据加密算法的 CCA 安全性, 游戏 G_2 和 G_1 是计算不可区分的. 证明略.

游戏 G_3   除了在回答 Execute 询问时挑战者直接使用 ASPH 函数的密钥 hk_1 和 hk_2 来计算 $tk = H_{hk_1}(u_2, pw) \oplus H_{hk_2}(u_1, pw)$ 和加密 $0 \notin \mathcal{D}$ 来产生 c_2 外, 该游戏与游戏 G_2 完全一致.

引理 4.5.4   如果 PKE = (KeyGen, Enc, Dec) 是一个可分离 CCA 安全的公钥加密, $\left(K, \ell, \{H_{hk} : X \to \{0,1\}^\ell\}_{hk \in K}, S, \text{Proj} : K \to S\right)$ 是一个 ϵ-ASPH

函数, ECC: $\{0,1\}^{\kappa} \to \{0,1\}^{\ell}$ 能纠正 $2\epsilon\ell$ 比特错误, 则 $|\mathrm{Adv}_{\mathcal{A},3}(\kappa) - \mathrm{Adv}_{\mathcal{A},2}(\kappa)| \leqslant \mathrm{neg}(\kappa)$.

根据 ASPH 函数的正确性和加密算法的可分离 CCA 安全性, 可通过类似于 G_0 到 G_2 的游戏序列证明游戏 G_3 和 G_2 是计算不可区分的. 证明略.

游戏 G_4 除了在回答 Execute 询问时挑战者直接为 Π_A^i 和 Π_B^j 选取随机会话密钥 $sk_A^i = sk_B^j$ 之外, 该游戏与游戏 G_3 完全一致.

引理 4.5.5 如果 $\left(K, \ell, \{H_{hk} : X \to \{0,1\}^{\ell}\}_{hk \in K}, S, \mathrm{Proj} : K \to S\right)$ 是一个 ϵ-ASPH 函数, 则 $|\mathrm{Adv}_{\mathcal{A},4}(\kappa) - \mathrm{Adv}_{\mathcal{A},3}(\kappa)| \leqslant \mathrm{neg}(\kappa)$.

证明 由于 Execute(A, i, B, j) 询问回答中的两个密文 $c_1 = (u_1, v_1)$ 和 $c_2 = (u_2, v_2)$ 都是关于 $0 \notin \mathcal{D}$ 的加密, 根据 ASPH 函数的平滑性可知, $tk' = tk = H_{hk_1}(u_2, pw) \oplus H_{hk_2}(u_1, pw)$ 与均匀分布是统计接近的. 因此, Execute(A, i, B, j) 询问回答中的 $\Delta = tk \oplus \mathrm{ECC}(sk)$ 统计隐藏了 $sk \in \{0,1\}^{\kappa}$ 的信息. 由于 $sk \in \{0,1\}^{\kappa}$ 是随机均匀选取的, 游戏 G_4 中的修改仅仅会引入可忽略的差异. 进一步, 由于敌手 $\mathcal{A}$ 只能发起多项式次 Execute 询问, 根据标准的混合证明技术[25] 易证游戏 G_4 和 G_3 在敌手的观察中是计算不可区分的. □

游戏 G_5 除了挑战者使用 $(pk, sk) \leftarrow \mathrm{KeyGen}(1^{\kappa})$ 来生成公共随机串 pk 并保密对应的解密密钥 sk 之外, 该游戏与游戏 G_4 完全一致.

引理 4.5.6 $\mathrm{Adv}_{\mathcal{A},5}(\kappa) = \mathrm{Adv}_{\mathcal{A},4}(\kappa)$.

显然, 对于敌手来说, 游戏 G_5 和游戏 G_4 是完全一致的. 证明略.

在给出游戏 G_6 的定义之前, 我们将敌手的 Send 询问分成 3 种子类型:

(1) Send$_0(A, i, B)$: 敌手激活一个未使用的实例 Π_A^i 与用户 B 交互, 该询问将更新 $\mathrm{pid}_A^i = B$, 并返回 Π_A^i 输出的消息 $\mathrm{msg}_1 = (A, hp_1, c_1)$ 给敌手.

(2) Send$_1(B, j, (A, hp_1, c_1))$: 敌手发送消息 $\mathrm{msg}_1 = (A, hp_1, c_1)$ 给未使用的实例 Π_B^j, 该询问将更新 $(\mathrm{pid}_B^j, sk_B^j, \mathrm{acc}_B^j, \mathrm{term}_B^j)$, 并当 Π_B^j 接受 msg_1 为协议合法消息时, 返回 Π_B^j 输出的消息 $\mathrm{msg}_2 = (hp_2, c_2, \Delta)$ 给敌手.

(3) Send$_2(A, i, (hp_2, c_2, \Delta))$: 敌手发送消息 $\mathrm{msg}_2 = (hp_2, c_2, \Delta)$ 给实例 Π_A^i, 该询问将对应地更新 $(sk_B^j, \mathrm{acc}_B^j, \mathrm{term}_B^j)$.

游戏 G_6 除了按如下方式回答 Send$_1(B, j, \mathrm{msg}_1' = (A', hp_1', c_1'))$ 询问外, 该游戏与游戏 G_5 完全一致:

(1) 如果 msg_1' 是由之前某个 Send$_0(A', *, B)$ 询问产生的, 那么挑战者 $\mathcal{C}$ 将按照游戏 G_5 中的方式处理该询问.

(2) 否则, 令 $\mathrm{label}_1' := A' \| B \| hp_1'$, 并区分如下两种情况:

① 如果 c_1' 不是关于 pk 和 label_1' 的合法密文, 挑战者直接拒绝该询问.

② 否则, 使用解密密钥 sk 解密 $(\mathrm{label}_1', c_1')$ 得到 pw'. 如果 pw' 与用户 A 和 B 之间共享的口令 pw 相同, 那么挑战者 $\mathcal{C}$ 直接宣布敌手 $\mathcal{A}$ 赢得了该游戏并终

止; 否则, $\mathcal{C}$ 除了将实例 Π_B^j 的会话密钥 sk_B^j 设置为从 $\{0,1\}^\kappa$ 选取的随机值外, 将按照游戏 G_5 中的方式处理该询问.

引理 4.5.7 如果 $(K, \ell, \{H_{hk} : X \to \{0,1\}^\ell\}_{hk \in K}, S, \mathrm{Proj} : K \to S)$ 是一个 ϵ-ASPH 函数, 则 $\mathrm{Adv}_{\mathcal{A},5}(\kappa) \leqslant \mathrm{Adv}_{\mathcal{A},6}(\kappa) + \mathrm{neg}(\kappa)$.

证明 显然, 只需考虑 $\mathrm{msg}_1' = (A', hp_1', c_1')$ 不是由之前某个 $\mathrm{Send}_0(A', *, B)$ 询问产生的, 但 c_1' 是关于 pk 和 label_1' 的合法密文的情况. 由于在游戏 G_5 和 G_6 中, $\mathcal{C}$ 都拥有公钥 pk 的解密密钥 sk, 它总是可以通过解密 $(\mathrm{label}_1', c_1')$ 得到 pw. 因此, 游戏 G_6 中针对 $pw' = pw$ 的改变仅仅会增加敌手的成功优势. 对于 $pw' \neq pw$ 的情况, 有 $(\mathrm{label}_1', c_1', pw) \notin \bar{L}$. 根据 ASPH 函数的平滑性, 对于仅仅知道 $hp_2 = \mathrm{Proj}(hk_2)$ 的敌手来说, Π_B^j 输出的 $\Delta = tk \oplus \mathrm{ECC}(sk)$ 统计隐藏了 $sk \in \{0,1\}^\kappa$ 的信息. 由于 sk 是随机均匀选自于 $\{0,1\}^\kappa$ 的, 游戏 G_6 中针对 $pw' \neq pw$ 的改变仅仅会引入统计可忽略的差异.

综上, 有 $\mathrm{Adv}_{\mathcal{A},5}(\kappa) \leqslant \mathrm{Adv}_{\mathcal{A},6}(\kappa) + \mathrm{neg}(\kappa)$ 成立. $\qquad\square$

游戏 G_7 除了按如下方式回答 $\mathrm{Send}_2(A, i, \mathrm{msg}_2' = (hp_2', c_2', \Delta'))$ 询问外, 该游戏与游戏 G_6 完全一致: 令 $\mathrm{msg}_1 = (A, hp_1, c_1)$ 是由之前某个 $\mathrm{Send}_0(A, i, B)$ 询问产生的消息.

(1) 如果 msg_2' 是由之前某个 $\mathrm{Send}_1(B, j, \mathrm{msg}_1)$ 询问产生的, 那么挑战者除了使用 hk_1 和 hk_2 来计算 tk' 并置 $sk_A^i = sk_B^j$ 外, 将按照游戏 G_6 中的方式处理该询问.

(2) 否则, 令 $\mathrm{label}_2' = A\|B\|hp_1\|c_1\|hp_2'\|\Delta'$, 并区分如下两种情况:

① 如果 c_2' 不是关于 pk 和 label_2' 的合法密文, 那么挑战者将直接拒绝该询问.

② 否则, $\mathcal{C}$ 使用公钥 pk 对应的解密密钥 sk 解密 $(\mathrm{label}_2', c_2')$ 得到 pw'. 如果 $pw' = pw$, 挑战者 $\mathcal{C}$ 直接宣布敌手 $\mathcal{A}$ 成功赢得了该游戏并终止; 否则, $\mathcal{C}$ 按照游戏 G_6 中模拟 Π_A^i 的行为处理该询问. 如果 Π_A^i 接受 msg_2' 作为合法的协议消息, $\mathcal{C}$ 直接使用从 $\{0,1\}^\kappa$ 独立均匀选取 sk_A^i 作为实例 Π_A^i 的会话密钥 (注意到如果译码算法返回 $\bot$, Π_A^i 会拒绝 msg_2' 作为协议合法消息. 此时 $\mathrm{acc}_A^i = 0$, $sk_A^i = \bot$).

引理 4.5.8 如果 $(K, \ell, \{H_{hk} : X \to \{0,1\}^\ell\}_{hk \in K}, S, \mathrm{Proj} : K \to S)$ 是一个 ϵ-ASPH 函数, $\mathrm{ECC} : \{0,1\}^\kappa \to \{0,1\}^\ell$ 能纠正 $2\epsilon\ell$ 比特错误, 则 $\mathrm{Adv}_{\mathcal{A},6}(\kappa) \leqslant \mathrm{Adv}_{\mathcal{A},7}(\kappa) + \mathrm{neg}(\kappa)$.

证明 首先, 如果 msg_1 和 msg_2' 都是由之前的谕示器询问产生的, 那么挑战者知道计算 tk' 需要使用 hk_1 和 hk_2. 因此, 挑战者使用 (hk_1, hk_2) 来计算 tk' 并置 $sk_A^i = sk_B^j$ 仅仅是形式上的改变. 其次, 由于在游戏 G_6 和 G_7 中, $\mathcal{C}$ 都知道公钥 pk 对应的解密密钥 sk, 因此, 它可以解密 $(\mathrm{label}_2', c_2')$ 得到 pw'. 显然, 游戏 G_7 中针对 $pw' = pw$ 的改变仅仅会增加敌手的成功优势. 进一步, 如果 $pw' \neq pw$, 有 $(\mathrm{label}_2', c_2', pw) \notin \bar{L}$. 根据 ASPH 函数的平滑性质, Π_A^i 计算的值

$tk' \in \{0,1\}^\ell$ 统计接近于 $\{0,1\}^\ell$ 上的均匀分布. 由对 ECC^{-1} 的假设可知, 如果 $sk = \mathrm{ECC}^{-1}(tk' \oplus \Delta') \neq \perp$, 那么它将统计接近于 $\{0,1\}^\ell$ 上的均匀分布. 因此, 游戏 G_7 中针对 $pw' \neq pw$ 的改变仅仅会引入统计可忽略的差异.

综上, 有 $\mathrm{Adv}_{\mathcal{A},6}(\kappa) \leqslant \mathrm{Adv}_{\mathcal{A},7}(\kappa) + \mathrm{neg}(\kappa)$ 成立. □

游戏 G_8 除了在回答 $\mathrm{Send}_0(A,i,B)$ 时挑战者加密 $0 \notin \mathcal{D}$ 来产生 c_1 之外, 该游戏与游戏 G_7 完全一致.

引理 4.5.9 如果 $\mathrm{PKE} = (\mathrm{KeyGen}, \mathrm{Enc}, \mathrm{Dec})$ 是一个 CCA 安全的公钥加密, 则 $|\mathrm{Adv}_{\mathcal{A},8}(\kappa) - \mathrm{Adv}_{\mathcal{A},7}(\kappa)| \leqslant \mathrm{neg}(\kappa)$.

注意到游戏 G_8 仅在回答 Send_0 询问时将游戏 G_7 中对于 $pw \neq 0$ 的加密密文 c_1 替换成对于 $0 \notin \mathcal{D}$ 的加密密文, 根据 PKE 的 CCA 安全性, 易证游戏 G_8 和 G_7 是计算不可区分的. 证明略.

游戏 G_9 除了按如下方式回答 $\mathrm{Send}_1(B,j,\mathrm{msg}_1' = (A', hp_1', c_1'))$ 询问外, 该游戏与游戏 G_8 完全一致:

(1) 如果 msg_1' 是由之前某个 $\mathrm{Send}_0(A',*,B)$ 询问产生的, 那么挑战者除了使用 (hk_1, hk_2) 来计算 tk, 并用从 $\{0,1\}^\kappa$ 独立随机选取 sk_B^j 作为实例 Π_B^j 的会话密钥外, 将按照游戏 G_8 中的方式处理该询问.

(2) 否则, 挑战者按照游戏 G_8 中的方式处理该询问.

引理 4.5.10 如果 $(K, \ell, \{H_{hk} : X \to \{0,1\}^\ell\}_{hk \in K}, S, \mathrm{Proj} : K \to S)$ 是一个 ϵ-ASPH 函数, $\mathrm{ECC} : \{0,1\}^\kappa \to \{0,1\}^\ell$ 能纠正 $2\epsilon\ell$ 比特错误, 则 $|\mathrm{Adv}_{\mathcal{A},9}(\kappa) - \mathrm{Adv}_{\mathcal{A},8}(\kappa)| \leqslant \mathrm{neg}(\kappa)$.

证明 注意到如果 msg_1' 是由之前的某个 $\mathrm{Send}_0(A',*,B)$ 询问产生的, 那么模拟器 S 知道对应的密钥 (hk_1, hk_2), 且 $c_1' = (u_1', v_1')$ 是关于 $0 \notin \mathcal{D}$ 的密文. 换句话说, S 可以直接使用 (hk_1, hk_2) 计算 $tk = H_{hk_2}(u_1', pw) \oplus H_{hk_1}(u_2, pw)$, 并且 tk 与均匀分布是统计接近的 (这是因为 $pw \neq 0$, 根据 ASPH 函数的平滑性可知, $H_{hk_2}(u_1', pw)$ 与均匀分布是统计接近的). 因此, 在游戏 G_8 中 Π_B^j 输出的 $\Delta = tk \oplus \mathrm{ECC}(sk)$ 统计隐藏了 $sk \in \{0,1\}^\kappa$ 的信息. 由于 sk 是随机均匀地选自 $\{0,1\}^\kappa$, 游戏 G_9 中的修改至多引入可忽略的差异, 因此, $|\mathrm{Adv}_{\mathcal{A},9}(\kappa) - \mathrm{Adv}_{\mathcal{A},8}(\kappa)| \leqslant \mathrm{neg}(\kappa)$. □

游戏 G_{10} 除了在按如下方式回答 $\mathrm{Send}_1(B,j,\mathrm{msg}_1' = (A', hp_1', c_1'))$ 询问外, 该游戏与游戏 G_9 完全一致:

(1) 如果 msg_1' 是由之前某个 $\mathrm{Send}_0(A',*,B)$ 询问产生的, 那么挑战者 $\mathcal{C}$ 除了使用 $0 \notin \mathcal{D}$ 来产生 c_2 外, 将按照游戏 G_9 中的方式处理该询问.

(2) 否则, 挑战者 $\mathcal{C}$ 将按照游戏 G_9 中的方式处理该询问.

引理 4.5.11 如果 $\mathrm{PKE} = (\mathrm{KeyGen}, \mathrm{Enc}, \mathrm{Dec})$ 是一个 CCA 安全的可分离公钥加密, 则 $|\mathrm{Adv}_{\mathcal{A},10}(\kappa) - \mathrm{Adv}_{\mathcal{A},9}(\kappa)| \leqslant \mathrm{neg}(\kappa)$.

注意到游戏 G_{10} 仅在回答 $Send_1$ 询问时将游戏 G_9 中对于 $pw \neq 0$ 的加密密文 c_2 替换成对于 $0 \notin \mathcal{D}$ 的加密密文, 根据 PKE 的可分离 CCA 安全性, 易证游戏 G_{10} 和 G_9 是计算不可区分的. 证明略.

引理 4.5.12　如果敌手 $\mathcal{A}$ 至多发起 $Q(\kappa)$ 次在线攻击, 则 $\mathrm{Adv}_{\mathcal{A},10}(\kappa) \leqslant Q(\kappa)/|\mathcal{D}| + \mathrm{neg}(\kappa)$.

证明　令事件 $\mathcal{E}$ 表示 $\mathcal{A}$ 提交了一个解密结果为 pw 的密文. 显然, 如果 $\mathcal{E}$ 不发生, $\mathcal{A}$ 攻击成功的优势是可忽略的. 这是因为此时所有的会话密钥都是随机产生的. 现在我们来估计事件 $\mathcal{E}$ 发生的概率. 由于在 G_{10} 中, 所有询问产生的密文都是关于 $0 \notin \mathcal{D}$ 的加密, 敌手不能从谕示器询问中获得真实密钥的任何信息. 因此, 对于至多发起 $Q(\kappa)$ 次在线攻击的敌手 $\mathcal{A}$, 事件 $\mathcal{E}$ 发生的概率至多为 $Q(\kappa)/|\mathcal{D}|$, 即 $\Pr[\mathcal{E}] \leqslant Q(\kappa)/|\mathcal{D}|$. 通过简单的计算可知, $\mathrm{Adv}_{\mathcal{A},10}(\kappa) \leqslant Q(\kappa)/|\mathcal{D}| + \mathrm{neg}(\kappa)$. □

由引理 4.5.2 至引理 4.5.12 可知, $\mathrm{Adv}_{\mathcal{A},0}(\kappa) \leqslant Q(\kappa)/|\mathcal{D}| + \mathrm{neg}(\kappa)$. 这就完成了定理 4.5.1 的证明.

4.6　TLS 1.3 多重握手协议安全性分析

TLS (transport layer security) 是目前网络通信中应用最广的传输层安全协议, 目的是保证端对端通信的安全性和数据的完整性. TLS 自标准化至今已有近 20 年的时间, TLS 1.3[35] 是 IETF 制定的 TLS 新标准.

TLS 支持多种握手功能, 不同的握手功能之间存在关联并能够组合、交互运行, 而已有研究结果表明, 多种握手功能的组合运行会带来实际的攻击, 如针对 TLS 1.2 完整握手和重协商握手组合运行的重协商攻击, 针对 TLS 1.2 完整握手、会话重启握手和重协商握手组合运行的三次握手攻击等, 这些攻击对广泛使用的 Web 浏览器、VPN 应用、HTTPS 库等造成了实际危害.

Li, Xu 和 Zhang 等 [36] 提出一种 TLS 多种握手功能组合运行的安全性分析方法. 这种方法利用多层、多阶段的 "树" 状结构给出多重握手密钥交换的定义, 并建立多重握手安全模型, 覆盖了 TLS 不同握手功能的各种组合运行. 该模型能够识别三重握手攻击, 并具有通用性. 进一步, 证明了 TLS 1.3 满足多重握手安全性, 确认了 TLS 1.3 设计的合理性. 本节对这些内容做简要介绍.

4.6.1　TLS 1.3 draft 10 简介

TLS 1.3 draft 10(简称为 TLS 1.3) 支持 4 种最基本的握手模式: 完整握手模式, 0-RTT 握手模式, 基于 PSK 的会话重启模式以及会话重启与 DH 协议的结合模式.

1. TLS 1.3 完整握手模式

首先介绍在描述协议流程时用到的几个符号. {X} 表示用握手传输密钥 tk_{hs}、AEAD 加密模式对握手消息 X 进行加密处理, [X] 表示用应用传输密钥 tk_{app}、AEAD 加密模式对记录层消息 X 进行加密处理, X^* 表示根据协议的具体要求选择性发送的数据, 会话杂凑 H_i 表示从 ClientHello 到目前为止的消息级联的杂凑 (不包括 Finished 消息). 图 4.6.1 是 TLS 1.3 完整握手模式的运行过程以及密钥计算方式. 具体来讲, 第一阶段是协商阶段, 包括密码组件、安全参数的协商, 进而产生握手传输密钥 (handshake traffic key) tk_{hs}; 第二阶段的握手消息在密钥 tk_{hs} 的保护下传输, 包括可选的服务器身份认证、客户端身份认证, 以及最后应用传输密钥 (application traffic key) tk_{app} 的协商; 第三阶段重启主密钥 (resumption master secret, RMS) 和第四阶段输出主密钥 (exporter master secret, EMS) 的协商. TLS 1.3 中, 握手阶段使用的确认消息加密密钥 tk_{hs} 不同于记录层的会话密钥 tk_{app}, 实现了密钥分离. 握手消息的具体说明如下:

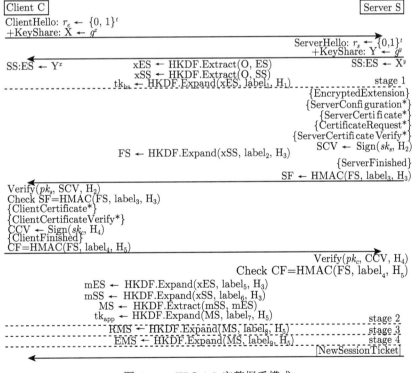

图 4.6.1　TLS 1.3 完整握手模式

(1) ClientHello/ServerHello：包含本次握手客户端支持的协议版本号和密码组件以及服务器最终选择的协议版本和组件, 随机值 r_c 和 r_s. 两条消息均包含扩展域 HelloExtension.

(2) KeyShare：客户端 (服务器) 选择的 DH 协议密钥材料 X $=g^x$ (Y $=g^y$), DH 协议的其他参数如群参数出现在 ClientHello/ServerHello 中. KeyShare 消息出现在扩展域 HelloExtension 中.

此时, 客户端与服务器可以计算得到 DH 协议的密钥值 g^{xy}, 并将其赋给临时密钥 (ephemeral secret, ES) 和静态密钥 (static secret, SS). 利用密钥导出函数 HKDF(HMAC-based key derivation function), 先通过提取算法计算提取密钥 xES 和 xSS, 再通过扩展算法计算握手传输密钥 tk_{hs}.

接下来的消息均在 tk_{hs} 的保护下传输:

(3) EncryptedExtension：是第一条由 tk_{hs} 加密传输的数据.

(4) ServerConfiguration：包含服务器选择的半静态的 DH 协议参数, 用于未来连接中的 0-RTT 握手, 由 Configuration_id 唯一地标识. 值得注意的是, 如果服务器发送了该消息, 那么随后服务器必须发送证书信息; 否则, 客户端不会信任并在之后的 0-RTT 握手中使用服务器的半静态密钥.

(5) ServerCertificate/ClientCertificate：代表服务器/客户端的证书, 对应的验证证书的公钥也包含在证书中.

(6) CertificateRequest：服务器向客户端申请证书, 并利用证书对客户端进行身份认证.

(7) ServerCertificateVerify/ClientCertificateVerify：代表服务器/客户端对当前会话消息杂凑值的签名.

(8) ClientFinished/ServerFinished：包含相应实体利用结束密钥 (finished key, FS) 对会话杂凑计算的 MAC.

上述过程中, 客户端与服务器计算得到了 FS, 以及 xES、xSS 各自的扩展密钥 mES 和 mSS. 此时, 客户端与服务器可利用 mES 和 mSS 计算得到主密钥 MS, 并由 MS 导出 tk_{app}、RMS 和 EMS. 具体计算过程参考图 4.6.1.

最后一条消息是在 tk_{app} 的保护下传输的.

(9) NewSessionTicket：表示创建一个新的票据 (ticket), 使之与会话重启主密钥 RMS 绑定, 用在之后的基于 PSK 的会话重启中.

2. TLS 1.3 0-RTT 握手模式

在初始的握手结束之后, 客户端可以发送包含 Configuration_id 的 Early-DataIndication 消息向服务器申请 0-RTT(round trip time, 往返时延) 握手. 如果服务器能够找到 Configuration_id 对应的 ServerConfiguration, 则接受该申请,

然后双方实体利用服务器的半静态的密钥 G^S 运行 0-RTT 握手; 否则, 就退化到完整握手. 与完整握手不同的是, 0-RTT 中 ES 与 SS 不再相等, ES 为用临时的 DH 协议参数协商出的密钥 g^{xy}, SS 则由客户端用临时的 DH 协议参数而服务器用半静态的 DH 协议得到的 g^{xs}, 并且客户端可以在第一轮就利用早期数据传输密钥 (early data traffic key) Eadk 发送加密的应用数据以及自己的证书信息 (需要客户端身份认证的情况下), 提高了握手的效率. 图 4.6.2 是 TLS 1.3 0-RTT 握手模式的运行过程以及密钥计算方式.

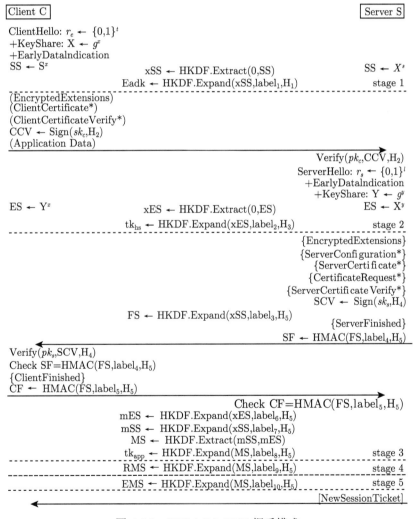

图 4.6.2 TLS 1.3 0-RTT 握手模式

3. 基于 PSK 的会话重启模式以及会话重启与 DH 协议的结合模式

图 4.6.3 描述了 TLS 1.3 基于 PSK 的会话重启模式的握手流程和密钥计算的细节. 在重启握手开始时, ClientHello 中包含了一个 PreSharedKeyExtension 来标识本次会话所用的预共享密钥 (PSK). SS 和 ES 均被赋值为 PSK, 其中 PSK 来源于被重启会话中协商出的重启主密钥 RMS, 由于 RMS 起到了隐式认证的作用, 这里不再需要基于证书的身份认证, 仅需要双方交换新的随机值进行快速的握手. 其余的握手流程以及密钥计算方式与图 4.6.1 是类似的. 注意到基于 PSK 的会话重启并不能提供前向安全性, 不过可以通过与 DH 协议的结合来实现前向安全性, 即 TLS 1.3 支持的第四种模式: 会话重启与 DH 协议的结合. 对于会话重启与 DH 协议的结合, ClientHello/ServerHello 中会额外包含相应实体选择的 DH 协议密钥参数 g^x 和 g^y 来提供前向安全性. SS 被赋值为 PSK, 而 ES 则被赋值为 g^{xy}, 其余的握手消息与基于 PSK 的会话重启以及完整握手是类似的.

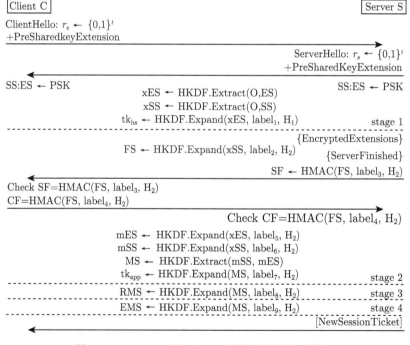

图 4.6.3   TLS 1.3 基于 PSK 的会话重启握手模式

4.6.2   多重握手密钥交换的安全模型

我们考虑密钥交换的多种握手之间组合运行的情形, 如 TLS 1.3 中的 0-RTT 握手可以从完整握手中继承 ServerConfiguration 信息, 基于 PSK 的会话重启可以从 0-RTT 握手中继承 PSK 即重启主密钥 RMS 信息. 具体来讲, 我们首先给出多重握手密钥交换的正式定义, 之后建立多重握手安全模型, 即多层多阶段安全模型 (multi-level&stage security model), 该模型可以描述密钥交换各种模式的握手 (如 TLS 1.3 中的完整握手、0-RTT 握手、基于 PSK 的会话重启、会话重启与 DH 协议的结合) 在组合运行下的安全性, 即匹配安全和密钥不可区分性.

1. 多重握手密钥交换

多重握手密钥交换 (这里也称为多重握手协议) 是指密钥交换的多种握手模式有关联地组合运行. 首先描述多重握手密钥交换的分层架构. 由于考虑的是多种握手模式的组合运行, 我们设计了一种树状框架来完整并清晰地描述这种组合: 定义一棵树, 有若干层 (level), 每一层有若干节点 (node), 每个节点均代表一次握手或会话 (session), 特别地, 我们假设根节点 (root node) 代表完整握手.

假设在同一层, 不同的会话是独立、并行地运行的, 即会话之间可能没有关联, 或者共享一些秘密但可以并行运行, 如 TLS 1.3 中多个基于 PSK 的重启会话可能共享同一个 PSK, 但可以并行地、互不影响地运行. 换句话说, 处于同一层的节点 (会话) 之间不存在继承关系; 在上下层之间, 下层的会话需要且仅仅需要从其上层会话中继承秘密信息, 即下层会话需要利用上层会话协商出的密钥材料或传输的秘密信息. 而多重握手协议的运行对应到树中即是密钥交换从根节点到叶子节点的一条运行路径, 路径中相邻的会话具有相关性.

图 4.6.4 是 TLS 1.3 多重握手协议在上述多层树结构下的示例, 该示例为三层的多重握手架构, 其中粗线表示的是 "完整握手 + 0-RTT 握手 + 基于 PSK 的会话重启" 多重握手组合运行模式, 这种情况下, 第二层的 0-RTT 握手使用的 ServerConfiguration 信息来源于上层的完整握手, 而基于 PSK 的会话重启握手使用的 PSK 来源于上层的 0-RTT 会话产生的 RMS. 对于多重握手密钥交换中的每次会话, 我们分阶段进行考虑. 回顾 TLS 1.2 中阶段 (phase) 的定义, 每个阶段均代表一次 TLS 会话, 而这里, 我们考虑将一次会话分为若干个阶段 (为了与 TLS 1.2 中的定义相区分, 我们用 stage 来表示), 除非特别说明, 之后出现的 "阶段" 专指 TLS 1.3 中阶段的概念. 会话中的每个阶段都会有对应的会话密钥产生, 如图 4.6.1 中的 TLS 1.3 完整握手, 阶段一的会话密钥是 tk_{hs}, 阶段二的会话密钥是 tk_{app}, 阶段三的会话密钥是 RMS, 阶段四的会话密钥是 EMS. 每个阶段也有相应的会话记录 (session identifier, sid), 即该阶段信道中所传输消息 (不包括 Finished 消息) 对应的明文按顺序的级联, 这与 TLS 1.2 中的会话标识符 sid 也是不同的, 之后提到的 sid 默认是指 TLS 1.3 中的会话记录. 由于是分阶段考虑的, 所以, 对应的协议安全性也会具体到一个会话的某个阶段, 如密钥不可区分性指的是任意一个阶段的会话密钥不可区分性.

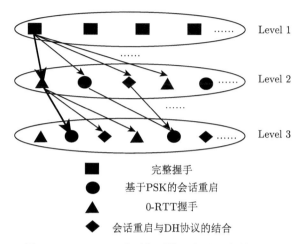

完整握手

基于PSK的会话重启

0-RTT握手

会话重启与DH协议的结合

图 4.6.4   TLS 1.3 多重握手协议的分层架构示例

2. 多层多阶段安全模型概述

针对多重握手密钥交换, 我们提出多层多阶段安全模型, 该模型是 BR 模型的扩展. 从 BR 模型以及之后的多阶段安全模型 [37] 出发, 研究对象是多重握手密钥交换的安全性, 与之前的可证明安全方法有着很大的区别: 首先, 将关注点从单个的握手协议扩展到了多个协议的组合, 研究多个协议在存在安全关联的情况下的整体安全性; 其次, 模型做出了较大的改动, 具体说明如下.

作为 BR 模型的扩展, 敌手可以通过如下的谕示器询问与挑战者进行交互: NewSession、Send、Reveal、Corrupt 以及 Test, 分别是为了初始化一个会话、向会话发送消息、获取会话密钥、腐化用户并获得该用户的长期私钥、测试会话密钥的不可区分性. 我们通过两个安全 "游戏" 定义协议的安全性: 会话匹配与密钥安全性, 前者提供了直观上的安全保障, 如匹配会话拥有相同的会话密钥、诚实会话的会话记录的不可碰撞性等性质; 后者保证了会话密钥的不可区分性.

如果当前会话的交互方是诚实的, 那么即便该交互方没有进行身份认证, 也允许敌手对当前会话进行 Test 询问, 因为在这种情况下交互方诚实地完成了会话, 相应的会话密钥也应该是安全的. 除此之外, 也采用了贡献记录 (contributive identifier, cid) 的概念, 即实体本身对某个阶段会话密钥的贡献. 考虑在唯服务器身份认证的情况下, 如果敌手没有将服务器的 Finished 消息传送给客户端, 那么应该允许敌手对该服务器进行 Test 询问, 因为客户端已经诚实地完成了对所有阶段会话密钥的贡献 (即 cid), 所以这些密钥仍然应该是安全的, 而在之前的多阶段安全模型下, 这种询问是不被允许的. 与 sid 不同, 每个阶段的 cid 随着协议的执行进行更新, 最终与该阶段的 sid 匹配.

与之前工作不同, 我们假设协议的每次执行包含多个会话, 每次会话的模式也可能是不同的, 而且相邻会话之间存在安全关联. 这也就导致模型中挑战者对于谕示器询问的回答更具体, 也更复杂. 具体来说, 对于 NewSession 询问, 需要考虑新的会话与之前相关会话的关联, 即新会话建立后, 需要同时考虑新会话和与之相关联的会话的安全性; 对于 Reveal 询问, 假如某一层某一阶段的会话密钥被询问了 Reveal, 那么需要关注该会话接下来的阶段以及处于下一层的会话的密钥安全性; 对于 Corrupt 询问, 假设预共享密钥 PSK 被腐化即会话被敌手询问了 Corrupt, 那么所有使用该 PSK 进行重启的会话均应该被标记为 Corrupt 和 Reveal; 对于 Test 询问, 由于会话在某个阶段的会话密钥有可能被处于下一层的会话继承, 一旦该密钥被敌手询问了 Test, 那么下一层的会话密钥的新鲜性需要重新考虑, 防止敌手通过明显的攻击打破密钥的不可区分性目标.

另外一个不同之处是考虑了介于静态密钥和临时密钥之间的半静态 (semi-static) 密钥. 这样考虑的出发点是 TLS 1.3 中的 0-RTT 模式. TLS 1.3 建议服务器在与客户端的会话连接中提供加密的 ServerConfiguration 消息, 其中包含半静态密钥 g^s 以及与之唯一绑定的标识符 cid. 利用 g^s, 客户端可以与服务器进行效率较高的 0-RTT 握手, 该密钥在内存中的存储时间约为一周. 与静态密钥类似, 半静态密钥不属于某一个固定的会话, 即半静态密钥可以被多次、较长时间地重复使用. 在安全模型中, 用类似的方式处理半静态密钥和静态密钥, 不同之处是对于 TLS 1.3, 只允许敌手在会话结束之后对私钥 s 进行 Corrupt 询问.

第三个不同之处在于, 引入了层相关性的概念, 将密钥的相关性由阶段相关扩展到了层相关: 阶段之间的密钥相关是指同一个会话中阶段 $i+1$ 的会话密钥 K_{i+1} 依赖于阶段 i 的会话密钥 K_i, 换句话说, K_i 的泄露会导致 K_{i+1} 的泄露; 层之间的密钥相关是指处于层 i 的会话在阶段 j 的会话密钥被处于 $i+1$ 层的会话继承并用来协商新的密钥. 举例来说, TLS 1.3 中的 "完整握手 (层 i, 阶段 $j = 4$) + 基于 PSK 的会话重启 (层 $i+1$)" 是层密钥相关的一个例子, 因为位于 $i+1$ 层的基于 PSK 的会话重启所用的 PSK 来源于位于 i 层的完整握手的第四阶段的会话密钥 RMS. 密钥相关性直接影响了对于敌手优势的定义, 以阶段之间的密钥相关为例, 如果敌手在阶段 $i+1$ 的会话完成之前对阶段 i 的会话密钥进行了 Reveal 询问, 那么需要谨慎地定义敌手在阶段 $i+1$ 中的优势, 具体的操作体现在之后对于谕示器的定义中.

最后, 为了涵盖密钥交换多样的认证模式, 多层多阶段安全模型刻画了无认证、单向认证以及双向认证的情形, 即允许不同认证方式的握手并行地运行. 为了描述多重握手协议的安全性, 我们在匹配安全目标中额外地考虑了跨握手模式、跨层情况下 sid 的匹配情况, 同时, 在定义密钥的不可区分性安全目标时, 区分不同程度的前向安全、不同的认证模式以及层或阶段密钥相关与否的情况. 具体的定义将在之后的安全性定义中讨论.

3. 协议运行环境

用 $\mathcal{U}$ 表示参加协议运行的所有用户实体的集合, 其中每个实体用 $U \in \mathcal{U}$ 表示. 每个用户 U 拥有一对可唯一地验证身份的静态公私钥 (pk_U, sk_U), 除此之外, 每个实体也可以持有临时的密钥对 (tpk, tsk) 并由 kid 进行标识. 每个用户可以连续、并行地运行一个会话 n_s 次.

协议中的每次会话由标签 label $\in$ LABELS $= \mathcal{N} \times \mathcal{N} \times \mathcal{U} \times \mathcal{U} \times \mathcal{N} \times \mathcal{N} \times \mathcal{N}$ 唯一地标识, 其中 (lid, prelid, U, V, lev, mode, t) 表示会话拥有者 U 所参与的在 lev 层的第 t 次会话, 该会话的运行模式是 mode, 交互方是 V, 本次会话的索引是 lid, 该会话是从索引为 prelid 的会话继承而来的. 通过如下规定来描述位于不同层会话之间的继承关系:

(1) label'.prelid = label.lid, 当且仅当会话 label' 从会话 label 继承了密钥材料.

(2) 如果 label'.prelid = label.lid, 则 label'.lev = label.lev + 1.

(3) 如果存在两个会话 label, label' 满足 label'.prelid = label.prelid, 则 label'.lev = label.lev.

以图 4.6.4 中的 TLS 1.3 多重握手协议 "完整握手 +0-RTT 握手 + 基于 PSK 的会话重启" 为例, 分别用 label 和 label' 标识 0-RTT 握手和基于 PSK 的会话重启, 那么根据以上定义, 可以得到, label'.prelid = label.lid, 因为基于 PSK 的会话重启中使用的 PSK 来源于上层的 0-RTT 会话产生的 RMS, 并且根据树的结构可以得到 label'.lev = label.lev + 1.

每个会话 label 均拥有如下条目作为会话属性:

(1) lid: 会话 label 的索引.

(2) prelid: 会话 label 从索引为 prelid 的会话中继承了秘密信息.

(3) $U \in \mathcal{U}$: 会话 label 的拥有者.

(4) $V \in \mathcal{U}$: 会话 label 中 U 的交互方, 初始为空, 协议开始后进行赋值.

(5) role: 代表用户在会话中的角色, 包括发起者、响应者.

(6) mode: 本次会话的握手模式, 对于 TLS 1.3, 分为完整握手、0-RTT 握手、基于 PSK 的会话重启模式以及会话重启与 DH 协议的结合, 分别用 M1、M2、M3 和 M4 表示.

(7) lev: 会话 label 在多层架构中所处的层数.

(8) kid_U: U 持有的临时密钥对 (tpk, tsk) 的标识符.

(9) kid_V: V 持有的临时密钥对的标识符.

(10) $psid_{U,V,k}$: U 和 V 的第 k 个预共享密钥的标识符.

(11) $\text{st}_{\text{exe},i}$: 会话 label 在阶段 i 的运行状态, 分为接受、拒绝和运行.

(12) stage $\in \{0,\cdots,M\}$: 会话 label 当前运行所处的阶段, M 表示最大的阶段数, 会话 label 在阶段 i 达到接受状态后, stage 增加 1.

(13) auth_i: 会话 label 在阶段 i 的认证模式, 分为无认证、单向认证和双向认证.

(14) $\text{sid}_i \in \{0,1\}^*$: 会话 label 在阶段 i 的会话记录, 即该阶段信道中传输的明文消息按先后顺序的级联.

(15) $\text{cid}_i \in \{0,1\}^*$: 会话 label 的拥有者 U 对阶段 i 会话密钥的贡献.

(16) K_i: 会话 label 在阶段 i 的会话密钥.

(17) $\text{St}_{\text{key},i}$: 阶段 i 的会话密钥 K_i 的新鲜状态, 分为新鲜 (fresh) 和被窃取 (revealed).

(18) tested_i: 阶段 i 的会话密钥 K_i 的被测试的状态, 分为被测试和未被测试, 分别用 true 和 false 表示.

每个会话 label 的上述属性用一个会话列表 List_S 维护, 当增加一个新的会话时, 将该会话的属性列表存放到 List_S 并进行更新. 每个会话的属性列表是唯一的, 我们之后用 label.sid_i 表示会话 label 在阶段 i 的会话记录, 其他属性的表示也是类似的.

4. 攻击模型

这里, 同样考虑多项式时间敌手 $\mathcal{A}$, $\mathcal{A}$ 控制着系统中实体发送消息的信道, 可以对信道中的消息进行插入、丢弃和重新排序等操作. 首先介绍多重握手协议中与层或阶段相关的前向安全、密钥相关、多认证模式等概念.

前向安全 会话是阶段 j 前向安全的是指, 如果当长期密钥泄露时, 所有阶段 i 的会话密钥 $\text{K}_i(i \geqslant j)$ 仍然是安全的, 而所有阶段 i 的会话密钥 $\text{K}_i(i < j)$ 不再安全.

密钥相关 在多层多阶段安全模型中, 密钥相关分为阶段密钥相关和层密钥相关. 具体来说, 阶段密钥相关是指会话在阶段 $i+1$ 的会话密钥 K_{i+1} 依赖于阶段 i 的会话密钥 K_i, K_i 的泄露会导致 K_{i+1} 的泄露. 对于层密钥相关, 如果两个会话 label 和 label′ 满足 label.lev$= i$, label′.lev$= i+1$, label′.prelid=label.lid, 并且对于某个阶段 j, label.K_j 的泄露会导致 label′.K_1 的泄露, 则称会话 label 和 label′ 是层密钥相关的.

多认证模式 允许一个协议在不同认证模式下并行地运行, 用 AUTH $=$ (auth_1, $\text{auth}_2, \cdots$, auth_M) 表示会话密钥在各个阶段的认证方式, 如 AUTH= (unauth, unilateral, mutual) 表示的是会话密钥在第一阶段是不带认证的, 在第二阶段是单向认证的 (一般指唯服务器或响应者认证), 而在第三阶段则是双向认证的.

我们定义标签 flag ∈ {false, true}, flag 初始值设置为 false. 在之后模型的定义中, 如果敌手通过明显地攻击打破了模型的安全目标, 则 flag 更新为 true, 如在 Test 谕示器中, 如果敌手对一个会话询问了 Test, 又对其匹配会话询问了 Reveal, 显然此时敌手可以成功地打破密钥的不可区分性目标, 此时置 flag=true, 这种情况下敌手的优势不包含在最终的成功概率计算中.

敌手能力　敌手可通过如下谕示器询问参与到会话中, 并与挑战者进行交互:

(1) NewSession(U, V, role, auth, kid_U, kid_V, k, mode, label): 为 U 创建一个新的会话 label′, 实体的角色是 role, U 持有的临时密钥对的标识是 kid_U, 交互方是 V, V 持有的临时密钥对的标识是 kid_V, U 和 V 的预共享密钥的标识是 $\text{psid}_{U,V,k}$, 会话的认证模式是 auth, 握手模式是 mode, 并且从会话 label 继承了秘密信息, 即满足 label′.lev = label.lev + 1 并且 label′.prelid = label.lid. 之后将一个新的条目 (label′, U, V, role, mode, lev, kid_U, kid_V, $\text{psid}_{U,V,k}$, auth) 添加到 List_S 中. 对于第一层中的完整握手, 条目中的 label 域是空的, 对于基于 PSK 的会话重启, 条目中的 kid_U 域和 kid_V 域是空的.

(2) Send(label, m): 向会话 label 发送消息 m. 如果该会话不存在, 则返回 ⊥; 否则, 按照会话的运行细节返回输出以及更新的会话状态 $\text{st}_{\text{exe},i}$. 特别地, 如果 label.role = initiator 并且 m = init, 即会话的角色是发起者并且会话还未开始运行, 则会话开始运行 (没有输入的消息). 如果在协议运行过程中, 会话在某一个阶段 i 达到了接受状态, 挑战者会将 $\text{st}_{\text{exe},i}$ = accepted 返回给敌手. 如果会话收到消息 m 后在某一个阶段 i 达到了接受状态, 并且存在另一个会话 label′ 满足: label.sid_i = label′.sid_i, label′.$\text{st}_{\text{key},i}$ = revealed, 则置 label.$\text{st}_{\text{key},i}$ = revealed, 在阶段密钥相关情况下, label.$\text{st}_{\text{key},i'}$($i' > i$) 也被设置为 revealed, 其中前者刻画了两个匹配会话的密钥匹配性, 后者刻画了阶段密钥的相关性. 扩展到层相关情况下, 如果会话 label″ 从 label 或 label′ 处继承了 K_i, 则置 label″.$\text{st}_{\text{key},1}$ = revealed, 此时对于 label″ 的第一层的匹配会话 Label‴, label‴.$\text{st}_{\text{key},1}$ 也被设置为 revealed.

如果会话收到消息 m 后在某一个阶段 i 会话达到了接受状态, 并且存在另一个会话 label′ 满足: label.sid_i = label′.sid_i, label′.tested_i = true, 则置 label.K_i = label′.K_i, label.tested_i = true. 也就是说, 如果匹配会话的密钥被询问了 Test, 本次会话的会话密钥也要进行一致性地设置以保证之后对于 Test 谕示器回答的正确性.

如果会话收到消息 m 后在某一个阶段 i 会话达到了接受状态, 并且 V 被敌手询问了 Corrupt, 则置 label.$\text{st}_{\text{key},i}$ = revealed.

(3) NewTempKey(U): 为用户 U 创建新的临时密钥对 (tpk, tsk), 并返回对

应的密钥标识符 kid.

(4) NewPresharedKey(U, V)：为用户 U 和 V 创建一个新的预共享密钥，并返回对应的密钥标识符 $\text{psid}_{U,V,k}$，其中 k 表示该密钥的索引，该询问是针对基于 PSK 的会话重启模式以及会话重启与 DH 协议的结合模式.

(5) Reveal(label, i)：获取会话 label 在阶段 i 的会话密钥 label.K_i. 如果会话 label 不存在，或者 $i >$label.stage(即当前会话还没有运行到阶段 i)，或者 $\text{label.tested}_i = \text{true}$，则返回 $\perp$；否则，置 $\text{label.st}_{\text{key},i} = \text{revealed}$，并将 label.K_i 返回给敌手. 如果存在另一个会话 label' 满足 $\text{label.sid}_i = \text{label'.sid}_i$，并且 label'.stage $> i$，则置 $\text{label'.st}_{\text{key},i} = \text{revealed}$. 这样就保证了当前会话与已经建立的匹配会话保持一致的密钥新鲜性状态.

在阶段密钥相关的情况下，如果之后阶段的密钥与 K_i 是相关的，则这些密钥的安全性不能得到保障. 具体地，如果 $\text{label.st}_{\text{key},i} = \text{revealed}$，则对于所有的 $j > i$，置 $\text{label.st}_{\text{key},j} = \text{revealed}$. 如果存在另一个会话 label' 满足：$\text{label.sid}_i = \text{label'.sid}_i$ 并且 label'.stage $= i$，则同样地也置 $\text{label'.st}_{\text{key},j} =\text{revealed}$，而如果 label'.stage $> i$，则 $\text{label'.K}_j(j > i)$ 仍是新鲜的，这是因为在 label.K_i 被询问 Reveal 之前，这些密钥已经诚实地被协商出来了.

对于层密钥相关的情况，如果会话 label' 从 label 处继承了 K_i，则置 $\text{label'.st}_{\text{key},1} = \text{revealed}$，而此时对于 label' 在第一层的匹配会话 label''，置 $\text{label''.st}_{\text{key},1} = \text{revealed}$.

(6) Corrupt(U, V, k)：敌手通过该询问获取实体的静态密钥，或者半静态密钥，或者预共享密钥. 对于完整握手模式，V 域和 k 域都为空，即 Corrupt(U) 返回 U 的长期私钥 sk_U，而之后不再允许敌手与 U 拥有的会话进行交互. 对于 0-RTT 握手模式，V 域为空，即 Corrupt(U, k) 返回第 k 个半静态密钥对中的私钥 s 以及长期私钥 sk_U，注意到 s 只允许在会话结束之后提供给敌手. 同样，之后不再允许敌手向 U 拥有的会话发起询问. 对于基于 PSK 的会话重启模式以及会话重启与 DH 协议的结合模式，将 U 和 V 的第 k 个预共享密钥返回给敌手，而之后不再允许敌手与利用该密钥进行的重启会话进行交互.

在无前向安全的情况下，对 U 拥有的所有会话 label，以及任意的阶段 i，置 $\text{label.st}_{\text{key},i} = \text{revealed}$，这种情况下，所有阶段的会话密钥均已泄露. 以基于 PSK 的会话重启为例，如果 U 和 V 的预共享密钥被腐化，那么利用该共享密钥进行的所有重启会话协商出的密钥均不再安全，被标记为 revealed.

在阶段 j 前向安全的情形下，置 $\text{label.st}_{\text{key},i} = \text{revealed}(i < j$ 或 $i > \text{stage})$，即所有阶段 j 之前协商出的密钥以及还未协商的密钥均可能已经泄露.

(7) Test(label, i)：测试会话 label 在阶段 i 的会话密钥. 该谕示器在实验开始之前被指定一个固定的随机比特值 $b_{\text{test}} \in \{0, 1\}$. 如果会话 label 不存在或还没有达到接受状态, 则返回 ⊥; 否则, 如果存在会话 label′ 满足 label.sid$_i$ = label′.sid$_i$, 但在阶段 i 还没有达到接受状态, 即 label′.st$_{exe,i}$ = accepted, 设置标记 flag 为 true, 即密钥能够被询问 test 当且仅当会话或与其匹配的会话在该阶段已经达到接受状态, 但还没有开始使用.

如果 label.auth$_i$ = unauth, 或者 label.auth$_i$ = unilateral 并且 label.role = responder, 即无认证或单向认证的情况, 但不存在会话 label′ 满足 label.cid$_i$ = label′.cid$_i$, 则置 flag = true. 这一规定表明, 只有拥有诚实的贡献交互方, 才允许敌手在无认证或单向认证 (唯响应者认证) 的情况下去测试响应者会话, 或者在无认证的情况下测试发起者会话.

如果 label.tested$_i$=true, 说明已经被测试过, 则返回 ⊥; 否则, 置 label.tested$_i$ = true, 如果 b_{test} = 0, 则随机地选择 K$_i$ 返回给敌手; 否则, 返回真实的 label.K$_i$. 同时, 如果存在会话 label′ 满足 label.sid$_i$ = label′.sid$_i$, 则置 label.K$_i$ = label′.K$_i$, label′.tested$_i$ = true.

5. 安全性定义

多层多阶段模型的安全目标包含匹配安全和密钥不可区分性.
我们将原始的匹配安全概念扩展到了多层、多阶段的情况, 即
同一握手模式、同一层
(1) 两个会话在某个阶段拥有相同的 sid, 则该阶段的会话密钥也相同.
(2) 两个会话在某个阶段拥有不同的 sid, 则该阶段的会话密钥也不同.
(3) 两个会话在某个阶段的 sid 相同, 则该阶段的认证模式也相同.
(4) 两个会话在某个阶段的 sid 相同, 则该阶段的 cid 也相同.
(5) 两个会话在某个阶段的 sid 相同, 则交互方实体 (带认证的实体) 的身份是匹配的, 并且两个会话拥有相同的密钥索引.
(6) 不同的阶段 sid 也不相同.
(7) 最多两个会话在某个阶段共享相同的 sid.
跨握手模式
不同模式的会话在任意阶段不可能共享相同的 sid.
跨层
处于不同层的会话在任意阶段不可能共享相同的 sid.
下面给出多重握手协议匹配安全的定义.
定义 4.6.1(匹配安全)　令 MH 代表多重握手协议, $\mathcal{A}$ 代表任意概率多项式时间敌手, $\mathcal{A}$ 在如下安全游戏 Game$_{\mathcal{A},MH}^{Match}$ 中通过上述谕示器询问与 MH 进行交互:
(1) **初始化**　挑战者 $\mathcal{C}$ 为每个实体 $U \in \mathcal{U}$ 选择长期的公私钥对或半静态公私钥对.

(2) **询问** 敌手 $\mathcal{A}$ 以每个实体的公钥作为输入, 可进行 Newsession、Send、NewTempKey、NewPresharedKey、Reveal 和 Corrupt 询问.

(3) **停止** 在某个时刻, 敌手停止, 没有输出.

如果以下事件发生任意一个, 则称 $\mathcal{A}$ 在上述实验中有不可忽略的优势, 即打破了 MH 的匹配安全目标, 记为 $\mathrm{Game}_{\mathcal{A},\mathrm{MH}}^{\mathrm{Match}} = 1$:

(1) 存在两个会话 label 和 label′, 满足 label.mode = label′.mode, label.lev = Label′.lev, 对于某个阶段 i, label.sid$_i$ = label′.sid$_i \neq \perp$, 而且 label.st$_{\mathrm{exe},i} \neq$rejected, label′.st$_{\mathrm{exe},i} \neq$rejected, 但 label.K$_i \neq$label′.K$_i$. 也就是说, 两个会话在某个阶段 sid 相同, 但会话密钥不同.

(2) 存在两个会话 label 和 label′, 满足 label.mode = label′.mode, label.lev = label′.lev, 对于某个阶段 i, label.st$_{\mathrm{exe},i} \neq$rejected, label′.st$_{\mathrm{exe},i} \neq$rejected, label.sid$_i \neq \perp$, label′.sid$_i \neq \perp$ 并且 label.sid$_i \neq$ label′.sid$_i$, 但 label.K$_i =$label′.K$_i$. 也就是说, 两个会话在某个阶段 sid 不同, 但会话密钥相同.

(3) 存在两个会话 label 和 label′, 满足 label.mode = label′.mode, label.lev = label′.lev, 对于某个阶段 i, label.sid$_i$ = label′.sid$_i \neq \perp$, 但 label.auth$_i \neq$label′.auth$_i$. 也就是说, 两个会话在某个阶段的 sid 相同, 但认证模式不同.

(4) 存在两个会话 label 和 label′, 满足 label.mode = label′.mode, label.lev = label′.lev, 对于某个阶段 i, label.sid$_i$ = label′.sid$_i \neq \perp$, 但 label.cid$_i \neq$label′.cid$_i$ 或 label.cid$_i$ = label′.cid$_i$ = $\perp$. 也就是说, 两个会话在某个阶段的 sid 相同, 但 cid 不同.

(5) 存在两个会话 label 和 label′, 满足 label.mode = label′.mode, label.lev = label′.lev, 对于某个阶段 i, label.sid$_i$ = label′.sid$_i \neq \perp$, label.auth$_i$ = label′.auth$_i \in$ {unilateral; mutual}, label.role = initiator 并且 label′.role = responder, 但 label.$V \neq$label′.U, 或者 label.$U \neq$label′.V (仅当 label.authi = mutual), 或者 label.psid$_{U,V,k} \neq$ label′.psid$_{V,U,k}$(仅当 label.auth$_i$ = mutual). 也就是说, 带认证的交互方实体身份的不匹配或密钥索引的不匹配.

(6) 存在两个会话 label 和 label′, 满足 label.mode = label′.mode, label.lev = label′.lev, 对于两个阶段 i 和 $j(i \neq j)$, 满足 label.sid$_i$ = label′.sid$_j \neq \perp$. 也就是说, 会话在不同的阶段共享相同的 sid.

(7) 存在三个不同的会话 label、label′ 和 label″, 对于某个阶段 i, 满足 label.lev =label′.lev = lable″.lev, label.mode = label′.mode = lable″.mode, label.sid$_i$ =label′.sid$_i$ = label″.sid$_i \neq \perp$. 也就是说, 超过两个会话在某个阶段共享相同的 sid.

(8) 存在两个会话 label 和 label′, 满足 label.mode $\neq$ label′.mode, 对于两个阶段 i 和 j, label.sid$_i$ = label′.sid$_j \neq \perp$. 也就是说, 不同模式的会话在某两个阶

段共享了相同的 sid.

(9) 存在两个会话 label 和 label′, 满足 label.mode = label′.mode, label.lev $\neq$ label′.lev, 对于两个阶段 i 和 j, label.sid$_i$ = label.sid$_j \neq\perp$. 也就是说, 处于不同层的会话在某两个阶段共享了相同的 sid.

称 MH 是匹配安全的, 或者满足匹配安全性, 当且仅当对于所有概率多项式时间敌手 $\mathcal{A}$, 如下概率是可忽略的: Adv$_{\mathcal{A},\mathrm{MH}}^{\mathrm{Match}}$ = Pr[Game$_{\mathcal{A},\mathrm{MH}}^{\mathrm{Match}}$ = 1].

定义 4.6.2(密钥不可区分性)　令 MH 代表多重握手协议, $\mathcal{A}$ 代表任意概率多项式时间敌手, $\mathcal{A}$ 在如下安全游戏 Game$_{\mathcal{A},\mathrm{MH}}^{\mathrm{key\text{-}secrecy},D}$ 中通过上述谕示器询问与 MH 进行交互:

(1) **初始化**　挑战者 $\mathcal{C}$ 为每一个实体 $U \in \mathcal{U}$ 选择长期的公私钥对或半静态公私钥对, 以及一个随机比特 $b_{\mathrm{test}} \in \{0, 1\}$.

(2) **询问**　敌手 $\mathcal{A}$ 以每个实体的公钥作为输入, 可进行 Newsession、Send、NewTempKey、NewPresharedKey、Reveal、Corrupt 和 Test 询问.

(3) **猜测**　在某个时刻, 敌手停止, 输出对 b_{test} 的猜测 b.

(4) **完成**　挑战者置 flag = true, 当且仅当存在两个会话 label 和 label′(也可能是同一个), 对于某个阶段 i, 满足 label.sid$_i$ = label′.sid$_i$, label.st$_{\mathrm{key},i}$ = revealed 并且 label.tested$_i$ = true. 也就是说, 敌手向同一个会话或两个匹配的会话同时询问了 Test 和 Reveal, 这是一种需要排除的平凡攻击.

如果 $b = b_{\mathrm{test}}$ 并且 flag = false, 则称 $\mathcal{A}$ 在上述游戏中有优势即打破了 MH 的密钥不可区分性目标, 记为 Game$_{\mathcal{A},\mathrm{MH}}^{\mathrm{key\text{-}secrecy},D}$ = 1, 这里 D 代表密钥空间. 称 MH 满足密钥不可区分性, 当且仅当对于所有概率多项式时间敌手 $\mathcal{A}$, 如下概率是可忽略的: Adv$_{\mathcal{A},\mathrm{MH}}^{\mathrm{key\text{-}secrecy},D}$ = Pr[Game$_{\mathcal{A},\mathrm{MH}}^{\mathrm{key\text{-}secrecy},D}$ = 1] $- \frac{1}{2}$.

定义 4.6.3(多层多阶段安全)　令 MH 代表多重握手协议, 如果 MH 既满足匹配安全性也满足密钥不可区分性, 则称 MH 在层 (或阶段) 密钥相关或无关、无前向安全或阶段 j 前向安全、认证方式为 AUTH 的运行模式下满足多层多阶段安全性, 或者说是多层多阶段安全的.

4.6.3　TLS 1.3 多重握手协议的安全性分析

本小节利用上述多层多阶段安全模型来分析 TLS 1.3 多重握手协议的安全性.

定理 4.6.1　假设伪随机函数 PRF 是安全的, 密钥导出函数 HKDF 也是 PRF 安全的, 数字签名 Sig 是选择消息攻击下存在性不可伪造的, Hash 函数 H 满足抗碰撞性, DDH 问题和 Gap-DH 问题在群 G 上是困难的, 则 TLS 1.3 多重握手协议是多层多阶段安全的.

证明 不失一般性, 我们假设 TLS 1.3 多重握手协议 Π 由 n 个连续的握手会话组成, 通过对 n 进行归约实现证明, 证明大致框架如下:

首先, 证明对于 $n = 1$, 上述定理成立, 即 Π 仅包括一个会话 label, 满足 label.mode = M1, label.lev = 1, 即完整握手会话.

其次, 证明如果 Π 是由 $n-1$ 个连续的握手会话组成的 TLS 1.3 多重握手协议, 并且是多层多阶段安全的, 那么由 Π 和任意允许的一个 TLS 1.3 会话 label′ 组合而成的多重握手协议 Π' 满足匹配安全性, 其中 label′.mode = M2, M3 或 M4.

最后, 证明如果 Π 是由 $n-1$ 个连续的握手会话组成的 TLS 1.3 多重握手协议, 并且是多层多阶段安全的, 那么由 Π 和任意允许的一个 TLS 1.3 会话 label′ 组合而成的多重握手协议 Π' 满足密钥不可区分性, 其中 label′.mode = M2, M3 或 M4. 详细证明参阅文献 [36]. □

4.7 注 记

Diffie 和 Hellman[1] 首先提出密钥交换的概念. Bellare 和 Rogaway[2] 首次给出了认证密钥交换的安全模型. 针对不同的敌手能力和攻击目标, 后续研究者又提出了各种不同的认证密钥交换安全模型 [3,4,27,28].

DH 协议 [1] 是第一个密钥交换, 通过使用显式的认证密码组件, 如公钥加密、数字签名等可以将普通密钥交换转换成认证密钥交换. HMQV 协议 [6] 是第一个实现隐式认证的可证明安全认证密钥交换. Feng 和 Chen[7] 首次提出公平认证密钥交换的概念, 并给出了具体构造. Yang 和 Zhang[15] 给出了高效的匿名口令认证密钥交换, 该协议已成为 ISO/IEC 20009-4 国际标准 [34]. Zhang J, Zhang Z F 和 Ding 等 [16] 设计了第一格上两轮隐式认证的密钥交换. Zhang 和 Yu[26] 给出了可分离公钥加密及其平滑投射 Hash 函数到两轮口令认证密钥交换的通用构造, 并得到了首个格上两轮口令认证密钥交换. Li, Xu 和 Zhang 等 [36] 提出一种 TLS 多种握手功能组合运行的安全性分析方法, 证明了 TLS 1.3 满足多重握手安全性, 确认了 TLS 1.3 设计的合理性.

本章重点概述了认证密钥交换的研究现状和发展历程, 给出了公平认证密钥交换 (FAKE) 的基本思想及其形式化安全模型和可证明安全的具体设计实例, 介绍了高效的匿名认证密钥交换和格上的认证密钥交换以及 TLS 1.3 多重握手协议安全性分析方法.

参 考 文 献

[1] Diffie W, Hellman M. New directions in cryptography. IEEE Transactions on Information Theory, 1976, 22(6): 644-654.

[2] Bellare M, Rogaway P. Entity authentication and key distribution. Advances in Cryptology–Crypto'93. Berlin, Heidelberg: Springer, 1993: 232-249.

[3] Bellare M, Rogaway P. Provably secure session key distribution: The three party case. STOC 1995. New York: ACM Press, 1995: 57-66.

[4] Bellare M, Pointcheval D, Rogaway P. Authenticated key exchange secure against dictionary attacks. Advances in Cryptology–Eurocrypt 2000. Berlin, Heidelberg: Springer-Verlag 2000: 139-155.

[5] Canetti R, Krawczyk H. Analysis of key-exchange protocols and their use for building secure channels. Advances in Cryptology–Eurocrypt 2001. Berlin, Heidelberg: Springer, 2001: 453-474.

[6] Krawczyk H. HMQV: A high-performance secure Diffie-Hellman protocol. Advances in Cryptology–Crypto 2005. Berlin, Heidelberg: Springer, 2005: 546-566.

[7] Feng D G, Chen W D. Security model and modular design of fair authentication key exchange protocols. Science China Information Sciences, 2010, 53(2): 278-287.

[8] Di Raimondo M, Gennaro R, Krawczyk H. Deniable authentication and key exchange. Proceedings of the 13th ACM CCS. New York: ACM Press, 2006: 400-409.

[9] Dwork C, Naor M, Sahai A. Concurrent zero-knowledge. Proc. of 30th sysposium on theory of computing(STOC). New York: ACM Press, 1998: 409-418.

[10] Krawczyk H. SKEME: A versatile secure key exchange mechanism for Internet. Proc. of 1996 Symposium on Network and Distributed Systems Security(SNDSS'96), 1996: 114-127.

[11] Kudla J. Special signature scheme and key agreement protocols. Information security group department of mathematics Royal Hollway, University of London, 2006.

[12] Bellare M, Canetti R, Krawczyk H. A modular approach to the design and analysis of authentication and key exchange protocols. Proc. of the 30th Annual Symp. on Theory of Computing, 1998: 419-428.

[13] Kudla C, Paterson K G. Modular security proofs for key agreement protocols//Bimal R, ed. Advances in Cryptology–Asiacrypt 2005. Berlin, Heidelberg: Springer, 2005: 549-565.

[14] Okamoto T, Pointcheval D. The Gap-problems: A new class of problems for the security of cryptographic schemes//Kim K, ed. Public Key Cryptography–PKC 2001. Lecture Notes in Computer Science, Vol. 1992. Berlin, Heidelberg: Springer-Verlag, 2001: 104-118.

[15] Yang J, Zhang Z F. A new anonymous password-based authenticated key exchange protocol. Lecture Notes in Computer Science, 2008, 5365: 200-212.

[16] Zhang J, Zhang Z F, Ding J T, et al. Authenticated key exchange from ideal lattices. Advances in Cryptology–Eurocrypt 2015. Berlin, Heidelberg: Springer, 2015: 719-751.

[17] Blake-Wilson S, Johnson D, Menezes A. Key agreement protocols and their security analysis. Proceedings of the 6th IMA International Conference on Cryptography and Coding. London: Springer-Verlag, 1997: 30-45.

[18] Micciancio D, Regev O. Worst-case to average-case reductions based on gaussian measures. SIAM J. Comput., 2007, 37: 267-302.

[19] Bellare M, Rogaway P. Random oracles are practical: A paradigm for designing efficient protocols. Proceedings of the 1st ACM Conference on Computer and Communications Security, CCS'93. New York: ACM Press, 1993: 62-73.

[20] Lyubashevsky V. Lattice signatures without trapdoors. Advances in Cryptology–Eruocrypt 2012. Heidelberg: Springer, 2012: 738-755.

[21] Lyubashevsky V, Peikert C, Regev O. On ideal lattices and learning with errors over rings. Advances in Cryptology–Eruocrypt 2010. Berlin, Heidelberg: Springer, 2010: 1-23.

[22] Applebaum B, Cash D, Peikert C, Sahai A. Fast cryptographic primitives and circular-secure encryption based on hard learning problems. Advances in Cryptology–Crypto 2009, 2009: 595-618.

[23] Peikert C, Waters B. Lossy trapdoor functions and their applications. STOC, 2008: 187-196.

[24] Bellare M, Neven G. Multi-signatures in the plain public-key model and a general forking lemma. Proceedings of the 13th ACM Conference on Computer and Communications Security, CCS'06. New York: ACM Press, 2006: 390-399.

[25] Gennaro R, Shoup V. A note on an encryption scheme of Kurosawa and Desmedt. Cryptology ePrint Archive, Report 2004/194, 2004.

[26] Zhang J, Yu Y. Two-round PAKE from approximate SPH and instantiations from lattices. Advances in Cryptology–Asiacrypt 2017, 2017: 37-67.

[27] Katz J, Ostrovsky R, Yung M. Efficient and secure authenticated key exchange using weak passwords. J. ACM, 2009, 57(1): 1-39.

[28] Katz J, Vaikuntanathan V. Round-optimal password-based authenticated key exchange. Theory of Cryptography. Heidelberg: Springer, 2011: 293-310.

[29] Cramer R, Shoup V. Universal hash proofs and a paradigm for adaptive chosen ciphertext secure public-key encryption//Knudsen L R, ed. Eurocrypt 2002. LNCS, Vol. 2332. Heidelberg: Springer, 2002: 45-64.

[30] Katz J, Vaikuntanathan V. Smooth projective hashing and password-based authenticated key exchange from lattices//Matsui M, ed. Asiacrypt 2009. LNCS, 5912. Heidelberg: Springer, 2009: 636-652.

[31] Regev O. On lattices, learning with errors, random linear codes, and cryptography. Proceedings of STOC 2005, ACM, 2005: 84-93.

[32] Naor M, Yung M. Public-key cryptosystems provably secure against chosen-ciphertext attacks. Annual ACM Symposium on Theory of Computing, 1990: 427-437.

[33] Sahai A. Non-malleable non-interactive zero knowledge and adaptive chosen-ciphertext

security. IEEE Computer Society, 1999: 543-553.

[34] ISO/IEC 20009-4.   Information technology–Security techniques-Anonymous entity authentication–Part 4: Mechanisms based on weak secrets, 2017.

[35] The Transport Layer Security (TLS) Protocol Version 1.3. https://halfrost.com/tls_1-3_rfc8446，2018.

[36] Li X Y, Xu J, Zhang Z F, et al. Multiple Handshakes Security of TLS 1.3 Candidates. IEEE Symposium on Security and Privacy, 2016: 486-505.

[37] Fischlin M, Günther F. Multi-Stage key exchange and the case of Google's QUIC protocol. Proceedings of the 2014 ACM SIGSAC Conference on Computer and Communications Security, 2004: 1193-1204.

第 5 章 口 令 认 证

在基于口令的认证协议中, 用户只需要拥有易于记忆的口令就可以实现身份认证等功能, 不需要其他设备和载体存储密钥, 更具易用性, 因此, 口令认证协议成为安全认证协议非常活跃的一个研究方向. 但是, 相比较于传统的基于公钥或高信息熵主密钥的认证协议, 口令认证协议容易遭受字典攻击.

依据攻击者对所猜测口令的验证方式, 字典攻击主要分为两大类: 离线字典攻击和在线字典攻击. 离线字典攻击是指攻击者通过窃听得到合法用户间的通信消息, 穷举所有可能的口令, 离线地对所猜测口令的正确性进行验证. 在线字典攻击是指攻击者尝试从口令字典中选取一个潜在口令, 仿冒合法用户参与协议运行, 然后根据协议是否成功运行来验证所猜测口令的正确性. 对基于口令的认证协议, 攻击者总可以实施在线字典攻击, 但就实际应用而言, 可通过设置一些策略来防御, 如当协议运行失败总次数或连续失败次数达到某一阈值时, 对账户进行锁定. 因此, 安全的口令认证协议必须能够抵抗离线字典攻击.

5.1 口令认证概述

口令认证主要包括两方口令认证、三方口令认证、跨域口令认证和匿名口令认证等, 本节重点从这几个方面简要概述口令认证的研究现状和发展历程.

5.1.1 两方口令认证

1992 年, Bellovin 和 Merritt[1] 首次提出基于口令的认证密钥交换协议 (简称为 PAKE 协议), 并提出著名的加密密钥交换 (EKE) 协议. 这一工作影响深远, 已经成为该领域的研究基础, 但该协议并没有严格的安全性证明. 2000 年, Bellare, Pointcheval 和 Rogaway[2] 首次提出两方口令认证密钥协商协议的形式化安全模型 (简称为 BPR 模型), 并在理想假设下证明了变形 EKE 协议的安全性. 2005 年, Abdalla 和 Pointcheval[3] 提出一个高效简单的 PAKE 协议, 使用一次一密函数代替 EKE 协议中的加密函数, 并在随机谕示器模型中证明了协议的安全性.

与随机谕示器模型相比, 标准模型不需要将协议中使用的 Hash 函数理想化或建模为真随机函数, 标准模型中 PAKE 协议的设计也得到了广泛的关注. 2001 年, Goldreich 和 Lindell[4] 率先提出标准模型中可证明安全的 PAKE 协议, 但该协议的通信和计算复杂度较高. 同年, Katz, Ostrovsky 和 Yung [5] 提出一个高效的 PAKE 协议, 简称为 KOY 协议, 并在共同参考串模型中证明了该协议的安全性. 2003 年, Gennaro 和 Lindell[6] 使用平滑投射 Hash 函数对 KOY 协议进行了抽象和概括, 提出 PAKE 协议的通用框架. 2011 年, Katz 和 Vaikuntanathan[7] 基于该框架首次提出一轮 PAKE 协议. 2013 年, Benhamouda, Blazy 和 Chevalier[8] 提出一个新平滑投射 Hash 函数, 并基于该框架构建了更高效的一轮 PAKE 协议, 传输消息仅包含 6 个群元素.

5.1.2　三方口令认证

　　两方 PAKE 协议适用于客户端和服务器模式的安全通信, 但是很难满足大规模端到端通信的应用需求. 为了利用口令实现大规模的端到端通信, 三方 PAKE 协议需要考虑两个客户端分别与服务器共享口令, 并在服务器的协助下建立安全通信. 与两方 PAKE 协议相比, 三方 PAKE 协议不仅要抵抗在线字典攻击和离线字典攻击, 还需要抵抗不可检测的在线字典攻击, 因此, 设计难度更大. 1995 年, Steiner, Tsudik 和 Waidner[9] 首次提出三方 PAKE 协议, 但被指出该协议容易遭受不可检测的在线字典攻击. 2005 年, Abdalla, Fouque 和 Pointcheval[10] 对可证明安全的三方 PAKE 协议展开研究, 提出著名的 ROR(real-or-random) 模型, 给出利用两方 PAKE 协议构造三方 PAKE 的通用构造方法, 并在 ROR 模型中证明了这种通用构造的安全性. 同年, Abdalla 和 Pointcheval[11] 又设计了一个高效的三方 PAKE 协议. 2006 年, Wang 和 Hu[12] 指出, 这两个三方 PAKE 协议都不能抵抗不可检测的在线字典攻击, 并通过增加 MAC(消息认证码) 的方式提出一个新的通用构造. 后续, 相继提出大量的在随机谕示器模型中可证明安全的三方 PAKE 协议.

　　2009 年, Kwon, Jeong 和 Lee[13] 提出首个标准模型中可证明安全的三方 PAKE 协议, 并且基于 HDH 假设证明了协议的安全性. 2012 年, Yang 和 Cao[14] 提出标准模型中可证明安全的三方 PAKE 协议, 在 DDH 假设下证明了协议的安全性. 但是这两个协议都假设服务器拥有公钥, 用户需要储存并验证服务器的公钥, 因此, 用户不能仅仅通过记忆口令实现认证, 失去了口令认证协议的便捷性. 2014 年, Nam, Choo 和 Kim 等 [15] 利用两方 PAKE 协议给出标准模型中可证明安全的三方 PAKE 协议, 该协议仅以口令作为认证方式. 2016 年, Wei, Ma 和 Li 等 [16] 以基于 ElGamal 加密的平滑投射 Hash 函数为工具提出一个三方 PAKE 协议, 并在标准模型中基于 DDH 假设证明了协议的安全性.

5.1.3　跨域口令认证

　　随着现代通信环境的飞速发展和日益多元化, 在移动网、家庭网等许多领域中需要为属于不同域中的客户之间提供一个安全的信道, 但是这样的客户之间不能以可信的方式预先共享一个口令, 因此, 无法通过两方口令认证或三方口令认证来建立信道. 跨域口令认证协议可以处理来自不同域的客户端之间进行认证并建立密钥的情况, 每个客户端只需要与其所在域的服务器共享一个口令即可.

2002 年, Byun, Jeong 和 Lee 等[17] 提出第一个跨域的端到端的口令认证协议. 然而, Chen[18] 指出该协议具有严重缺陷: 一个域的恶意服务器可以通过字典攻击得到另一个域中用户的口令. 随后, 相继提出对该协议的其他攻击或效率改进以及协议的变形. 但是, 这些协议的变形都仅提供了启发式的安全性分析, 没有完备的安全性证明. 2007 年, Byun, Lee 和 Lim[19] 首次提出跨域的端到端的口令认证协议的安全模型并给出一个具有可证明安全性的协议. 然而, Phan 和 Goi[20] 指出该协议存在不可检测的在线字典攻击. Feng 和 Xu[21] 分析了已有安全模型存在的缺点, 并在改进后的安全模型中提出一个可证明安全的跨域口令认证协议.

5.1.4 匿名口令认证

匿名口令认证是实现隐私保护的一种重要技术, 在大规模信息泄露事件频出的时代得到广泛关注, 其设计面临既要保持用户的匿名性又要抵抗字典攻击的挑战性难题. 匿名口令认证机制主要包括唯口令 (password only) 的匿名口令认证机制和基于辅助存储设施的匿名口令认证机制, 这两种类型的经典机制已经被收录在 ISO/IEC 20009-4《匿名实体鉴别: 基于弱秘密的机制》国际标准中 [22].

在唯口令的机制中, 用户在服务器注册并记住其用于认证的口令数据, 然后与在非匿名口令认证机制中一样地使用其口令进行认证. 在基于辅助存储设施的机制中, 用户不仅要记住他们的口令, 还要同时持有一个口令包裹的凭证 (password-wrapped credential), 该凭证可以暴露给敌手但不会危害用户的隐私安全, 服务器不需要存储用户的口令文件. 上述两种机制在不同的应用场景下具有各自的优势.

2005 年, Viet, Yamamura 和 Tanaka[23] 结合健忘传输 (oblivious transfer, OT) 协议提出第一个唯口令的匿名口令认证机制. 2008 年, Yang 和 Zhang[24] 指出该协议存在严重的安全缺陷: 恶意的内部攻击者通过一次主动的协议运行可以对任何参与方发动离线字典攻击从而获得其口令, 同时提出一个高效的匿名口令认证机制, 已被列为 ISO/IEC 20009-4 国际标准的机制之一. 后续, Hu, Zhang J 和 Zhang Z 等 [25-26] 分别在通用可组合模型中和标准模型中提出可证明安全的唯口令的匿名口令认证机制.

为了提高协议运行效率, 基于辅助设备的匿名口令认证机制也得到广泛的关注. 辅助设备主要存储由口令加密保护的匿名凭证, 用户在登录时, 通过提交由口令解密恢复的凭证向服务器进行直接认证. Yang, Zhou 和 Weng 等 [27-28] 首次提出基于通用存储设备的匿名口令认证协议, 分别利用 CL 签名和 BBS 签名作为匿名凭证, 并结合同态加密技术, 提升了计算和通信效率, 其中基于 BBS 签名的构造已被列为 ISO/IEC 20009-4 国际标准的机制之一. 2016 年, Zhang, Yang 和 Hu 等[29] 通过引入代数 MAC, 去除匿名口令认证机制对同态加密的依赖, 提出一个新的设计方法并证明了构造的安全性, 计算性能得到进一步提升.

5.2   基于口令的安全协议的模块化设计与分析理论

从计算复杂性理论角度看, 对于基于口令的安全协议来说, 敌手的成功概率是多项式函数的倒数, 并非可忽略函数, 这与基于高品质主密钥或公钥的安全协议存在很大区别. 因此, 从理论上深入研究这一点对口令协议的安全性分析是非常有意义的.

本节主要介绍基于口令的安全协议的理论基础——弱伪随机性理论, 基于口令的安全协议的模块化设计与分析理论, 以及基于口令的安全协议的一般性构造方法和具体实例[30].

5.2.1   基于口令的安全协议的理论基础——弱伪随机性理论

为了便于理解基于口令的安全协议的理论基础——弱伪随机性理论, 首先定义一些基本概念.

定义 5.2.1((1−1/m(n))-计算不可区分性)   设 $X = \{X_n\}_{n \in \mathbb{N}}$ 和 $Y = \{Y_n\}_{n \in \mathbb{N}}$ 是两个概率空间, 称 X 和 Y 是 $(1 - 1/m(n))$-计算不可区分的, 如果对任意 PPT 算法 D, 某取定多项式 $m(n)$, 任意多项式 $p(\cdot)$, 足够大的 n, 都有

$$|\Pr[D(X_n) = 1] - \Pr[D(Y_n) = 1]| < 1/m(n) + 1/p(n)$$

注   如果取 $m(n)$ 为指数函数, 就得到了通常的计算不可区分性的概念. 也称定义 5.2.1 中的计算不可区分性为弱计算不可区分性, 这是以下所有讨论的基础.

定义 5.2.2 ((1 − 1/m(n))-弱伪随机性)   如果概率空间 $X = \{X_n\}_{n \in \mathbb{N}}$ 和均匀空间 $U = \{U_n\}_{n \in \mathbb{N}}$ 是 $(1 - 1/m(n))$-弱计算不可区分的, 则称 $X = \{X_n\}_{n \in \mathbb{N}}$ 是 $(1 - 1/m(n))$-弱伪随机的.

定义 5.2.3 ((1 − 1/m(n))-弱伪随机生成器)   设 G 是确定性多项式时间算法: 对于任何输入 $s \in \{0,1\}^n$, 算法 G 输出一个长度为 $l(n)$ 的字符串, 称 G 是一个 $(1 - 1/m(n))$-弱伪随机生成器, 如果它满足如下条件:

(1) 扩展性: 对每个 n 来说, 满足 $l(n) > n$.

(2) 弱伪随机性: 概率空间 $\{G(U_n)\}_{n \in \mathbb{N}}$ 是 $(1 - 1/m(n))$-弱伪随机的.

定义 5.2.4 (弱单向函数)   称函数 $f : \{0,1\}^* \to \{0,1\}^*$ 是弱单向的, 如果它满足如下条件:

(1) f 是多项式时间可计算的.

(2) 存在多项式 $p(\cdot)$, 使得对任意 PPT 算法 $\mathcal{A}$ 及所有足够大的 n, 都有 $\Pr[\mathcal{A}(f(U_n)) \notin f^{-1}(f(U_n))] > 1/p(n)$.

从定义 5.2.4 可以看出, 弱单向函数是指求逆失败概率 "不太小"(与单向函数相比) 的函数. 单向函数必然是弱单向函数, 但反之不然.

定义 5.2.5(统计距离) 两个概率空间 $\{X_n\}$ 和 $\{Y_n\}$ 的统计距离 (也称为统计差异 (statistical difference)) 定义为 $\Delta(n) = \Delta(X_n, Y_n) = \frac{1}{2}\sum_{\alpha}|\Pr[X_n = \alpha] - \Pr[Y_n = \alpha]|$.

统计距离衡量了两个统计分布曲线的接近程度.

1. 弱伪随机性理论

定理 5.2.1 如果对于任意的 $p(n)$, $\Delta(n) < 1/m(n) + 1/p(n)$, 则 X 和 Y 是弱计算不可区分的.

证明 设 f 是任意布尔函数 (PPT 算法), 令

$$S_f = \{x : f(x) = 1\}$$

则有

$$
\begin{aligned}
1/m(n) + 1/p(n) > \Delta(n) &= \max_{S}|\Pr[X_n \in S] - \Pr[Y_n \in S]| \\
&\geqslant |\Pr[X_n \in S_f] - \Pr[Y_n \in S_f]| \\
&= |\Pr[f(X_n) = 1] - \Pr[f(Y_n) = 1]|
\end{aligned}
$$

由 f 的任意性以及统计距离的定义即可得证. □

以上的弱计算不可区分性定义是针对单个统计样本而言的, 但在具体应用中常常涉及对多重样本的统计分析. 例如, 对序列密码的多个截段序列或分组密码的多个明文/密文对取样分析, 特别是任意 PPT 敌手对基于口令的安全协议做多次在线猜测攻击得到的 "观察"(view) 样本. 因此, 分析重复取样条件下的弱伪随机性质保持程度是很有意义的.

定义 5.2.6 (重复取样的弱计算不可区分性) 称任意两个概率空间 $X = \{X_n\}_{n\in\mathbb{N}}$ 和 $Y = \{Y_n\}_{n\in\mathbb{N}}$ 是多项式时间取样 $(1 - 1/m(n))$-计算不可区分的, 如果对任意 PPT 算法 D, 任意多项式 $q(\cdot)$ 和 $p(\cdot)$, 足够大的 n, 都有

$$|\Pr[D(X_n^{(1)}, \cdots, X_n^{q(n)}) = 1] - \Pr[D(Y_n^{(1)}, \cdots, Y_n^{q(n)}) = 1]| < 1/m(n) + 1/p(n)$$

这里 $\{X_n^{(i)}\}$ 和 $\{Y_n^{(i)}\}$ 分别是独立同分布的随机变量序列.

定理 5.2.2 设任意两个概率空间 $X = \{X_n\}_{n\in\mathbb{N}}$ 和 $Y = \{Y_n\}_{n\in\mathbb{N}}$ 都是多项式时间可构造的, 如果 X 和 Y 是 $(1 - 1/m(n))$-计算不可区分的, 则其多项

式 $(q(n))$ 取样序列是 $(1 - q(n)/m(n))$-计算不可区分的 (注：根据具体应用背景, $q(n) < m(n)$ 属于自然限制).

证明　假设定理结论不成立, 则存在 PPT 算法 D 以及多项式 $q(\cdot), p(\cdot)$, 使得下式成立:

$$|\Pr[D(X_n^{(1)}, \cdots, X_n^{(q)}) = 1] - \Pr[D(Y_n^{(1)}, \cdots, Y_n^{(q)}) = 1]| > q(n)/m(n) + 1/p(n)$$

定义混合随机变量 $H_n^k = (X_n^{(1)}, \cdots, X_n^{(k)}, Y_n^{(k+1)}, \cdots, Y_n^{(q)})$, 这里 $0 \leqslant k \leqslant q(n)$. 显然有 $H_n^0 = (Y_n^{(1)}, \cdots, Y_n^{(q)}), H_n^q = (X_n^{(1)}, \cdots, X_n^{(q)})$ 成立.

设计算法 D': 输入 α(假设位于 X_n 或 Y_n 的值域内):

(1) 随机选择 $k \in \{0, 1, \cdots, q(n) - 1\}$.

(2) 生成样本观察值 $x^1, \cdots, x^k, y^{k+2}, \cdots, y^q(x^1, \cdots, x^k, y^{k+2}, \cdots, y^q$ 分别是相应于 $X_n^{(i)}$ 和 $Y_n^{(i)}$ 的样本观察值).

(3) 输出 $D(x^1, \cdots, x^k, \alpha, y^{k+2}, \cdots, y^q)$.

由全概率公式 (注：k 在 $\{0, 1, \cdots, q(n) - 1\}$ 上均匀分布) 易见有下式成立.

$$
\begin{aligned}
&|\Pr[D'(X_n) = 1] - \Pr[D'(Y_n) = 1]| \\
&= 1/q(n) \left| \sum_{k=0}^{q-1} (\Pr[D(H_n^{k+1}) = 1] - \Pr[D(H_n^k) = 1]) \right| \\
&= 1/q(n) |\Pr[D(H_n^q) = 1] - \Pr[D(H_n^0) = 1]| \\
&= |\Pr[D(X_n^{(1)}, \cdots, X_n^{(q)}) = 1] - \Pr[D(Y_n^{(1)}, \cdots, Y_n^{(q)}) = 1]|/q(n) \\
&\geqslant 1/m(n) + 1/q(n)p(n)
\end{aligned}
$$

这与概率空间 $X = \{X_n\}_{n\in\mathbb{N}}$ 和 $Y = \{Y_n\}_{n\in\mathbb{N}}$ 是弱计算不可区分的这一性质矛盾.　　　　　　　　　　　　　　　　　　　　　　　　　　□

接下来讨论弱伪随机性与弱单向函数之间的关系. 定理 5.2.3 表明：正如单向函数的存在性暗示伪随机生成器的存在性一样, 弱单向函数暗示弱伪随机生成器的存在.

定理 5.2.3　设 G 是扩展因子为 $l(n) = 2n$ 的弱伪随机生成器, 令 $f: \{0,1\}^* \to \{0,1\}^*$, 定义 $f(x,y) = G(x)$, 这里 $|x| = |y|$, 则 f 是弱单向函数.

证明　显然, f 是易于计算的. 证明仍然采用归约论断. 假设 f 不是弱单向函数, 则对任意多项式 $p(\cdot)$, 存在 PPT 算法 $\mathcal{A}$, 对足够大的 n, 都有 $\Pr[\mathcal{A}(f(U_{2n})) \notin f^{-1}(f(U_{2n}))] < 1/p(n)$, 亦即 $\Pr[f(\mathcal{A}(f(U_{2n}))) = f(U_{2n})] > 1 - 1/p(n)$(注：由 f 的定义有 $f(U_{2n}) = G(U_n)$ 成立).

构造算法 D: 输入 $\alpha \in \{0,1\}^*$; 调用算法 $\mathcal{A}$ 求 $\alpha \in \{0,1\}^*$ 在 f 作用下的原像, 如果成功, 输出 1; 否则, 输出 0.

显然, $D(\alpha) = 1 \Leftrightarrow f(\mathcal{A}(\alpha)) = \alpha$. 再由 $f(U_{2n}) = G(U_n)$, 故有

$$\Pr[D(G(U_n)) = 1] = \Pr[f(\mathcal{A}(G(U_n))) = G(U_n)] > 1 - 1/p(n)$$

此外, 根据 f 的构造方法, 至多有 2^n 个不同的 $2n$ 长比特串在 f 作用下有原像, 即

$$\Pr[D(U_{2n}) = 1] = \Pr[f(\mathcal{A}(U_{2n})) = U_{2n}] \leqslant 1/2^n$$

进而得到

$$\Pr[D(G(U_n)) = 1] - \Pr[D(U_{2n}) = 1] > 1 - 1/p(n) - 1/2^n \geqslant 1/m(n) + 1/p(n)$$

(n 足够大) 这与 G 是弱伪随机生成器矛盾. □

2. 弱伪随机性理论的密码学应用

弱伪随机性理论是基于口令的安全协议的密码学理论基础. 对于密码学其他应用, 还可以考虑把弱伪随机生成器作为构造密码生成器 (如序列密码) 的基本组件之一, 具有实现效率可能更高、实现成本更低、选取范围更广等优点. 此外, 弱单向函数是弱伪随机生成器的基础, 而弱单向函数无疑比单向函数的选取范围要大, 条件也弱得多, 因此, 利用弱伪随机生成器构造伪随机生成器也是完全可行的.

5.2.2 基于口令的安全协议的模块化设计与分析理论

基于口令的安全协议的密码学理论基础与一般安全协议存在本质区别 (如存在字典攻击), 已有的以 BCK 模型[31]为代表的安全协议的模块化设计与分析思想并不适用于基于口令的安全协议. 本小节主要介绍基于口令的安全协议的模块化设计与分析理论.

1. 模块化框架

安全协议的设计目标就是要确保系统的行为尽可能类似在理想认证信道上通信, 传送消息不会被修改或错误地提供来源, 尽管敌手可以控制合法通信方的公开信道, 可以修改、删除甚至是错误地传送消息 (伪造), 还能控制消息的延迟, 甚至可能还具有额外的能力, 如收买某个或某些合法方等.

安全协议模块化方法, 即 BCK 模型的核心组件是构造 "通用编译器 C"(或认证器): 把理想认证模型中的任何安全的协议 π 转化成现实非认证模型中的协议 $\pi' = C(\pi)$, π' 完成与 π 类似的任务, 但却能够抵抗能力强得多的现实敌手的攻击. 认证器的设计可以归结到更简单的 MT-认证器 (消息传递认证器) 的设计, 仅限于认证通信双方之间简单的消息交换或传输, 因此, 设计要简单得多.

在现实模型中设计与分析安全协议可划分为两个独立的阶段: 第一阶段, 在理想认证模型中设计并证明协议安全性; 第二阶段, 应用认证器, 把第一阶段的协议 "编译" 成现实模型中的安全协议. 这两个阶段的协议可以相对独立地设计与分析. 认证器的定义涉及对理想认证模型和现实模型的形式化定义, 以及两种模型中所运行协议的 "等价性" 概念, "等价性" 意味着一个协议的行为被另一个协议模拟. "模拟" 的定义涉及伪随机性理论和计算不可区分性概念.

为了建立基于口令的安全协议的模块化设计与分析理论, 本小节基于弱伪随机性理论推广上述 "协议模拟" 的概念. 为方便讨论, 我们将弱计算不可区分性定义 (定义 5.2.1) 中的多项式 $m(n)$ 取为口令字典基数 $|D|$, 用 "$\overset{\text{wc}}{\equiv}$" 表示弱计算不可区分.

我们将基于口令的安全协议视为消息驱动协议. 所谓消息驱动协议是这样一个迭代进程: 具有内部初始状态 $s_0 = (x, r, \text{id})$(其中 x 为协议的输入, r 为随机输入, id 为身份信息) 的通信方调用协议后, 协议等待激活, 激活可由两类事件引发: 来自网络的消息到达或一个外部请求 (形式化为来自该用户运行的其他进程的信息); 激活后, 协议根据当前内部状态及输入数据, 产生一个新的内部状态、一个向网络发出的消息、一个外部请求, 此外, 还产生一个累加的输出值; 激活结束后, 协议等待下一次激活.

认证模型 AM 不失一般性, 只考虑两方通信情形, 推广到多方通信情形是自然的. 设用户 P_1 和 P_2 各自运行相同的一个消息驱动协议. 协议的计算由各方的一个激活序列组成. 需要指出, 敌手 (形式化为一个 PPT 算法) 可以控制和编排激活, 即决定最初激活哪一方以及另一方收到哪一个消息和外部请求等. 敌手知道发出的消息、外部请求以及协议的输出, 但新的内部状态则是未知的.

在理想认证模型中, 敌手 $\mathcal{A}$ 被限制只能诚实地传递消息 (但可以使用延迟、改变传递顺序等攻击手段). 不失一般性, 假设每次发送的消息都是不同的 (在实际中可以这样理解: 每一消息都包含发方和收方的身份、时间戳或其他防重放攻击的随机数, 因此, 消息相同的概率至少是可忽略的). 当某一方发出一个消息时, 该消息即被加入 "待发送消息" 集合 M; 无论何时敌手用送达消息 m 激活另一方时, 必然有 $m \in M$, 而且被激活方就是收方 (即 m 不可能是敌手伪造的). 敌手还可以随意收买某个或某些用户, 这时可以获知被收买用户的所有内部状态. 总之, 在理想认证模型中, 敌手是被动的, 不具有伪造或篡改消息的能力.

敌手的输出是敌手的观察的函数, 敌手的观察是指协议执行期间敌手看到或推导出的信息以及随机输入等. 安全协议的整体输出 (global output) 是各方 (包括敌手) 的累加输出的级联, 用随机变量 $\text{AUTH}_{\pi, \mathcal{A}}(x)$ 来表示.

非认证模型 UM UM 是现实模型, UM-敌手 $\mathcal{U}$ 是主动敌手, $\mathcal{U}$ 不再局限于诚实地传递 M 中的消息, 可以使用任何伪造的消息激活任一方. 其他方面, UM

模型和 AM 模型基本类似, 安全协议的整体输出用 $\mathrm{UNAUTH}_{\pi',\mathcal{U}}(x)$ 来表示.

协议模拟 协议模拟能够保证: 在非认证模型 UM 中运行协议 π' 与在认证模型 AM 中运行协议 π 有相同的效果 (在功能特别是在安全性能方面是 "等价" 的).

我们利用弱计算不可区分性概念给出 π' 模仿 π 的定义.

定义 5.2.7(协议模拟) 设 π 和 π' 都是两方消息驱动协议, 称 π' 在非认证模型中模拟 π, 如果对任一 UM-敌手 $\mathcal{U}$, 存在一个 AM-敌手 $\mathcal{A}$, 对于所有输入 x, 都有

$$\mathrm{UNAUTH}_{\pi',\mathcal{U}}(x) \overset{\mathrm{wc}}{\equiv} \mathrm{AUTH}_{\pi,\mathcal{A}}(x)$$

定义 5.2.7 可以理解为: 任何 UM-敌手攻击协议 π' 造成的后果和 AM-敌手攻击协议 π 造成的后果是等效的, 即前者可以被后者模拟.

定义 5.2.8(基于口令的安全协议认证器) 对任何协议 π 而言, 基于口令的安全协议认证器是一个通用编译器 C, $C(\pi)$ 在非认证模型中模拟 π.

利用基于口令的安全协议认证器 C, 可以把理想认证模型中安全的基于口令的安全协议转化成现实非认证模型中安全的同类协议. 类似于 BCK 模型, C 的设计可以归结到更基本的协议模块设计: PMT-认证器.

2. PMT-认证器的设计

基于口令的认证器 C 的设计思路如下: 首先, 设计一个以发送消息的外部请求为输入、按认证方式发送消息的 "底层" 协议 λ; 其次, 对于任何在理想认证模型中运行的协议 π, 认证器 C 输出一个基于口令的协议 π', 与 π 几乎完全一样, 除了消息传递经过 λ 实现. 具体来说, 考虑理想认证模型中运行的消息传递协议 MT, 对于每次激活, P_1 发送消息 (P_1, P_2, m) 给 P_2, 输出 "P_1 发送 m 给 P_2", P_2 则输出 "P_2 从 P_1 收到了 m". 如果上述基于口令的协议 λ 在非认证模型中模拟 (理想认证模型中的) 协议 MT, 则称 λ 是一个基于口令的 MT-认证器, 记为 PMT-认证器.

综上, 对于任何在理想认证模型中运行的协议 π, 现实模型中的协议 $\pi' = C_\lambda(\pi)$ 如下定义: 先调用 λ, 对于 π 发出的每一个消息, π' 使用 "发送该消息给指定方" 的外部请求激活 λ; 无论何时 π' 被某个收到的消息激活, 立刻用它激活 λ, 当 λ 输出 "P_1 从 P_2 收到消息 m", 则 π 被来自 P_1 的消息激活.

定理 5.2.4 设 λ 是一个 PMT-认证器, 则如上定义的 C_λ 是一个基于口令的认证器.

证明 设 π 是一个理想认证模型中的协议, 只需证明 $\pi' = C_\lambda(\pi)$ 在非认证模型中模拟 π, 即对任意 UM-敌手 $\mathcal{U}$, 构造一个 AM-敌手 $\mathcal{A}$, 对于任何输入 x, 满

足 $\text{UNAUTH}_{\pi',\,\mathcal{U}}(x) \overset{\text{wc}}{\equiv} \text{AUTH}_{\pi,\mathcal{A}}(x)$. 证明方法与文献 [31] 类似, 只是将计算不可区分性概念替换为弱计算不可区分性概念. □

下面构造一个基于 MAC 的 PMT-认证器, 记为 λ_{MAC}.

PMT-认证器参数设置 发方 P_1 与收方 P_2 仅仅共享口令 $pw \in D$. 待传递消息为 m. 公开素数 p 和 q 满足 $q|(p-1)$, g 是有限域 F_p 中的一个 q 阶元素.

PMT-认证器执行过程如下:

(1) P_1 随机选择 $N_1 \leftarrow \mathbb{Z}_p^*$, 发送 $(m, c_1 = E_{pw}(g^{N_1}))$ 给 P_2.

(2) P_2 收到消息后, 随机选择 $N_2 \leftarrow \mathbb{Z}_p^*$, 发送 $(m, c_2 = E_{pw}(g^{N_2}))$ 给 P_1.

(3) P_1 收到消息后, 经解密得到 g^{N_2}, 发送 $(m, c = \text{MAC}_K(m, P_2))$ 给 P_2, 这里 $K = g^{N_1 N_2}$, P_2 作为算法的输入时是指其身份标识符.

(4) P_2 收到消息后, 验证 MAC 值, 决定是否接受. 如果接受, 输出 "P_2 收到来自 P_1 的消息".

注 E 是一个安全的对称加密算法, 并形式化为一个理想密码模型. MAC 是一个安全的消息认证码: MAC 伪造敌手 $\mathcal{F}$(任意 PPT 算法) 可以自己选择任何消息 m 来询问 MAC 谕示器, 当然询问次数是多项式数量级的; 如果最后敌手 $\mathcal{F}$ 能够成功地伪造一个未询问过的消息 (新消息) 的 MAC 值的概率是可忽略的, 则称 MAC 是安全的, 形式化表示为

$$\Pr[k \leftarrow \text{KeyGen}, (m, c) \leftarrow \mathcal{F}^{\text{MAC}_k} : \text{Verify}(m, c) = 1] = \text{neg}(n)$$

这里 $\text{neg}(n)$ 是可忽略函数.

定理 5.2.5 假设对称加密算法 E 是理想密码模型 (ideal-cipher model, ICM), MAC 是安全的消息认证码, 则 PMT-认证器 λ_{MAC} 在非认证模型中模拟理想认证模型中的消息传递 (MT) 协议.

证明 设 $\mathcal{U}$ 是一个与 λ_{MAC} 交互的 UM-敌手, 下面只需构造一个 AM-敌手 $\mathcal{A}$ 满足: 至多除了概率 $\rho = O(1/|D|) + \text{neg}(n) = O(1/|D|) + \varepsilon(\varepsilon = \text{neg}(n)$ 是可忽略函数) 外, $\text{AUTH}_{\text{MT},\mathcal{A}}(\cdot)$ 与 $\text{UNAUTH}_{\lambda_{\text{MAC}},\mathcal{U}}(\cdot)$ 的统计距离可忽略, 也就是说, $\text{AUTH}_{\text{MT},\mathcal{A}}(\cdot)$ 与 $\text{UNAUTH}_{\lambda_{\text{MAC}},\mathcal{U}}(\cdot)$ 是统计接近的.

AM-敌手 $\mathcal{A}$ 构造如下: 当 $\mathcal{U}$ 激活被模拟方 $P_1'(P_1'$ 要发送 m 给被模拟方 $P_2')$ 时, AM-敌手 $\mathcal{A}$ 激活认证模型中的对应方 P_1, P_1 打算发送 m 给 P_2; $\mathcal{A}$ 继续运行 $\mathcal{U}$ 和运行 λ_{MAC} 的被模拟方之间的交互. 当被模拟方 P_2' 输出 "P_2' 收到来自 P_1' 的消息 m" 时, $\mathcal{A}$ 使用来自 P_1 的消息 m 激活认证模型中的 P_2. 当现实敌手 $\mathcal{U}$ 收买某一方时, $\mathcal{A}$ 收买理想认证模型中对应的一方. 最后, $\mathcal{A}$ 输出 $\mathcal{U}$ 输出的任何信息.

设 Bad 表示如下 "模拟失败" 事件: P_2' 输出 "P_2' 收到来自 P_1' 的消息 m", 同时 P_1' 未被收买, 而 (m, P_1, P_2) 当前不在待传递消息集合 M 当中 (即 P_1' 事实上

没有发送过如上的消息). 显然, 如果模拟不失败, AM-敌手和 UM-敌手的输出统计分布是完全相同的, 因此, 下面只需证明 Bad 事件发生的概率 $\Pr[\text{Bad}] \leqslant \rho$.

在 Bad 发生的情形下, 这意味着 $\mathcal{U}$ 最终成功伪造了一个新的 MAC 值, 我们的基本思路是: 在理想密码模型假设意义下, E_{pw} 是一个随机置换, 因此, 敌手不可能以大于 ρ 的概率得到 (pw, N_2) 的任何信息, 除了在线穷举 pw, 这时 (伪造任何一个新消息的对应 MAC 值事件) 发生概率至多是 $O(1/|D|)$ (模仿了在线口令猜测攻击). 以下只需证明敌手在没有 (pw, N_2) 信息的情况下, 伪造 MAC 成功的概率至多是可忽略的 ε.

假设不然, 即在这种情形下伪造 MAC 成功的概率至少是不可忽略的 ε'. 下面构造一个 MAC 伪造者 $\mathcal{F}$, 其输入是 $c_1 = E_{pw}(g^{N_1})$, $c_2 = E_{pw}(g^{N_2})$, 这里 $N^* = g^{N_1 N_2}$ (N^* 显然是未知的). $\mathcal{F}$ 拥有随机谕示器 E_{pw} 和以 N^* (未知) 为验证密钥的 MAC 谕示器 MAC_{N^*}. $\mathcal{F}$ 将模拟用户 P_1, P_2 与敌手 $\mathcal{U}$ 交互运行协议 (提供模拟环境, 敌手可以从中得到 "观察"). 设 m^* 是用以激活 P_2 的全部消息中随机选定的一个消息.

如果模拟过程中 P_1 被收买, 则 $\mathcal{F}$ 宣告失败, 放弃模拟.

如果被模拟方 P_1 被密文 $c = E_{pw}(g^N)$ 激活 (这里假设 List= $\{(N,c)|c = E_{pw}(g^N)\}$ 是 $\mathcal{F}$ 保存的一份记录, 开始是空集; 设 c 是对接收到的消息 $m \neq m^*$ 的回答), 则 $\mathcal{F}$ 首先从 List 中检索是否有对应于索引 c 的询问, 如果有, 选取对应的 N; 否则, 随机选取 $N \leftarrow \mathbb{Z}_p^*$, 定义 $c = E_{pw}(g^N)$, 依据 DDH 假设, 随机选取 k, 并用 $\text{MAC}_k(g^N)$ 予以回答; 最后 $\mathcal{F}$ 刷新 List 表 (把新的 (N,c) 储存到 List). 如果 $c = c_1$ 或 c_2, 则放弃模拟.

当 P_2 被敌手用消息 m^*, c_1 激活, 则 $\mathcal{F}$ 用 (m^*, c_2) 回答, 注意到 c_2 恰好就是 $\mathcal{F}$ 的输入密文.

如果 P_1 被来自 P_2 的消息 "(m,c_2)" 激活, 且 $m \neq m^*$, 则 $\mathcal{F}$ 随机选取 N, 回答 $c = \text{MAC}_N(m)$; 如果 c_1 曾经询问过, 则 $\mathcal{F}$ 询问 MAC 谕示器 MAC_{N^*} 作为回答. 而如果 $m = m^*$, 则 $\mathcal{F}$ 放弃模拟.

最后, 如果敌手 $\mathcal{U}$ 使用来自 P_1 的消息 "(m^*,c)" 激活 P_2, 则 $\mathcal{F}$ 输出 (m^*,c) (期望 $c = c^* = \text{MAC}_{N^*}(m^*)$), 停机.

对以上算法可做如下分析:

首先, 在 $\mathcal{F}$ 不放弃模拟的情形下, 敌手 $\mathcal{U}$ 和 $\mathcal{F}$ 的模拟交互过程中得到的观察与和现实用户交互得到的观察的统计分布相同. 然后, 设 Bad* 表示如下事件: 在 $\mathcal{F}$ 的模拟运行中, 用户 P_1 被假冒, 且对应的假冒消息是 m^*.

由于 m^* 是随机选取的, 而且 Bad 事件和放弃模拟事件不会同时发生, 因此, 事件 Bad* 的发生概率为 $\Pr[\text{Bad}^*] = \varepsilon'/l$, 这里 l 是现实敌手 $\mathcal{U}$ 在运行协议过程中传递的消息总数.

下面假设 Bad* 发生, 这时 m^* 就是敌手的假冒消息; P_2 最后接收到的消息必然是一个合法的 MAC 值 (对应的验证密钥正是 N^*), 即 $c = c^* = \mathrm{MAC}_{N^*}(m^*)$, 而且 P_1 从未生成过对应消息的这个 MAC 值 (注意到 P_1 从未被 "发送消息 m^* 给 P_2" 这样的外部请求激活过; 另外, 任何两个消息对应同一密钥 N^* 的概率是 $1/2^k$). 总之, 可以看出, $\mathcal{F}$ 从未用消息 m^* 询问过 MAC 谕示器 MAC_{N^*}, 因此, $c = c^* = \mathrm{MAC}_{N^*}(m^*)$ 是一个成功的伪造, 即 $\mathcal{F}$ 以概率 ε'/l 成功伪造了一个新消息的 MAC 值, 如果 ε' 是不可忽略函数, 必然 ε'/l 也是不可忽略函数, 这与 "MAC 算法是安全的" 这一前提条件矛盾.

综上所述, 事件 Bad 至多以概率 $\rho = O(1/|D|) + \mathrm{neg}(n)$ 发生, 这里 $\mathrm{neg}(n)$ 是可忽略函数. □

3. 基于口令的安全协议的模块化设计方法

基于口令的安全协议的模块化设计方法如下:
(1) 设计 PMT-认证器 (如 λ_{MAC}).
(2) 设计在理想认证模型中可证明安全的基于口令的安全协议 $\mathrm{P_{ideal}}$.
(3) 根据 PMT-认证器给出基于口令的协议认证器 (编译器)C_λ.
(4) 使用 C_λ 编译得到现实模型中可证明安全的基于口令的安全协议 P.

利用这种模块化方法有助于实现基于口令的安全协议设计与分析的系统工程化, 也有助于在设计阶段即可排除可能的 "缺陷"(Bug) 和冗余步骤.

利用上述建立的基于口令的安全协议的模块化设计与分析理论, 5.2.3 小节和 5.2.4 小节设计了两类基于口令的安全协议, 即基于口令的会话密钥分配协议和口令更换协议.

5.2.3　基于口令的会话密钥分配协议

本小节利用 PMT-认证器 λ_{MAC} 为基本模块构造基于口令的会话密钥分配协议 λ_{pw}.

1. 理想认证模型中可证明安全的会话密钥分配协议 $\lambda_{\mathrm{ideal-pw}}$

基于口令的会话密钥分配协议简称为 PSKD 协议. 由于理想认证模型中只存在被动敌手, 因此, 协议的安全性就是指会话密钥的机密性. 首先给出理想认证模型中安全的 PSKD 协议 $\lambda_{\mathrm{ideal-pw}}$, 即著名的 Diffie-Hellman 协议, 简称为 DH 协议.

参数设置　公开素数 p, q, 满足 $q|(p-1)$, g 是有限域 F_p 中的一个 q 阶元素.

协议执行　发起方 P_1 随机选取 $x \leftarrow \mathbb{Z}_p^*$, 发送消息 $g^x \bmod p$ 给收方 P_2; 接收到消息后, P_2 随机选择 $y \leftarrow \mathbb{Z}_p^*$, 发送消息 $g^y \bmod p$ 给 P_1.

DH 协议的执行结果：通信双方 P_1 和 P_2 达成共享会话密钥 $K = K_{P_1} = (g^y)^x = K_{P_2} = (g^x)^y = g^{xy} \bmod p$.

定理 5.2.6[31]　在 CDH 问题困难的假设下, 如上所述的 DH 协议在理想认证模型中是安全的.

对 DH 协议的进一步修改. 为了更好地确保共享会话密钥 $K = K_{P_1} = K_{P_2}$ 的品质, 隐藏密钥数据的统计结构, 引入安全 Hash 函数 $H : \{0,1\}^* \to \{0,1\}^n$, 即在不增加协议交互步骤的前提下, 把共享会话密钥修改为: $K = H(g^{xy}||P_1||P_2)$. 由于 H 是伪随机函数, 因此, 密钥数据的统计结构被有效 "遮蔽". 为了同时生成多重会话密钥, 协议可进一步修改为: 生成 m 重共享会话密钥

$$K_1 = H(g^{xy}||P_1||P_2), K_2 = H(g^{xy}||K_1 \| P_1||P_2), \cdots,$$
$$K_m = H(g^{xy}||K_{m-1} \| P_1||P_2)$$

这里 m 限制在多项式数量级.

在随机谕示器模型中上述修改协议仍然是安全的: 在随机谕示器模型中 Hash 函数视为随机函数, 即 Hash 函数的输出并不依赖于输入, 因此, 即使已经暴露任意 $m-1$ 个会话密钥, 不妨假设就是 $K_1, \cdots, K_{m-1}$, 基于 CDH 假设 g^{xy} 仍然未知; 敌手只能做多项式次谕示器询问, 因此, 任何求解 K_m 的 PPT 算法的成功概率仍然是可忽略的.

推论 5.2.1　在 CDH 问题困难的假设下, 如上修改后的 DH 协议在理想认证模型中是安全的.

2. 利用 PMT-认证器构造现实模型中安全的 PSKD 协议 λ_{pw}

利用 PMT-认证器 λ_{MAC} 构造协议编译器或认证器 C_λ, 就得到现实模型中安全的 PSKD 协议 λ_{pw}.

参数生成是类似的, 协议执行过程如下:

(1) P_1 随机选取 $x \leftarrow \mathbb{Z}_p^*$, 发送 $E_{pw}(g^x)$ 给收方 P_2.

(2) P_2 随机选取 $y \leftarrow \mathbb{Z}_p^*$, 发送 $E_{pw}(g^y)$ 给 P_1.

(3) P_1 收到消息后, 经解密得到 g^y, 发送 $c_1 = \mathrm{MAC}_N(P_1, P_2, g^x)$ 给 P_2, 这里 $N = g^{xy}$.

(4) P_2 发送 $c_2 = \mathrm{MAC}_N(P_2, P_1, g^y)$ 给 P_1.

协议执行结果: P_1 和 P_2 达成多重共享会话密钥

$$K_1 = H(g^{xy}||P_1||P_2), K_2 = H(g^{xy}||K_1||P_1||P_2), \cdots, K_m = H(g^{xy}||K_{m-1}||P_1||P_2)$$

定理 5.2.7　在上述条件下, λ_{pw} 是安全的 PSKD 协议.

证明　由定理 5.2.5, 结论显然成立. □

上述 PSKD 协议 λ_{pw} 除了实现效率较为理想之外, 还满足前向安全性: 即使某次通信结束后秘密口令 pw 泄露, 当前时刻的会话密钥以及之前的所有会话密钥仍然是安全的, 其原因在于会话密钥并不直接依赖于口令. 前向安全性在降低密码系统安全风险方面发挥着重要作用.

5.2.4 口令更换协议的模块化设计与分析

口令更换协议简称为 PPC 协议. 设计 PPC 协议的难点之一在于: 必须兼顾考虑对原有口令和待更换口令的 "双重字典攻击" 问题 [32]. 本小节利用协议的模块化设计与分析方法, 提出 PPC-New 协议.

1. 理想认证模型中可证明安全的 PPC 协议 PPC$_\text{ideal}$

在理想认证模型中要安全传送由 P_1 产生的新口令 $pw' \in D$ 是很容易的, 只需利用安全对称加密算法 E 加密传送 pw' 即可: 设调用 PSKD 协议产生的会话密钥为 $K_1 = H(g^{xy}||P_1||P_2)$, 传送消息 $m = E_{K_1}(pw')$ 给收方 P_2.

PPC$_\text{ideal}$ 如下:

(1) P_1 和 P_2 调用 PSKD 协议, 生成共享会话密钥 $K = H(g^{xy}||P_1||P_2)$.

(2) 传送消息 $m = E_K(pw')$ 给 P_2.

P_2 解密就得到更换后的口令 pw'.

定理 5.2.8   如果对称加密算法 E 是安全的, 则在理想认证模型中 λ_{pw} 是安全的.

证明   在理想密码模型中上述结论是显然的.   □

事实上, 很容易看出, 双重字典攻击不再成立, 因为敌手不可能得到任何新旧口令的关联等式.

2. 现实模型中安全的口令更换协议 PPC-New

我们利用会话密钥分配协议 λ_{pw} 为 PMT-认证器, 设计现实模型中安全的 PPC-New 协议.

(1) P_1 和 P_2 调用基于口令的会话密钥分配协议 λ_{pw}, 生成共享会话密钥 $K_1 = H(g^{xy}||P_1||P_2)$, $K_2 = H(g^{xy}||K_1||P_1||P_2)$.

(2) P_1 随机选取 $pw' \leftarrow D$, 传送消息 $m = E_{K_1}(pw')$ 给收方 P_2.

(3) P_2 随机选取 $N_2 \leftarrow \{0,1\}^k$, 发送 $(m, E_{K_2}(N_2))$ 给 P_1.

(4) P_1 传送 $(m, \text{MAC}_{N_2}(m))$ 给 P_2.

P_2 的验证、接收过程从略.

根据定理 5.2.6、定理 5.2.7 以及推论 5.2.1, 口令更换协议 PPC-New 是可证明安全的. 由 PSKD 协议 λ_{pw} 具有前向安全性, 易于推导出 PPC-New 协议也满足前向安全性: 设某一时刻通信结束后, 原有口令字 pw 泄露, 则本次通信所更换的新口令 pw' 仍然是安全的. 也就是说, 旧的口令泄露不会造成任何安全损失.

5.3 跨域口令认证

跨域口令认证使不同信任域之间的互联、互通、互操作成为可能, 是不同域之间用户无障碍相互安全通信的核心基础. 在图 5.3.1 所示的通信模式中, 存在两个域, 每个域拥有一个服务器, 域内服务器与域内的每个客户机共享口令, 跨域口令认证使得两个不同域中的客户, 在没有共享密钥的情况下, 在各自域内服务器的协助下建立起一个安全的通信信道, 该安全通信信道只能用于这两个客户间的通信.

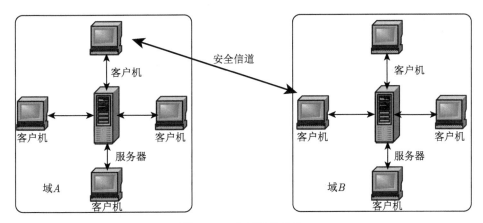

图 5.3.1 跨域通信系统

Byun 等[19] 提出了第一个可证明安全的跨域口令认证协议, Feng 和 Xu[21] 指出其存在严重的安全缺陷: 敌手破获客户 A 的口令后, 可以假冒成其他域中的客户, 与 A 进行通信. 进而总结出一般性结论: 在对称密钥设置下, 这种类型的协议无法避免密钥泄露伪造攻击和不可检测的在线口令字典攻击. 为了抵抗这两类攻击, Xu, Zhu 和 Jin[33] 以基于智能卡的口令认证协议作为基本组件, 提出了跨域口令认证的一般性构造框架. 本节主要介绍上述工作.

5.3.1 跨域口令认证的安全性分析

本小节主要对 Byun 等[19] 提出的跨域口令认证协议 (记为 EC2C-PAKA 协议) 进行安全性分析, 指出其存在口令泄露冒充攻击缺陷, 并进一步说明了 "可证明安全" 的协议存在攻击的原因.

1. EC2C-PAKA 协议

EC2C-PAKA 协议中有 4 个参与方：用户 A 和 B, 服务器 S_A 和 S_B. 拥有口令 pw_a 的用户 A 属于服务器 S_A 所在的域, 拥有口令 pw_b 的用户 B 属于服务器 S_B 所在的域. 假设密钥 K 是服务器 S_A 与 S_B 提前协商好的共享密钥. EC2C-PAKA 协议的执行过程如下：

(1) 用户 A 随机选择 $x \leftarrow \mathbb{Z}_q^*$ 并计算 $E_{pw_a}(g^x)$, 然后发送消息 $(E_{pw_a}(g^x),$ $\mathrm{ID}_A, \mathrm{ID}_B)$ 给 S_A.

(2) 在收到 A 发送来的消息后, S_A 解密 $E_{pw_a}(g^x)$ 获得 g^x, 随机选择 $y \leftarrow \mathbb{Z}_q^*$ 并计算 $E_{pw_a}(g^y)$ 和 $R = H(g^{xy})$; S_A 随机选择 $k \leftarrow \mathbb{Z}_q^*$ 并计算 $E_R(k, \mathrm{ID}_A, \mathrm{ID}_B)$; S_A 计算票据 $\mathrm{Ticket}_B = E_K(k, \mathrm{ID}_A, \mathrm{ID}_B, L)$, 这里 L 是票据的有效期; 最后, S_A 发送消息 $(E_{pw_a}(g^y), E_R(k, \mathrm{ID}_A, \mathrm{ID}_B), \mathrm{Ticket}_B, L)$ 给用户 A.

(3) 在收到 S_A 发送来的消息后, 用户 A 计算 R, 解密 $E_R(k, \mathrm{ID}_A, \mathrm{ID}_B)$ 获得 k 并检查 ID_A 和 ID_B 是否正确; 然后 A 发送 $E_R(g^y)$ 给 S_A 进行再次确认.

(4) 用户 A 随机选择 $a \leftarrow Z_q^*$ 并计算 $g^a \| \mathrm{MAC}_k(g^a)$, 然后发送消息 $(\mathrm{ID}_A, g^a \| \mathrm{MAC}_k(g^a), \mathrm{Ticket}_B)$ 给用户 B.

(5) 用户 B 随机选择 $x' \leftarrow \mathbb{Z}_q^*$ 并计算 $E_{pw_b}(g^{x'})$, 然后发送消息 $(E_{pw_b}(g^{x'}), \mathrm{Ticket}_B)$ 给 S_B.

(6) 在收到 B 发送来的消息后, S_B 解密 Ticket_B 获得 k, 并验证 L 和 ID_A 的有效性; 然后 S_B 随机选择 $y' \leftarrow \mathbb{Z}_q^*$ 并计算 $E_{pw_b}(g^{y'})$ 和 $E_{R'}(k, \mathrm{ID}_A, \mathrm{ID}_B)$, 这里 $R' = H(g^{x'y'})$; S_B 发送消息 $(E_{pw_b}(g^{y'}), E_{R'}(k, \mathrm{ID}_A, \mathrm{ID}_B))$ 给用户 B.

(7) 在收到 S_B 发送来的消息后, 用户 B 计算 R', 解密 $E_{R'}(k, \mathrm{ID}_A, \mathrm{ID}_B)$ 获得 k; 然后 B 发送 $E_{R'}(g^{y'})$ 给 S_B 进行再次确认; 用户 B 用 k 检查从用户 A 已经收到的消息 $g^a \| \mathrm{MAC}_k(g^a)$; 最后, 用户 B 随机选择 $b \leftarrow \mathbb{Z}_q^*$ 并计算会话密钥 $sk = H(\mathrm{ID}_A \| \mathrm{ID}_B \| g^a \| g^b \| g^{ab})$, 发送消息 $g^b \| \mathrm{MAC}_k(g^b)$ 给用户 A.

(8) 用户 A 接收到用户 B 发送来的消息 $g^b \| \mathrm{MAC}_k(g^b)$ 后, 首先检查 g^b 的完整性, 然后计算出会话密钥 sk. 这样, 用户 A 和 B 成功地进行了相互认证, 并且协商出了最后的会话密钥.

2. 口令泄露冒充攻击

在口令泄露冒充攻击中, 一个域内用户 A 的口令泄露, 攻击者能够冒充另一个域内的用户与 A 进行交互来协商会话密钥. 这是一种严重的安全威胁. 例如, 攻击者能够冒充银行系统跟用户 A 进行交互, 使其接受一个提前确定的会话密钥, 进而在私有通信信道中获取用户 A 的信用卡信息. 因此, 需要设计能够抵抗口令泄露冒充攻击的跨域口令认证协议.

上述介绍的 EC2C-PAKA 协议存在口令泄露冒充攻击缺陷. 假定攻击者获得用户 A 的口令 pw_a, 攻击者的目标是冒充用户 B 与 A 协商共享会话密钥. 具体攻击过程如下:

(1) 攻击者截获用户 A 发送给 S_A 的消息 $(E_{pw_a}(g^x), \mathrm{ID}_A, \mathrm{ID}_B)$, 解密 $E_{pw_a}(g^x)$ 获得 g^x; 攻击者随机选择 $k, y \leftarrow \mathbb{Z}_q^*$ 和 Ticket_B, 计算并发送 $(E_{pw_a}(g^y),$ $E_R(k, \mathrm{ID}_A, \mathrm{ID}_B), \mathrm{Ticket}_B, L)$ 给用户 A, 让用户 A 以为是 S_A 发送的, 这里 $R = H(g^{xy})$.

(2) 攻击者截获用户 A 发送给 S_A 和用户 B 的消息, 获得 g^a; 攻击者随机选择 $b \leftarrow \mathbb{Z}_q^*$, 发送 $g^b \| \mathrm{MAC}_k(g^b)$ 给用户 A, 让用户 A 以为是用户 B 发送的.

(3) 攻击者与 A 有相同的 k, 因此, 收到的消息能够通过用户 A 的验证. 最终, 攻击者成功地冒充了用户 B, 得到了会话密钥 $sk = H(\mathrm{ID}_A \| \mathrm{ID}_B \| g^a \| g^b \| g^{ab})$, 而用户 A 认为是与用户 B 共享的会话密钥 sk.

3. EC2C-PAKA 协议的进一步分析

值得进一步说明的是, "可证明安全" 的 EC2C-PAKA 协议存在攻击的原因. 首先回顾一下 EC2C-PAKA 协议的安全模型.

一个跨域口令认证协议的每个参与方 U 是用户或服务器. 假定每个参与方与不同的伙伴执行多次协议, 在模型中被定义为协议实例, 如 Π_U^i 表示参与方 U 的第 i 个实例. 假定敌手 $\mathcal{A}$ 可以控制除了服务器之间的私有信道以外的整个通信环境, 并且可以发起多个协议实例的并行运行. 协议运行期间, 协议参与方和敌手之间的交互仅通过谕示器询问来实现, 这些谕示器询问刻画了实际攻击中敌手的能力. 敌手 $\mathcal{A}$ 可以发起如下询问:

(1) $\mathrm{Send}(\Pi_U^i, m)$: 该询问刻画了敌手 $\mathcal{A}$ 对参与方的主动攻击, 输出用户实例 Π_U^i 收到消息 m 后产生的消息.

(2) $\mathrm{Execute}(\Pi_U^i, \Pi_{U'}^j)$: 该询问刻画的是被动攻击, 输出真实协议运行时参与方之间交换的消息.

(3) $\mathrm{Reveal}(\Pi_U^i)$: 该询问刻画的是会话密钥的泄露. 仅当用户实例 Π_U^i 的会话密钥有定义时, 这个询问才有效并且输出会话密钥.

(4) $\mathrm{Corrupt}(U)$: 该询问刻画的是口令的泄露, 输出参与方 U 的口令.

(5) $\mathrm{Test}(\Pi_U^i)$: 该询问只是用来定义协议的安全性. 它只运行一次, 根据询问前秘密选取的随机比特 b 的值来确定返回值. 如果 $b = 0$, 返回用户实例持有的会话密钥; 如果 $b = 1$, 返回一个与此用户实例持有的会话密钥同等长度的随机数.

为了定义安全性, 需要考虑协议实例的新鲜性, 其目的是排除敌手可以容易地区分会话密钥的情况. 具体来说, 一个实例 Π_U^i 被称为是新鲜的, 当且仅当 Π_U^i 和它的伙伴实例都没有被进行过 Reveal 询问, 这里 Π_U^i 的伙伴实例是指两个实例都被接受, 并且它们有相同的会话标识符和相同的会话密钥.

跨域口令认证协议的语义安全性   敌手 $\mathcal{A}$ 对新鲜实例进行一次 Test 询问, 输出猜测值 b', $\mathcal{A}$ 的猜测优势 $\mathrm{Adv}_{\Pi}^{\mathrm{ss}}(\mathcal{A})$ 被定义为: $\mathrm{Adv}_{\Pi}^{\mathrm{ss}}(\mathcal{A}) = 2\Pr[b = b'] - 1$(亦可定义为 $\mathrm{Adv}_{\Pi}^{\mathrm{ss}}(\mathcal{A}) = \Pr[b = b'] - 1/2$, 二者是等价的). 跨域口令认证协议 Π 被称为语义安全的, 如果对于所有 PPT 敌手 $\mathcal{A}$ 满足: $\mathrm{Adv}_{\Pi}^{\mathrm{ss}}(\mathcal{A}) \leqslant \dfrac{O(q_s)}{|D|} + \varepsilon(k)$, 其中 q_s 是所有 Send 询问的数目, $|D|$ 是口令字典的数目, $\varepsilon(k)$ 是可忽略函数, k 是系统参数.

下面分析 EC2C-PAKA 协议的安全模型存在的缺陷. 在上述安全模型中, 即使协议本身是安全的, 敌手 $\mathcal{A}$ 仍然能打破所定义的安全目标. 具体来说, 敌手 $\mathcal{A}$ 进行 Corrupt (A) 询问从而得到用户 A 的口令, 然后进行 Send(Π_B^j, m) 询问, 促使 Π_A^i 发送消息 m 给用户 B. 容易验证, 实例 Π_A^i 和 Π_B^j 都是新鲜的, 由于其没有被进行过 Reveal 询问. 敌手 $\mathcal{A}$ 可以对这两个实例进行 Test 询问, 由于 $\mathcal{A}$ 能计算出会话密钥, 得到 $\Pr[b = b'] = 1$, 从而, $\mathrm{Adv}_{\mathrm{EC2C-PAKA}}^{\mathrm{ss}}(\mathcal{A}) = 1$. 由此得出, 所有的跨域口令认证协议在这个安全模型中都是不安全的.

安全模型存在缺陷的主要原因在于: 协议实例的新鲜性定义并没有排除敌手可以容易地区分会话密钥的情况. 也就是说, 新鲜性定义允许敌手进行 Corrupt 询问得到运行实例的参与方的口令.

5.3.2   跨域口令认证的通用构造

EC2C-PAKA 协议的设计缺陷在于: 如果用户 A 的口令 pw_a 泄露, 那么他无法区分是与诚实用户 B(或诚实服务器 S_A) 交互还是与敌手交互. 这意味着除了口令 pw_a, 用户 A 没有其他方式验证 B(或 S_A) 的身份. 因此, 在对称密钥设置下, 如何设计同时抵抗口令泄露冒充攻击和离线字典攻击的跨域口令认证协议, 成为研究的难点.

智能卡作为一种新型的认证方式, 能够将安全信息保存在卡上, 安全且便于携带, 在增强系统安全性的同时, 能够进一步提高认证的效率. 本小节以基于智能卡的口令认证协议作为基本组件, 介绍跨域口令认证协议的一般性构造方法 [33].

1. 基于智能卡的口令认证协议

客户–服务器模式下的智能卡口令认证协议 (简称为 PA-SC 协议) 通常包括如下 3 个步骤:

(1) 注册阶段 (PA-SC.Reg). 用户将口令 pw 与身份标识 ID 通过安全的信道发送给服务器 S, 服务器 S 颁发给用户智能卡 SC. 如果注册成功, 该用户就属于这个服务器 S 所在的域.

(2) 登录阶段 (PA-SC.Log). 用户将智能卡 SC 插入读卡设备, 输入自己的口令 pw 与身份标识 ID, 读卡设备计算登录请求信息 m, 并发送给域内服务器 S, 为了认证用户, 登录请求信息 m 中应含有一个秘密值 sv, 只有用户和服务器 S 可以计算出该秘密值. 即使其他用户通过窃听信道得到消息 m, 也不能猜出 sv.

(3) 认证阶段 (PA-SC.Auth). 服务器 S 计算秘密值 sv 验证消息 m 的有效性, 如果验证通过, 则用户通过了服务器 S 的认证.

2. 跨域口令认证协议通用构造描述

构造中有 4 个参与方: 用户 A 和 B, 服务器 S_A 和 S_B. 拥有口令 pw_a 的用户 A 属于服务器 S_A 所在的域, 拥有口令 pw_b 的用户 B 属于服务器 S_B 所在的域. 假设密钥 K 是服务器 S_A 与 S_B 提前协商好的共享密钥. PA-SC 协议是客户–服务器模式下的基于智能卡的口令认证协议. 在 PA-SC 协议中, 用户在登录阶段产生秘密值 sv 并生成消息 m 的过程记为 $m(sv) \leftarrow$ PA-SC.Log; 服务器在认证阶段认证用户, 并且计算出秘密值 sv 的过程记为 $sv \leftarrow$ PA-SC.Auth.

跨域口令认证协议 (记为 II) 的执行过程如下:

1) **注册阶段**

注册阶段与 PA-SC 协议的注册阶段完全相同, 两个用户 A 和 B 分别与他们的服务器 S_A 和 S_B 进行一次 PA-SC 协议的注册阶段.

2) **登录与认证阶段**

在这个阶段, 位于不同的两个域内的用户 A 和 B 在他们各自服务器 S_A 和 S_B 的帮助下进行相互认证与会话密钥协商.

(1) 用户 A 将他的智能卡 SC_A 插入读卡设备, 并输入身份标识 ID_A 和口令 pw_a. 读卡设备按照 PA-SC 协议流程进行计算, 生成注册请求消息 m_A, 秘密值 sv_A 嵌入其中. 最后, 用户 A 将消息 (ID_A, ID_B, m_A) 发送给服务器 S_A.

(2) 当收到来自用户 A 的消息后, 服务器 S_A 按照 PA-SC 协议认证阶段中的规范对用户 A 进行认证, 认证过程中会计算出秘密值 sv_A. 当认证通过后, 服务器 S_A 计算 $K_A = H(sv_A \oplus T_A)$, 其中 T_A 是当前的时间戳. 接着 S_A 选取一个随机数 k, 计算 $W_A = E_{K_A}(k, ID_A, ID_B)$, $\text{Ticket}_B = E_K(k, ID_A, ID_B, L)$, 其中 K 是服务器 S_A 与 S_B 提前协商好的秘密值, L 是票据 Ticket_B 的有效期. 最后服务器 S_A 将消息 $(W_A, \text{Ticket}_B, L, T_A)$ 发送给用户 A.

(3) 在收到 S_A 发送来的消息后, 用户 A 检查时间戳 T_A 是否有效. 如果有效, 计算 $K_A = H(sv_A \oplus T_A)$, 用它解密 W_A, 得到 k, ID_A 和 ID_B. 用户 A 检查 ID_A 和 ID_B 是否正确. 然后用户 A 选取随机数 $a \leftarrow \mathbb{Z}_q^*$, 计算 $g^a \| \text{MAC}_k(g^a)$ 并且将消息 $(ID_A, g^a \| \text{MAC}_k(g^a), \text{Ticket}_B)$ 发送给用户 B.

(4) 当收到用户 A 发送的消息后, 用户 B 将他的智能卡 SC_B 插入读卡设备,

并且输入身份标识 ID_B 和口令 pw_b. 读卡设备按照 PA-SC 协议流程进行计算, 生成注册请求消息 m_B, 秘密值 sv_B 嵌入其中. 最后, 用户 B 将消息 $(Ticket_B, m_B)$ 发送给服务器 S_B.

(5) 当收到用户 B 发送来的消息后, 服务器 S_B 就用它与服务器 S_A 提前协商好的秘密值 K 来解密 $Ticket_B$, 得到 k, ID_A, ID_B, L, 继而检查 ID_A, ID_B, L 的有效性. 如果检查通过, 服务器 S_B 计算 $K_B = H(sv_B \oplus T_B)$ 和 $W_B = E_{K_B}(k, ID_A, ID_B)$, 其中 T_B 是当前的时间戳. 最后服务器 S_B 将消息 (W_B, T_B) 发送给用户 B.

(6) 在收到 S_B 发送来的消息后, 用户 B 检查时间戳 T_B 是否有效. 如果有效, 计算 $K_B = H(sv_B \oplus T_B)$, 用它解密 W_B, 得到 k, ID_A, ID_B. 用户 B 检查 ID_A, ID_B 是否正确以及 g^a 的完整性. 然后用户 B 选取随机数 b, 计算会话密钥 $sk = H(ID_A \| ID_B \| g^a \| g^b \| g^{ab})$, 以及 $g^b \| MAC_k(g^b)$, 并且将消息 $g^b \| MAC_k(g^b)$ 发送给用户 A.

(7) 用户 A 接收到用户 B 发送来的消息后, 首先检查 g^b 的完整性, 然后计算会话密钥 $sk = H(ID_A \| ID_B \| g^a \| g^b \| g^{ab})$. 这样, 用户 A 和 B 成功地进行了相互认证, 并且协商出了最后的会话密钥.

3. 跨域口令认证协议的安全模型

5.3.1 小节中分析了 EC2C-PAKA 协议安全模型存在的缺陷. 本小节借鉴 Bellare 等 [31] 提出的安全模型, 并结合跨域口令通信系统中的安全需求, 提出跨域口令认证协议的安全模型.

与 EC2C-PAKA 协议安全模型类似, 敌手可以进行一系列谕示器询问, 这里不同的是 Corrupt 询问: 在这个模型中, 假设敌手 $\mathcal{A}$ 可以得到用户的智能卡信息, 或者口令信息, 但不能二者都得到. $Corrupt(U, a)$: 当 $a = 1$ 时, 即询问 $Corrupt(U, 1)$ 后, 敌手得到参与方 U 的口令; 当 $a = 2$ 时, 即询问 $Corrupt(U, 2)$ 后, 敌手得到用户智能卡中的信息.

此外, 一个主要的不同是新鲜性的定义.

新鲜性   协议运行后, 称一个用户实例 Π_U^i 是新鲜的, 当且仅当

(1) Π_U^i 已经接受, 并且产生了一个有效的会话密钥.

(2) Π_U^i 和它的伙伴实例都没有被进行过 Reveal 询问.

(3) Π_U^i 和它的伙伴实例都没有被进行过两次 Corrupt 询问.

一个安全的基于口令与智能卡双重安全机制的认证密钥协商协议 C2C-PAKA-SC 应具备如下两个安全性条件:

(1) 对于外部恶意敌手来说, 会话密钥与随机数是不可区分的.

(2) 除了用户所在域的服务器, 用户的口令不能被其他用户或服务器得到.

下面给出这两个安全性条件所对应的形式化描述.

跨域口令认证协议的语义安全性 敌手 $\mathcal{A}$ 对新鲜实例进行一次 Test 询问, 输出猜测值 b', $\mathcal{A}$ 的猜测优势 $\mathrm{Adv}_{\Pi}^{\mathrm{ss}}(\mathcal{A})$ 被定义为: $\mathrm{Adv}_{\Pi}^{\mathrm{ss}}(\mathcal{A}) = 2\Pr[b = b'] - 1$. 跨域口令认证协议 Π 被称为是语义安全的, 如果对于所有 PPT 敌手 $\mathcal{A}$ 满足: $\mathrm{Adv}_{\Pi}^{\mathrm{ss}}(\mathcal{A}) \leqslant \dfrac{O(q_s)}{|D|} + \varepsilon(k)$, 其中 q_s 是所有 Send 询问的数目, $|D|$ 是口令字典的数目, $\varepsilon(k)$ 是可忽略函数, k 是系统参数.

跨域口令认证协议的口令保护 令 $\mathrm{Succ}^{\mathrm{pw\text{-}mc}}(C)(\mathrm{Succ}^{\mathrm{pw\text{-}ms}}(S))$ 表示恶意用户 C(恶意服务器 S) 能够正确猜测到用户的口令, 令 D 是用户口令的字典. 对于任何恶意用户 C, 其猜测优势 $\mathrm{Adv}_{D}^{\mathrm{pw\text{-}mc}}(C)$ 由下式给出: $\mathrm{Adv}_{D}^{\mathrm{pw\text{-}mc}}(C) = \Pr[\mathrm{Succ}^{\mathrm{pw\text{-}mc}}(C)]$. 对于任何恶意服务器 S, 其猜测优势 $\mathrm{Adv}_{D}^{\mathrm{pw\text{-}ms}}(S)$ 由下式给出: $\mathrm{Adv}_{D}^{\mathrm{pw\text{-}ms}}(S) = \Pr[\mathrm{Succ}^{\mathrm{pw\text{-}ms}}(S)]$. 跨域口令认证协议 Π 被称为提供口令保护, 如果对于所有 PPT 敌手 $\mathcal{A}$ 满足: $\mathrm{Adv}_{D}^{\mathrm{pw\text{-}mc}}(C) \leqslant \dfrac{O(q_s)}{|D|} + \varepsilon(k)$ 和 $\mathrm{Adv}_{D}^{\mathrm{pw\text{-}ms}}(S) \leqslant \dfrac{O(q_s)}{|D|} + \varepsilon(k)$, 其中 q_s 是所有 Send 询问的数目, $|D|$ 是口令字典的数目, $\varepsilon(k)$ 是可忽略函数, k 是系统参数.

4. 跨域口令认证协议通用构造的安全性证明

首先证明协议 Π 满足语义安全性.

定理 5.3.1 假设 PA-SC 是一个基于智能卡的口令认证协议, 敌手 $\mathcal{A}$ 能在给定至多运行时间为 t 的 PPT 内攻破语义安全性, 并可进行最多 q_s 次 Send 询问、q_e 次对称加密询问、q_d 次对称解密询问、q_t 次生成 MAC 询问和 q_v 次验证 MAC 询问, 则有

$$
\begin{aligned}
\mathrm{Adv}_{\Pi}^{\mathrm{ss}}(t, R) \leqslant\ & \frac{q_{h_1}^2 + q_{h_2}^2 + q_{h_3}^2}{p-1} + 4\mathrm{Adv}_{\mathrm{PA\text{-}SC}, D}^{\mathrm{ss}}(T_{\mathrm{SC}}, R_{\mathrm{SC}}) \\
& + 6\mathrm{Adv}_{\mathrm{SE}}^{\mathrm{cca}}(T_{\mathrm{se}},\ q_e,\ q_d) +\ 4\mathrm{Adv}_{\mathrm{MAC}}^{\mathrm{cma}}(T_{\mathrm{mac}},\ q_t,\ q_v) \\
& + 2\mathrm{Adv}^{\mathrm{ddh}}(T_{\mathrm{ddh}}) + \frac{q_s}{|D|}
\end{aligned}
$$

其中 $\mathrm{Adv}_{\mathrm{PA\text{-}SC}, D}^{\mathrm{ss}}$ 代表敌手在给定至多运行时间为 T_{SC}、最多进行 R_{SC} 次谕示器询问时, 攻破 PA-SC 协议语义安全性的优势, $|D|$ 是口令字典的数目, $T_{\mathrm{se}} = T_{\mathrm{ddh}} \leqslant t +\ q_{\mathrm{s}}(\tau_G + \tau_E)$, $T_{\mathrm{mac}} \leqslant t + \tau_F(q_t + q_v)$, τ_G、τ_E 和 τ_F 分别表示一个指数运算、一个对称加密运算和一个 MAC 运算的计算复杂度. $\mathrm{Adv}_{\Pi}^{\mathrm{ss}}(t, R)$ 表示所有 PPT 敌手 $\mathcal{A}$ 在至多运行时间为 t、最多进行 R 次谕示器询问时, $\mathrm{Adv}_{\Pi}^{\mathrm{ss}}(\mathcal{A})$ 的最大值.

证明思路 在该定理的证明过程中, 我们定义一组从最初的攻击游戏 G_0 开始一直到 G_5 经不断修改的攻击游戏序列, 要求它们都是在同一概率空间上操作.

这些攻击游戏模拟了攻击过程中的不同方面, 其中 G_0 模拟最初的真实攻击, G_5 模拟敌手 $\mathcal{A}$ 没有任何优势的情况. 对于每个攻击游戏, 我们定义了 Succ_n 表示在该攻击游戏中敌手进行 Test 询问后猜对 b 值的这个事件, 通过综合每种攻击游戏中的不同概率值, 最终可得到定理 5.3.1. □

下面证明协议满足口令保护.

定理 5.3.2 在通用构造中, 只要 PA-SC 协议满足语义安全性, 用户的口令就不会被其他恶意用户 (服务器) 得到, 即有

$$\mathrm{Adv}_D^{\mathrm{pw\text{-}mc}}(C) \leqslant \frac{q_\mathrm{s}}{|D|} + \mathrm{Adv}_{\mathrm{PA\text{-}SC},D}(T_{\mathrm{SC}}, R_{\mathrm{SC}})$$

$$\mathrm{Adv}_D^{\mathrm{pw\text{-}ms}}(S) \leqslant \frac{q_\mathrm{s}}{|D|} + \mathrm{Adv}_{\mathrm{PA\text{-}SC},D}(T_{\mathrm{SC}}, R_{\mathrm{SC}})$$

证明 在这里我们主要证明用户的口令不能被其他恶意用户得到这个性质, 用户的口令不能被其他恶意服务器得到可以用类似的方法证明. 考虑恶意用户 C 的能力更强的情形: 恶意用户 C 对诚实用户 A 进行了 Corrupt$(U, 2)$ 询问, 知道智能卡里面有关诚实用户的一些信息. 这意味着 C 不仅可以得到用户的智能卡中的信息, 还可以通过 Execute 或 Send 询问得到一些传输过程中的消息. 而且, 在协议的执行过程中, 恶意用户 C 能得到消息 $m_A(sv_A)$. 这时如果恶意用户 C 能够得到用户的口令值, 那么就打破了 PA-SC 协议的语义安全性. 另外, 由于在线字典攻击是不可避免的, 在线猜测的优势为 $\frac{q_\mathrm{s}}{|D|}$, 其中 q_s 是 Send 询问所进行的最大次数, 于是有: $\mathrm{Adv}_D^{\mathrm{pw\text{-}mc}}(C) \leqslant \frac{q_\mathrm{s}}{|D|} + \mathrm{Adv}_{\mathrm{PA\text{-}SC},D}(T_{\mathrm{SC}}, R_{\mathrm{SC}})$, 即定理 5.3.2 得证. □

5.4　匿名口令认证

匿名口令认证能够为口令认证过程提供隐私保护. 匿名口令认证主要包括唯口令的匿名口令认证和基于辅助存储设施的口令认证两类, 它们在不同的应用场景下具有各自的优势. 4.3 节介绍的协议 II 就是一个唯口令的匿名口令认证[24], 本节介绍一个基于辅助存储设施的匿名口令认证[29].

1. 设计思路

Zhang 等[29] 提出一种基于代数 MAC 设计匿名口令认证协议的新方法. 所用的代数 MAC 需要满足如下性质: 在随机消息和选择验证询问攻击下强存在性不可伪造、弱伪随机性、支持有效的模拟可靠可抽取的非交互零知识证明 (simulation-sound extractable non-interactive zero-knowledge, SE-NIZK) 和 MAC 随机化可模拟性.

在注册阶段, 服务器用私钥 sk 为每个用户颁发关于该用户标识 id 的认证码 (也称为标签 (tag), 但为了避免与标签 (label) 混淆, 本节使用认证码这个术语)σ 作为用户的凭证, 并以零知识方式证明 σ 是用 sk 正确构造的, 使得用户不知道 sk 的情况下也能验证 σ 的合法性. 然后, 用户利用自己的口令 pw 包裹收到的凭证 σ 以获得自己的口令包裹凭证 $E_{pw}(\sigma)$, 并存储 (id, $E_{pw}(\sigma)$) 到自己喜欢的设备. 代数 MAC 的不可伪造性保证用户不能伪造认证码. 此外, 代数 MAC 的伪随机性保证口令包裹凭证 $E_{pw}(\sigma)$ 能够抵抗离线字典攻击, σ 看起来是一个随机元素, 使得敌手无法判断用猜测口令解封 $E_{pw}(\sigma)$ 获得的元素是否为合法的凭证. 通过利用一个 Hash 函数 H_1(模型化为随机谕示器), 服务器能够颁发关于 H_1(id) 的认证码 σ. 从而, 基于随机谕示器 H_1 的可编程性和随机性, 代数 MAC 的安全性要求可降低为在随机消息攻击下不可伪造性和弱伪随机性. 另外, 采用基于口令加密方案实现口令包裹凭证, 即用口令 pw 加密凭证 σ. 这里的基于口令加密方案满足不可区分性, 保证口令加密的随机消息与随机的密文是不可区分的 (除非实施在线字典攻击). 因此, 口令加密的不可区分性连同 MAC 的弱伪随机性共同保证: 敌手从口令包裹凭证 $E_{pw}(\sigma)$ 恢复凭证 σ 的唯一方式是去执行在线字典攻击.

在登录阶段, 用户用自己的口令 pw 解封 $E_{pw}(\sigma)$ 获得凭证 σ, 然后基于 σ 向服务器认证. 为了保护用户隐私, 采用 "随机化—然后—证明" 范例, 即用户首先随机化凭证 σ 作为 T, 然后用 SE-NIZK 证明 T 的合法性, 其中 SE-NIZK 支持标签 (label) 扩展使得用户能够认证一些消息. 利用随机化技术和 SE-NIZK 证明, 构造代数 MAC 的凭证描述算法 Show 和 ShowVerify, 其支持标签扩展. 由于标签可以看作待签名的消息, 从而可以把 Show 和 ShowVerify 看作数字签名中的签名算法和验证算法. 因此, 可以将基于代数 MAC 的口令包裹凭证以及 Show 和 ShowVerify 算法整合到任意客户用数字签名实现认证的认证密钥协商协议中, 从而构造出匿名口令认证协议.

2. 密码组件

代数 MAC 的定义如下.

定义 5.4.1(代数 MAC)   一个代数 MAC 由如下 4 个多项式时间算法组成:

(1) Setup(1^λ): 以 1^λ 作为输入, 输出公共参数 pp, 其中 pp 作为 Mac 和 Verify 算法的隐式输入, λ 为安全参数.

(2) KeyGen(pp): 以公共参数 pp 作为输入, 输出私钥 sk 和发行者参数 ip, 其中 ip 是可选的并依赖于具体应用.

(3) Mac(sk, m): 以私钥 sk 和消息 m 作为输入, 输出一个认证码 σ.

(4) Verify(sk, m, σ): 以私钥 sk、消息 m 和认证码 σ 作为输入, 如果 σ 是私

钥 sk 下消息 m 的合法认证码, 那么确定性的验证算法输出 1; 否则, 输出 0.

匿名口令认证的构造要求代数 MAC 在随机消息和选择验证询问攻击下满足强存在性不可伪造、弱伪随机性、支持有效的 SE-NIZK 和 MAC 随机化可模拟性. 形式化的安全定义可参阅文献 [29].

匿名口令认证的构造将用认证码作为凭证, 考虑在凭证发行者也是验证者 (或更加一般地, 发行者与验证者共享私钥) 情形下的凭证出示. 通常, 凭证出示被基于 "随机化—然后—证明" 范例来构造, 即凭证首先被随机化, 然后随机化凭证的合法性通过零知识证明来证明. 特别地, 利用随机化算法和带标签的 SE-NIZK 证明构造凭证出示算法 Show 和 ShowVerify, 其中 Show 算法利用消息和认证码生成关于标签的出示证明, ShowVerify 算法利用私钥验证出示证明关于标签是否合法.

具体地, 在随机化阶段, 存在两个多项式时间算法 Rerand 和 Derand, 这两个算法以公共参数 pp 作为隐式输入, 定义如下:

(1) Rerand(σ): 以凭证 σ 作为输入, 概率的随机化算法输出随机化凭证 T 和对应的随机数 a. 记 Γ 为所有凭证在算法 Rerand 随机化作用下输出的所有随机化凭证构成的集合.

(2) Derand(T, a): 以随机化凭证 T 和随机数 a 作为输入, 确定性的去随机化算法恢复并输出凭证 σ.

令 f_L 和 f_R 是两个多项式时间可计算函数并满足

$$\text{Verify}(sk, m, \sigma) = 1 \quad \Leftrightarrow \quad f_L(\sigma) = f_R(sk, m, \sigma)$$

其中公共参数 pp 为 f_L 和 f_R 的隐式输入, 由于 MAC 是代数的, f_L 和 f_R 只包含群操作, f_L 和 f_R 可能只取认证码 σ 的一部分参与计算. 将等式 $\sigma = \text{Derand}(T, a)$ 代入上式并经过群运算后, 获得如下等式成立: $f_P(\text{ip}, T, m, a) = f_V(T, sk)$, 其中 f_P 和 f_V 是多项式时间可计算的函数且只包含群操作, 并以 pp 作为隐式输入. 函数 f_P 和 f_V 的构造依赖于具体的代数 MAC 和随机化方法. 令 $V = f_V(T, sk)$, 这里假设存在有效的带标签 SE-NIZK 证明 $\text{SPK}_{\text{CP}}\{(m, a) : f_P(\text{ip}, T, m, a) = V\}(l)$. 从而, 在证明阶段, 凭证拥有者能通过用带标签的 SE-NIZK 证明, 有效证明知道证据 (m, a) 满足 $f_P(\text{ip}, T, m, a) = V$ 成立. 因此, 基于 "随机化—然后—证明" 范例的凭证出示算法可如下构造:

(1) Show(ip, m, σ, l): 以发行者参数 ip、消息 m、认证码 σ 和标签 l 作为输入, 出示算法运行 $(T, a) \leftarrow \text{Rerand}(\sigma)$, 然后计算 $V = f_P(\text{ip}, T, m, a)$ 并运行 $\pi_{\text{CP}} \leftarrow \text{SPK}_{\text{CP}}\{(m, a) : f_P(\text{ip}, T, m, a) = V\}(l)$, 最后输出出示证明 $pt = (T, V, \pi_{\text{CP}})$.

(2) ShowVerify(ip, sk, pt, l): 以发行者参数 ip、私钥 sk、出示证明 $pt = (T, V, \pi_{\text{CP}})$ 和标签 l 作为输入, 出示验证算法计算 $V' = f_V(T, sk)$. 如果 $T \in \Gamma$,

$V = V'$ 且 $\mathrm{Verify_{CP}}((\mathrm{ip}, T, V), \pi_{\mathrm{CP}}, l) = 1$, 则出示验证算法输出 1; 否则, 输出 0, 其中 $\mathrm{Verify_{CP}}$ 是 SE-NIZK 证明的验证算法.

3. 匿名口令认证的通用构造

通用构造主要使用了如下密码组件:

(1) 代数 MAC($\mathrm{Setup_c}$, $\mathrm{KeyGen_c}$, Mac, $\mathrm{Verify_c}$), 记为 AMAC. AMAC 提供凭证出示算法 Show 和 ShowVerify, 其构造基于带标签的 SE-NIZK 证明 $\mathrm{SPK_{CP}}$. 此外, AMAC 支持非交互零知识证明 $\mathrm{SPK_{eq}}$, 其验证算法为 $\mathrm{Verify_{eq}}$.

(2) 数字签名 ($\mathrm{Setup_s}$, $\mathrm{KeyGen_s}$, Sign, $\mathrm{Verify_s}$), 记为 DS.

(3) 循环群参数生成器, 记为 GPGen.

(4) 公共参考串生成算法, 记为 $\mathrm{Setup_{crs}}$.

通用构造由如下几个阶段组成:

(1) **系统建立**   可信第三方运行 $\mathrm{pp_c} \leftarrow \mathrm{Setup_c}(1^\lambda)$、$\mathrm{pp_s} \leftarrow \mathrm{Setup_s}(1^\lambda)$ 和 $\sigma_{\mathrm{crs}} \leftarrow \mathrm{Setup_{crs}}(1^\lambda)$. 然后, 公布 $\mathrm{params} \leftarrow (\mathrm{pp_c}, \mathrm{pp_s}, \sigma_{\mathrm{crs}})$ 作为系统参数, 可被所有实体公开获取. 为了描述简单, params 将作为所有实体的隐式公共系统参数.

(2) **密钥生成**   基于系统参数 $\mathrm{params} \leftarrow (\mathrm{pp_c}, \mathrm{pp_s}, \sigma_{\mathrm{crs}})$, 服务器运行 (sk, ip) $\leftarrow \mathrm{KeyGen_c}(\mathrm{pp_c})$ 和 $(PK_{\mathrm{s}}, SK_{\mathrm{s}}) \leftarrow \mathrm{KeyGen_s}(\mathrm{pp_s})$. 然后, 服务器运行 (G, p, g) $\leftarrow \mathrm{GPGen}(1^\lambda)$, 其中 $G = \langle g \rangle$ 是阶为素数 p 的循环群. 令 $H_1\colon \{0,1\}^* \to \{0,1\}^*$ 和 $H_2\colon \{0,1\}^* \to \{0,1\}^\kappa$ 是两个 Hash 函数, 其中 κ 表示会话密钥的长度. 服务器公布 $\mathrm{serpar} \leftarrow (G, p, g, \mathrm{ip}, PK_{\mathrm{s}})$ 作为服务器参数并将 (sk, SK_{s}) 作为它的私钥.

(3) **注册**   每个客户需要提前在服务器处注册. 客户和服务器之间的注册协议是在安全通道之上执行, 安全通道可通过 TLS 协议建立. 在注册协议中, 客户发送自己的标识 id 给服务器请求注册. 依赖于具体的应用场景和服务器的策略, 客户可能需要向服务器认证自己的注册权限. 接受注册请求的服务器发行一个关于消息 $m = H_1(\mathrm{id})$ 的认证码 σ 作为客户的凭证, 并生成非交互零知识证明 π_{eq} 以证明 σ 是用参数 ip 对应的私钥 sk 正确构造的. 如果客户接受 π_{eq} 是合法的证明, 那么客户用自己的口令 pw 加密凭证 σ 作为口令包裹凭证 cred 并将 cred 存储到自己喜欢的设备.

(4) **登录**   为了登录到服务器, 客户向服务器认证自己并与服务器建立共享的会话密钥. 假设客户在登录前已获得它的口令包裹凭证 $\mathrm{cred} = (\mathrm{id}, E_{pw}(\sigma))$. 当把凭证出示算法 Show 和 ShowVerify 分别看作签名算法和验证算法时, 登录协议是通信双方互发签名实现实体认证的 DH 协议. 具体地, 服务器生成一个临时值 $Y = g^y$ 以及 Y 的签名 sig 响应客户的登录请求. 客户能用公钥 PK_{s} 和消息 Y 验签 sig 的合法性, 然后恢复消息 $m = H_1(\mathrm{id})$, 并用自己的口令 pw 解密 $E_{pw}(\sigma)$ 恢复凭证 σ. 客户也生成一个临时值 $X = g^x$, 并用 (m, σ) 和 Show 算法

生成一个出示证明 pt, 然后发送 (X, pt) 给服务器, 其中 $pt = (T, V, \pi_{\mathrm{CP}})$ 用于证明拥有合法凭证并认证标签 $l = (X, Y, \mathrm{sig})$. 服务器设置收到的值 X 与之前发送的 (Y, sig) 作为标签 l, 然后用私钥 sk、标签 l 和 ShowVerify 算法能够验证出示证明 pt 的合法性. 最后, 客户和服务器用 Hash 函数作用于协议记录和共享的主秘密 g^{xy}, 计算出共享的会话密钥.

4. 匿名口令认证的通用构造实例

下面给出 AMAC 及其出示证明的实例.

1) AMAC 的构造

(1) Setup(1^λ): 以 1^λ 作为输入, 运行 $(G, p, g) \leftarrow \mathrm{GPGen}(1^\lambda)$ 并输出公共参数 $\mathrm{pp} \leftarrow (G, p, g)$, 其中 $G = \langle g \rangle$ 是阶为素数 $p \geqslant 2^\lambda$ 的循环群, λ 是安全参数.

(2) KeyGen(pp): 以公共参数 $\mathrm{pp} = (G, p, g)$ 作为输入, 随机选取 $\gamma \leftarrow \mathbb{Z}_p^*$ 并计算 $w = g^\gamma$, 输出私钥 $sk = \gamma$ 和发行者参数 $\mathrm{ip} = w$.

(3) Mac(sk, m): 以私钥 $sk = \gamma$ 和消息 m 作为输入, 输出认证码 $\sigma = g^{1/(\gamma+m)}$. 为了简单起见, 这里定义可忽略概率出现的事件 $\gamma + m = 0$ 时, $\sigma = 1$.

(4) Verify(sk, m, σ): 以私钥 $sk = \gamma$、消息 m 和认证码 σ 作为输入, 如果 $\sigma^{(\gamma+m)} = g$ 或 $\sigma = 1 \wedge m = -\gamma$, 则验证算法输出 1; 否则, 输出 0.

2) 基于 AMAC 的凭证出示

对于 AMAC 的非交互零知识证明 $\mathrm{SPK}_{\mathrm{eq}}$ 能够用 Fiat-Shamir-Sigma 证明 $\mathrm{SPK}_{\mathrm{DH}}\{(\gamma): \sigma^\gamma = \sigma^{-m} g \wedge g^\gamma = w\}$ 来实例化, 其中 $\mathrm{SPK}_{\mathrm{DH}}$ 的构造如下:

(1) $\mathcal{P}((g, w, m, \sigma), \gamma)$: 以命题 (g, w, m, σ) 和证据 γ 作为输入, 证明者 $\mathcal{P}$ 随机选取 $r \leftarrow \mathbb{Z}_p^*$, 计算 $R_1 = \sigma^r$ 和 $R_2 = g^r$, 然后计算 $c = H_3(g, w, m, \sigma, R_1, R_2)$ 和 $s = r + c\gamma \bmod p$, 最后输出证明 $\pi_{\mathrm{DH}} = (c, s)$. 这里 $H_3: \{0,1\}^* \to \mathbb{Z}_p$ 是一个 Hash 函数.

(2) $\mathcal{V}((g, w, m, \sigma), \pi_{\mathrm{DH}})$: 以命题 (g, w, m, σ) 和证明 $\pi_{\mathrm{DH}} = (c, s)$ 作为输入, 验证者 $\mathcal{V}$ 计算 $R_1' = \sigma^{s+cm} g^{-c}$ 和 $R_2' = g^s w^{-c}$, 然后计算 $c' = H_3(g, w, m, \sigma, 'R_1', R_2')$, 最后输出 1 当且仅当 $c = c'$. 注意到 $\mathrm{SPK}_{\mathrm{DH}}$ 的验证算法 $\mathrm{Verify}_{\mathrm{DH}}$ 被定义为算法 $\mathcal{V}$. 针对基于 AMAC 的凭证出示, 我们考虑关于任意消息 m 的认证码 $\sigma = g^{1/(\gamma+m)}$ 作为凭证. 首先给出算法 Rerand 和 Derand, 其具体构造如下:

① Rerand(σ): 以凭证 σ 作为输入, 随机选取 $a \leftarrow \mathbb{Z}_p^*$, 计算 $T = \sigma^a$, 然后输出 (T, a).

② Derand(T, a): 以随机化凭证 T 和随机数 a 作为输入, 输出 $\sigma = T^{1/a}$.

将 $\sigma = T^{1/a}$ 代入 AMAC 的验证等式 $\sigma^{(\gamma+m)} = g$ 中, 经过计算容易得出 $V = T^{-m} g^a = T^\gamma$. 从而, 我们针对 AMAC 定义有效可计算函数 $f_P(\mathrm{ip}, T, m, a) = T^{-m} g^a$ 和 $f_V(T, sk) = T^\gamma$, 用 Fiat-Shamir-Sigma 证明 $\mathrm{SPK}_{\mathrm{ped}}\{(m, a): T^{-m} g^a =$

$V\}(l)$ 来实例化带标签的 SE-NIZK 证明 $\mathrm{SPK_{CP}}$. 具体地, $\mathrm{SPK_{ped}}$ 的构造如下:

① $\mathcal{P}((g, T, V), (m, a), l)$: 以命题 (g, T, V)、证据 (m, a) 和标签 l 作为输入, 证明者 $\mathcal{P}$ 随机选取 $r_m, r_a \leftarrow \mathbb{Z}_p^*$, 计算 $R = T^{-r_m} g^{r_a}$, 然后计算 $c = H_4(g, T, V, R, l)$, $s_m = r_m + c\,m \bmod p$ 和 $s_a = r_a + c\,a \bmod p$, 最后输出证明 $\pi_{\mathrm{ped}} = (c, s_m, s_a)$. 这里 $H_4 \colon \{0,1\}^* \to \mathbb{Z}_p$ 是一个 Hash 函数.

② $\mathcal{V}((g, T, V), \pi_{\mathrm{ped}}, l)$: 以命题 (g, T, V)、证明 $\pi_{\mathrm{ped}} = (c, s_m, s_a)$ 和标签 l 作为输入, 验证者 $\mathcal{V}$ 计算 $R' = T^{-s_m} \cdot g^{s_a} \cdot V^{-c}$ 和 $c' = H_4(g, T, V, R', l)$, 最后输出 1 当且仅当 $c = c'$.

基于上述随机化算法和带标签的 SE-NIZK 证明 $\mathrm{SPK_{ped}}$, 我们给出关于 AMAC 的凭证出示算法, 具体构造如下:

① $\mathrm{Show}(m, \sigma, l)$: 以消息 m、凭证 σ 和标签 l 作为输入, 出示算法随机选取 $a \leftarrow \mathbb{Z}_p^*$, 计算 $T = \sigma^a$. 然后随机选取 $r_m, r_a \leftarrow \mathbb{Z}_p^*$, 计算 $R = T^{-r_m} g^{r_a}$, $c = H_4(g, T, V, R, l)$, $s_m = r_m + c\,m \bmod p$ 和 $s_a = r_a + c\,a \bmod p$. 最后输出出示证明 $pt = (T, \pi_{\mathrm{ped}} = (c, s_m, s_a))$.

② $\mathrm{ShowVerify}(sk, pt, l)$: 以私钥 $sk = \gamma$、出示证明 $pt = (T, \pi_{\mathrm{ped}} = (c, s_m, s_a))$ 和标签 l 作为输入, 出示验证算法计算 $R' = T^{-(s_m + c\gamma)} \cdot g^{s_a}$ 和 $c' = H_4(g, T, V, R', l)$. 如果 $T \neq 1$ 且 $c = c'$, 输出 1; 否则, 输出 0.

对于匿名凭证, 出示证明通常是基于 "随机化—然后—证明" 范例来构造, 首先随机化凭证, 然后通过零知识证明来证明随机化凭证的合法性. 一般而言, 第一步随机化需要至少一次指数运算, 第二步证明需要至少一次多指数运算, 并且这样的出示证明的验证需要至少一次多指数运算. 从以上凭证出示算法 Show 和 ShowVerify 的描述, 我们容易获得一次 Show 算法运行需要 $1E_G + 1E_G^2$, 一次 ShowVerify 算法运行需要 $1E_G^2$, 这里 E_G 表示在群 G 上一个指数计算, E_G^2 表示在群 G 上两个指数乘积的多指数计算. 从而, 基于 AMAC 的凭证出示在计算效率方面达到最优.

5.5　注　　记

口令认证机制具有易用性、不需要专用硬件去存储用户的私钥等优势, 已经在网络与信息系统中被广泛部署, 以保障个人电脑、移动、网页等应用的授权访问. 口令认证主要包括两方口令认证、三方口令认证、跨域口令认证和匿名口令认证等.

Bellovin 和 Merritt[1] 首次提出 PAKE 协议, 并提出著名的 EKE 协议. Bellare, Pointcheval 和 Rogaway[2] 首次提出两方口令认证密钥协商协议的 BPR 模型, 并在理想假设下证明了变形 EKE 协议的安全性. Goldreich 和 Lindell[4] 率先提出标准模型中可证明安全的 PAKE 协议, 但该协议的通信和计算复杂度较高. Abdalla, Fouque 和 Pointcheval[10] 提出著名的 ROR 模型, 给出利用两方 PAKE 协议构造三方 PAKE 协议的通用构造方法, 并在 ROR 模型中证明了这种通用构造的安全性. Kwon, Jeong 和 Lee[13] 提出首个标准模型中可证明安全的三方 PAKE 协议, 并且基于 HDH 假设证明了协议的安全性. Feng 和 Chen[30] 建立了基于口令的安全协议的模块化设计与分析理论, 这给出了基于口令的安全协议的一般性构造方法. Byun, Lee 和 Lim[19] 首次提出跨域的端到端的口令认证协议的安全模型并设计了一个具有可证明安全性的协议. Feng 和 Xu[21] 指出该安全模型存在的缺点, 并在改进后的安全模型中证明了一个新的跨域口令认证协议的安全性. Xu, Zhu 和 Jin[33] 提出跨域口令认证的一般性构造框架. Viet, Yamamura 和 Tanaka[23] 结合健忘传输协议提出第一个唯口令的匿名口令认证协议. Yang 和 Zhang[24] 指出该协议存在严重的安全缺陷, 并提出一个高效的唯口令的匿名口令认证协议. 这一机制已被列为 ISO/IEC 20009—4 国际标准的机制之一, 它既具有口令认证功能又具有认证密钥交换功能. Yang, Zhou 和 Weng 等 [27] 首次提出基于通用存储设备的匿名口令认证协议. Zhang, Yang 和 Hu 等 [29] 通过引入代数 MAC, 去除匿名口令认证机制对同态加密的依赖, 提出一个新的设计方法并证明了构造的安全性, 计算性能得到进一步提升.

本章重点概述了口令认证的研究现状和发展历程, 给出了基于口令的安全协议的模块化设计与分析理论, 介绍了口令泄露冒充攻击方法、跨域口令认证的一般性构造框架和匿名口令认证机制.

参 考 文 献

[1] Bellovin S M, Merritt M. Encrypted key exchange: Password-based protocols secure against dictionary attacks. Proc. of the Sympisium on Security and Privacy, 1992: 72-84.

[2] Bellare M, Pointcheval D, Rogaway P. Authenticated key exchange secure against dictionary attacks. Advances in Cryptology–Eurocrypt 2000, Berlin, Heidelberg: Springer, 2000: 139-155.

[3] Abdalla M, Pointcheval D. Simple password based encrypted key exchange protocols. Cryptographers' Track at the RSA Conference 2005. San Francisco: Springer, 2005: 191-208.

[4] Goldreich O, Lindell Y. Session-key generation using human passwords only. Advances in Cryptology–Crypto 2001. Berlin, Heidelberg: Springer, 2001: 408-432.

[5] Katz J, Ostrovsky R, Yung M. Efficient password-authenticated key exchange using human-memorable passwords. Advances in Cryptology–Eurocrypt 2001. Berlin, Heidelberg: Springer, 2001: 475-494.

[6] Gennaro R, Lindell Y. A framework for password-based authenticated key exchange. Proc.of Eurocrypt 2003. Berlin, Heidelberg: Springer, 2003: 524-543.

[7] Katz J, Vaikuntanathan V. Round-optimal password-based authenticated key exchange. Theory of Cryptography. Berlin, Heidelberg: Springer, 2011: 293-310.

[8] Benhamouda F, Blazy O, Chevalier C, et al. New techniques for SPHFs and efficient one-round PAKE protocols. Advances in Cryptology–Crypto 2013. Berlin, Heidelberg: Springer, 2013: 449-475.

[9] Steiner M, Tsudik G, Waidner M. Refinement and extension of encrypted key exchange. ACM Operating Syst. Rev., 1995, 29(3): 22-30.

[10] Abdalla M, Fouque P A, Pointcheval D. Password-based authenticated key exchange in the three-party setting. Public Key Cryptography 2005. Berlin, Heidelberg: Springer, 2005: 65-84.

[11] Abdalla M, Pointcheval D. Interactive Diffie-Hellman assumptions with applications to password-based authentication. Financila Cryptography and Data Security. Berlin, Heidelberg: Springer, 2005: 341-356.

[12] Wang W, Hu L. Efficient and provably secure generic construction of three-party password-based authenticated key exchange protocols. Progress in Cryptology–Indocrypt 2006, 2006: 118-132.

[13] Kwon J O, Jeong I R, Lee D H. Light-weight key exchange with different passwords in the standard model. Journal of Universal Computer Science, 2009, 15(5): 1042-1064.

[14] Yang J H, Cao T J. Provably secure three-party password authenticated key exchange protocol in the standard model. Journal of Systems Software, 2012, 85: 340-350.

[15] Nam J H, Choo R K K, Kim J, Paik J, Won D. Password-only authenticated three-party key exchange with provable security in the standard model. Scientific World Journal, 2014.

[16] Wei F S, Ma J F, Li G S, Ma C G. Efficient three-party password-based authenticated key exchange protocol in the standard model. Journal of Software, 2016, 27(9): 2389-2399(in Chinese).

[17] Byun J W, Jeong I R, Lee D H, Park C. Password-authenticated key exchange between clients with different passwords. Information and Communications Security, 2002: 134-146.

[18] Chen L. A weakness of the password-authenticated key agreement between clients with different passwords scheme. ISO/IEC JTC 1/SC27 N3716.

[19] Byun J W, Lee D H, Lim J I. EC2C-PAKA: An efficient client-to-client password-authenticated key agreement. Information Sciences, 2007, 177(19): 3995-4013.

[20] Phan R C W, Goi B M. Cryptanalysis of two provably secure cross-realm C2C-PAKE protocols. Progress in Cryptology–Indocrypt 2006, 2006: 104-117.

[21] Feng D G, Xu J. A New Client-to-Client Password-Authenticated Key Agreement Protocol. International Workshop on Coding and Cryptology. Berlin, Heidelberg: Springer, 2009: 63-76.

[22] ISO/IEC 20009-4, Information technology — Security techniques — Anonymous entity authentication — Part 4: Mechanisms based on weak secrets, 2017.

[23] Viet D Q, Yamamura A, Tanaka H. Anonymous password-based authenticated key exchange. Progress in Cryptology–Indocrypt 2005, 2005: 244-257.

[24] Yang J, Zhang Z. A new anonymous password-based authenticated key exchange protocol. Progress in Cryptology–Indocrypt 2008, 2008: 200-212.

[25] Hu X, Zhang J, Zhang Z, et al. Universally composable anonymous password authenticated key exchange. Science China Information Sciences, 2016, 60(5): 1-16.

[26] Hu X, Zhang J, Zhang Z, et al. Anonymous password authenticated key exchange protocol in the standard model. Wireless Personal Communications, 2017: 1451-1474.

[27] Yang Y, Zhou J, Weng J, et al. A new approach for anonymous password authentication. Computer Security Applications Conference, 2009: 199-208.

[28] Yang Y, Zhou J, Weng J W, et al. Towards practical anonymous password authentication. Annual Computer Security Applications Conference, 2016: 59-68.

[29] Zhang Z F, Yang K, Hu X, Wang Y. Practical anonymous password authentication and TLS with anonymous client authentication. ACM SIGSAC Conference on Computer and Communications Security CCS, 2016, 2016: 1179-1191.

[30] Feng D G, Chen W D. Modular approach to the design and analysis of password-based security protocols. Science in China Series F: Information Sciences, 2007, 50(3): 381-398.

[31] Bellare M, Canetti R, Krawczyk H. A modular approach to the design and analysis of authentication and key exchange protocols. 30th Annual Symp on Theory of Computing, New York: ACM Press, 1998: 419-428.

[32] Wang C I, Fan C I, Guan D J. Cryptanalysis on Chang-Yang-Hwang protected password change protocol. International Association for Cryptologic Research(IACR), 2005: 147-209.

[33] Xu J, Zhu W T, Jin W T. A generic framework for constructing cross-realm C2C-PAKA protocols based on the smart card. Concurrency and Computation: Practice and Experience, 2011, 23: 1386-1398.

索　引

Y

Z

其 他